教育部世行贷款21世纪初高等教育教学改革项目研究成果

北京市高等教育精品教材立项项目

中国石油和化学工业优秀出版物奖（教材奖）一等奖

# 电工电子技术

## 第五版

叶　淬　主编

化学工业出版社

·北京·

## 内容简介

《电工电子技术》（第五版）是国家级教改项目的研究成果之一，是在《电工电子技术》（第四版）基础上修订而成的。

《电工电子技术》（第五版）根据教育部“电工电子基础课程教学指导分委员会”发布的最新《电工学》教学基本要求修订而成，共分十二章。前六章为“电工技术”部分，包括直流电路、单相和三相交流电路、电路的瞬变过程、磁路和变压器、异步电动机及控制。后六章为“电子技术”部分，包括半导体器件基本性能、集成运放、电力电子技术和数字电子技术。

该书配有思考题、复习提示、习题，帮助学生深入思考、融会贯通，有利于学生学习能力的培养。

该书内容优化、篇幅精简、注重能力培养、注重与时俱进，适合教改形势下学时少目标高的工科非电类专业本科、高职高专院校的教学需求，也可供相关人员自学参考。

**图书在版编目（CIP）数据**

电工电子技术/叶淬主编．—5版．—北京：化学工业出版社，2022.5（2024.1重印）

教育部世行贷款21世纪初高等教育教学改革项目研究成果　北京市高等教育精品教材立项项目　中国石油和化学工业优秀出版物奖（教材奖）一等奖

ISBN 978-7-122-40949-2

Ⅰ.①电…　Ⅱ.①叶…　Ⅲ.①电工技术-高等学校-教材②电子技术-高等学校-教材　Ⅳ.①TM②TN

中国版本图书馆CIP数据核字（2022）第042525号

责任编辑：唐旭华　郝英华　　　装帧设计：张　辉
责任校对：王　静

出版发行：化学工业出版社（北京市东城区青年湖南街13号　邮政编码100011）
印　　刷：北京云浩印刷有限责任公司
装　　订：三河市振勇印装有限公司
787mm×1092mm　1/16　印张15¾　字数410千字　2024年1月北京第5版第3次印刷

购书咨询：010-64518888　　　售后服务：010-64518899
网　　址：http://www.cip.com.cn
凡购买本书，如有缺损质量问题，本社销售中心负责调换。

**定　　价：49.00元**

# 前　言

《电工电子技术》自 2000 年 8 月第一版至今已经走过了二十多年，二十年来承蒙大家的厚爱，一版、二版、三版、四版，今天第五版终于和大家见面了。

第五版教材很好地体现了以下四个特点。

1. 进一步优化内容

随着信息技术的发展，教学改革的深入，对《电工学》的教学要求日趋多元化。第五版根据教育部“电工电子基础课程教学指导分委员会”发布的最新《电工学》教学基本要求，进一步优化精简教学内容。承接第四版数字电路部分以中规模集成电路为主的编辑思路，去除模拟电路中各种分立元件电路分析的冗余，直接将三极管并入半导体器件，在讲清楚三极管电压放大的原理后，着重讲解模拟电路中应用最为广泛的集成运算放大器。

2. 注重学生能力培养

教学的最终目标是体现对学生能力的培养。教材是为学习者编写的，不应以教师的讲授为中心。充分考虑非电类学生的学习基础，叙述中加强了重点和难点的处理，每章附有复习提示和思考题，由浅入深，循序渐进，确保提高学生的学习能力。

3. 注重实践应用举例

全书在讲清基本原理的基础上，突出外部特性，教会使用方法，介绍新技术的发展方向。每章都有结合实际的例题讲解，不仅增加了非电专业学生的学习兴趣，也更好地理解了基本原理。

4. 概念正确、文字流畅

基本概念清楚、理论推导正确、文字简明畅通，由浅入深。目录中打 * 号部分为拓展和加深内容，可视教学需求进行选择。

本书各部分内容独立成章，各院校在使用中可根据学时自主组合。

回顾《电工电子技术》走过的历程：

第一版是 1998—2000 年北京市教改立项《探求“电工技术”“电子技术”课程体系新模式》成果的体现，集中了参编老师多年的教学心得。第一版由叶淬担任主编，参编的教师有北京工商大学肖青、陈岩、黎明和乔继红。第一版 2003 年获第六届中国石油和化学工业优秀教材奖二等奖。

第二版是 2002 年高等教育北京市精品教材建设立项项目《电工学课程系列教材》中的主要部分，并融入了国家级教改项目（世行贷款）《21 世纪初一般院校工科人才培养模式改革的研究与实践》的研究成果。第二版的修订由叶淬负责完成。第二版 2007 年获第八届中国石油和化学工业优秀教材奖二等奖。

第三版在广泛听取使用单位意见的基础上由叶淬和李慧负责完成，反映了最新的教改成果，增加了选用的“控制电机”章节。第三版 2010 年获中国石油和化学工业优秀出版物奖（教材奖）一等奖。

第四版 2015 年出版，继续由叶淬和李慧负责修订。

第五版由叶淬负责修订。相信第五版将会得到更多读者和院校的使用和喜爱。

《电工电子技术》是“电工学课程系列教材”中的主要部分。目前“电工学课程系列教材”已经全部完成。其中包括：《电工电子技术》《电工电子技术实践教程》《电工电子技术多媒体课件》《电工电子技术学习指导》及《电路与电子技术简明教程》。“电工学课程系列教材”包括该课程从理论教学到实践教学各个环节的教学教材，它们之间的配套使用，形成了理论教学和实践教学的相互配合和补充，加上教学手段的现代化，一定会使得“电工学”整体教学质量明显提高。

与本书配套的多媒体课件可免费提供给采用本书作为教材的院校使用，如有需要可发送邮件至 cipedu@163.com 索取。

由于编者水平有限，书中难免存在不妥之处，恳请广大师生批评指正。

**编　者**

**2021 年 12 月**

# 目　　录

# 第一章　直流电路

本章主要介绍电路的基本概念、电压源与电流源及其等效变换、基尔霍夫定律、支路电流法、结点电压法、叠加原理、戴维宁定理。

直流电路中的很多概念、定理及解题方法也适用于正弦交流电路及其他各种线性电路。故本章的内容是学习电工学课程的重要基础。

## 第一节　电路的基本概念

### 一、电路的组成和作用

**电路**是为了实现某种功能，由各种电气设备和器件按一定方式连接，为电流提供通路的整体。为不同目的而设计的实际电路种类繁多，但其作用主要可以分为两大类：其一为电能的传输和转换，如发电、供电系统、电力拖动、电气照明等；其二为传递和处理信号，如各种电信号的产生、放大、整形、数字信号的运算、存储等。一般而言，第二类电路中也伴随着能量的传输和转换，但数量及能耗相对较小。

### 二、电路模型和理想的电路元件

功能各异的实际电路，需要的元件及器件各不相同。电源、变压器、电动机、电灯、半导体器件、电阻、电感、电容等均为电路中常见的器件，如图 1-1(a) 所示手电筒电路和图 1-1(b) 所示 H 形日光灯电路。对于某一具体器件来说，其电磁性质可能较为复杂。就以最简单的白炽灯为例，它通电后能将电能转化为光能和热能，这种消耗电能的性质具有电阻的性质，与此同时由于有电流的通过，在其周围还会产生电场和磁场，储存电场能和磁场能，所以还具有电容和电感的性质，但在所有这些性质中占主导地位的是电阻性质，其他性质对电路研究影响甚微，由此可将白炽灯看做是一电阻元件。

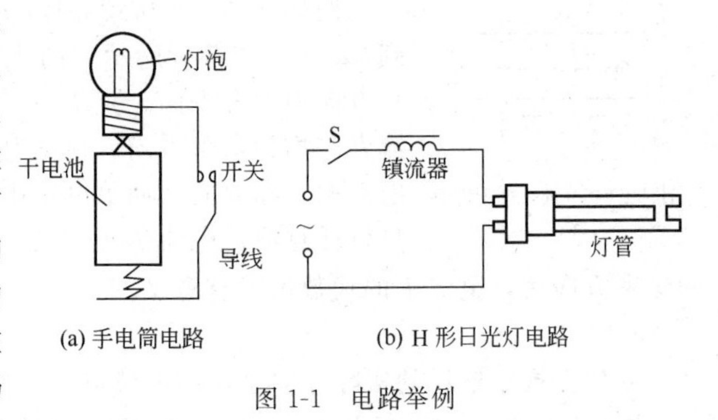


图 1-1　电路举例

在实际电路分析中必须抓住其主要电磁特性，忽略其次要因素，这样才能避免将问题复杂化，使电路分析切实可行。首先需将实际元件理想化（或称模型化），例如将白炽灯看做理想电阻，将含有内阻的干电池看做由理想的直流电压源和一理想电阻 $R_0$ 的串联，将低频下的电感看做理想电感与电阻的串联。将实际电路理想化后用一些理想电路元件等效替代各实际电路元件，由此而产生的电路称为**电路模型**。对图 1-1 所示电路，其电路模型如图 1-2 所示。今后所画的电路图都是电路模型。

后面所讲的电路元件均指理想电路元件，简称**电路元件**。常用的电路元件有电压源、电流源、电阻元件、电感元件和电容元件。前两种元件是电路中提供电能的元件，故称为**有源元件**；后三种均不产生电能，故称为**无源元件**。无源元件中又分为**耗能元件**和**储能元件**两类。前者如电阻器，后者如电感元件和电容元件，这两种元件分别可将电能转化为磁场能和电场能储存起来。常用电路元件符号如图 1-3 所示。在直流电路中，电路达稳态时，电感元件上的感应电动势为零，电容元件的充电电流为零，因此只涉及电阻元件。

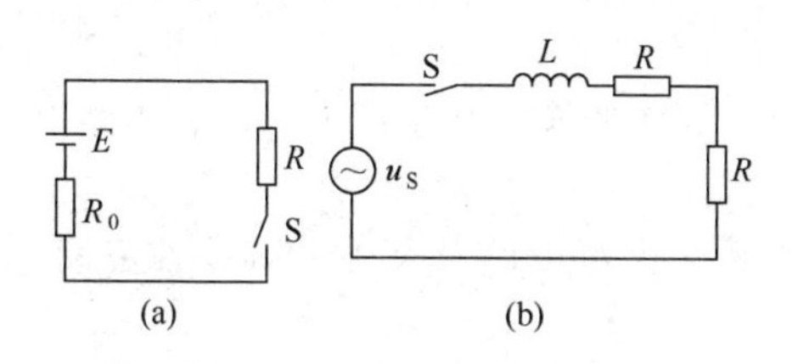


图 1-2　图 1-1 的电路模型

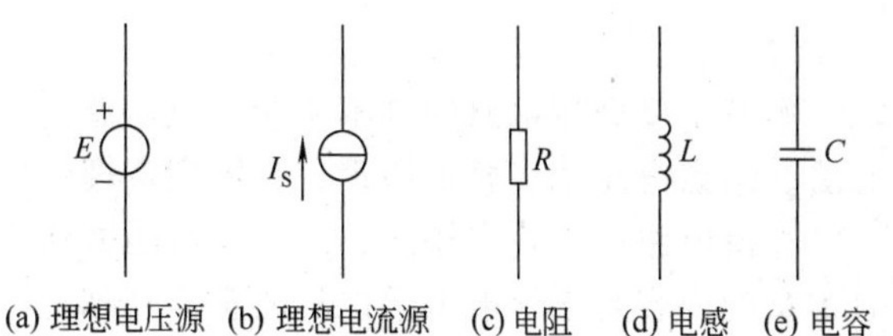


图 1-3　理想电路元件

**三、电流和电压的方向**

1. 电流

习惯上规定以正电荷移动的方向，即负电荷（电子）移动的相反方向为电流的方向（实际方向），对于比较复杂的直流电路，往往事先不能确定电流的实际方向；对于交流电路，其电流的实际方向是随时间交变的，也无法用一个箭头来表示其实际方向。为分析方便，总是任意选择一个方向作为电流的**参考方向**（在电路图中用箭头表示）。注意，电流的参考方向是人为任意规定的，在分析和计算电路时，参考方向一旦选定，就不再变动。而参考方向有可能与实际方向一致，也可能与实际方向相反，于是今后电流用代数量表示。若电流的实际方向和所选的电流参考方向一致，则此电流为正值；若与所选电流参考方向相反，则电流为负值。

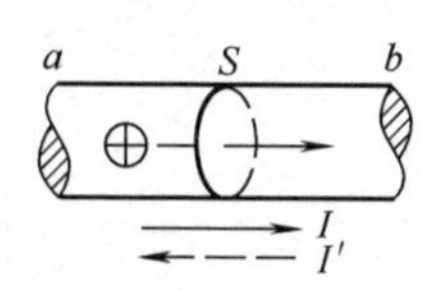


图 1-4　导体中的电流

例如在图 1-4 所示导体 $ab$ 中，每秒有 1C（库仑）正电荷由 $a$ 移到 $b$，如选实箭标所示方向为参考方向，则 $I=1\text{A}$；如选定虚箭标所示方向为参考方向，则 $I'=-1\text{A}$（安培）。本书中电路图上所标的电流方向均为参考方向。根据电流 $I$ 的参考方向及其数值的正负可确定电流的实际方向。如果电路中没有给定电流的参考方向，在解题时可自行任意给定电流参考方向，并标明在电路图中。只有在标明电流 $I$ 的参考方向后，电流 $I$ 的代数值才有意义。

2. 电压

习惯上规定电压的实际方向是从高电位点指向低电位点，是电位降的方向。

同电流一样，在分析计算电路时，通常人为的任意对电压规定一方向，这种人为规定的电压方向称为电压**参考方向**。其方向可以是任意的，因此参考方向可能与实际方向相同，也可能相反。当实际方向与参考方向一致时，电压值为正，当实际方向与参考方向相反时，其值为负。只有在标明电压参考方向的前提下才可能根据电压值的正负确定电压的实际方向。

在电路中，电压的参考方向通常用正（+）、负（−）极性来表示，称为参考极性。代表着参考方向的箭头从正（+）极性端指向负（−）极性端。例如图 1-5 所示，电压的参考极性为 $B$（+），$A$（−），$U=3\text{V}$（伏特）说明电压的实际方向与参考方向一致，大小为 3V；如 $U=-3\text{V}$ 则说明电压的实际方向与参考方向相反（即实际是 $A$ 为+，$B$ 为−），大小为 3V。

此外电压的参考方向还可以用双下标表示，如 $U_{\text{AB}}$ 表示 $A$ 和 $B$ 之间的电压的参考方向由 $A$ 指向 $B$。

3. 关联参考方向

对一段电路或一个元件而言，其电压的参考方向和电流的参考方向可以各自独立地加以任意规定。而对电源以外的电路，一般电流从高电位流向低电位。在规定电压、电流参考方向时一般遵循这一习惯，规定电流的参考方向从标以电压“+”极性的一端流向标以“−”极性的一端，即电流的参考方向与电压的参考方向一致，则把电流和电压的这种参考方向称为**关联参考方向**（如图 1-6 所示），否则称为**非关联参考方向**（如图 1-7 所示）。在关联参考方向下，欧姆定律可写为$U=RI$；而在非关联参考方向下欧姆定律应写为$U=-RI$。

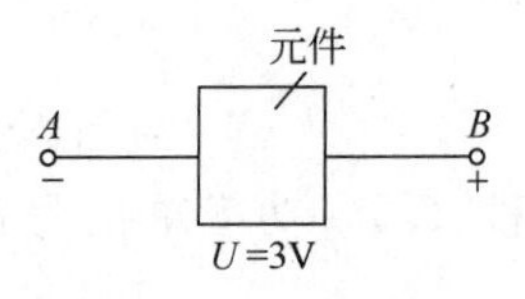


图 1-5　电压及其参考方向

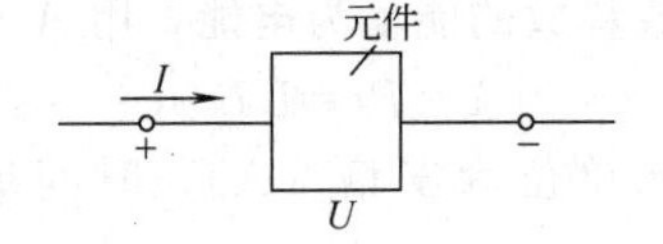


图 1-6　电压和电流的关联参考方向

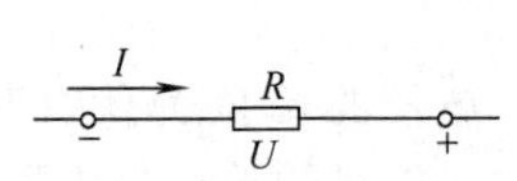


图 1-7　电压和电流的非关联参考方向

## 四、电气设备的额定值和电路的几种状态

1. 额定值

接在电路中的电气设备及元件，其工作电流、电压和功率等都有一个规定的限额值，这个数值称为**额定值**。按照额定值使用电气设备及元件可以保证安全可靠，充分发挥其效能，并且保证正常的使用寿命。额定值通常用$I_N$，$U_N$，$P_N$等表示，这些额定值常标记在设备的铭牌上。电气设备和器件应尽量工作在额定状态，这种状态称为**满载**。当电流和功率低于额定值的工作状态叫**轻载**；高于额定值的工作状态叫**过载**。

2. 有载工作状态

将图 1-8 所示电路中的开关 S 闭合，电源与负载接通，电路中有电流流过，这种工作状态叫**有载工作状态**。电流大小为

$$I=\frac{E}{R_0+R}$$

$R$ 愈小，$I$ 愈大。值得注意的是，负载大小指的是电流 $I$ 的大小，并不是电阻的大小。如当 $I<I_N$ 时为轻载，$I>I_N$ 时为过载。

3. 开路

当图 1-8 所示电路中的开关 S 断开时，电路处于开路状态，电路中无电流流过，$I=0$。这种状态又叫**空载**。开路时可认为外电路电阻为无穷大。

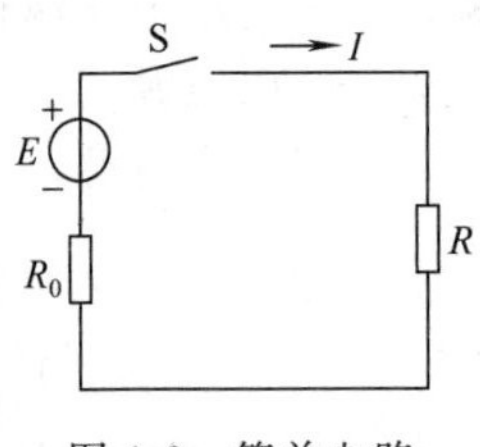


图 1-8　简单电路

4. 短路状态

在图 1-9 中，如将 $cd$ 间用一导线连接，因导线电阻极小，可忽略不计，所以 $cd$ 等电位。电流 $I$ 全部从导线流过 $I_R$ 为 0，这种情况称为 $cd$ 处短路。此时 $I=\frac{E}{R_0}$，由于电源内阻 $R_0$ 很小，故 $I$ 很大，这会引起电源或导线绝缘的损坏。

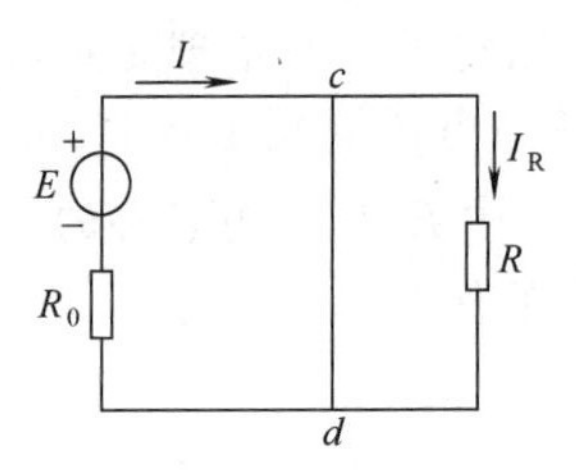


图 1-9　短路

## 五、电功率和电能

消耗电能的电气设备及器件被称为**负载**。例如，电灯、电炉、电动机等。而负载所谓消耗电能是将电能转换为其他形式的能量，如光能、热能、机械能等。对电源来说（如电压源、电流源），在

电路中通常是提供（或释放）电能的，如发电机将机械能转换为电能，电池将化学能转换为电能等。无论是负载还是电源，在电路模型（电路图）中都可看做电路元件。电路元件在单位时间内吸收或释放的电能称为**电功率**。或者说电能对时间的变化率为电功率。在电工学中，电功率简称功率，用 $P$ 表示，单位为瓦（W）。在直流电路中电功率的计算公式为

$$P=UI \tag{1-1}$$

式(1-1) 在关联参考方向下，若电压和电流的实际方向一致，则电功率 $P$ 为正，反之为负。$P$ 为正，表示该部分电路吸收电功率（如电阻消耗电功率，其端电压及电流的实际方向总是一致的）；$P$ 为负则表示该部分电路输出电功率（如供电电源）。

电路元件在一段时间内消耗或释放的能量为**电能**，用 $A$ 表示。

$$A=Pt=UIt \tag{1-2}$$

电压的单位为伏（V），电流单位为安培（A），时间单位为秒（s），功率单位为瓦（W），能量的单位是焦耳（J）。

## 思 考 题

1-1-1 简述电路三种状态的特征及额定值的含义。

1-1-2 有一台直流发电机，其铭牌上标有 220V，53.8A。试问什么是发电机的空载运行、轻载运行、满载运行和过载运行？负载的大小，一般指什么而言？

1-1-3 额定电压 220V、额定功率为 60W 的灯泡，它的额定电流是多少？如果接到 380V 和 127V 电源上使用，各有什么问题？

1-1-4 电阻元件和电位器的规格用阻值和最大容许功率的瓦数表示。今有 100Ω、1W 的电阻，它允许流过的最大电流是多少？

# 第二节 电压源、电流源及其等效变换

一个实际电源可以用两种不同的电路模型来表示。一种是用电压源模型，简称为**电压源**；一种是用电流源模型，简称为**电流源**。

### 一、电压源

任何一个电源，例如发电机，电池或各种信号源，都含有电动势 $E$ 和内阻 $R_0$。在电压源模型中往往用一个不含内阻的理想电压源和电阻 $R_0$ 串联来等效一实际电源。所谓**理想电压源**在直流电路中是指它的端钮电压总能保持某一恒定值，而与通过它的电流无关（简称恒压源）。图 1-10(a) 为理想电压源的一般电路符号，图 1-10(b) 是电池符号，专指理想直流电压源。注意理想电压源端电压 $U_S$ 的方向与电动势 $E$ 之间的关系是：方向相反，大小相等，如图 1-10(b) 中 $E=U_S$ 电动势的方向指电位升的方向，而 $U_S$ 的方向指电位降的方向。理想电压源元件的伏安特性可写为

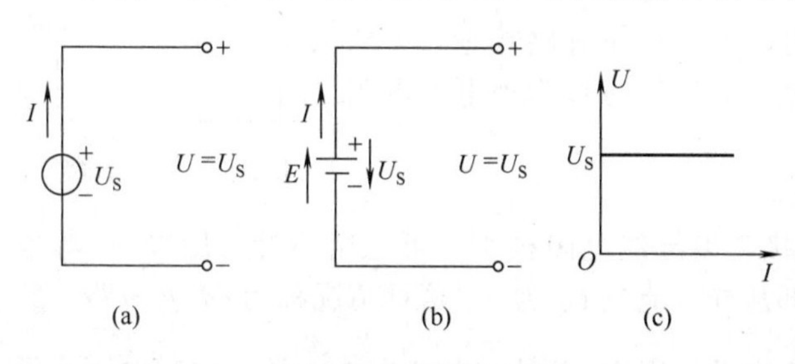

图 1-10 理想电压源

$$U=U_S \tag{1-3}$$

图 1-10(c) 为理想直流电压源的外特性曲线。

实际电源的电压源模型如图 1-11 所示。其伏安特性为

$$U=U_S-R_0I \tag{1-4}$$

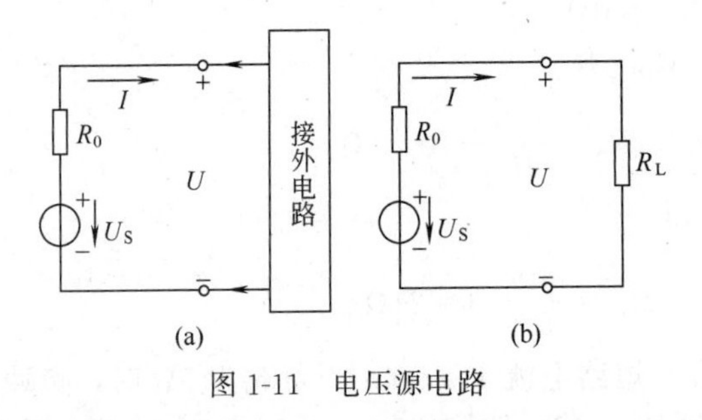


图 1-11　电压源电路

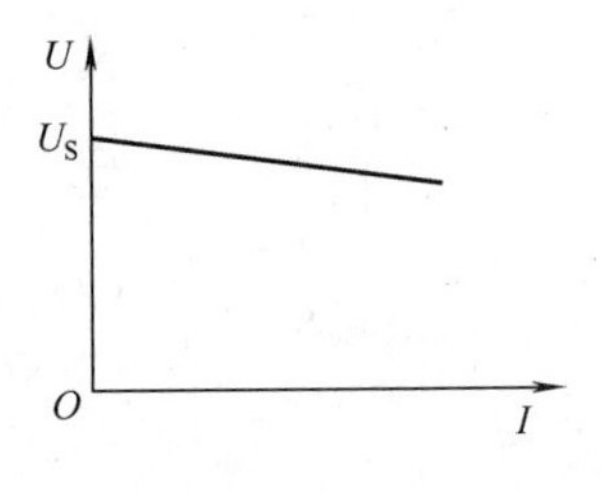


图 1-12　电压源的伏安特性

其特性曲线如图 1-12 所示，当 $I=0$ 时 $U=U_S$，随着电流 $I$ 的增大 $U$ 减小，是一条始于 $U_S$ 向下倾斜的直线。如所带负载为电阻 $R_L$，则负载端的伏安特性为

$$U=R_LI \tag{1-5}$$

$$I=\frac{U_S}{R_0+R_L} \tag{1-6}$$

式中，$U_S$,$R_0$ 均为定值。电流 $I$ 的大小取决于负载电阻，$R_L$ 愈大，电流 $I$ 愈小，$R_L$ 愈小，$I$ 愈大。

## 二、电流源

在直流电路中，电流源也是实际电源的一种模型。**理想电流源**的电路符号如图 1-13(a) 所示，电流用大写字母 $I_S$ 表示。其外特性是

$$I=I_S$$

图 1-13(b) 给出的是理想电流源的外特性曲线。理想电流源输出的电流是恒定的，故称**恒流源**。它的端电压值取决于外电路的情况。

如果用电流源来模拟实际电源，应采用理想电流源与内部损耗电阻的并联组合，如图 1-14(a) 所示。此时，电路中电压、电流的约束关系为

$$I=I_S-\frac{U}{R_0'} \tag{1-7}$$

$$I=\frac{U}{R_L} \tag{1-8}$$

其特性曲线如图 1-14(b) 所示。

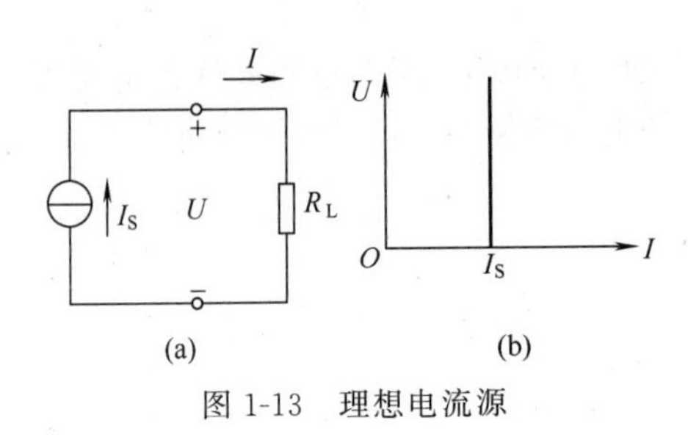


图 1-13　理想电流源

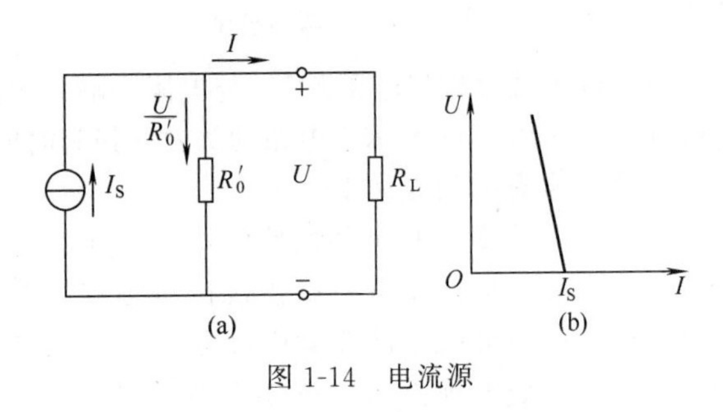


图 1-14　电流源

**【例 1-1】** 图 1-15 所示电路，已知开路电压 $U_0=110\text{V}$，又负载电阻为 10Ω 时，$I=10\text{A}$。求 (1) 理想电压源电压 $U_S$ 及内阻 $R_0$ 各为多大？(2) 负载电阻 $R_L$ 为多大值时负载 $I$ 为 5A？

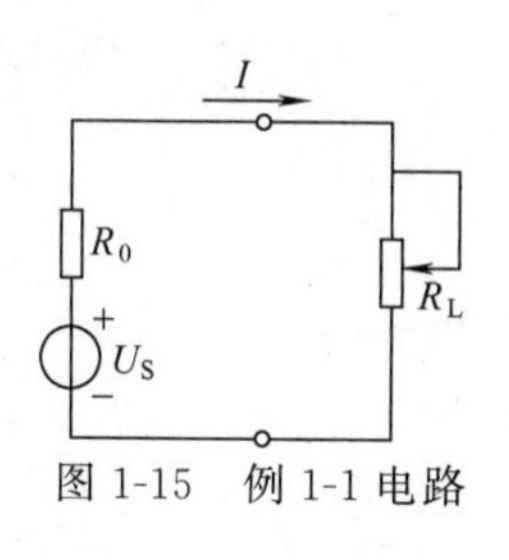

图 1-15 例 1-1 电路

**解** （1）因为开路时电压 $I=0$

所以 $U_S=U_0=110V$

又 $U_S=(R_0+R_L)I$ (1-9)

故 $R_0=\dfrac{U_S}{I}-R_L=\dfrac{110}{10}-10=1\Omega$

（2）由式(1-9) 可得

$$R_L=\frac{U_S}{I}-R_0=\frac{110}{5}-1=21\Omega$$

**【例 1-2】** 有一电流源，当输出端短路时，短路电流 $I=5A$；当负载为 $5\Omega$ 时，负载电流 $I=4A$。求（1）理想电流源电流 $I_S$ 及内阻 $R_0'$；（2）欲使负载电流 $I=2A$，负载电阻 $R_L$ 等于多少？(如图 1-16 所示)

**解** （1）当输出端短路时 $I_S=I=5A$

又 $R_L=5\Omega$ 时

$$U=R_LI=5\times4=20V$$

$$I_0=I_S-I=5-4=1A$$

$$R_0'=\frac{U}{I_0}=\frac{20}{1}=20\Omega$$

（2） $R_LI=R_0'I_0=R_0'(I_S-I)$

$$R_L=\frac{R_0'(I_S-I)}{I}=\frac{20\times(5-2)}{2}=30\Omega$$

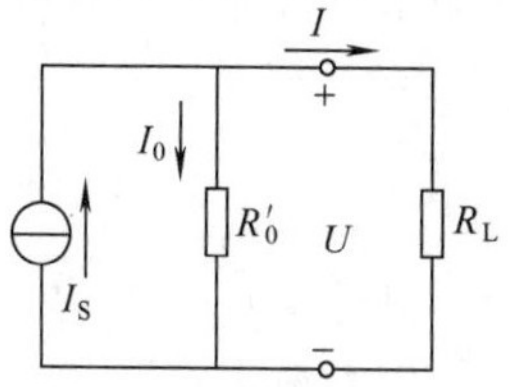

图 1-16 例 1-2 电路

### 三、电压源和电流源的等效互换

前面讲过，电压源及电流源是电源的两种表示形式，这两种形式实际上是可以等效互换的。现在来讨论等效变换的条件。在图 1-17 所示的两种电源模型中有以下关系

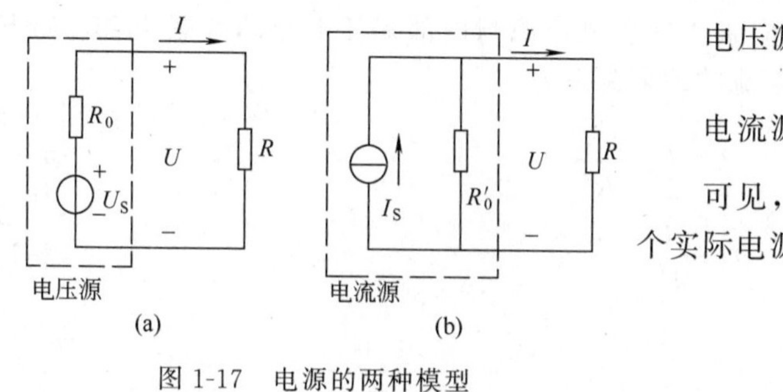

图 1-17 电源的两种模型

电压源模型 $I=\dfrac{U_S}{R_0}-\dfrac{U}{R_0}$ (1-10)

电流源模型 $I=I_S-\dfrac{U}{R_0'}$ (1-11)

可见，欲使两种模型的表达式能代表同一个实际电源，只要满足以下条件

$$\left.\begin{aligned}R_0'&=R_0\\ I_S&=\frac{U_S}{R_0}\end{aligned}\right\} \quad (1\text{-}12)$$

实际上凡是理想电压源 $U_S$ 与电阻串联的电路都可与理想电流源 $I_S$ 与电阻并联的电路等效互换，如图 1-18 所示。电路的等效互换有时能使复杂的电路变得简单，以简化电路计算。

值得注意的两点如下。

（1）等效变换时对外电路的电压和电流的大小和方向都不变。电流源的电流流出端应与电压源的正极性端相对应。

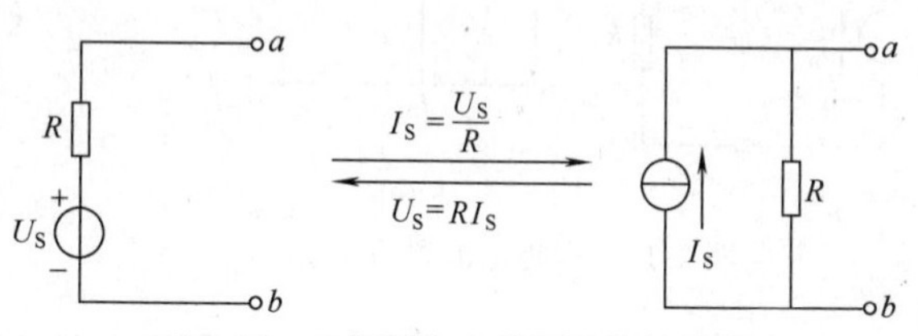

图 1-18 电压源与电流源的等效交换

（2）等效变换是对外电路等效，对电源内部并不等效。例如当外电路开路时电压源模型中无电流，而电流源模型中仍有内部电流。此时，恒压源既不发出功率，电阻也不吸收功率，而在等效的电流源中，恒流源

发出功率，并且全部为并联电阻所吸收。

【例 1-3】 求图 1-19(a) 中的电流 $I$。

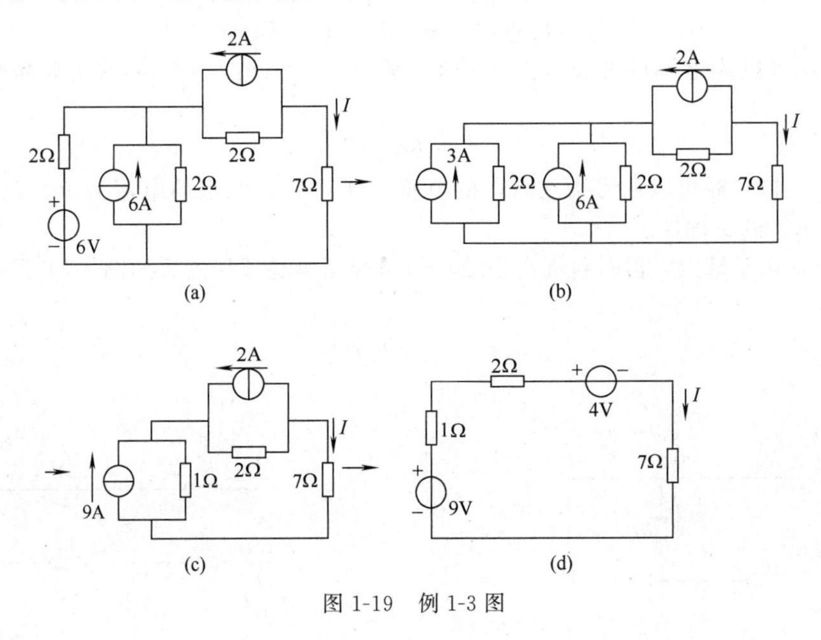


图 1-19　例 1-3 图

**解**　利用电源等效变换，将图 1-19(a) 的电路简化成如图 1-19(d) 的单回路电路。变换过程如图 1-19(b)、(c)、(d) 所示。从化简后的电路，求得电流$I=\dfrac{9-4}{1+2+7}=0.5\text{A}$。

### 思　考　题

1-2-1　3V 电池可否与 1.5V 电池并联使用？为什么？

1-2-2　实验测得某直流电源的开路电压 $U_0=16\text{V}$，内阻 $R_0=1\Omega$，试在 $U$-$I$ 平面上绘出此电源的外特性曲线，并作出此电源的两种电路模型。

## 第三节　基尔霍夫定律

由若干电路元件按一定的联接方式构成电路后，电路中各部分的电压、电流必然受到两类约束：其中一类的约束来自元件的本身性质，即元件的电压电流关系；另一类约束来自元件的相互联接方式，即基尔霍夫定律。基尔霍夫定律又分为基尔霍夫电流定律和电压定律，它是分析电路的根据。

电路中每一个含有电路元件的分支称为**支路**。同一支路上的各元件流过相同的电流，即支路电流。电路中三条或三条以上支路的联接点称为结点。例如图 1-20 所示电路有三条支路，两个结点，即结点 $a$ 和 $b$。

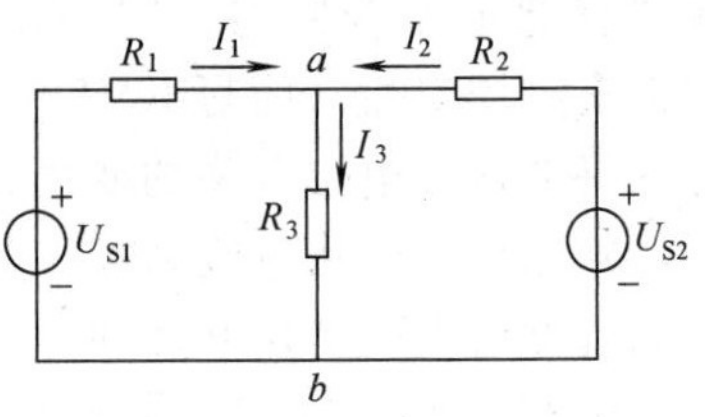


图 1-20　电路示例

### 一、基尔霍夫电流定律（KCL）

基尔霍夫电流定律（简写 KCL）指出，电路中任一结点，在任一瞬间，流入结点的电流总和等于流出该结点的电流总和。也就是说电荷在结点处，不会消失，也不会堆积。

例如在图 1-20 中，流入结点 $a$ 的电流为 $I_1$ 和 $I_2$，流出结点 $a$ 的电流为 $I_3$，故得

$$I_1+I_2=I_3 \quad \text{或} \quad I_1+I_2-I_3=0$$

因此，基尔霍夫电流定律也可表示为：在任一瞬间，一个结点上电流的代数和等于零。或写成

$$\sum I=0 \tag{1-13}$$

在写式(1-13) 时可以认为流入结点的电流为正，流出结点的电流为负，也可以反之，这并不影响定律的正确性。

KCL 通常用于结点，但对包围几个结点的闭合面也是适用的。如图 1-21 所示，对闭合面 $S$ 有

$$I_1-I_2+I_3=0$$

亦即

$$\sum I=0$$

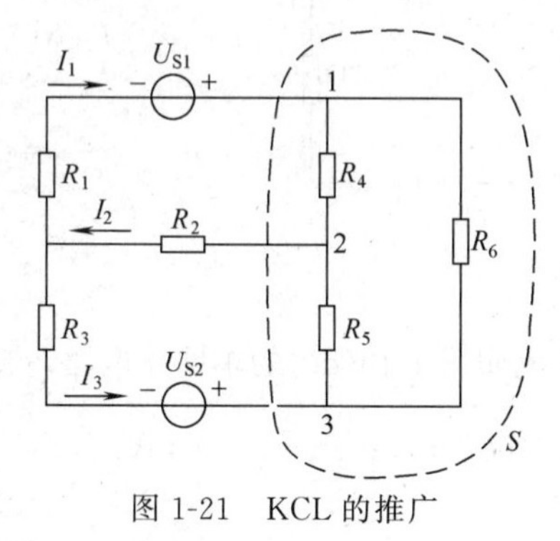

图 1-21　KCL 的推广

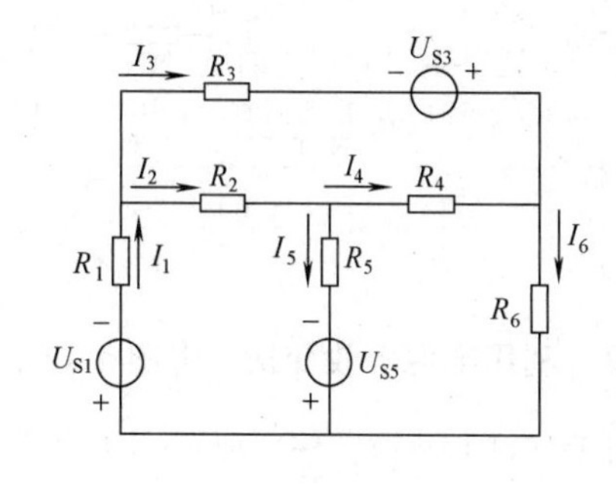

图 1-22　例 1-4 电路

**【例 1-4】**　图 1-22 所示电路中，已知 $I_1=3\text{A}$，$I_2=8\text{A}$，$I_4=-4\text{A}$，求其余各支路电流。

**解**　由 KCL 可得

$$I_1=I_2+I_3$$

所以

$$I_3=I_1-I_2=3-8=-5\text{A}$$

$$I_3+I_4=I_6$$

故

$$I_6=-5+(-4)=-9\text{A}$$

$$I_2=I_4+I_5$$

故

$$I_5=I_2-I_4=8-(-4)=12\text{A}$$

**二、基尔霍夫电压定律**（KVL）

图 1-23 所示电路，每一个小方框代表一个理想的二端元件，如电阻、电容、电感、理想电压源、理想电流源等。电路中由支路所组成的闭合路径称为**回路**。在图 1-23 所示电路中共有七个闭合回路，即 $abdea$，$bcdb$，$afcba$，$afcdea$，$abcdea$，$afcbdea$，$bafcdb$。基尔霍夫电压定律（简写 KVL）描述了闭合回路中各支路电压之间的关系。沿着闭合回路绕行，将会遇到电位升降的变化。由于电位的单值性，如果沿闭合回路绕行一周，回到原出发点，其电位的变化量应为零。基尔霍夫电压定律指出：在任一瞬时，沿闭合回路绕行一周，在绕行方向上的电位升之和必等于电位降之和。

例如在图 1-23 中，按顺时针方向沿着回路 $abdea$ 绕行一周，在绕行方向上 $U_1$，$U_2$ 为电位降，$U_3$，$U_4$ 为电位升，应用 KVL 有

$$U_1+U_2=U_3+U_4$$

上式可改写成
$$U_1+U_2-U_3-U_4=0$$
$$\sum U=0 \tag{1-14}$$

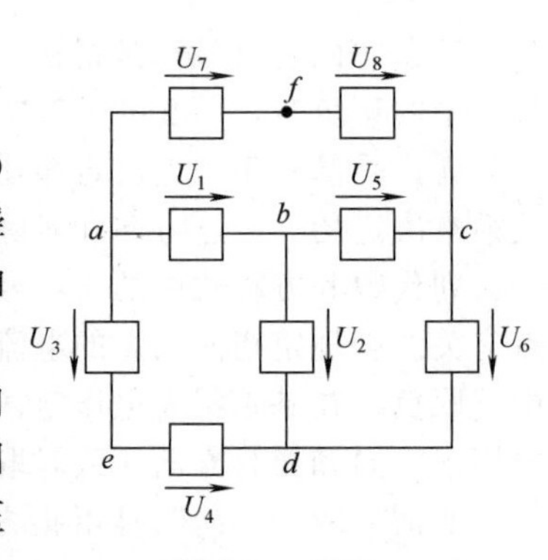

图 1-23　KVL

因此，基尔霍夫电压定律（KVL）也可叙述为：在任一瞬时，沿任一闭合回路绕行一周，回路中各部分电压的代数和恒等于零。

在写式(1-14) 时，可以先任意指定一个绕行回路的方向(绕行方向既可顺时针也可逆时针)，凡电压的参考方向与回路绕行方向一致者，在该式中此电压前面取“+”号，电压参考方向与回路绕行方向相反者，则前面取“−”号。

例如图 1-23 中回路 $bcdb$ 的 KVL 方程为

$$U_5+U_6-U_2=0$$

(字母 $bcdb$ 的排序代表了绕行方向，以下相同)

回路 $abcfa$ 的 KVL 方程为

$$U_1+U_5-U_8-U_7=0$$

回路 $afcdea$ 的 KVL 方程为

$$U_7+U_8+U_6-U_4-U_3=0$$

基尔霍夫电压定律不仅适用于闭合回路，也可推广到非闭合回路中去求两点间的电压。例如图 1-23 所示电路的 $abea$ 非闭合回路，应用 KVL 有

$$\sum U=U_1+U_{\mathrm{be}}-U_3=0$$
$$U_{\mathrm{be}}=U_3-U_1$$

电路中，若恒压源两端电压用 $E$ 表示，电阻两端电压用 $IR$ 表示，则得到基尔霍夫电压定律（KVL）的另一种常用形式

$$\sum E=\sum IR \tag{1-15}$$

其中 $E$ 和 $I$ 参考方向和绕行方向一致时取“+”，反之取“−”。

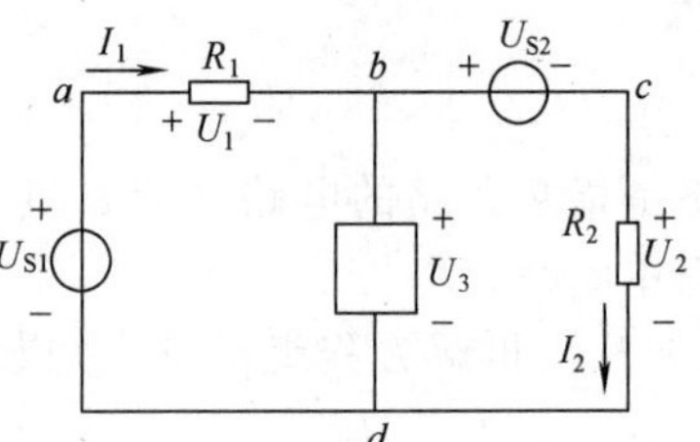

图 1-24　例 1-5 图

**【例 1-5】** 图 1-24 所示电路，设已知 $U_{S1}=7V$，$U_{S2}=4V$，$I_1=1A$，$R_1=R_2=2\Omega$，求电压 $U_3$ 和电流 $I_2$。

**解**　指定各电流、电压的参考方向，对回路 $abda$ 按 KVL 有

$$U_1+U_3-U_{S1}=0V$$
$$U_1=R_1I_1=2\times1=2V$$
$$U_3=U_{S1}-U_1=7-2=5V$$

对回路 $abcda$ 列 KVL 方程有

$$U_1+U_{S2}+R_2I_2-U_{S1}=0$$

故
$$I_2=\frac{U_{S1}-U_1-U_{S2}}{R_2}=\frac{7-2-4}{2}=0.5A$$

### 三、基尔霍夫定律的运用小结

基尔霍夫定律是反映电路中各电压、电流关系的最基本定律。它不仅适用于直流电路也适用于交流电路，不仅适用于稳态电路也适用于瞬变过程中的暂态电路。正确地掌握和运用基尔霍夫定律是分析电路的一个重要手段。在基尔霍夫定律的运用中必须要清楚**“两套符号”**和**“两个方向”**的问题。

所谓“两套符号”是指在运用基尔霍夫定律列方程时有物理量本身的正负值和代数和方程式中的正负号，两套“+”“−”符号。具体如下。

无论是基尔霍夫电流定律还是电压定律，物理量本身的正负值是由正方向与实际方向的关系来决定的。当正方向和实际方向相同时，物理量本身为正值，反之则为负值。

列代数和方程式中的正负号在基尔霍夫电流定律中是和电流正方向指向结点还是流出结点有关。若规定指向结点的电流，代数和方程式中取正；则流出结点的电流，代数和方程式中就取负。在基尔霍夫电压定律中代数和方程式的正负号和电压的正方向和循行方向有关。电压正方向和循行方向一致时取正，反之取负。

所谓“两个方向”是指正方向和循行方向这两个方向。这两个方向都是人为任意设定的，初学者容易在运用基尔霍夫电压定律列方程时将它们混为一谈，互相取代。

## 思考题

1-3-1　图 1-25 所示电路中，已知 $I_1=2\text{A}$，$I_3=4\text{A}$，求 $I_2$。

1-3-2　在图 1-26 所示电路中电流 $I$ 应等于多少？

1-3-3　按顺时针或逆时针方向绕行时列出的回路电压方程是否相同？

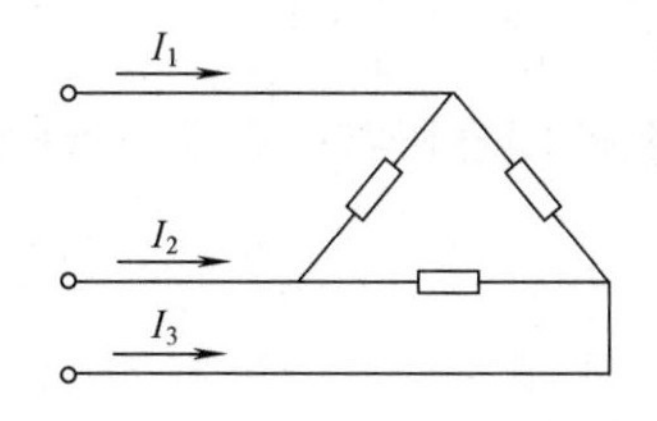


图 1-25　思考题 1-3-1 图

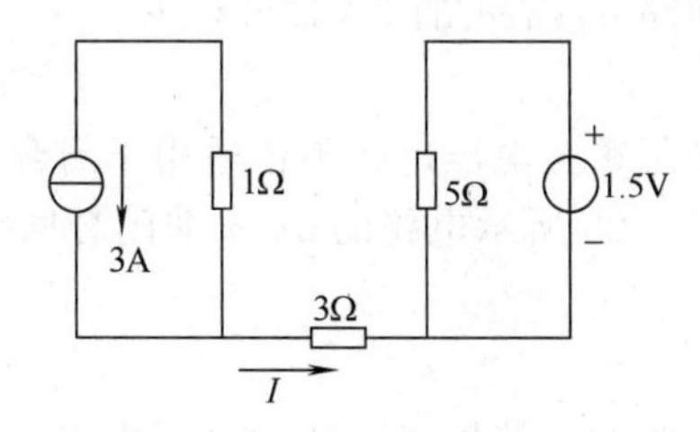


图 1-26　思考题 1-3-2 图

# 第四节　支路电流法

支路电流法是分析复杂电路的基本方法。所谓**复杂电路**是指多回路的电路（例如图 1-27），这种电路不能用串联或并联的方法简化成为单回路的简单电路。

在用支路法求解复杂电路时，通常要先列 KCL，KVL 方程，再解方程组求解未知数，在这一系列的过程中涉及独立方程和非独立方程的问题。

所谓独立方程和非独立方程，可用下面一个非常简单的例子来说明。

例如

$$x_1+x_2+x_3=0$$
$$-x_1+2x_2-3x_3=0$$
$$3x_2-2x_3=0$$

观察以上三个方程的关系，可见其中任意一个方程都可以通过另外两个方程经四则运算得出。因此其中只有两个方程为**独立方程**，而第三者为**非独立方程**。求解 3 个未知数，必须有 3 个独立方程才能求出，非独立方程对求解未知数是没用的，所以在列 KCL，KVL 方程解题时有必要确认所列方程为独立方程。

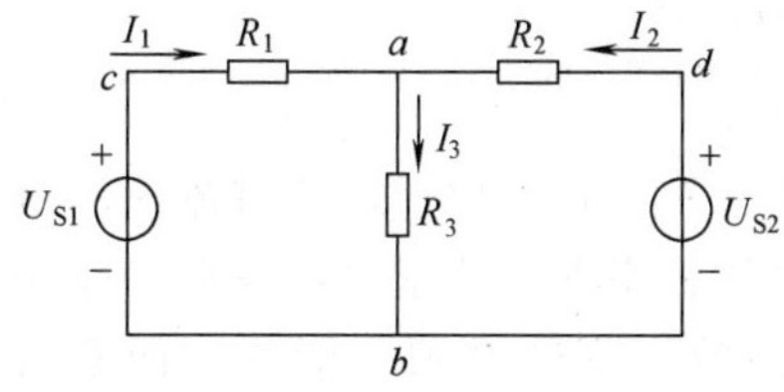


图 1-27　支路电流法

对图 1-27 所示电路，列 KCL 方程有

结点 $a$　　$I_1+I_2-I_3=0$　　(1-16)

结点 $b$　　$-I_1-I_2+I_3=0$　　(1-17)

如果将式(1-16) 作为独立方程，则式(1-17) 为非独立方程，所以对于两个结点的电路只能有一个独立方程。可以证明：对于具有 $n$ 个结点的电路只能列出 $(n-1)$ 个独立的KCL方程。

平面电路图的一个**网孔**是它的一个自然的“孔”，它所限定的区域内不再有支路。例如图1-27所示电路，回路 $abca$ 和回路 $abda$ 均为网孔，但回路 $cadbc$ 就不是一个网孔，可以证明：平面电路图的KVL独立方程数恰好等于平面电路图的网孔数 $m$[❶]。

例如，对图1-27所示电路，网孔数为2，列写KVL方程

回路 $cabc$　　$R_1I_1+R_3I_3-U_{S1}=0$　　(1-18)

回路 $adba$　　$-R_2I_2+U_{S2}-R_3I_3=0$　　(1-19)

以上两式为独立方程。而对大回路 $cadbc$ 列KVL方程

$$R_1I_1-R_2I_2+U_{S2}-U_{S1}=0 \tag{1-20}$$

式(1-20) 可由式(1-18) 和式(1-19) 相加而得，是非独立方程。所以对这一具有两网孔的电路，能列出两个独立的KVL方程。

所谓**支路电流法**是以支路电流为未知量列写独立的KCL，KVL方程，联立求解后求出各支路电流及电压的方法。下面用支路电流法来求解一道例题。

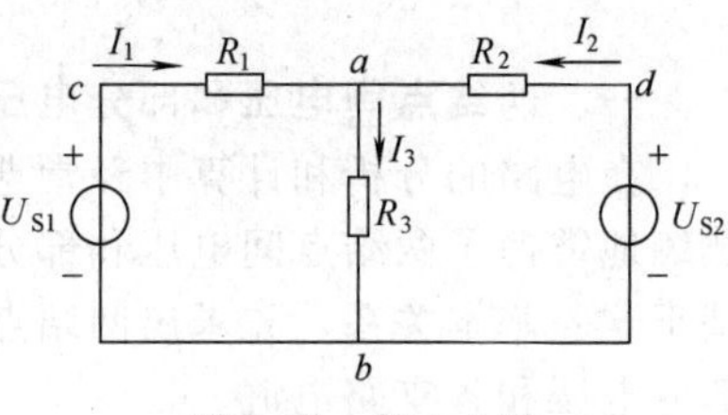

图1-28　例1-6图

**【例1-6】**　在图1-28中，已知 $U_{S1}=3V$，$U_{S2}=5V$，$R_1=R_2=R_3=1\Omega$，求各支路电流。

**解**　求各支路电流即求 $I_1,I_2,I_3$ 三个未知量，需列3个独立的KCL和KVL方程。电路中结点数 $n=2$，故只有一个独立的KCL方程，而网孔数 $m=2$，所以KVL独立方程有2个，合起来可列出3个独立方程。

结点 $a$　　$I_1+I_2-I_3=0$　　(KCL)

回路 $cabc$　　$R_1I_1+R_3I_3-U_{S1}=0$　　(KVL)

回路 $adba$　　$-R_2I_2+U_{S2}-R_3I_3=0$　　(KVL)

代入数据得

$$I_1+I_2-I_3=0$$

$$I_1+I_3-3=0$$

$$-I_2-I_3+5=0$$

解得　　$I_1=0.33A$，$I_2=2.33A$，$I_3=2.67A$

求得 $I_1,I_2,I_3$ 后，可进而求出电阻 $R_1,R_2,R_3$ 上的电压。

## 思考题

1-4-1　是否可用其他方法求解例1-6？(提示：电源等效变换)

1-4-2　图1-28电路中，如果让电压源 $U_{S2}$ 接受功率，$U_{S1}$ 不变时，$U_{S2}$ 需要小于多少伏？$U_{S2}$ 不变时，$U_{S1}$ 需要大于多少伏？

---

❶　由电路理论可得 $m=b-n+1$，其中 $b$ 为支路数，$n$ 为结点数。一个电路的独立的KCL方程与KVL方程数之和恰好为 $(n-1)+m=n-1+b-n+1=b$，即支路数。这里只给出结论，不作进一步的理论推导。

# 第五节　结点电压法

图 1-29 为一个具有两个结点的电路，如果设法求出这两个结点间的电压 $U_{ab}$，那么各支路的电流也就容易算出来了，这种先求出结点间电压的方法称为**结点电压法**。

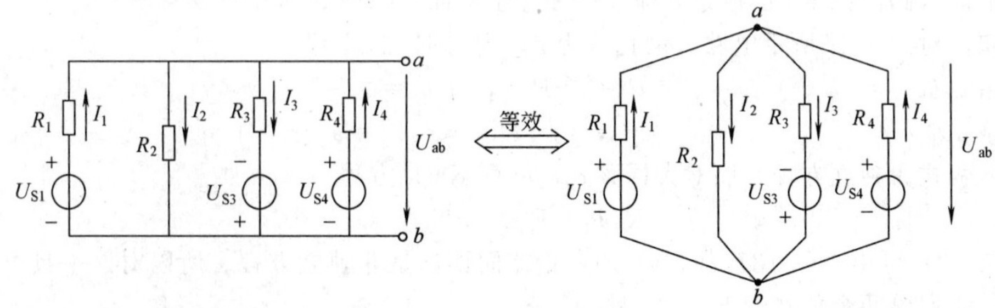


图 1-29　两结点电路

**一、两结点间电压和部分电压的关系**

在电路的分析和计算中经常遇到分析两结点间电压和部分电压的关系，也就是说，如果熟练地掌握了两结点间电压和部分电压的关系，就能很好很快地分析电路。结点电压法就是基于这一基本关系，先求出两结点间的电压，利用两结点间电压和部分电压的关系再求出各部分电压和各支路电流。

在推演结点电压法公式之前，先来看看两结点间电压和部分电压的存在怎样的关系。在第三节基尔霍尔电压定律中曾提出：基尔霍夫电压定律不仅适用于闭合回路，也可推广到非闭合回路中。实质就是将非闭合回路开口的两结点用电压闭合起来，形成一个假想的闭合回路，再直接运用基尔霍夫电压定律。显见，两结点间电压和部分电压的关系分析同样基于基尔霍夫电压定律 $\Sigma U=0$。如图 1-29 中 $U_{S4}$，$R_4$ 支路和 $U_{ab}$ 之间的关系，选一个顺时针的循行方向列 $\Sigma U=0$，即可得出 $I_4R_4+U_{ab}-U_{S4}=0$。

当将开口的两结点电压 $U_{ab}$ 移到等式的另一边时，上式即为 $U_{ab}=-I_4R_4+U_{S4}$。从这个式子中可以看出以下结论：**两结点间的总电压=各部分电压的代数和**。其中代数和的符号为：部分电压方向同两结点间的总电压方向时取正，反之取负。当然，所有电压方向均指正方向。

“两结点间的总电压=各部分电压的代数和”这一结论可以普遍用于解决两结点间电压和部分电压的关系，方便而快捷。

**二、两个结点电路的结点电压法公式推导**

根据图 1-29 中已经设定的电流参考方向和电源两端正负号，利用“两结点间的总电压=各部分电压的代数和”这一结论，可以列出以下电压方程

$$\left.\begin{aligned}
&U_{ab}=-R_1I_1+U_{S1}, && I_1=\frac{U_{S1}-U_{ab}}{R_1}\\
&U_{ab}=R_2I_2, && I_2=\frac{U_{ab}}{R_2}\\
&U_{ab}=R_3I_3-U_{S3}, && I_3=\frac{U_{S3}+U_{ab}}{R_3}\\
&U_{ab}=-R_4I_4+U_{S4}, && I_4=\frac{U_{S4}-U_{ab}}{R_4}
\end{aligned}\right\}\tag{1-21}$$

结点 $a$ 的 KCL 方程

$$I_1-I_2-I_3+I_4=0$$

式(1-21) 代入上式后可得

$$\frac{U_{S1}-U_{ab}}{R_1}-\frac{U_{ab}}{R_2}-\frac{U_{S3}+U_{ab}}{R_3}+\frac{U_{S4}-U_{ab}}{R_4}=0$$

整理上式后可得

$$U_{ab}=\frac{\dfrac{U_{S1}}{R_1}-\dfrac{U_{S3}}{R_3}+\dfrac{U_{S4}}{R_4}}{\dfrac{1}{R_1}+\dfrac{1}{R_2}+\dfrac{1}{R_3}+\dfrac{1}{R_4}}=\frac{\Sigma\dfrac{U_S}{R}}{\Sigma\dfrac{1}{R}} \tag{1-22}$$

式(1-22) 分子中电压源的正负是这样确定的，若支路中电压源的极性与结点电压的极性相同时取正，否则取负。$U_{S1}$ 和 $U_{S4}$ 极性同 $U_{ab}$ 取正，$U_{S3}$ 极性和 $U_{ab}$ 相反取负。

在图 1-29 中，结点电压 $U_{ab}$ 可直接应用式(1-22) 求得，再由式(1-21) 便很容易地求出各支路电流。

对于前面讲的例 1-6，可用结点电压法计算出各支路电流。

根据式(1-22) 可得

$$U_{ab}=\frac{\dfrac{U_{S1}}{R_1}+\dfrac{U_{S3}}{R_3}}{\dfrac{1}{R_1}+\dfrac{1}{R_2}+\dfrac{1}{R_3}}=\frac{\dfrac{3}{1}+\dfrac{5}{1}}{\dfrac{1}{1}+\dfrac{1}{1}+\dfrac{1}{1}}=2.67\text{V}$$

$$U_{ab}=-R_1I_1+U_{S1},\ I_1=\frac{U_{S1}-U_{ab}}{R_1}=\frac{3-2.67}{1}=0.33\text{A}$$

$$U_{ab}=R_3I_3,\ I_3=\frac{U_{ab}}{R_3}=2.67\text{A}$$

$$U_{ab}=-R_2I_2+U_{S2},\ I_2=\frac{U_{S2}-U_{ab}}{R_2}=\frac{5-2.67}{1}=2.33\text{A}$$

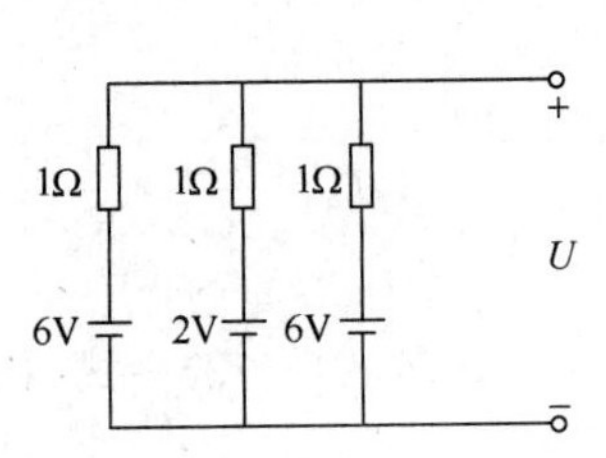

图 1-30　思考题 1-5-1 图

## 思　考　题

1-5-1　在图 1-30 所示电路中，用结点电压法求 $U$ 及各支路电流。

1-5-2　恒压源两端电压用电动势 $E$ 表示时，式(1-22) 应如何表示？

# 第六节　叠加原理

叠加原理是反映线性电路基本性质的重要原理，它的内容是：在有多个电源共同作用的线性电路中，任一支路中的电流（或电压）等于各个电源分别单独作用时在该支路中产生的

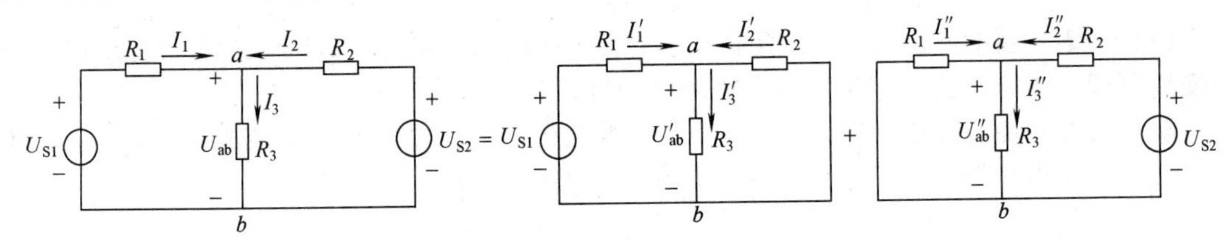

图 1-31　叠加原理例图 1

电流（或电压）的代数和。

例如图 1-31 所示电路中，有

$$I_3=I_3'+I_3''，I_1=I_1'+I_1''，I_2=I_2'+I_2''$$
$$U_{ab}=U_{ab}'+U_{ab}''$$

因为由结点电压法可得

$$U_{ab}'=\frac{\frac{U_{S1}}{R_1}}{\frac{1}{R_1}+\frac{1}{R_2}+\frac{1}{R_3}}，\quad I_3'=\frac{U_{ab}'}{R_3}=\frac{1}{R_3}\times\frac{\frac{U_{S1}}{R_1}}{\frac{1}{R_1}+\frac{1}{R_2}+\frac{1}{R_3}} \tag{1-23}$$

$$U_{ab}''=\frac{\frac{U_{S2}}{R_2}}{\frac{1}{R_1}+\frac{1}{R_2}+\frac{1}{R_3}}，\quad I_3''=\frac{U_{ab}''}{R_3}=\frac{1}{R_3}\times\frac{\frac{U_{S2}}{R_2}}{\frac{1}{R_1}+\frac{1}{R_2}+\frac{1}{R_3}} \tag{1-24}$$

$$U_{ab}=\frac{\frac{U_{S1}}{R_1}+\frac{U_{S2}}{R_2}}{\frac{1}{R_1}+\frac{1}{R_2}+\frac{1}{R_3}} \tag{1-25}$$

$$I_3=\frac{U_{ab}}{R_3}=\frac{1}{R_3}\times\frac{\frac{U_{S1}}{R_1}+\frac{U_{S2}}{R_2}}{\frac{1}{R_1}+\frac{1}{R_2}+\frac{1}{R_3}}=\frac{1}{R_3}\times\frac{\frac{U_{S1}}{R_1}}{\frac{1}{R_1}+\frac{1}{R_2}+\frac{1}{R_3}}+\frac{1}{R_3}\times\frac{\frac{U_{S2}}{R_2}}{\frac{1}{R_1}+\frac{1}{R_2}+\frac{1}{R_3}} \tag{1-26}$$

比较式(1-23)～式(1-26) 得

$$I_3=I_3'+I_3''，\quad U_{ab}=U_{ab}'+U_{ab}''$$

同理可求得

$$I_1=I_1'+I_1''，\quad I_2=I_2'+I_2''$$

在叠加原理中，电源单独作用是指：电路中某一电源起作用，而其他电源置零（即不起作用）。电源置零的具体处理方法如下：理想电压源短路（即令 $U_S=0$，用短路线替代），理想电流源开路（即令 $I_S=0$，用开路替代）。

例如图 1-32 所示电路中

$$I_1=I_1'+I_1''，I_2=I_2'+I_2''，U_2=U_2'+U_2''$$

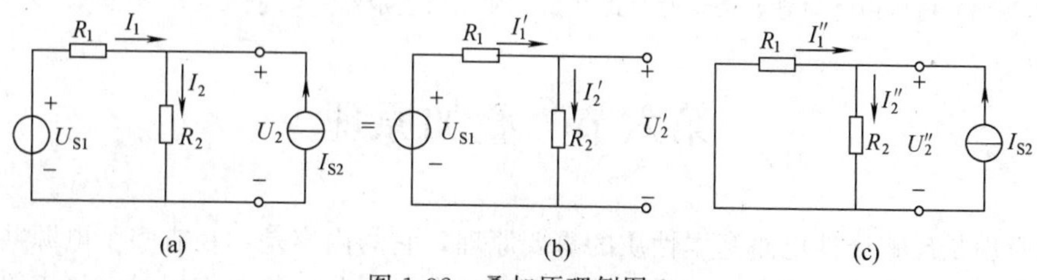


图 1-32　叠加原理例图 2

**【例 1-7】** 电路如图 1-32(a) 所示，其中 $R_1=6\Omega$，$R_2=4\Omega$，$U_{S1}=10V$，$I_{S2}=4A$，应用叠加原理求支路电流 $I_1$ 和 $I_2$ 及电流源两端电压 $U_2$。

**解** 按叠加原理作出如图 1-32(b)、(c) 的电路，图 1-32(b) 中电流源 $I_{S2}$ 不作用，而图 1-32(c) 中电压源 $U_{S1}$ 不作用。这样，在图 1-32(b) 中

$$I_1'=I_2'=\frac{U_{S1}}{R_1+R_2}=\frac{10}{6+4}=1A$$

$$U_2'=R_2I_2'=4\times1=4\text{V}$$

而图 1-32(c) 中

$$U_2''=\frac{R_1R_2}{R_1+R_2}I_{S2}=\frac{6\times4}{6+4}\times4=9.6\text{V}$$

$$I_1''=-\frac{U_2''}{R_1}=-\frac{9.6}{6}=-1.6\text{A}$$

$$I_2''=\frac{U_2''}{R_2}=\frac{9.6}{4}=2.4\text{A}$$

$$I_1=I_1'+I_1''=1+(-1.6)=-0.6\text{A}$$

$$I_2=I_2'+I_2''=1+2.4=3.4\text{A}$$

$$U_2=U_2'+U_2''=4+9.6=13.6\text{V}$$

**【例 1-8】** 电路如图 1-33(a) 所示，已知：$U_{S1}=3\text{V}$，$U_{S2}=5\text{V}$，$R_1=R_2=R_3=1\Omega$，应用叠加原理求各支路电流及 $U_{ab}$。

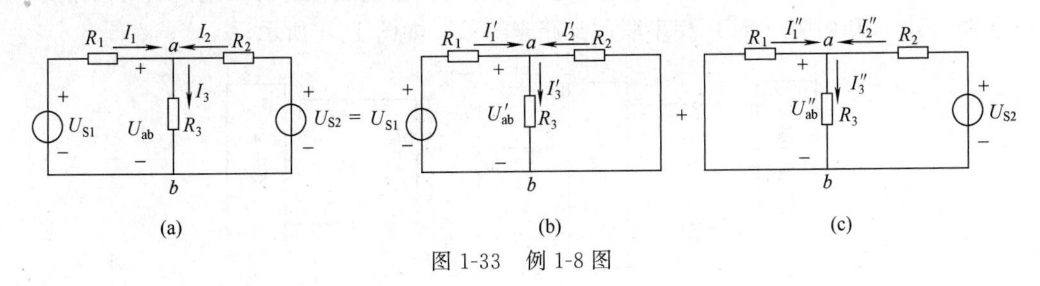


图 1-33　例 1-8 图

**解**　按叠加原理作出如图 1-33(b)、(c) 的电路，图 1-33(b) 电路中 $U_{S2}$ 不作用，图 1-33(c) 中 $U_{S1}$ 不作用。这样，在图 1-33(b) 中

$R_2$ 与 $R_3$ 并联后电阻　　$R_2/\!/R_3=\frac{1}{2}=0.5\Omega$

$$I_1'=\frac{U_{S1}}{R_1+R_2/\!/R_3}=\frac{3}{1+0.5}=2\text{A}$$

$$U_{ab}'=I_1'\times R_2/\!/R_3=2\times0.5=1\text{V}$$

$$I_2'=-\frac{U_{ab}'}{R_2}=-\frac{1}{1}=-1\text{A}$$

$$I_3'=\frac{U_{ab}'}{R_3}=\frac{1}{1}=1\text{A}$$

在图 1-33(c) 中

$R_1$ 与 $R_3$ 并联后电阻　　$R_1/\!/R_3=\frac{1}{2}=0.5\Omega$

$$I_2''=\frac{U_{S2}}{R_2+R_1/\!/R_3}=\frac{5}{1+0.5}=3.33\text{A}$$

$$U_{ab}''=I_2''\times R_1/\!/R_3=3.33\times0.5=1.67\text{V}$$

$$I_1''=-\frac{U_{ab}''}{R_1}=-\frac{1.67}{1}=-1.67\text{A}$$

$$I_3''=\frac{U_{ab}''}{R_3}=\frac{1.67}{1}=1.67\text{A}$$

所以

$$I_1=I_1'+I_1''=2+(-1.67)=0.33\text{A}$$
$$I_2=I_2'+I_2''=-1+3.33=2.3\text{A}$$
$$I_3=I_3'+I_3''=1+1.67=2.67\text{A}$$
$$U_{ab}=U_{ab}'+U_{ab}''=1+1.67=2.67\text{V}$$

这和例 1-6 用支路电流法求解所得的结果是一样的。

### 思　考　题

1-6-1　在计算线性电阻电路的功率时，是否可以用叠加原理？

## 第七节　戴维宁定理

**戴维宁定理**又称为等效电压源定理，定理内容为：任何线性有源二端网络可以用一个理想电压源（$U_S$）和内阻（$R_0$）相串联的支路来等效。如图 1-34 所示。

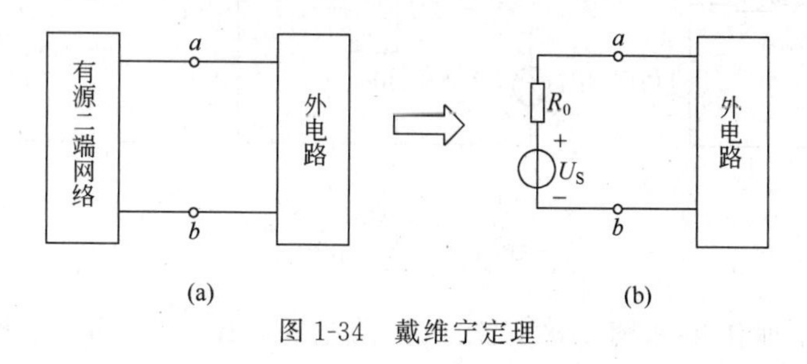


图 1-34　戴维宁定理

所谓**二端网络**就是有两个出线端的电路，含电源的二端网络称为**有源二端网络**，如不含电源则称为无源二端网络。

等效电路中的 $U_S$ 等于有源二端网络的开路电压，内阻 $R_0$ 则等于网络中所有电源置零后所得无源二端网络 $a$,$b$ 间的**等效电阻**。

所谓电源置零指将有源二端网络中的独立恒压源用短路替代，独立恒流源用开路替代。

戴维宁定理的证明此处从略，学习此定理的要求在于运用。特别是在电路计算中，可以运用戴维宁定理，将一个较复杂的电路简化为一个简单的电路，进而使计算得到简化。尤其是只需计算电路中一个支路的电流时，应用这个定理更为方便。此时只要保留待求的支路，而把电路的其余部分转化为戴维宁等效电路，电路的计算就变得很简单。

**【例 1-9】**　应用戴维宁定理求例 1-8 中 $R_3$ 支路的电流 $I_3$。

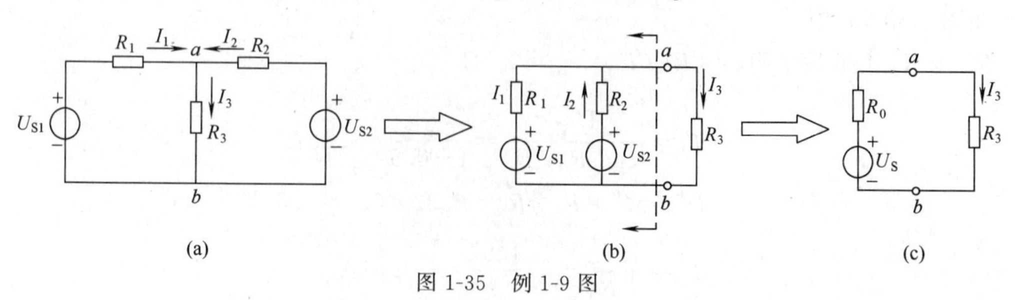


图 1-35　例 1-9 图

**解**　将图 1-35(a) 转化成图 1-35(b) 不会改变各支路电流、电压的大小，再将图 1-35(b) 左侧有源二端网络进行戴维宁等效变换，得到图 1-35(c)。图 1-35(c) 中 $U_S$ 为图 1-35

(b) $a$ ,$b$ 有源二端网络的开路电压 $U_{ab0}$，$R_0$ 为将图 1-35(b) 左侧有源二端网络中的各电源置零后，$a$ ,$b$ 二端的等效电阻。

先求 $U_S$ [见图 1-36(a) ]。

**方法一**　此时 $R_3$ 断开，故此支路无电流，在这种情况下，只可能在 $R_1$ ,$R_2$ 两支路中存在一个回路电流 $I$

$$I=\frac{U_{S2}-U_{S1}}{R_1+R_2}=\frac{5-3}{1+1}=1\text{A}$$

$$U_S=U_{ab0}=R_1I+U_{S1}=1\times1+3=4\text{V}$$

**方法二**　此处 $U_S$ 也可用结点电压法求

$$U_S=U_{ab0}=\frac{\dfrac{U_{S1}}{R_1}+\dfrac{U_{S2}}{R_2}}{\dfrac{1}{R_1}+\dfrac{1}{R_2}}=\frac{\dfrac{3}{1}+\dfrac{5}{1}}{\dfrac{1}{1}+\dfrac{1}{1}}=4\text{V}$$

求 $R_0$。

图 1-36(a) 中，独立恒压源 $U_{S1}$ ,$U_{S2}$ 置零后所得无源二端网络电路如图 1-36(b)

$$R_0=\frac{R_1R_2}{R_1+R_2}=\frac{1\times1}{1+1}=\frac{1}{2}=0.5\Omega$$

至此由图 1-35(c) 可得

$$I_3=\frac{U_S}{R_0+R_3}=\frac{4}{0.5+1}=2.67\text{A}$$

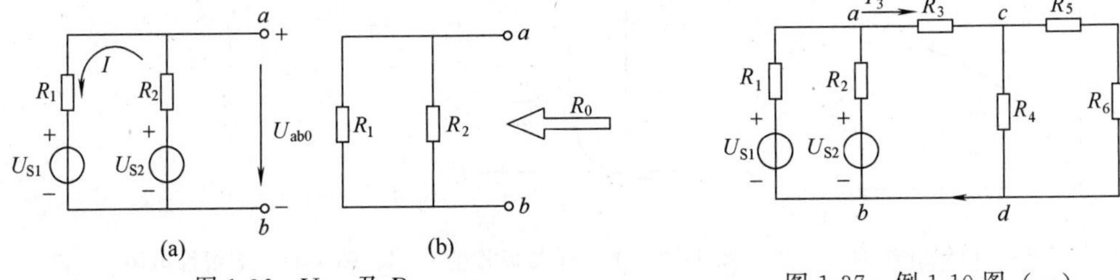

图 1-36　$U_{ab0}$ 及 $R_0$

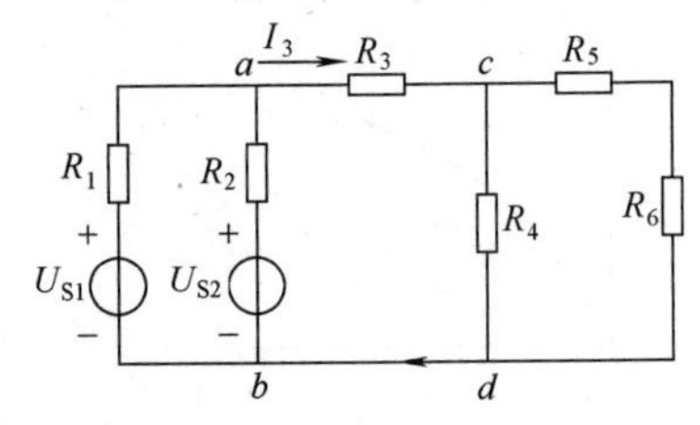

图 1-37　例 1-10 图（一）

**【例 1-10】**　图 1-37 所示的电路中，已知 $U_{S1}=40\text{V}$，$U_{S2}=40\text{V}$，$R_1=4\Omega$，$R_2=2\Omega$，$R_3=5\Omega$，$R_4=10\Omega$，$R_5=8\Omega$，$R_6=2\Omega$；求通过 $R_3$ 的电流 $I_3$。

**解**　(1) 首先应用戴维宁定理，将 ($U_{S1}$ ,$R_1$) 支路和 ($U_{S2}$ ,$R_2$) 支路所构成的二端网络用戴维宁等效电路来置换 [图 1-38(a) ]，其中

$$R_0=\frac{R_1R_2}{R_1+R_2}=\frac{4\times2}{4+2}=1.33\Omega$$

$$U_S=R_2I+U_{S2}=\frac{U_{S1}-U_{S2}}{R_1+R_2}R_2+U_{S2}=\frac{40-40}{4+2}\times2+40=40\text{V}$$

(2) 其次，将 $R_4$ 支路和 $R_5$ ,$R_6$ 支路化简，求出 $R_{cd}$

$$R_{cd}=\frac{R_4(R_5+R_6)}{R_4+(R_5+R_6)}=\frac{10\times(8+2)}{10+(8+2)}=5\Omega$$

于是图 1-37 可以简化为图 1-38(b) 所示电路。这样，通过电阻 $R_3$ 的电流

$$I_3=\frac{U_S}{R_{01}+R_3+R_{cd}}=\frac{40}{1.33+5+5}=3.53\text{A}$$

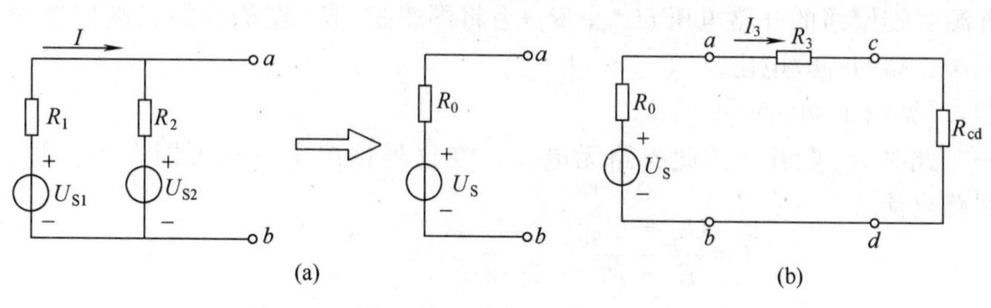


图 1-38 例 1-10 图（二）

## 思考题

1-7-1 直流电源的开路电压为 100V，短路电流为 5A，试用等效电压源来表示该电源。

# 第八节 非线性电阻简介

如果一个电阻的阻值是一个常数，不随电压或电流而变动，这个电阻称为**线性电阻**。然而，实际具有电阻性质的元件，很多是非线性的，它们的伏-安特性往往是实验曲线。例如，图 1-39 和图 1 40 所示的白炽灯和半导体二极管的伏-安特性曲线，这类电阻称为**非线性电阻**。图 1-41 是非线性电阻的符号。

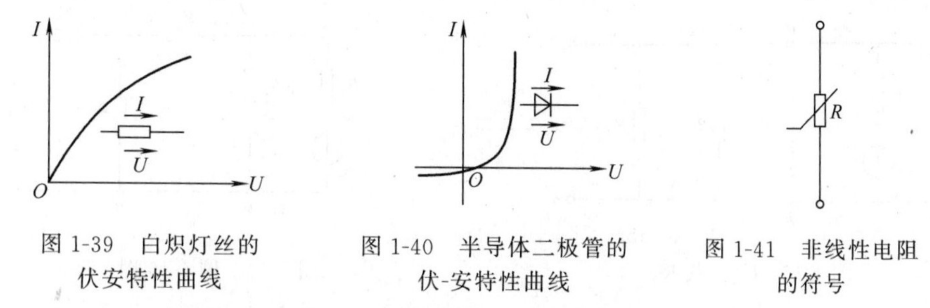


图 1-39 白炽灯丝的伏安特性曲线　图 1-40 半导体二极管的伏-安特性曲线　图 1-41 非线性电阻的符号

对于含有一个以上非线性电阻的电路，常需要采用**图解法**。

例如，图 1-42(a) 所示的是一非线性电路，线性电阻 $R_0$ 与非线性电阻元件 $R$ 相串联。非线性电阻的伏-安特性曲线 $I$（$U$）如图 1-42(b) 所示，应用基尔霍夫电压定律可列出

$$U=U_S-R_0I \tag{1-27}$$

或

$$I=-\frac{U}{R_0}+\frac{U_S}{R_0} \tag{1-28}$$

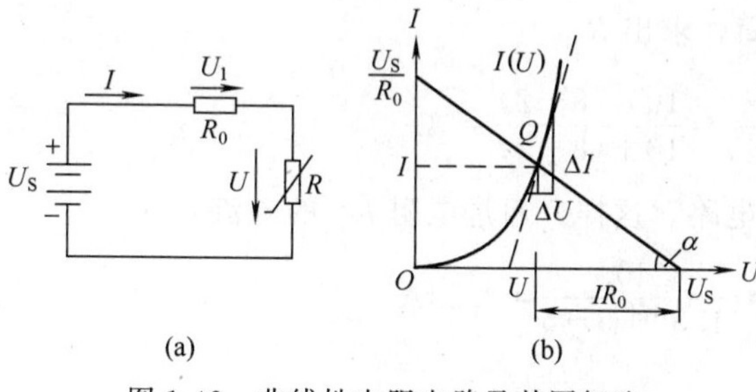


图 1-42 非线性电阻电路及其图解法

这是一个直线方程，取其两特殊点 $\left(0,\frac{U_S}{R_0}\right)$ 和 $(U_S,0)$ 连接，可绘出此直线，两条曲线的交点 $Q$ 所对应的坐标值 $U$，$I$，既满足图 1-42(b) 非线性电阻的伏安特性曲线，又满足方程式(1-28)，因此即为电路的工作点。

表示非线性电阻元件的电阻因工作状

态的不同分为静态电阻和动态电阻。

**静态电阻**（或称直流电阻）为工作点 $Q$ 的 $U$ 与 $I$ 之比，即

$$R_Q=\frac{U}{I} \tag{1-29}$$

而**动态电阻**（或称交流电阻）为工作点 $Q$ 附近的电压微变量 $\Delta U$ 与电流微变量 $\Delta I$ 之比的极限。即

$$r_Q=\lim_{\Delta I\to 0}=\frac{\Delta U}{\Delta I}=\frac{dU}{dI}=\frac{1}{\frac{dI}{dU}} \tag{1-30}$$

# 第九节　电路中电位的概念

在电子技术中经常要用到**电位**这一概念，引入这一概念后，会使一些问题的分析简洁明了。如分析二极管是否导通，只需判断阳极电位是否高于阴极电位；分析三极管的状态，只需分析三极管三个电极的电位关系等。

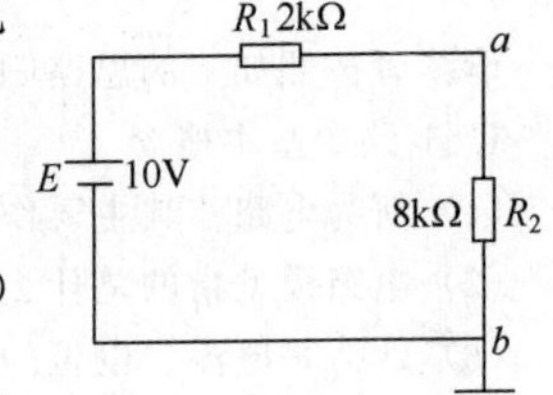

图 1-43　电路中的电位

在电路图 1-43 中求 $ab$ 两点的电压

$$U_{ab}=IR_2=\frac{E}{R_1+R_2}\times R_2=\frac{10}{2+8}\times 8=8\text{V} \tag{1-31}$$

电压 8V 就是 $ab$ 两点间的电压，由电压的基本定义知，也即 $a$ 点和 $b$ 点的电位差。电位不同于电压，它的文字符号是 **V**，电压和电位的关系为

$$U_{ab}=V_a-V_b \tag{1-32}$$

在图 1-43 中若选 $b$ 点为**参考点**，参考点就是被选作比较各点电位的基点，用符号“⊥”来表示。通常参考点的电位设为 0V，则 $V_b=0$，也即 $V_a=8\text{V}$。显然，$V_a=8\text{V}$ 是相对于 $V_b=0\text{V}$ 而言的。由此看来可以得出以下两个结论。

（1）某点的电位就是该点对参考点的电压；

（2）各点的电位值是相对于参考点而言的，也就是说，电路中参考点选得不同，各点的电位值就不同，但两点间的电压值不变。

引入了电位的概念后，图 1-43 电路就可画成图 1-44 所示。其中 $b$ 点接“地”，电位为 0，电源的正端标上相对于“地”的电位值，电源的符号不再出现。这种画法各点的电位值一目了然，有利于对电路的电位分析，在电子技术中常用。

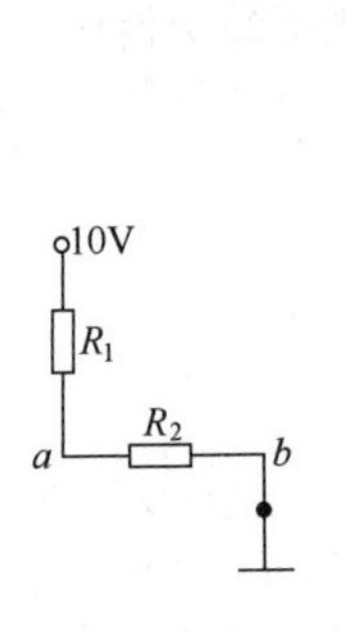

图 1-44　电路的电位画法

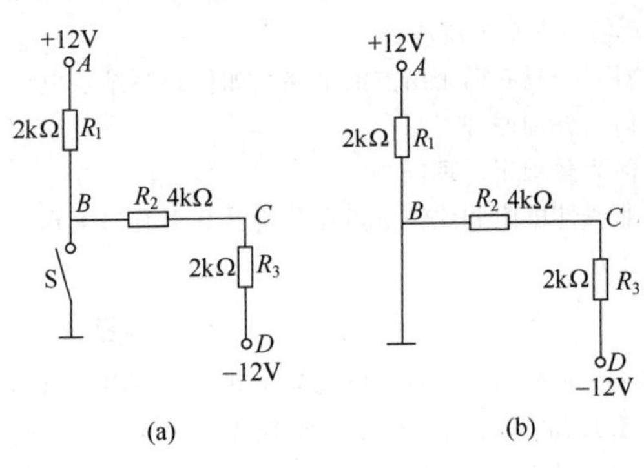

图 1-45　例 1-11 图

【例 1-11】 分别求出图 1-45(a) 电路中开关 S 合上和打开时 $C$ 点的电位。

**解** （1）当开关合上时 开关合上时，电路如图 1-45(b) 所示，$B$ 点和“地”连在一起，$V_B=0V$。

则
$$V_C=U_{CB}=\frac{V_D-V_B}{R_2+R_3}R_2=\frac{-12-0}{4+2}\times4=-8V$$

（2）当开关打开时 注意开关打开时，$B$ 点并没和“地”连在一起，$V_B\neq0V$。

$D$ 点对“地”的电位没变，即 $V_D=-12V$。$V_C$ 值可以通过先求电压 $U_{CD}$ 的值，再通过 $U_{CD}=V_C-V_D$ 求得。即

$$V_C=U_{CD}+V_D=\frac{V_A-V_D}{R_1+R_2+R_3}R_3+V_D=\frac{12-(-12)}{2+4+2}\times2+(-12)=-6V$$

求电位的值时要注意，如果电路中已选择了参考点，就要以该参考点为基准求其他各点的电位值。若电路中没选择参考点，则必须首先设定参考点，再求其他各点电位值。

## 本章复习提示

请读者按照如下的思路归纳总结一下，本章所学过的基本内容。

1. 电路的基本概念

（1）何为电路？其主要作用是什么？

（2）电路模型指的是什么？

（3）什么是电流、电压的实际方向和参考方向？其代数量的正负值有何意义？何为关联参考方向？

（4）什么是额定值、满载、轻载、过载？电路有几种状态？各是什么？

（5）何为电功率及电能？如何计算？

（6）电压和电位的区别和关系是什么？

2. 电压源、电流源及其等效变换

（1）实际电源的电路模型如何？其伏安特性为何？其输出电流大小取决于什么？

（2）何为理想电压源？何为理想电流源？其伏安特性为何？

（3）电压源与电流源如何进行等效变换？应注意什么？

3. 基尔霍夫定律

（1）何为基尔霍夫电流定律（KCL）？

（2）何为基尔霍夫电压定律（KVL）？

4. 支路电流法

（1）何为复杂电路？何为独立和非独立方程？在解题过程中为何要确认所列方程是否为独立方程？

（2）对 $n$ 个结点的电路能列出多少个独立的 KCL 方程？

（3）何为网孔？对于一个有 $m$ 个网孔的平面电路图，能列出多少个独立的 KVL 方程？

（4）何为支路电流法？

5. 对一个只有两个结点的电路，如何列写结点电压方程？（以图 1-28、图 1-29 为例）

6. 何为叠加原理？

7. 何为戴维宁定理？

8. 非线性电阻和线性电阻在分析计算上有何区别？

## 习　　题

1-1 图 1-46(a)、(b)、(c) 所示为从某一电路中取出的一条支路 $AB$。试问：电流的实际方向如何？

1-2 图 1-47(a)、(b)、(c) 为某电路中的一元件，试问：元件两端电压的实际方向如何？

1-3 有一台直流电动机，经两根电阻 $R_1=0.2\Omega$ 的导线接在 220V 的电源上，已知电动机消耗的功率为 10kW，求电动机的端电压 $U$ 和取用的电流 $I$。

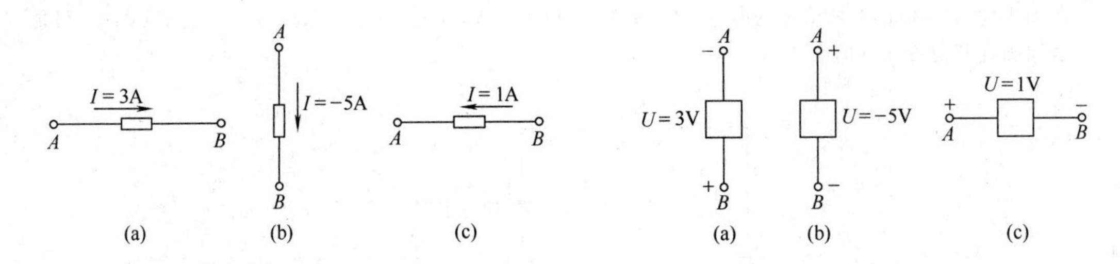


图 1-46　题 1-1 图　　　　图 1-47　题 1-2 图

1-4　现有 100W 和 15W 两盏白炽灯，额定电压均为 220V，它们在额定工作状态下的电阻各是多少？可否把它们串联起来接到 380V 电源上使用？

1-5　电路如图 1-48 所示，已知 $I_{S1}=50A$，$R_{01}=0.2\Omega$，$I_{S2}=50A$，$R_{02}=0.1\Omega$，$R_3=0.2\Omega$。求 $R_3$ 上电流和 $R_{01}$，$R_{02}$ 两端电压各为何值（自标参考方向）？电阻 $R_3$ 消耗多少功率？

1-6　电路如图 1-49 所示，已知 $I_{S1}=40A$，$R_{01}=0.4\Omega$，$E_2=9V$，$R_{02}=0.15\Omega$，$R_3=2.2\Omega$。求

(1) $R_{01}$，$R_{02}$ 上的电流和电流源、电阻 $R_3$ 的端电压各为何值（自标参考方向）？

(2) 左边电流源和上边电压源输出（或输入）多少功率？电阻 $R_3$ 消耗多少功率？

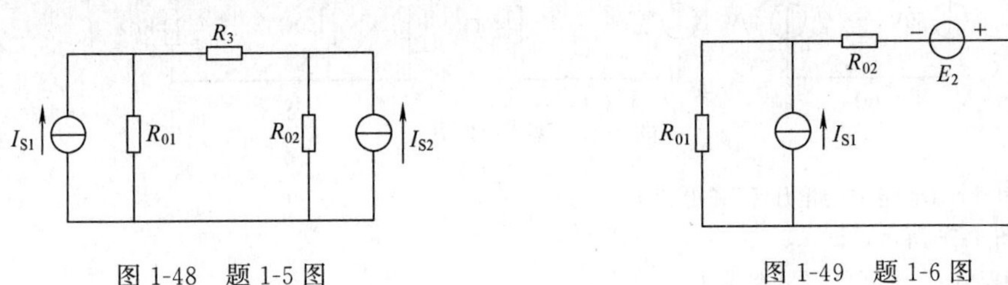


图 1-48　题 1-5 图　　　　图 1-49　题 1-6 图

1-7　已知图 1-50(a) 所示电路中 $U_{S1}=24V$，$U_{S2}=6V$，$R_1=12\Omega$，$R_2=6\Omega$，$R_3=2\Omega$，图 1-50(b) 为经电源变换后的等效电路。试求 $I_S$ 和 $R$；分别求出电阻 $R_1$ 和 $R_2$ 以及 $R$ 所消耗的功率，它们是否相等？为什么？

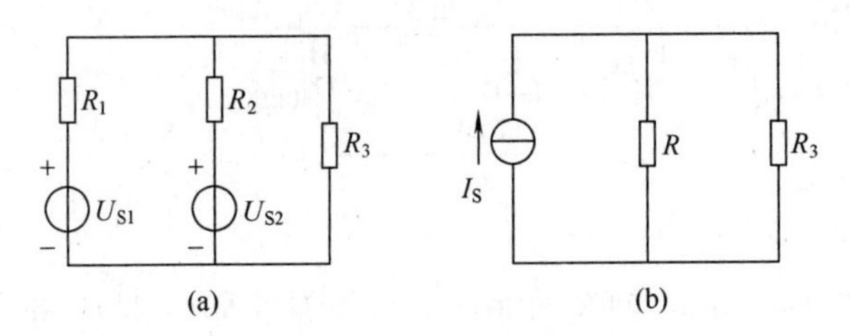


图 1-50　题 1-7 图

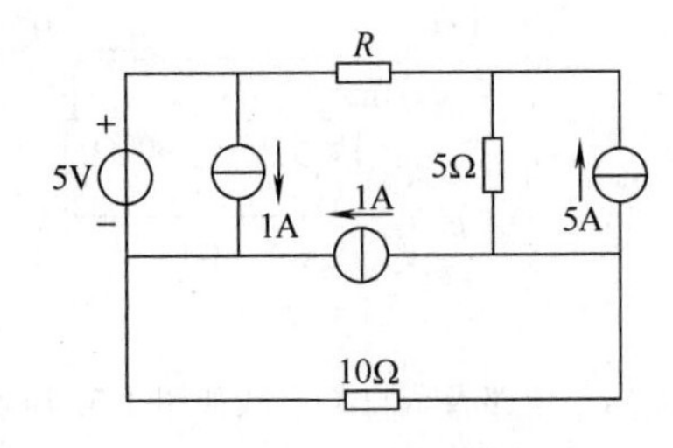


图 1-51　题 1-8 图

1-8　在图 1-51 所示电路中，已知 $R=5\Omega$，求 $R$ 上的电压。

1-9　计算图 1-52 所示电路中 $2\Omega$ 电阻上的电流。

1-10　在图 1-53 所示电路中，根据给定的电流，尽可能多地确定其他各电阻中的未知电流。

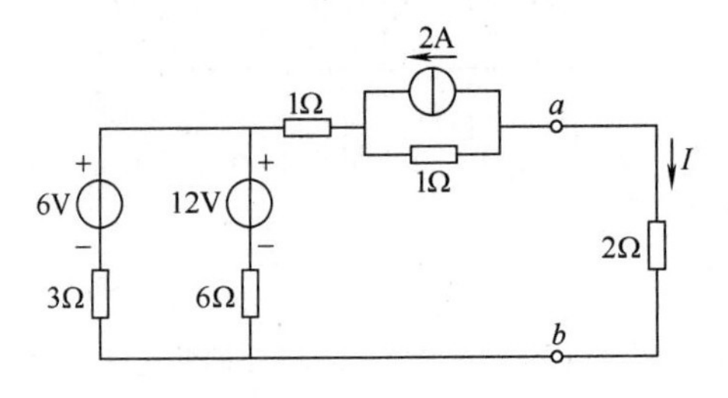


图 1-52　题 1-9 图

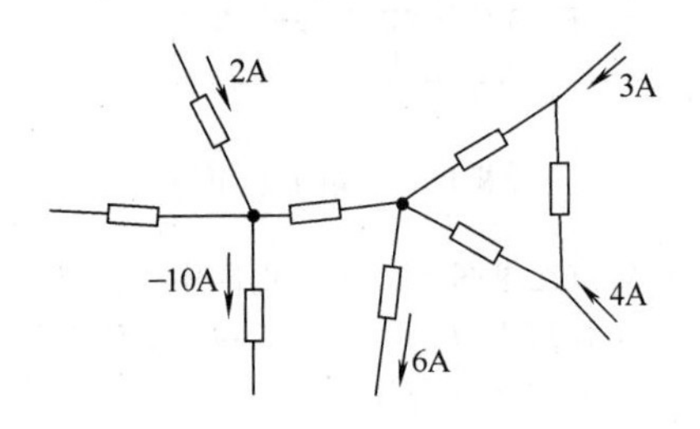


图 1-53　题 1-10 图

1-11　在图 1-54 中，根据下列给定的电压，$U_{12}=2\text{V}$，$U_{23}=3\text{V}$，$U_{25}=5\text{V}$，$U_{37}=3\text{V}$，$U_{67}=1\text{V}$，尽可能多地确定其他各元件的电压。

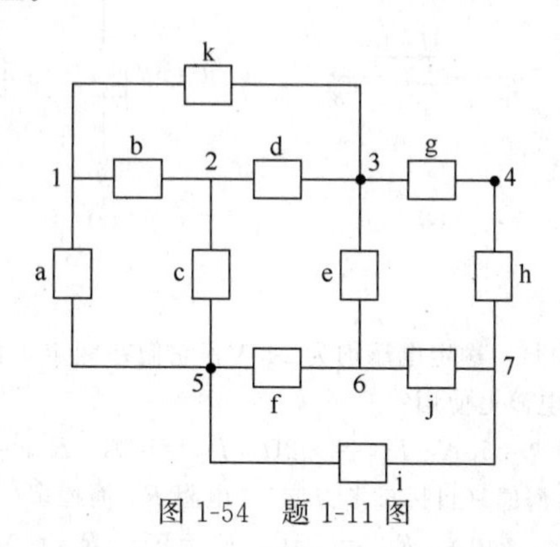


图 1-54　题 1-11 图

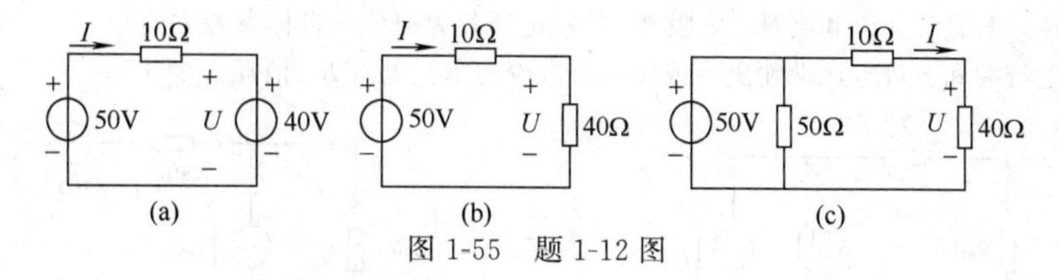


图 1-55　题 1-12 图

1-12　求图 1-55 所示电路中的电压 $U$ 和电流 $I$。

1-13　电路如图 1-56 所示，试求：

(1) 图 1-56(a) 中电压 $U$ 和电流 $I$；

(2) 串入一个电阻 10kΩ［图 1-56(b)］，重求电压 $U$ 和电流 $I$；

(3) 再并接一个 2mA 的电流源［图 1-56(c)］，重求电压 $U$ 和电流 $I$。

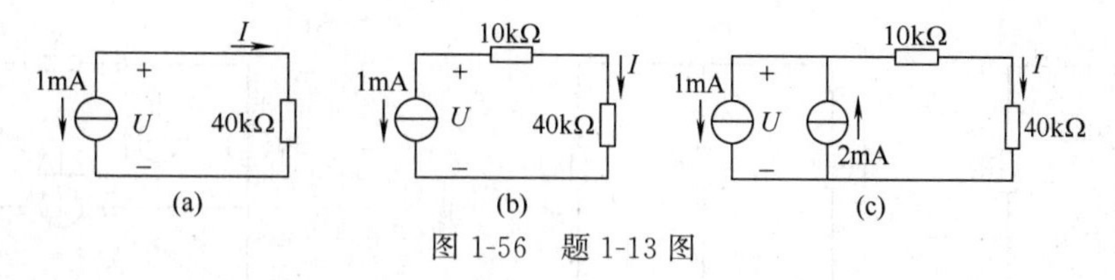


图 1-56　题 1-13 图

1-14　电路及其已知参数如图 1-57 所示，试用支路电流法求 $R_1$ 和 $R_2$ 中的电流（自标参考方向）和 $E_3$ 各为何值？

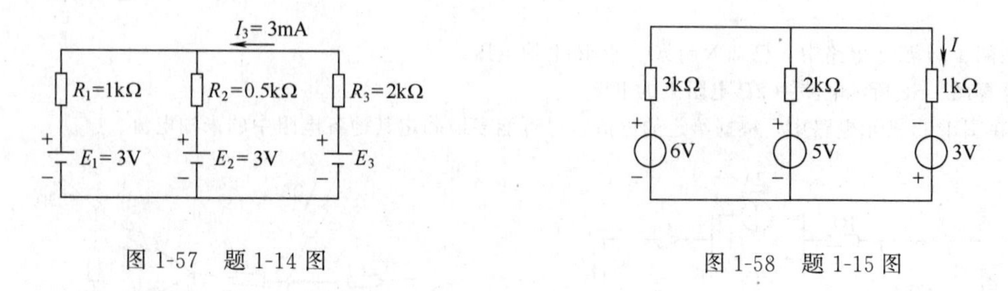


图 1-57　题 1-14 图　　　　图 1-58　题 1-15 图

1-15　用结点法求图 1-58 所示电路中的电流 $I$。

1-16　应用叠加原理计算图 1-59 所示电路中各支路的电流。

1-17　图 1-60 所示电路中，已知：$R_1=R_2=R_3=R_4=1\Omega$，$I_S=1\text{A}$，$U_S=6\text{V}$，求 $R_4$ 二端的电压。

1-18　试用叠加原理计算图 1-61 所示电路中的电流 $I_1$ 和 $I_2$。

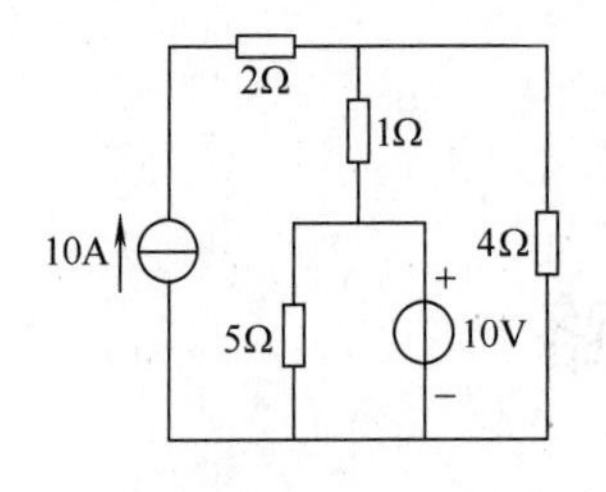


图 1-59 题 1-16 图

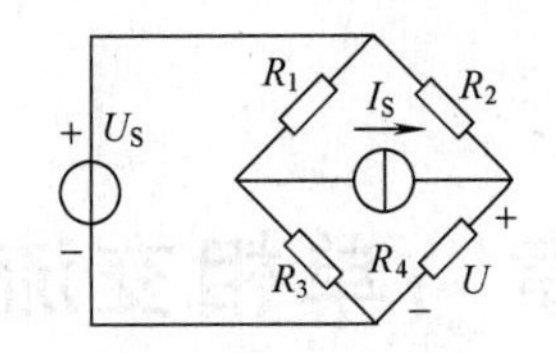


图 1-60 题 1-17 图

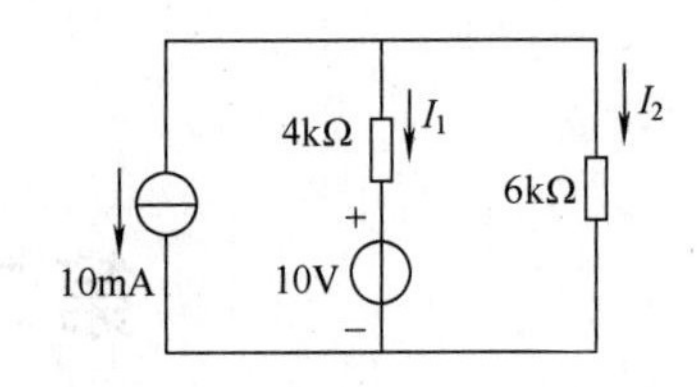


图 1-61 题 1-18 图

1-19 图 1-62 所示电路，当开关 S 在位置 1 时，毫安表的读数为 $I'=40\text{mA}$；当开关 S 倒向位置 2 时，毫安表的读数为 $I''=-60\text{mA}$。如果把开关 S 倒向位置 3，则毫安表的读数为多少？设已知 $U_{S1}=10\text{V}$，$U_{S2}=15\text{V}$。

1-20 应用戴维宁定理计算题 1-16 中 1Ω 电阻中的电流。

1-21 用戴维宁定理求图 1-63 所示电路的二端网络的等效电路。

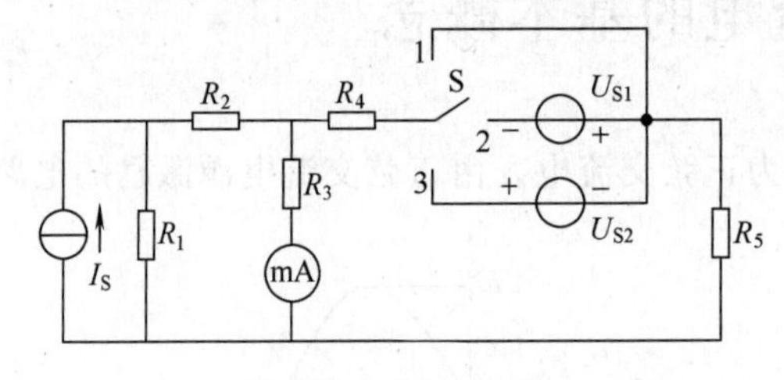


图 1-62 题 1-19 图

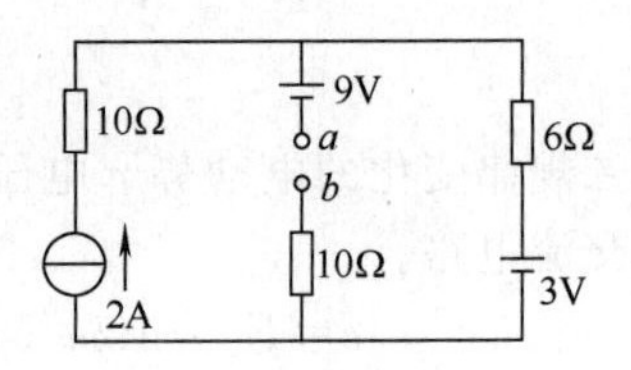


图 1-63 题 1-21 图

1-22 求图 1-64 所示电路中 $ab$ 两端的戴维宁等效电路。

1-23 用戴维宁定理求图 1-65 所示电路中的 $U_{AB}$。

1-24 求图 1-66 所示电路中开关 S 闭合和断开两种情况下 $a$，$b$，$c$ 三点的电位。

1-25 求图 1-67 所示电路中 $A$ 点的电位。

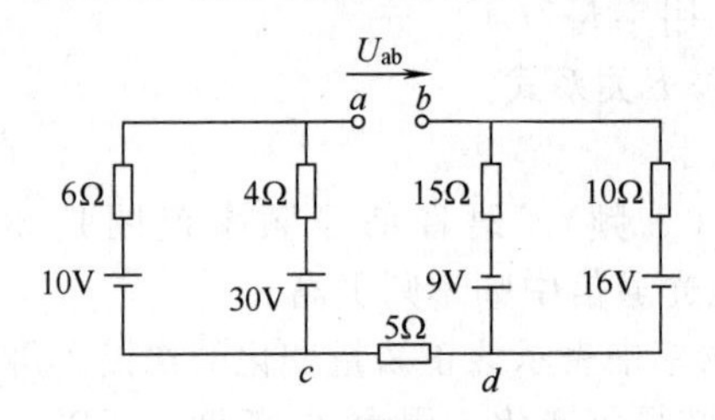


图 1-64 题 1-22 图

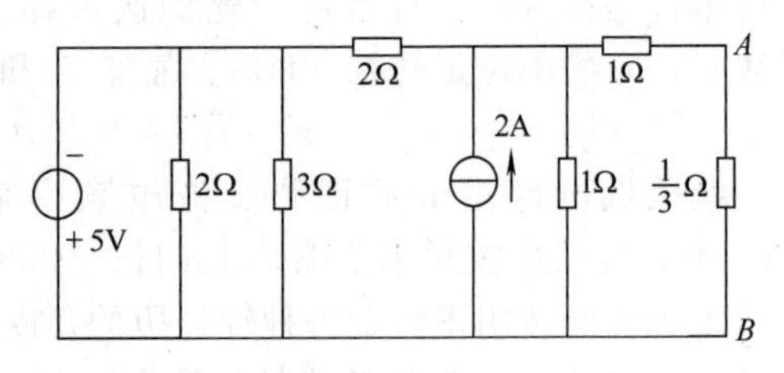


图 1-65 题 1-23 图

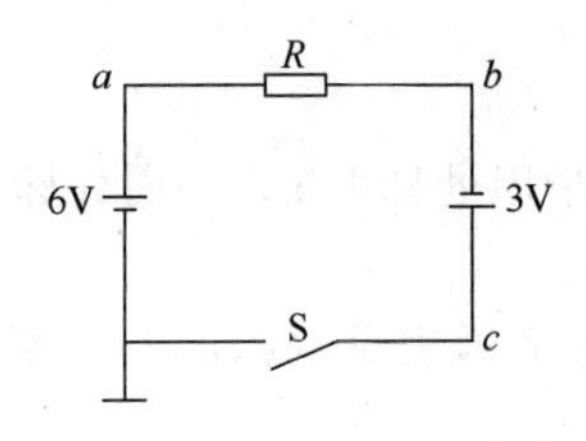


图 1-66 题 1-24 图

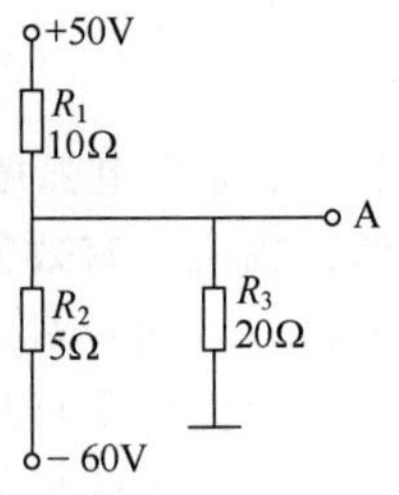


图 1-67 题 1-25 图

# 第二章 单相交流电路

交流电具有输配电容易、价格便宜等优点，其中尤以正弦电源供电的交流用电设备性能好、效率高，因而电力供电网供应的都是**正弦交流电**。

学习正弦交流电的基本知识，正弦交流电路的分析方法，对学习电工技术和电子技术是十分重要的。

## 第一节 正弦交流电的基本概念

按正弦规律变化的电动势、电压、电流总称为正弦交流电。由正弦交流电源激励的电路称为正弦交流电路。

$$\left.\begin{aligned} e&=E_{\mathrm{m}}\sin(\omega t+\psi_{\mathrm{e}}) \\ u&=U_{\mathrm{m}}\sin(\omega t+\psi_{\mathrm{u}}) \\ i&=I_{\mathrm{m}}\sin(\omega t+\psi_{\mathrm{i}}) \end{aligned}\right\} \tag{2-1}$$

图 2-1 表示了正弦电流的波形图。

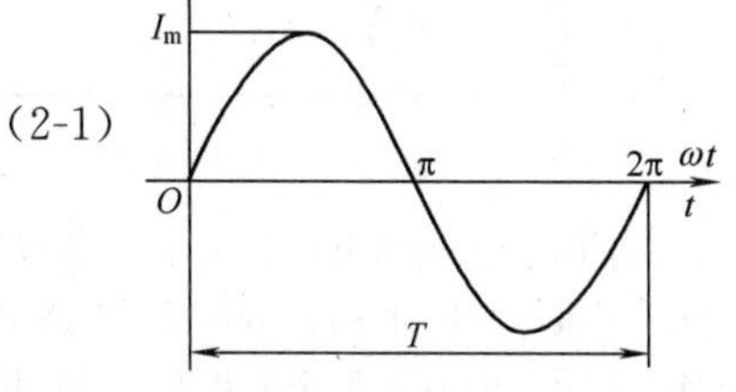


图 2-1 正弦电流波形图

### 一、周期和频率

正弦量变化一周所需的时间称为**周期**，用字母 $T$ 表示。它的单位是秒（s）。每秒内变化的次数称为**频率**，用字母 $f$ 来表示，它的单位是赫兹（Hz）。显然 $T$ 和 $f$ 满足以下关系式

$$f=1/T \tag{2-2}$$

我国供电网提供的正弦交流电频率是 50Hz（工频）。语音信号频率范围是 300～3400Hz，无线电波频率范围是 10kHz～300GHz，在光通信中频率则更高。

工程上经常用正弦量每秒钟经历的弧度——角频率来表示该正弦量变化的快慢。角频率用字母 $\omega$ 来表示，它的单位是弧度/秒（rad/s）。正弦量每变化一周为 $2\pi$ 弧度，所以 $\omega$ 和 $f$ 的关系为

$$\omega=2\pi f=2\pi/T \tag{2-3}$$

在图 2-1 中，坐标用电弧度表示，因此图形上只需在半周处标上 $\pi$，一周处标上 $2\pi$。

### 二、瞬时值、幅值、有效值

正弦交流电每个瞬间所对应的值称为**瞬时值**，用小写字母表示（$e, u, i$）。瞬时值中的最大值称为**幅值**，用大写字母加下标来表示（$E_{\mathrm{m}}, U_{\mathrm{m}}, I_{\mathrm{m}}$）。

**有效值**是用来衡量正弦量做功能力的物理量。当一个正弦电流 $i$ 在一个周期 $T$ 内通过某一个电阻 $R$ 产生的热量和一个直流电流 $I$ 在相同时间内通过同一个电阻 $R$ 产生的热量相同，那么就将这个直流电流 $I$ 的大小定义为该正弦电流 $i$ 的有效值，用大写字母 $I$ 来表示。依上所述，应有

$$\int_0^T Ri^2 \mathrm{d}t = RI^2 T$$

故得

$$I = \sqrt{\frac{1}{T}\int_0^T i^2 \mathrm{d}t} \tag{2-4}$$

有效值又称方均根值。用 $i=I_m \sin\omega t$ 正弦量代入式(2-4)，得其有效值 $I$ 为

$$I = \sqrt{\frac{1}{T}\int_0^T I_m^2 \sin^2\omega t \mathrm{d}t} = \sqrt{\frac{I_m^2}{T}\int_0^T \frac{1-\cos 2\omega t}{2}\mathrm{d}t} = \frac{I_m}{\sqrt{2}} \tag{2-5}$$

同理可得正弦电动势和电压的有效值为

$$E = \frac{E_m}{\sqrt{2}}, \qquad U = \frac{U_m}{\sqrt{2}} \tag{2-6}$$

工程上通常所说的交流电压、电流值，仪表所测得的数值均是指有效值。

**三、初相位、相位、相位差**

式(2-1) 正弦交流电表达式中的 $(\omega t+\psi)$ 称为**相位**或**相位角**。它表示了正弦交流电变化的进程。$t=0$ 时的相位称为**初相位**或**初相角**。它表示了计时开始时刻的正弦量的相位角。

两个同频率正弦量之间的初相角之差称为**相位差**，用字母 $\varphi$ 表示。

设两个正弦量分别是

$$u = U_m \sin(\omega t + \psi_u)$$
$$i = I_m \sin(\omega t + \psi_i)$$

其波形图如图 2-2 所示。$u$ 和 $i$ 的相位差是

$$\varphi = \psi_u - \psi_i \tag{2-7}$$

图 2-2 中，式(2-7) 的 $\varphi>0$。

(1) 当 $\varphi>0$ 时，$u$ 比 $i$ 先经过零值或最大值，故在相位上 $u$ 比 $i$ 超前 $\varphi$ 角，或者讲 $i$ 在相位上比 $u$ 滞后 $\varphi$ 角，如图 2-2 所示。

(2) 当 $\varphi=0$ 时，$u$ 和 $i$ 的相位关系由式(2-7) 可知为 $\psi_u=\psi_i$，则称 $u$ 和 $i$ 同相，如图 2-3(a) 所示。

(3) 当 $\varphi=\pm\pi$ 时，$u$ 和 $i$ 的相位关系由式(2-7) 可知为 $\psi_u=\pm\pi+\psi_i$，则称 $u$ 和 $i$ 反相，如图 2-3(b) 所示。

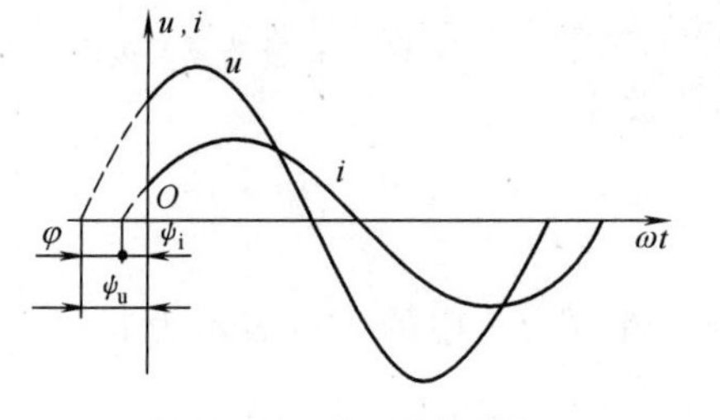


图 2-2　$u$ 和 $i$ 的波形图

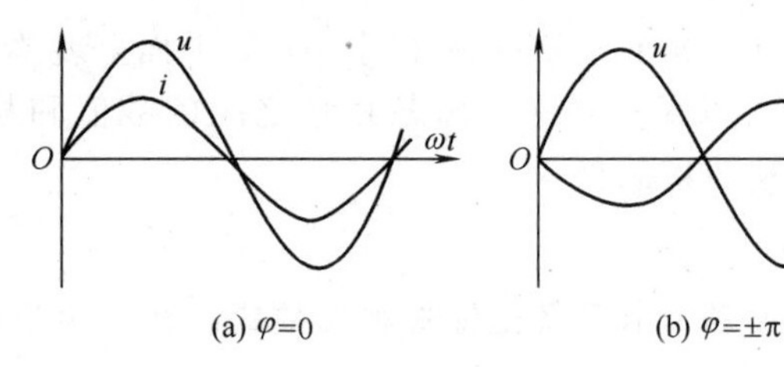


图 2-3　$u$ 和 $i$ 的相位关系

幅值、频率和相位是正弦量的三个要素。只要三要素确定了，正弦量也就被唯一地确定了。

## 思　考　题

2-1-1　已知 $e=220\sqrt{2}\sin 314\omega t$ V，试问 $e$ 的有效值、频率和初相角各为多少？

2-1-2　你能否求出 $u_1=100\sin(\omega t+30°)$ 和 $u_2=200\sin(\omega t-30°)$ 的相位差是多少？

2-1-3　试分别画出 $i=I_m\sin(\omega t+\psi_i)$ 中的 $\psi_i>0$，$\psi_i<0$，$\psi_i=0$ 的波形图。

# 第二节　正弦量的相量表示法

正弦交流电的运算无论用函数式还是波形图都十分繁琐，通常都采用相量法。

## 一、正弦量和复数的关系

图 2-4 中的有向线段 $OA$，当它的长度等于正弦电流的幅值 $I_m$，它与横轴的夹角为正弦量的初相角 $\psi_i$，并以正弦量的角频率 $\omega$ 为角速度作逆时针旋转时，该有向线段每一时刻在纵轴上的投影就是这一正弦电流。

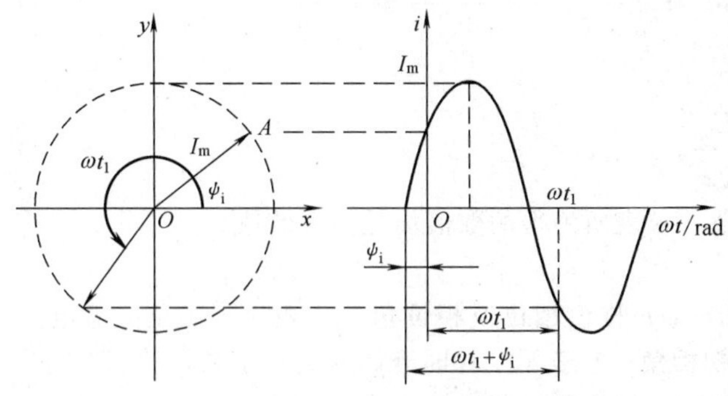


图 2-4　用旋转有向线段表示正弦量

$$i(t)=I_m\sin(\omega t+\psi_i)$$

也就是说以角速度 $\omega$ 逆时针旋转的有向线段 $OA$ 和正弦电流 $i(t)$ 之间是一一对应的，$i(t)$ 可以用这一旋转的有向线段来表示。

显然，在同频率的正弦电路中止弦量的运算只需考虑大小和初相位两个要素，因此只需简单地用有向线段 $OA$ 来表示正弦电流 $i$。置于复平面上的有向线段 $OA$ 和复数 $A$ 是一一对应的，所以可以直接用复数来表示正弦量。

## 二、正弦量的相量表示法

用来表示正弦量的复数我们称为**相量**，用大写的字母上打点来表示。在表示正弦电流 $i=I_m\sin(\omega t+\psi_i)$ 时，可以用 $\dot{I}_m$ 和 $\dot{I}$ 两个相量来表示。图 2-5 中的复数 $\dot{I}$ 是以正弦电流的有效值 $I$ 为复数的模，称电流有效值相量。而相量 $\dot{I}_m$ 是以正弦电流的幅值 $I_m$ 作为复数的模，称电流幅值相量。它们的幅角均为电流的初相角 $\psi_i$。

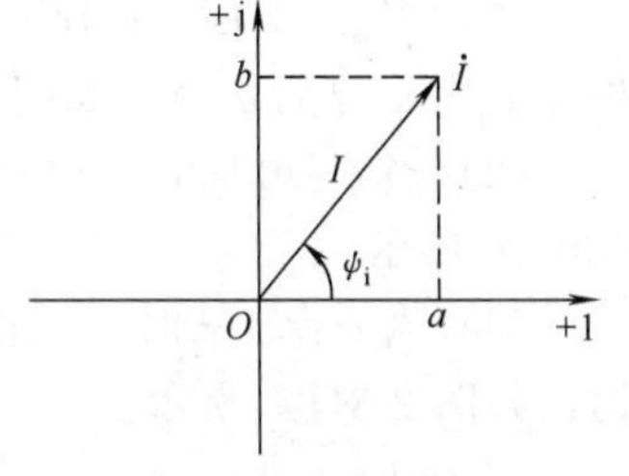


图 2-5　相量的复数表示

相量有**相量图**和**复数式**两种表示法。

1. 相量图

相量可以用复平面上的有向线段图形来表示，如图 2-5 中的有向线段 $\dot{I}$。若干个相量画在同一个复平面上就构成了**相量图**。相量图可以很直观地看出各相量之间的数值和相位关系，如图 2-6 所示的相量图。

2. 复数式

常用的复数式有**直角坐标式**和**指数式**。在直角坐标式中图 2-5 中的 $\dot{I}$ 可表示为 $\dot{I}=a+\mathrm{j}b$。在指数式中图 2-5 中的 $\dot{I}$ 可表示为 $\dot{I}=I\mathrm{e}^{\mathrm{j}\psi_i}$ A，在工程上常写作 $\dot{I}=I\angle\psi_i$ A。

## 三、正弦量的相量运算

引入了正弦量的相量表示法后，使正弦电路的分析计算变成了复数之间的运算，加、减、乘、除都变得十分简便。

式(2-8) 表示了两个同频率的电流 $i_1$ 和 $i_2$。

$$\left.\begin{aligned}i_1&=7\sqrt{2}\sin(\omega t+60°)\ \mathrm{A}\\ i_2&=5\sqrt{2}\sin(\omega t+30°)\ \mathrm{A}\end{aligned}\right\}\qquad(2\text{-}8)$$

若要求式(2-8)中两个电流之和 $i_1+i_2$，由相量的表示法知可以分别用相量图和复数式来求解。

1. 相量图法

图 2-6 中的有向线段 $\dot{I}_{1m}$ 和 $\dot{I}_{2m}$ 分别表示了式(2-8)中的两个同频率的电流 $i_1$ 和 $i_2$。利用平行四边形法则，以 $\dot{I}_{1m}$ 和 $\dot{I}_{2m}$ 为两个邻边的平行四边形的对角线即为电流之和 $i$ 的幅值相量 $\dot{I}_m$。(具体算法从略)

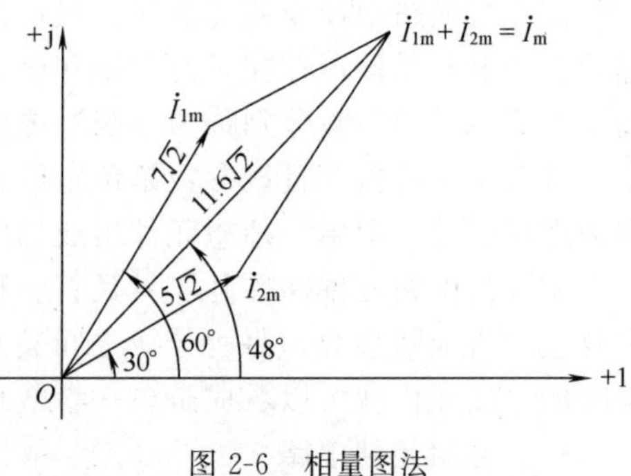

图 2-6　相量图法

2. 复数式法

用复数的直角坐标式 $a+jb$ 来表示式(2-8)中的两个正弦电流 $i_1$ 和 $i_2$，则相量 $\dot{I}_1$ 和 $\dot{I}_2$ 为

$$\left.\begin{aligned}\dot{I}_1&=(7\cos60°+j7\sin60°)\text{A}\\\dot{I}_2&=(5\cos30°+j5\sin30°)\text{A}\end{aligned}\right\}\qquad(2\text{-}9)$$

式(2-8)中两个电流 $i_1+i_2$ 之和，则可以由式(2-9) $\dot{I}_1+\dot{I}_2$ 利用复数运算法则求得。

$$\begin{aligned}\dot{I}_1+\dot{I}_2&=(7\cos60°+j7\sin60°)+(5\cos30°+j5\sin30°)\\&=(7.8+j8.6)\text{A}=11.6\angle48°\text{A}\end{aligned}$$

由上述结果可得

$$i=11.6\sqrt{2}\sin(\omega t+48°)\ \text{A}$$

显见，当求两个正弦量的和或差时，相量用复数直角坐标式表示最有效。但相量之间的乘除则应采用复数指数式。

在相量运算中任何一个相量和模为 1 的复数 $e^{+j\alpha}$ 相乘或相除时，只需将该相量逆时针或顺时针旋转 $\alpha$ 角度。

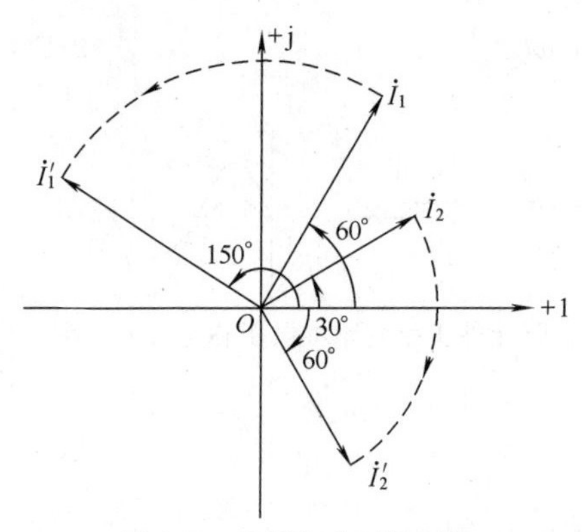

图 2-7　相量和+j 的乘除

如+j 的复数指数式为

$$+j=e^{j90°}=1\angle90°$$

表示式(2-8)中 $i_1$ 的相量 $\dot{I}_1$ 和+j 的相乘即是

$$\dot{I}'_1=\dot{I}_1(+j)\ =7\angle60°\times1\angle90°=7\angle150°\text{A}$$

$\dot{I}_1$ 相量逆时针旋转了 90°，$\dot{I}'_1$ 超前 $\dot{I}_1$ 90°。

表示式(2-8)中 $i_2$ 的相量 $\dot{I}_2$ 和+j 的相除即是

$$\dot{I}'_2=\dot{I}_2/(+j)\ =5\angle30°/1\angle90°=5\angle-60°\text{A}$$

$\dot{I}_2$ 相量顺时针旋转了 90°，$\dot{I}'_2$ 滞后 $\dot{I}_2$ 90°。

如图 2-7 所示。

值得注意的是：相量只是表示正弦量的一种方式，相量不是正弦量。只有同频率的正弦量之间才可以进行相量运算，也只有同频率的正弦量才可以画在同一相量图上。为了简便起见，画相量图时，复平面的横轴和纵轴往往被省略。

## 思　考　题

2-2-1　当 $i_1=7\sqrt{2}\sin(\omega t+60°)$ A，$u=220\sqrt{2}\sin(\omega t+60°)$ V 时，思考下列各式是否有错误？

$\dot{I}_m=7\cos60°+j7\sin60°\,\text{A}$，$\dot{U}=220\angle60°\,\text{V}$，$\dot{I}_m=7\sqrt{2}\,e^{j60°}$，$i\times u=7\times220\angle+120°\text{W}$

2-2-2　写出相量图 2-8 中 $\dot{I}$ 和 $\dot{U}$ 所代表的正弦量 $i$ 和 $u$。已知角频率为 314rad/s。

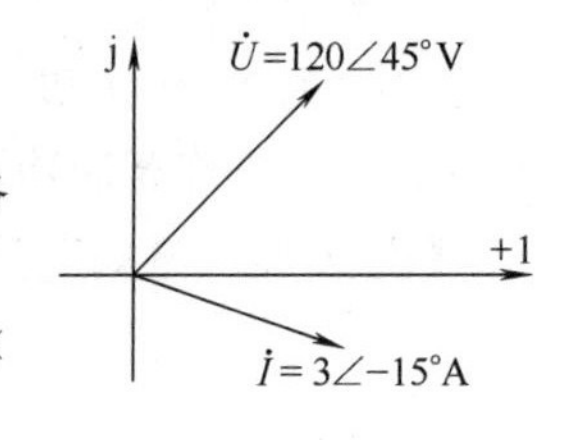

图 2-8　思考题 2-2-2 图

# 第三节 单一参数的正弦交流电路

在直流电路中涉及的无源元件仅仅是电阻元件，它是消耗电能的元件，在交流电路中电感元件和电容元件还存在磁场能量和电场能量与电能的转换，用来表征电路中三种无源元件基本物理性质的参数分别称为**电阻**、**电感**和**电容**。

具有单一参数并且该参数是恒定的元件称为**理想元件**。电阻元件、电感元件、电容元件均为理想元件。由单一理想元件组成的电路称为**单一参数电路**。

实际的电路元件往往并非只具有一种参数，如电感线圈，它除了具有电感参数外，导体本身还含有电阻参数，每匝导线之间甚至还会呈现电容参数。在分析清楚单一参数电路后，实际的电路元件就可以看成是单一参数理想元件串并联而成。

## 一、电阻元件电路

### 1. 电阻元件的特性

图 2-9 中按所示方向，由欧姆定律可知

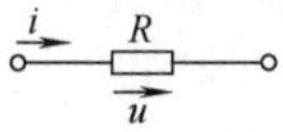

$$u=iR \tag{2-10}$$

图 2-9 电阻元件电路

电阻元件上吸取的瞬时功率为

$$p=ui=i^2R\geqslant 0 \tag{2-11}$$

式(2-10) 为电阻元件的**特征方程**，它表示了 $R$ 两端的电压和流过的电流成正比。电阻元件是消耗电能的，它的 $p$ 总是大于或等于零。

### 2. 电阻元件的正弦交流电路

当图 2-9 中 $R$ 两端加的正弦交流电压 $u=U_m\sin\omega t$ 时，由式(2-10) 可知

$$i=\frac{u}{R}=\frac{U_m}{R}\sin\omega t=I_m\sin\omega t \tag{2-12}$$

由图 2-10 可以看出

(1) 电阻元件两端电压和电流是同频率、同相位。

(2) $\dot{U}_m=R\dot{I}_m$，$\dot{U}=R\dot{I}$

(3) **瞬时功率**

$$p=ui=U_mI_m\sin^2\omega t\geqslant 0$$

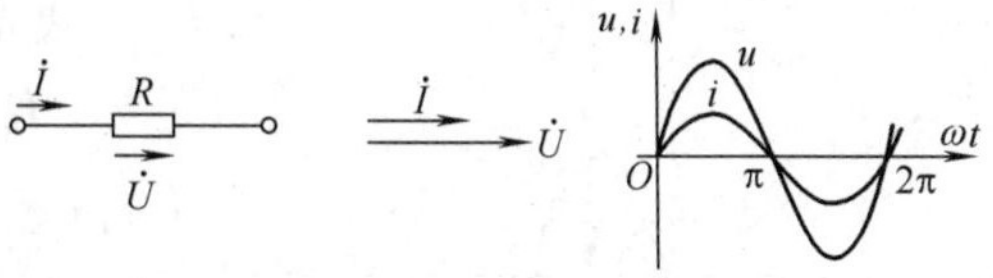

图 2-10 电阻元件正弦电路中电压和电流的关系

(4) 一周期内的**平均功率**

$$\begin{aligned}P&=\frac{1}{T}\int_0^T p\,dt=\frac{1}{T}\int_0^T U_mI_m\sin^2\omega t\,dt\\&=\frac{1}{T}U_mI_m\int_0^T\frac{1-\cos 2\omega t}{2}dt\\&=UI\end{aligned} \tag{2-13}$$

式(2-13) 中 $U$ 和 $I$ 分别为正弦电压、电流的有效值。平均功率就是电阻元件上实际消耗的功率，故称**有功功率**。

**【例 2-1】** 已知电阻电路中 $R=100\Omega$，$u=220\sqrt{2}\sin 314t$ V，求 $i$ 和 $P$。

**解**

$$i=\frac{u}{R}=\frac{220\sqrt{2}}{100}\sin 314t=2.2\sqrt{2}\sin 314t\text{ A}$$

$$P=UI=220\times 2.2=484\text{W}$$

## 二、电感元件电路

### 1. 电感元件的特性

根据电磁感应定律，当线圈中电流变化时，线圈中将产生自感电动势 $e_L$。$e_L$ 的大小和磁通对时间的变化率成正比。又知通常规定 $e_L$ 的参考方向和磁通 $\Phi$ 的参考方向符合右手螺旋关系，$i$ 的参考方向和 $\Phi$ 的参考方向亦符合右手螺旋，因此 $e_L$ 和 $i$ 的参考方向应取向相同，如图 2-11 所示。此时它们之间的数学表达式为

$$e_L = -N\frac{d\Phi}{dt} \tag{2-14}$$

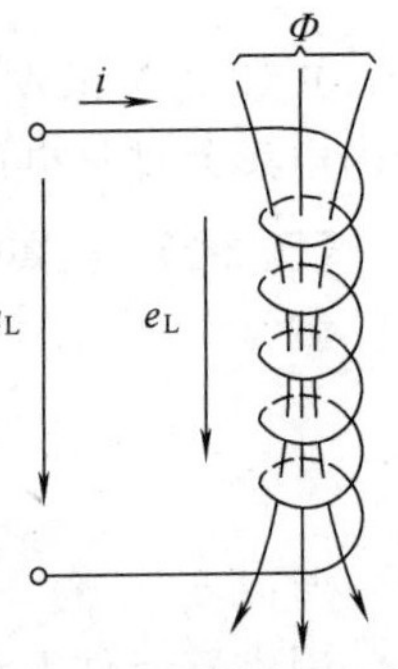

图 2-11　电感线圈电路

如线圈内不具有铁磁物质，周围物质的磁导率为常数 $\mu_0$，则

$$N\Phi = Li$$

式中，$L$ 为常数。因此式(2-14) 可写为

$$e_L = -L\frac{di}{dt} \tag{2-15}$$

对于图 2-11 单一参数的纯电感电路来讲，由基尔霍夫电压定律可知

$$u = -e_L = L\frac{di}{dt} \tag{2-16}$$

式(2-16) 就是电感元件的特征方程。它表示了电感元件两端电压和电流变化率成正比。在直流电路中，电流变化率为零，因此电感两端没有电压，相当于短路。

电感元件上吸取的瞬时功率

$$p = ui$$

将式(2-16) 代入得

$$p = Li\frac{di}{dt} \tag{2-17}$$

当 $i\frac{di}{dt}>0$ 时，也就是当流过电感元件的电流绝对值增大时，电感元件上吸取的瞬时功率 $p>0$，表明电感元件从电源吸取能量转换成磁场能量。反之，当 $i$ 的绝对值在减小时，表明电感元件把磁场能量转换成电能，送回电源。可见电感元件中磁场能量的变化过程是可逆的。

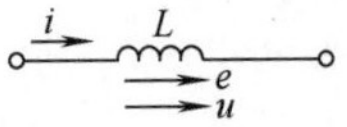

图 2-12　电感元件电路

### 2. 电感元件的正弦交流电路

当图 2-12 中 $L$ 流过的电流为正弦电流 $i = I_m\sin\omega t$ 时，由式(2-16) 可知

$$\begin{aligned} u &= L\frac{di}{dt} = \omega L I_m\sin(\omega t + 90^\circ) \\ &= U_m\sin(\omega t + 90^\circ) \end{aligned} \tag{2-18}$$

式中，$\frac{U_m}{I_m} = \omega L$。$\omega L$ 称为**感抗**，记作 $X_L$。$X_L$ 是频率的函数。由图 2-13 可以看出：

(1) 正弦交流电路中电感元件两端电压和电流同频率，电压相位超前电流相位 90°。

(2) $\dot{U}_m = jX_L\dot{I}_m$，$\dot{U} = jX_L\dot{I}$

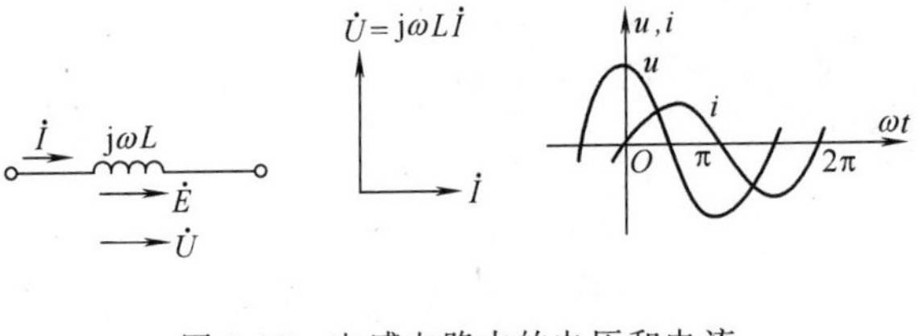

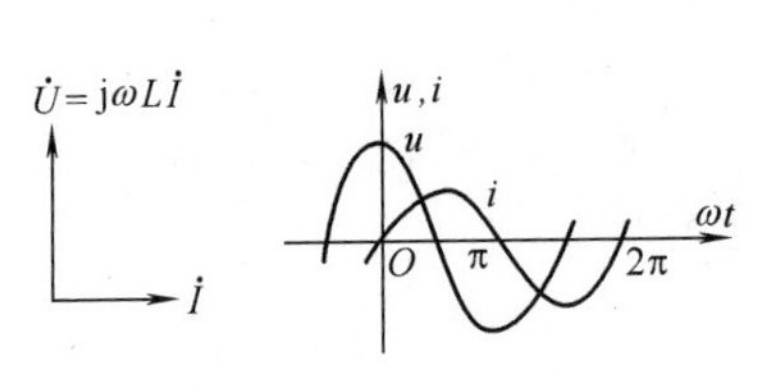


图 2-13　电感电路中的电压和电流

（3）瞬时功率

$$p=ui=U_{\mathrm{m}}I_{\mathrm{m}}\sin(\omega t+90^{\circ})\sin\omega t$$
$$=UI\sin 2\omega t \tag{2-19}$$

（4）一周期内的平均功率

$$P=\frac{1}{T}\int_{0}^{T}p\,\mathrm{d}t=0 \tag{2-20}$$

式(2-20) 表明在正弦交流电路中电感元件和电源之间只是进行能量的交换。在一个周期内电感元件从电源吸收的能量等于它归还给电源的能量，因此并不消耗能量。

**【例 2-2】** 已知电感元件电路中，$L=100\mathrm{mH}$，$u=220\sqrt{2}\sin 314t\,\mathrm{V}$，求 $i$ 和 $P$。

**解**

$$X_{\mathrm{L}}=\omega L=314\times100\times10^{-3}=31.4\Omega$$

$$\dot{I}=\frac{\dot{U}}{\mathrm{j}X_{\mathrm{L}}}=\frac{220\angle0^{\circ}}{31.4\angle90^{\circ}}=7\angle-90^{\circ}\mathrm{A}$$

所以

$$i=7\sqrt{2}\sin(314t-90^{\circ})\ \mathrm{A}$$

因电感元件不消耗有功功率，故 $P=0$。

## 三、电容元件电路

### 1. 电容元件的特性

图 2-14 所示线性电容器上所加的电压和极板上的电荷量存在如下关系

$$q=Cu \tag{2-21}$$

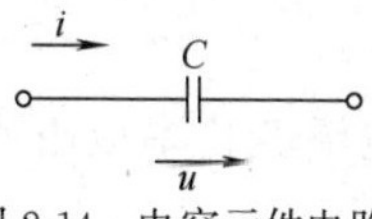

图 2-14 电容元件电路

对于变化的电压，式(2-21) 中 $u$ 和 $q$ 均是时间的函数。电容器极板上电荷量 $q$ 的变化形成了电容电流，因此可得

$$i=\frac{\mathrm{d}q}{\mathrm{d}t}=C\frac{\mathrm{d}u}{\mathrm{d}t} \tag{2-22}$$

式(2-22) 为电容元件的特征方程。它表示电容元件上流过的电流和电容两端电压的变化率成正比。在直流电路中电容两端电压的变化率为零，因此电容元件上流过的电流为零，相当于开路。电容元件上吸取的瞬时功率

$$p=ui=Cu\frac{\mathrm{d}u}{\mathrm{d}t} \tag{2-23}$$

当 $u\frac{\mathrm{d}u}{\mathrm{d}t}>0$ 时，也就是讲电容元件两端的电压绝对值增大时，电容元件上吸取的瞬时功率 $p>0$，表明电容元件从电源吸取能量转换成电场能量。反之，当 $u$ 的绝对值减小时，电容元件将电场能量转换成电能，送还电源。可见电场能量和磁场能量同样，变化是可逆的。

### 2. 电容元件正弦交流电路

图 2-14 中当电容 $C$ 两端所加的电压为正弦量 $u=U_{\mathrm{m}}\sin\omega t$ 时，则

$$i=C\frac{\mathrm{d}u}{\mathrm{d}t}=C\omega U_{\mathrm{m}}\sin(\omega t+90^{\circ})$$
$$=I_{\mathrm{m}}\sin(\omega t+90^{\circ}) \tag{2-24}$$

式中，$\frac{U_{\mathrm{m}}}{I_{\mathrm{m}}}=\frac{1}{\omega C}$称为**容抗**，记作 $X_{\mathrm{C}}$。它和 $X_{\mathrm{L}}$ 一样亦是频率的函数。由图 2-15 可以看出如下几点。

（1）正弦交流电路中电容元件两端的电压和电流同频率，电流相位比电压相位超前 90°。

（2）$\dot{U}_{\mathrm{m}}=-\mathrm{j}X_{\mathrm{C}}\dot{I}_{\mathrm{m}}$，$\dot{U}=-\mathrm{j}X_{\mathrm{C}}\dot{I}$

（其中$-\mathrm{j}$ 表示 $\dot{U}$ 滞后 $\dot{I}$ 90°）

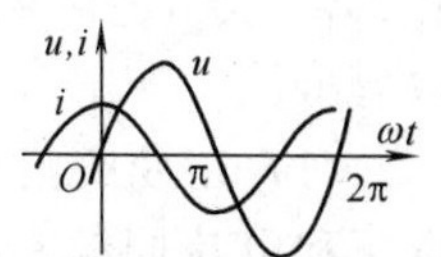


图 2-15 电容电路中的电压和电流

（3）瞬时功率

$$p=U_{\mathrm{m}}I_{\mathrm{m}}\sin(\omega t+90^{\circ})\sin\omega t=UI\sin 2\omega t$$

（4）一周期内平均功率

$$P=\frac{1}{T}\int_{0}^{T}p\,\mathrm{d}t=0 \tag{2-25}$$

式(2-25) 表明在正弦交流电路中，电容元件和电感元件一样，和电源之间只进行能量的交换，而不消耗电能。

**【例 2-3】** 已知电容元件电路中 $C=50\mu\mathrm{F}$，$u=220\sqrt{2}\sin 314t\,\mathrm{V}$，求 $i$ 和 $P$。

**解**

$$X_{\mathrm{C}}=\frac{1}{\omega C}=\frac{1}{314\times 50\times 10^{-6}}=63.69\Omega$$

$$\dot{I}=\frac{\dot{U}}{-\mathrm{j}X_{\mathrm{C}}}=\frac{220\angle 0^{\circ}}{63.69\angle -90^{\circ}}=3.45\angle 90^{\circ}\mathrm{A}$$

所以 $i=3.45\sqrt{2}\sin(314t+90^{\circ})$ A，电容元件不消耗有功功率故 $P=0$。

## 思　考　题

2-3-1　结合图 2-13 和图 2-15 中电压和电流波形图，思考瞬时功率 $p$ 何时大于零？$p$ 大于零时，$u$ 和 $i$ 方向如何？$p$ 小于零时又将如何？

2-3-2　在交流电路中如电感电流的瞬时值是零，此刻它的端电压是否也为零？这时电感元件中是否储存磁场能量？

2-3-3　图 2-16(a)、(b)、(c) 分别为三个单一参数正弦电路。若所加电压 $u$ 的幅值 $U_{\mathrm{m}}$ 不变，角频率 $\omega$ 变大，图 2-16(a)、(b)、(c) 三个电路中 $i$ 会有什么相应的改变？

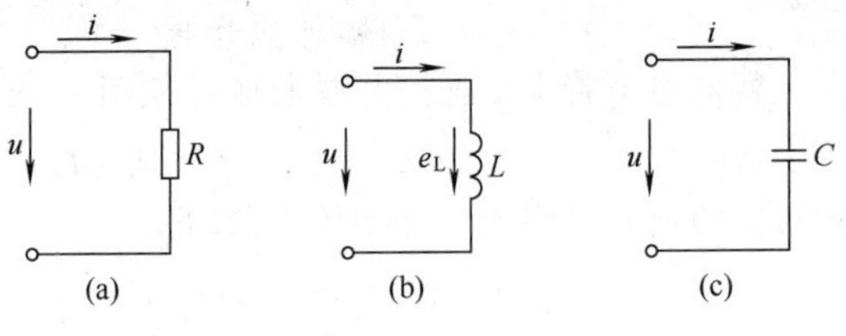


图 2-16　思考题 2-3-3 图

# 第四节　正弦交流电路的分析

第二章第三节讨论了各个单一参数正弦电路的电压、电流、功率关系，本节将在上述基础上，讨论一下一般正弦电路的分析计算方法。

### 一、欧姆定律的相量形式和阻抗

在正弦稳态电路中，任意一个无源二端网络两点间的电压相量和流入的电流相量之比称为**阻抗**（如图 2-17）。

$$\frac{\dot{U}}{\dot{I}}=Z \tag{2-26}$$

式(2-26) 就是交流电路中欧姆定律的相量形式。

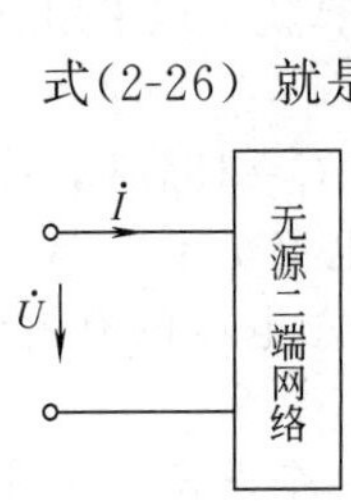

阻抗 $Z$ 是个复数，所以称为复数阻抗（复阻抗）。但它不代表正弦量，因此不是相量，所以大写字母 $Z$ 上不能打点。

式(2-26) 进一步可写成

$$\frac{\dot{U}}{\dot{I}}=Z=|Z|\angle\varphi=\frac{U}{I}\angle\psi_{\mathrm{u}}-\psi_{\mathrm{i}} \tag{2-27}$$

图 2-17　二端网络电路

$|Z|$ 为阻抗 $Z$ 的模，称为**阻抗模**。幅角 $\varphi$ 称为**阻抗角**。由式(2-27) 可知阻抗表示了交流电路中电压和电流的关系，其中阻抗模 $|Z|$ 表示了电压和电流之间的大小关系，阻抗角 $\varphi$ 表示了电压和电流之间的相位关系。具体说：$|Z|$ 是电压值和电流值之比，$\varphi$ 是电压和电流的相位差角。

由阻抗的定义可知在第二章第三节单一参数正弦交流电路中

电阻元件的阻抗 $Z=R$

电感元件的阻抗 $Z=+\mathrm{j}X_L=+\mathrm{j}\omega L=\omega L\angle 90^\circ$

电容元件的阻抗 $Z=-\mathrm{j}X_C=-\mathrm{j}\dfrac{1}{\omega C}=\dfrac{1}{\omega C}\angle -90^\circ$

## 二、阻抗的串并联

### 1. 阻抗的串联

如果电路由若干个阻抗串联而成，如图 2-18 所示。由基尔霍夫电压定律可知

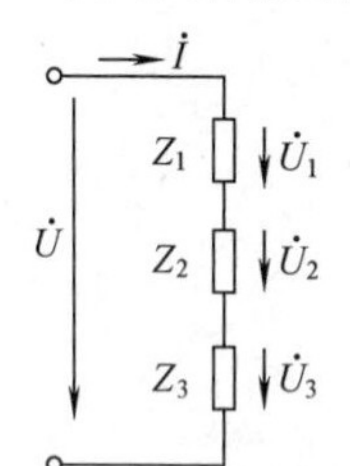

图 2-18 阻抗串联

$$\dot{U}=\dot{U}_1+\dot{U}_2+\dot{U}_3$$

将上式两边除以电流 $\dot{I}$，由阻抗的定义可知

$$Z_{总}=\frac{\dot{U}}{\dot{I}}=Z_1+Z_2+Z_3 \tag{2-28}$$

式(2-28) 表明串联电路的总阻抗等于各个阻抗之和。注意，阻抗是复数。阻抗相加时，实部和实部相加，虚部和虚部相加。切不可以将阻抗模 $|Z|$ 直接相加。

### 2. 阻抗的并联

若电路由若干个阻抗并联而成，如图 2-19 所示。由基尔霍夫电流定律可知

$$\dot{I}=\dot{I}_1+\dot{I}_2+\dot{I}_3 \tag{2-29}$$

由阻抗的定义可将式(2-29) 化成如下

$$\frac{\dot{U}}{Z_{总}}=\frac{\dot{U}}{Z_1}+\frac{\dot{U}}{Z_2}+\frac{\dot{U}}{Z_3}+\cdots \tag{2-30}$$

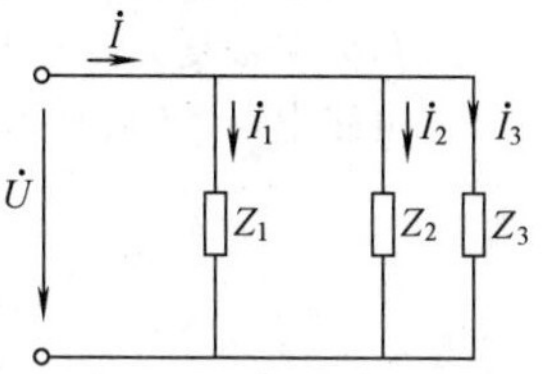

约去式(2-30) 两边的 $\dot{U}$，可得

$$\frac{1}{Z_{总}}=\frac{1}{Z_1}+\frac{1}{Z_2}+\frac{1}{Z_3}+\cdots \tag{2-31}$$

图 2-19 阻抗并联

式(2-31) 表明并联电路总的阻抗的倒数等于各部分阻抗的倒数之和。若只有两个阻抗 $Z_1$ 和 $Z_2$ 并联，显然总阻抗为

$$Z=\frac{Z_1Z_2}{Z_1+Z_2} \tag{2-32}$$

## 三、交流电路计算的原则

由上所述可知，当正弦稳态电路中引入了阻抗的概念后，交流电路中欧姆定律的相量形式、阻抗的串并联公式均和直流电路中相应的公式有着相似的形式。由此得出：只要电动势、电压、电流用相量 $\dot{E}$,$\dot{U}$,$\dot{I}$ 来表示，各元件用阻抗 $Z$ 来表示，交流电路的计算就可以采用直流电路中各种分析方法、原理、定律和公式等。此处就不一一证明了。

**【例 2-4】** 电路如图 2-20 所示，各元件参数为 $R=40\Omega$，$L=250\text{mH}$，$C=159\mu\text{F}$，接在 $f=50\text{Hz}$ 的正弦交流电源上。若已知电路的总电流 $I=3.1\text{A}$，求 (1) 电路总的等效阻抗；(2) 各部分的电压和总电压的有效值；(3) 总电压和总电流的相位差角 $\varphi$。

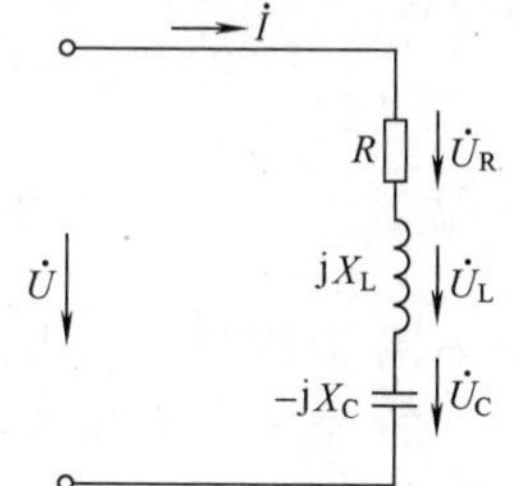

图 2-20 例 2-4 的电路

**解** 图 2-20 为串联电路，$R$,$L$,$C$ 流过同一个电流，因此设电流为参考相量比较方便。设

$$\dot{I}=3.1\angle 0^\circ\text{A}$$

因为电源频率 $f=50\text{Hz}$，所以 $\omega=314\text{rad/s}$

$$X_L=\omega L=314\times 250\times 10^{-3}=78.5\Omega$$

$$X_C=\frac{1}{\omega C}=\frac{10^6}{314\times 159}=20\Omega$$

电路总的等效阻抗 $Z$ 由公式(2-28) 可知为

$$Z=R+\mathrm{j}X_L-\mathrm{j}X_C=40+\mathrm{j}78.5-\mathrm{j}20=40+\mathrm{j}58.5=70.9\angle 55.6^\circ\Omega$$

各部分电压由交流电路中欧姆定律相量形式可知为

$$\dot{U}_R=\dot{I}R=3.1\angle 0^\circ\times 40=124\angle 0^\circ \mathrm{V}$$

$$\dot{U}_L=\dot{I}\times \mathrm{j}X_L=3.1\angle 0^\circ\times 78.5\angle 90^\circ=243.4\angle 90^\circ \mathrm{V}$$

$$\dot{U}_C=\dot{I}\times(-\mathrm{j}X_C)=3.1\angle 0^\circ\times 20\angle -90^\circ=62\angle -90^\circ \mathrm{V}$$

电路中电压和电流的相量图如图 2-21 所示。总电压 $\dot{U}$ 由基尔霍夫定律可知为

$$\dot{U}=\dot{U}_R+\dot{U}_L+\dot{U}_C=\dot{I}[R+\mathrm{j}(X_L-X_C)]=\dot{I}Z$$
$$=3.1\angle 0^\circ\times 70.9\angle 55.6^\circ=220\angle 55.6^\circ \mathrm{V}$$

总电压和电流相位差角　$\varphi=\psi_u-\psi_i=55.6^\circ-0^\circ=55.6^\circ$

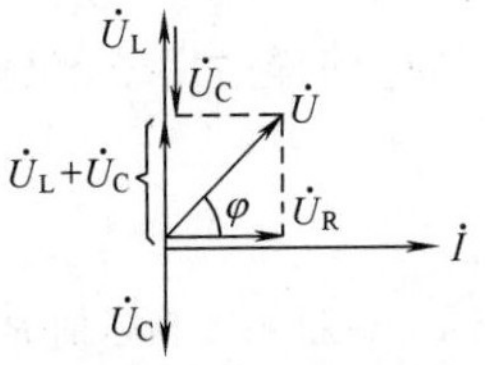

由电压相量图可知 $\dot{U}_R$ 和 $\dot{I}$ 同相，$\dot{U}_L$ 超前 $\dot{I}$ 90°，$\dot{U}_C$ 滞后 $\dot{I}$ 90°。因此串联电路的电压三角形是一个直角三角形。总电压和总电流的相位差角 $\varphi$ 也可以从图 2-21 求得

图 2-21　例 2-4 电路相量图

$$\varphi=\arctan\frac{U_L-U_C}{U_R}=\arctan\frac{X_L-X_C}{R}=\arctan\frac{58.5}{40}=55.6^\circ$$

显然总电压和总电流的相位差角 $\varphi$ 就是总阻抗的阻抗角，它和电路中感抗 $X_L$ 及容抗 $X_C$、电阻 $R$ 有关。

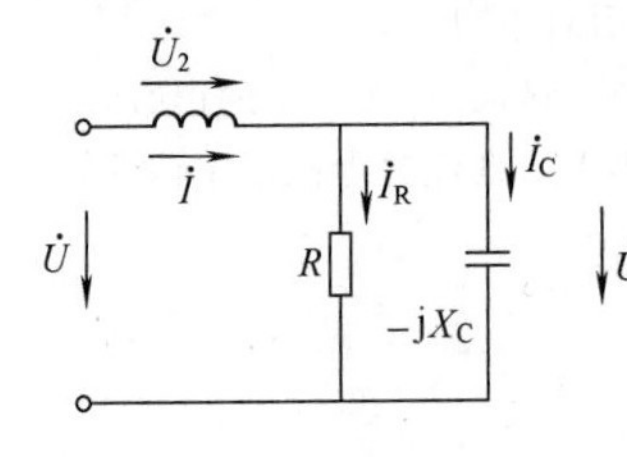

图 2-22　例 2-5 电路

**【例 2-5】**　在图 2-22 所示电路中已知：$I_R=I_C=10\mathrm{A}$，$R=10\sqrt{2}\Omega$，$X_C=10\sqrt{2}\Omega$，$X_L=5\sqrt{2}\Omega$。求总电压 $U$ 的大小，并分析总电压和总电流的相位关系。

**解**　因 $R$ 和 $-\mathrm{j}X_C$ 并联承受同一电压 $\dot{U}_1$，故设 $\dot{U}_1$ 为参考相量，设 $\dot{U}_1=U_1\angle 0^\circ$。则

$$\dot{I}_R=10\angle 0^\circ \mathrm{A},\quad \dot{I}_C=10\angle 90^\circ \mathrm{A}$$

由基尔霍夫电流定律可知

$$\dot{I}=\dot{I}_R+\dot{I}_C=10\angle 0^\circ+10\angle 90^\circ=10\sqrt{2}\angle 45^\circ \mathrm{A}$$

**方法一**　由交流电路欧姆定律可知

$$\dot{U}_2=\dot{I}\times \mathrm{j}X_L=(10\sqrt{2}\angle 45^\circ\times 5\sqrt{2}\angle 90^\circ)\ \mathrm{V}$$
$$=100\angle 135^\circ \mathrm{V}$$

由基尔霍夫电压定律可知

$$\dot{U}=\dot{U}_1+\dot{U}_2=\dot{I}_R R+\dot{U}_2$$
$$=10\angle 0^\circ\times 10\sqrt{2}+100\angle 135^\circ=100\sqrt{2}-70.7+\mathrm{j}70.7$$
$$=70.7+\mathrm{j}70.7=100\angle 45^\circ \mathrm{V}$$

总电压 $\dot{U}$ 的大小为 100V，总电压和总电流相位相同。

**方法二**　电路总的阻抗为

$$Z=+\mathrm{j}X_L+\frac{-\mathrm{j}X_C\times R}{R-\mathrm{j}X_C}=\mathrm{j}5\sqrt{2}+\frac{-\mathrm{j}10\sqrt{2}\times 10\sqrt{2}}{10\sqrt{2}-\mathrm{j}10\sqrt{2}}$$
$$=\mathrm{j}5\sqrt{2}+\frac{200\angle -90^\circ}{20\angle -45^\circ}=\mathrm{j}5\sqrt{2}+5\sqrt{2}-\mathrm{j}5\sqrt{2}$$
$$=5\sqrt{2}\Omega$$

所以总电压为

$$\dot{U}=\dot{I}Z=10\sqrt{2}\angle 45°\times 5\sqrt{2}=100\angle 45°\text{V}$$

电路总的阻抗呈现为电阻性，总电压和总电流同相位。电压有效值大小为 100V。

**四、电压和电流相位差角 $\varphi$**

在正弦交流电路中总电压和总电流相位角之差 $\varphi$，由交流电路中阻抗的定义知，即为电路的总阻抗角，上述例 2-4 和例 2-5 也证实了这一点。当电源频率确定后，它仅和 $R$，$L$，$C$ 参数有关。$\varphi$ 角的正负代表了电路的不同性质，下面讨论一下 $\varphi$ 角的含义。

（1）$\varphi=\psi_u-\psi_i>0$，即 $\psi_u>\psi_i$，电压相位超前电流相位，表明电路呈现电感性。

（2）$\varphi=\psi_u-\psi_i<0$，即 $\psi_u<\psi_i$，电压相位滞后电流相位，表明电路呈现电容性。

（3）$\varphi=\psi_u-\psi_i=0$，即 $\psi_u=\psi_i$，电压相位和电流相位相同，表明电路呈现电阻性。以上结论同样适用于部分电路。

## 思 考 题

2-4-1 在图 2-20 所示的 $R$，$L$，$C$ 串联电路中以下哪些式子是正确的？

$$|Z|=R+X_L-X_C,\qquad \frac{u}{i}=R+\mathrm{j}(X_L-X_C)$$

$$u=iR+\frac{1}{C}\int i\,\mathrm{d}t+L\frac{\mathrm{d}i}{\mathrm{d}t},\qquad U=\sqrt{U_R^2+(U_L-U_C)^2}$$

$$U_L=\frac{X_L}{\sqrt{R^2+(X_L-X_C)^2}}\times U,\qquad \frac{R}{\sqrt{R^2+(X_L-X_C)^2}}=\cos\varphi$$

2-4-2 “由图 2-23 中各量，则可知总电流 $I=8$A，$|Z|=2\Omega$”这句话对不对？

2-4-3 在图 2-24 中已知 $X_L=X_C=R$，并已知安培计 $A_1$ 的读数为 3A，试问 $A_2$ 和 $A_3$ 的读数。

2-4-4 在 $R$，$L$，$C$ 串联电路中若 $X_L=X_C=R=5\Omega$，所加电压为 $U=10$V，则流过电路的电流 $I=$？

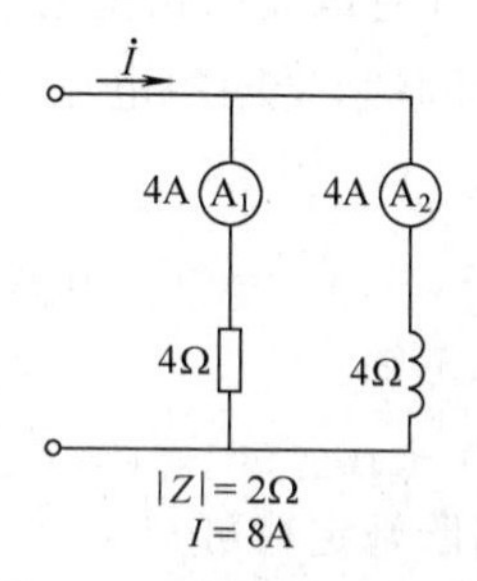


图 2-23 思考题 2-4-2 图

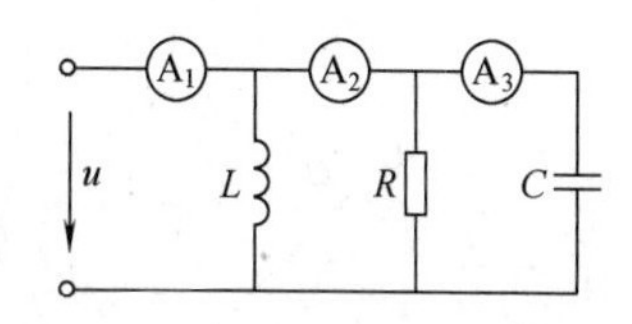


图 2-24 思考题 2-4-3 图

# 第五节 正弦交流电路中的功率

在交流电路中电压和电流都是随时间变化而变化的，因此功率也是随时间而变化的。本节将讨论正弦交流电路中的功率。

**一、瞬时功率**

电路元件在某一瞬间吸收或给出的功率称为**瞬时功率**，即

$$p=ui \tag{2-33}$$

在图 2-25 中 $Z$ 为阻抗元件的阻抗，其两端的电流、电压分别为：$i=I_m\sin\omega t$，$u=U_m\sin(\omega t+\varphi)$［其中 $\varphi=(\psi_u-\psi_i)$，因为 $\psi_i$ 设为零，所以 $\varphi=\psi_u$］。

则

$$p=ui=U_mI_m\sin\omega t\sin(\omega t+\varphi)$$

$$=U_m I_m\left[\frac{1}{2}\cos\varphi-\frac{1}{2}\cos(2\omega t+\varphi)\right]$$

$$=UI\cos\varphi(1-\cos2\omega t)+UI\sin\varphi\sin2\omega t \tag{2-34}$$

## 二、有功功率

瞬时功率 $p$ 在一个周期内的平均值称为**平均功率**，或称为**有功功率**，也可简称为**功率**。

有功功率 $$P=\frac{1}{T}\int_0^T p\,\mathrm{d}t \tag{2-35}$$

将式（2-34）代入式（2-35）中，式（2-34）中的第二项一个周期内的平均值为零，第一项的平均值为 $UI\cos\varphi$，即

$$P=UI\cos\varphi \tag{2-36}$$

注意其中 $\varphi$ 为电压和电流的相位差角（$\psi_u-\psi_i$）。

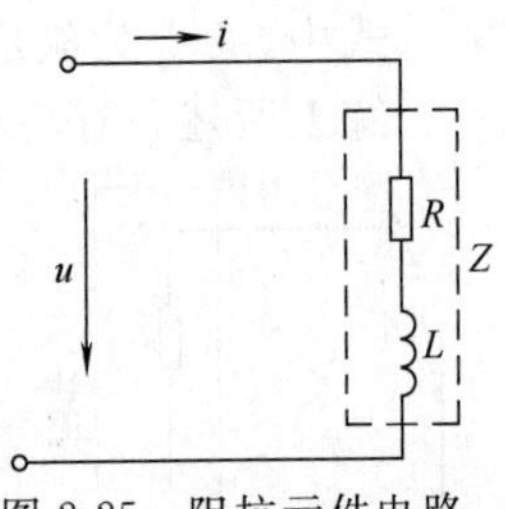

图 2-25　阻抗元件电路

由第二章第三节单一参数的正弦交流电路中分析可知电感元件和电容元件是不消耗有功功率的，因此总的有功功率 $P$ 也就是消耗在电路中各电阻元件上的有功功率之和。

图 2-25 中阻抗元件 $Z$，若其阻抗为（$R+\mathrm{j}X$），有功功率 $P$ 就是消耗在 $R$ 上的功率。

$$P=I^2R=U_R I \tag{2-37}$$

## 三、无功功率

由第二章第三节还知，电感、电容元件有功功率为零的物理意义是指磁场能量和电场能量与电源之间交换的能量在一个周期内“吞吐”相等。这里将“吞吐”的幅度定义为**无功功率 $Q$**。式（2-34）平均值为零的第二项，就是表征电路和电源之间进行能量交换的那部分有吞有吐的瞬时功率，其幅值为 $UI\sin\varphi$。

所以 $$Q=UI\sin\varphi \tag{2-38}$$

无功功率并不是消耗的有功功率，所以单位上用乏（var）或千乏（意为无功伏安），以示和有功功率瓦和千瓦的区别。

电感元件是理想元件，即 $\varphi=90°$。由式（2-38）可知 $Q_L=U_L I>0$。

电容元件是理想元件，即 $\varphi=-90°$。由式（2-38）可知 $Q_C=-U_C I<0$。

所以在一个电路中电感元件和电容元件的无功功率是相互补偿的。电路中总的无功功率

$$Q=\Sigma Q_L+\Sigma Q_C \quad （其中 \Sigma Q_L 为正值，\Sigma Q_C 为负值） \tag{2-39}$$

当 $\varphi=0$ 时，$Q=0$ 表示 $|\Sigma Q_L|=|\Sigma Q_C|$，电路呈电阻性。

$\varphi>0$ 时，$Q=UI\sin\varphi>0$ 表示 $|\Sigma Q_L|>|\Sigma Q_C|$，电路呈电感性。

$\varphi<0$ 时，$Q=UI\sin\varphi<0$ 表示 $|\Sigma Q_L|<|\Sigma Q_C|$，电路呈电容性。

这和在第二章第四节中讨论 $\varphi$ 角含义的结论是一致的。

**【例 2-6】** 求例 2-4 中所示电路（图 2-20）中各部分及总的有功功率及无功功率。

**解**　由例 2-4 已知

$$\dot{I}=3.1\angle0°\mathrm{A},\quad \dot{U}=220\angle55.6°\mathrm{V},\quad \omega=314\mathrm{rad/s}$$

电阻元件 $R$ 上消耗的有功功率　$P_R=I^2R=3.1^2\times40=384\mathrm{W}$

电感元件 L 的无功功率　$Q_L=U_L I=I^2X_L=3.1^2\times250\times10^{-3}\times314=754\mathrm{var}$

电容元件 $C$ 的无功功率　$Q_C=-U_C I=-I^2X_C=-3.1^2\times10^6/159\times314=-192\mathrm{var}$

电路总的有功功率　$P=UI\cos\varphi=220\times3.1\times\cos55.6°=384\mathrm{W}$

电路总的无功功率　$Q=UI\sin\varphi=220\times3.1\times\sin55.6°=562\mathrm{var}$

显见 $$Q=Q_L+Q_C，P=P_R$$

**四、视在功率**

电压和电流有效值的乘积称为**视在功率**，用 $S$ 来表示。

$$S=UI \tag{2-40}$$

实际输出的有功功率是 $UI\cos\varphi$，其中 $\cos\varphi$ 由所带的负载特性所决定。视在功率的单位是伏安（V·A）、千伏安（kV·A），用于和有功功率及无功功率的区别。

通常对于一台变压器来讲其铭牌上所标的额定容量 $S_N$ 就是额定视在功率，表示为

$$S_N=U_N I_N \tag{2-41}$$

式中，$U_N$ 为额定电压；$I_N$ 为额定电流。

综上所述，有功功率、无功功率和视在功率之间有如下关系

$$P=UI\cos\varphi$$
$$Q=UI\sin\varphi$$
$$S=\sqrt{P^2+Q^2} \tag{2-42}$$

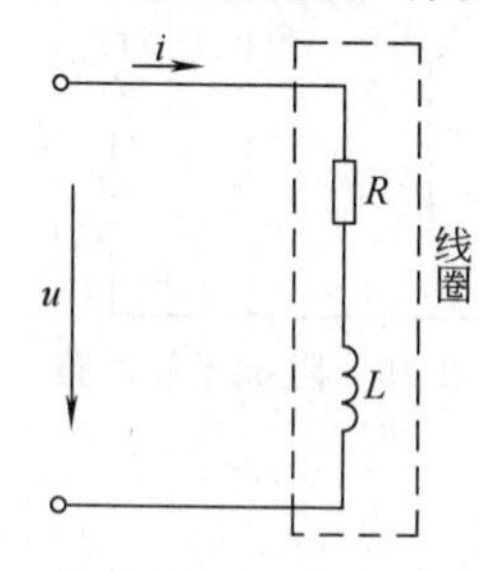

图 2-26　例 2-7 电路

**【例 2-7】** 一个线圈接在 50Hz，220V 的交流电源上。测得线圈的功率为 20W，电流为 0.5A。线圈的等效电路可以看做是 $R$ 和 $L$ 串联而成，求 $R$ 和 $L$（如图 2-26 所示）。

**解**　因为功率表测得的 20W 是消耗在电阻上的，故

$$R=\frac{P}{I^2}=\frac{20}{0.5^2}=80\Omega$$

线圈的阻抗模　$|Z|=\frac{U}{I}=\frac{220}{0.5}=440\Omega$

线圈的等效感抗　$X_L=\sqrt{|Z|^2-R^2}=\sqrt{440^2-80^2}=433\Omega$

线圈的等效电感　$L=\frac{X_L}{\omega}=\frac{X_L}{2\pi f}=\frac{433}{2\times\pi\times50}=1.38\text{H}$

### 思　考　题

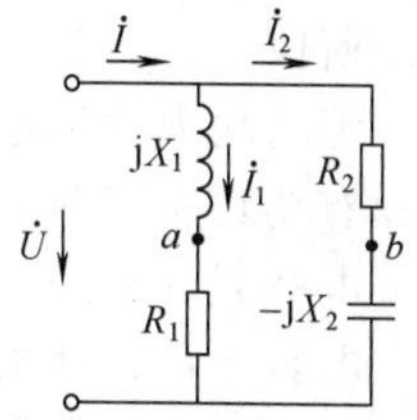

2-5-1　对于图 2-27 所示电路，在求电源电压提供的有功功率时，有人说 $P=UI\cos\varphi$；也有人说只有电阻消耗有功功率，因此 $P=I_1^2R_1+I_2^2R_2$，这两种说法是否正确？

2-5-2　对于图 2-27 电路来讲，如果 $X_1=X_2$，能否讲总的无功功率等于零？

图 2-27　思考题 2-5-1 图

## 第六节　提高功率因数

电路中有功功率和视在功率的比值 $\lambda$，定义为**功率因数**。

$$\lambda=\frac{P}{S}=\cos\varphi \tag{2-43}$$

$\varphi$ 为**功率因数角**，就是电路中电压和电流间的相位差角即等于电路负载的阻抗角，因此电路负载的性质不同，功率因数就不同。对于纯电阻电路 $\cos\varphi=1$；对于电感性和电容性电路 $\cos\varphi<1$。

**一、提高功率因数的意义**

在工程上多数负载为感性负载（含 $R$,$L$），这就造成了电力用户的 $\cos\varphi<1$。功率因数过小会造成以下后果。

1. 电源的利用率低

电源的额定容量 $S_N = U_N I_N$ 标志着电源设备的做功能力，若 $\cos\varphi < 1$，$I = I_N$ 时，发出的有功功率 $P < S_N$。

对于 $S_N = 10\text{kVA}$ 的变压器来讲，若带 40W 纯电阻性质的白炽灯，可带动 250 盏，但若带动 40W 日光灯，因其功率因数小于 0.5，故最多只能带动 125 盏（按功率因数 0.5 计算）。可见变压器容量没有被充分利用，它的一部分容量被用作和日光灯电路中电感形成的磁场能量进行交换，白白地被占用了。

2. 增加供电系统的功率损耗

当发电机的额定电压和输出功率一定时，功率因数愈低，输出电流愈大。显然，传输电流的增大会使供电系统的功率损耗 $\Delta P\uparrow = I^2\uparrow\gamma$ 增大。其中 $\gamma$ 为供电系统传输线和发电机组的电阻。

生产上大量使用的异步电动机属于感性负载，功率因数较低，约在 0.5～0.85 之间，当使用不当，处在空载或轻载时，功率因数会低至 0.2。按供电规则规定，高压供电用户必须保证用户功率因数在 0.95 以上，其他用户应保证在 0.9 以上，否则将被罚款。

**二、提高功率因数的方法**

除正确选择和使用感性负载的设备使其功率因数尽可能较高外，对使用的设备、装置进行必要的补偿是提高功率因数的基本方法。

供电线路功率因数下降的根本原因是供电线路接有大量的电感性负载导致 $Q$ 的增加。

$$\cos\varphi\downarrow = \frac{P}{S} = \frac{P}{\sqrt{P^2 + Q^2\uparrow}}$$

若能在电路中引入电容性负载，用 $Q_C$ 去补偿部分甚至大部分 $Q_L$，则供电线路的 $\cos\varphi$ 就可以得以提高。

在供电线路中并联接入电力电容器是提高电感性电路功率因数的常用方法，其原理分析如下。

电路图和相应的相量图，如图 2-28 所示。

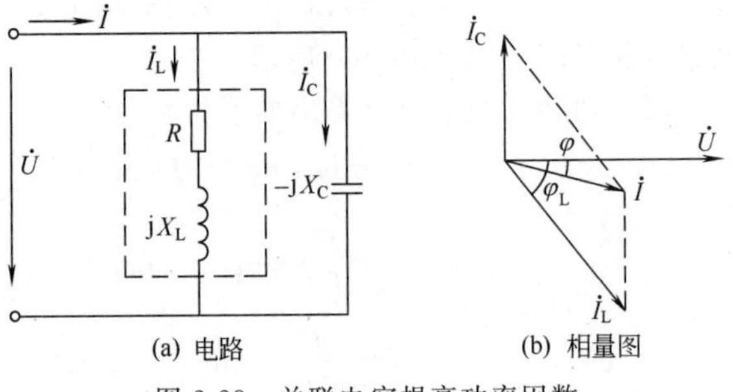


(a) 电路　(b) 相量图

图 2-28　并联电容提高功率因数

在电感性负载 $RL$ 支路上并联了 $C$ 以后并没有改变原 $RL$ 支路的工作状态，所以

$$I_L = \frac{U}{\sqrt{R^2 + X_L^2}} \text{不变}$$

负载支路的功率因数　$\cos\varphi_L = \dfrac{R}{\sqrt{R^2 + X_L^2}}$亦不变。

但电路中总电流由原来的 $\dot{I}_L$ 变成了 $\dot{I}$

$$\dot{I} = \dot{I}_L + \dot{I}_C \qquad (\text{其中 } \dot{I}_C = \dot{U}\cdot j\omega C)$$

总电压和总电流的夹角也就由 $\varphi_L$ 变成了 $\varphi$，从相量图上可以明显地看出 $\varphi_L > \varphi$，所以 $\cos\varphi_L < \cos\varphi$，线路的功率因数得以提高。

这里要注意以下几点。

(1) 采用并联电容的方法并没改变原感性支路的工作状态，电容元件又不消耗有功功率，所以电路消耗的有功功率 $P = I_L^2 R$ 不变。即 $UI_L\cos\varphi_L = UI\cos\varphi$。

(2) 功率因数的提高是指电源或电网的功率因数提高。具体感性负载的功率因数并没改变。

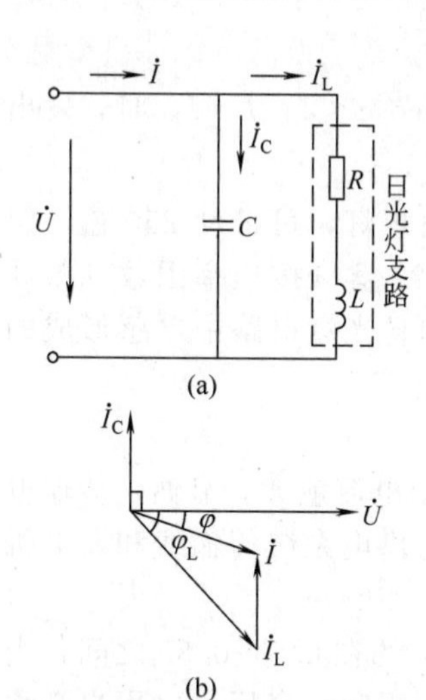

图 2-29　例 2-8 电路

（3）功率因数提高后输出同样的有功功率，电源供给的总电流 $I$ 减小了（$I<I_L$），这正说明电源可以带动更多的负载，输出更多的有功功率。这就是提高功率因数的经济意义。

**【例 2-8】** 已知正弦交流电源 $U=220\text{V}$，$f=50\text{Hz}$，所接负载为日光灯，$\cos\varphi=0.6$，$P=8\text{kW}$。（1）如并联 $C=529\mu\text{F}$，求并联电容后的功率因数？（2）若要将功率因数提高到 0.98，试求并联电容的电容值。

**解**　（1）电路图如图 2-29(a) 所示。设 $\dot{U}=220\angle0°\text{V}$，日光灯电路电流

$$I_L=\frac{P}{U\cos\varphi_L}=\frac{8\times10^3}{220\times0.6}=60.6\text{A}$$

由 $\cos\varphi_L=0.6$，可知 $\varphi_L=53°$。因为 $\psi_u=0°$，所以 $\psi_i=-53°$，故 $\dot{I}_L=60.6\angle-53°\text{A}$。

电容支路电流

$$I_C=U\omega C=220\times2\pi\times50\times529\times10^{-6}=36.54\text{A}$$

因为 $\dot{U}=220\angle0°\text{V}$，所以 $\dot{I}_C=36.54\angle90°\text{A}$。

由基尔霍夫电流定律可知

$$\begin{aligned}\dot{I}&=\dot{I}_L+\dot{I}_C=60.6\angle-53°+36.54\angle90°\\&=36.5-\text{j}48.4+\text{j}36.54=36.5-\text{j}11.86\\&=38.38\angle-18°\text{A}\end{aligned}$$

则
$$\cos\varphi=\cos(\psi_u-\psi_i)=\cos[0°-(-18°)]=\cos18°=0.95$$

电路的相量图如图 2-29(b) 所示。

（2）由相量图中可以看出如下关系

$$\begin{aligned}I_C&=I_L\sin\varphi_L-I\sin\varphi=\frac{P}{U\cos\varphi_L}\sin\varphi_L-\frac{P}{U\cos\varphi}\sin\varphi\\&=\frac{P}{U}(\tan\varphi_L-\tan\varphi)\end{aligned}$$

$$C=\frac{P}{U^2\omega}(\tan\varphi_L-\tan\varphi)\tag{2-44}$$

按题目要求
$$\cos\varphi=0.98\text{，则}\quad\tan\varphi=0.20$$
$$\cos\varphi_L=0.6\text{，则}\quad\tan\varphi_L=1.33$$

由式（2-44）可知，要将 $\cos\varphi$ 提高到 0.98，所并电容 $C$ 为

$$C=\frac{8\times10^3}{220^2\times314}(1.33-0.20)=595\mu\text{F}$$

从例 2-7 可以看出在一定范围内随着 $C$ 的增大 $\varphi$ 角随之减小而 $\cos\varphi$ 随之增大，但当功率因数已经接近 1 时想要继续提高它，所需电容的相对增值远大于 $\cos\varphi$ 的相对增值。如上例，$\cos\varphi$ 提高了 0.03（相对增值 $\frac{0.03}{0.95}=3.2\%$），电容要增大 $66\mu\text{F}$（相对增值 $\frac{66}{529}=12.5\%$），因此一般不必提高到 1。

## 思　考　题

2-6-1　提高功率因数意义有以下几种说法，其中正确的有（　　）。

（a）减少了用电设备中无用的无功功率；

（b）减少了用电设备的有功功率；

（c）提高了电源设备的容量；

（d）可提高电源设备的利用率并减少输电线路中的损耗。

2-6-2　当并联电容值 $C$ 不断增大时，图 2-29(b) 中的相量图怎样变化？

2-6-3　对于感性负载，是否可以用串联电容的方法提高功率因数？

2-6-4　若每支日光灯的功率因数为 0.5，则当 $N$ 支日光灯并联时，总的功率因数是多少？

# 第七节　电路中的串联谐振

对于同时具有 $L$, $C$ 的电路中通过改变电路参数或电源频率使电路的总电压和总电流同相，这时电路就处在了谐振状态。若 $L$ 和 $C$ 是串联联结的电路则称**串联谐振**。

本节讨论串联谐振的条件和特点。

**一、串联谐振条件**

在图 2-30$RLC$ 串联电路中由谐振概念可知当电路 $X_L=X_C$ 时电路处于谐振状态。即

$$\omega L=\frac{1}{\omega C}$$

所以**谐振频率**

$$\omega_0=\frac{1}{\sqrt{LC}}$$

或

$$f_0=\frac{1}{2\pi\sqrt{LC}} \tag{2-45}$$

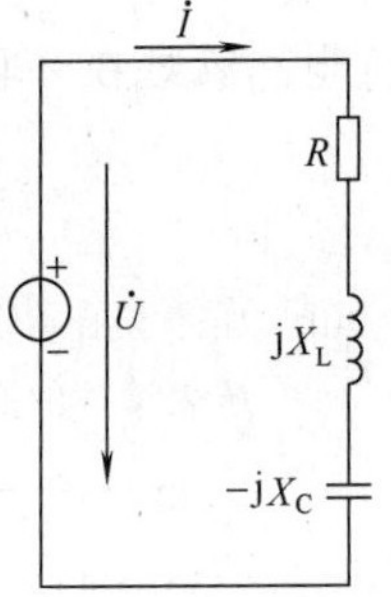

图 2-30　$RLC$ 串联谐振电路

从式（2-45）可以看出，或通过改变电源频率或通过改变电路参数 $L$，$C$ 都能使电路处于谐振状态。

$f_0$ 取决于电路参数 $L$ 和 $C$，是电路的一种固有属性，故称电路的固有频率。

**二、串联谐振的特点**

（1）最小的纯阻性阻抗

$$|Z|=\sqrt{R^2+(X_L-X_C)^2}=R \tag{2-46}$$

（2）最大的谐振电流

$$I_0=\frac{U}{R}$$

（3）电路的无功功率 $Q$ 为零。

（4）电压与电流同相 $\cos\varphi=1$。

（5）串联谐振又称电压谐振，此时电感、电容元件上的电压大小相等，方向相反，电阻上的电压等于电源电压。

$$U_R=RI_0=U$$

$$U_L=U_C=X_LI_0(X_CI_0)=\frac{\omega_0 L}{R}U=\frac{1}{\omega_0 CR}U$$

串联谐振时 $U_L(U_C)$ 和电路总电压的比值称为**品质因数 $Q$。**

$$Q=\frac{U_L(U_C)}{U}=\frac{\omega_0 L}{R}=\frac{1}{\omega_0 CR} \tag{2-47}$$

$RLC$ 串联谐振电路中 $R$ 一般很小，只是线圈的内阻，因此一般 $Q\gg 1$。也就是说，电路在发生串联谐振时电感、电容两端的电压值比电源总电压值大许多倍，故有电压谐振之称。这一现象一般在电力系统中要尽力避免，以防高电压损坏电气设备，但在无线电工程上却被

广泛用作调谐选频。

**三、串联谐振曲线**

$RLC$ 串联电路在电源电压 $U$ 不变的情况下，$I$ 随 $\omega$ 变化的曲线如图 2-31 所示，称为**谐振曲线**。两个谐振回路 $L$ 和 $C$ 相同，只是 $R_1 < R_2$，在同一个电源作用下它们的谐振曲线就不同，如图 2-31 所示。

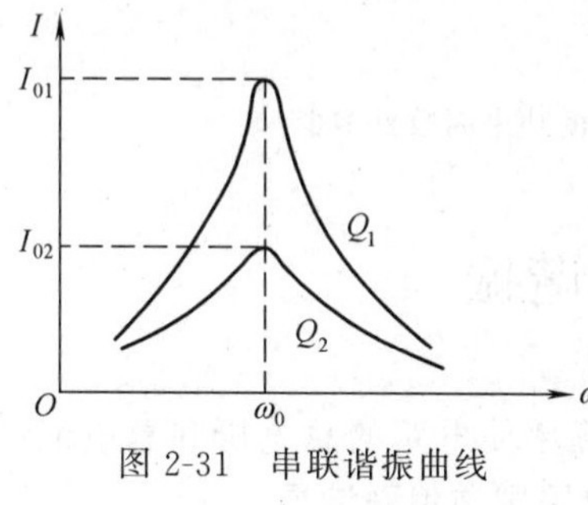

图 2-31　串联谐振曲线

$$Q_1=\frac{\omega_0 L}{R_1}>Q_2=\frac{\omega_0 L}{R_2}$$

品质因数越大则谐振曲线越尖，频率选择性就越好，这也是品质因数的另一个物理意义。

当 $L$ 和 $C$ 并联联结时，若电路的总电压和总电流同相则电路就发生了并联谐振。在第二章第六节讨论的提高功率因数方法中采用并联电容的方法将功率因数提高到 1，则电路就处在并联谐振状态。有关并联谐振的特性此处不作讨论。

## 思　考　题

2-7-1　如图 2-32 所示电路中已知当 $f=f_1$ 时 $X_L=X_C=R$，试分析当电源电压有效值不变 $f>f_1$ 时各电压表读数的变化情况。

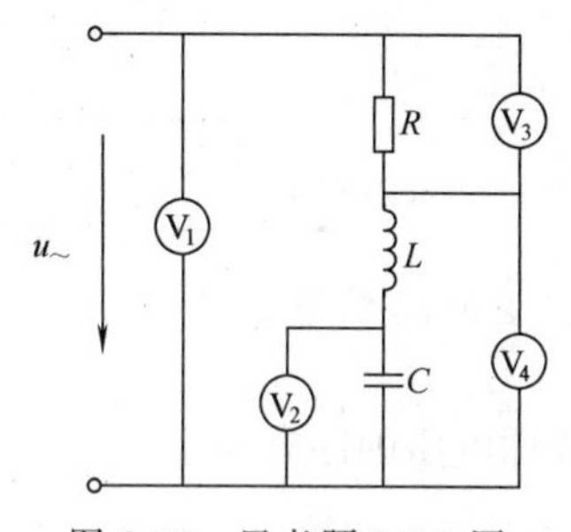

图 2-32　思考题 2-7-1 图

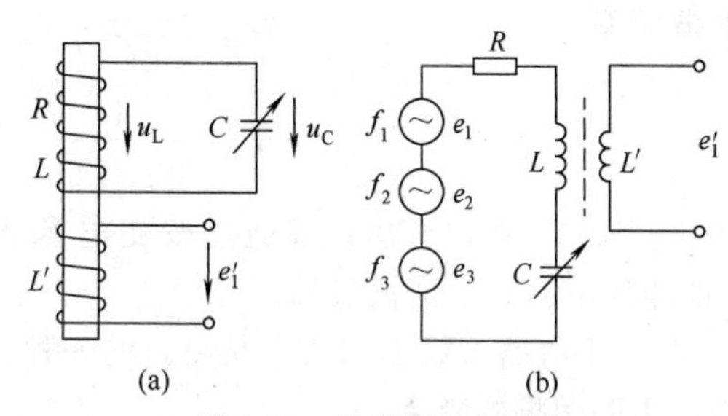

图 2-33　思考题 2-7-2 图

2-7-2　图 2-33(a) 所示收音机调谐电路。从其等效电路 2-33(b) 可以看出磁性天线可以接收各电台发射的不同频率的电磁波，在线圈 $L$ 中感应不同频率的 $e_1, e_2, \cdots$。当通过改变可调电容 $C$ 的值，使电路与其中某一个信号频率发生谐振，如 $f_1$。此时，电感中只有与该频率相应的感应电动势 $e_1$ 为最大。通过线圈 $L'$ 输出，对该信号进行放大、检波等就可以收听该电台的节目了。请解释如果发生“串台”现象（即发生收听两个以上的电台），说明什么？

# *第八节　非正弦周期电流电路

除正弦交流量以外，还会经常遇到非正弦规律变化的周期性电压和电流信号。在正弦交流电路分析方法的基础上，利用傅里叶级数分解和叠加原理对周期性的非正弦信号分析就迎刃而解了。

**一、非正弦周期量的分解**

如果给定的周期函数满足狄里赫莱条件❶，那么它就可以分解为傅里叶级数。设给定的

❶　狄里赫莱条件是指给定的周期性函数在有限的区间内，只有有限的第一类间断点和有限个极大值、极小值。电工技术中所遇到的周期函数通常都满足这个条件。

周期性函数为 $f(t)$，则

$$f(t)=A_0+\sum_{n=1}^{\infty}A_{nm}\sin(n\omega t+\psi_n) \tag{2-48}$$

$$A_0=\frac{1}{T}\int_0^T f(t)\mathrm{d}t \tag{2-49}$$

$A_0$ 是不随时间而变的常数，称为**直流分量**，又称**平均值**。

式（2-48）中 $\sum_{n=1}^{\infty}A_{nm}\sin(n\omega t+\psi_n)$ （$n=1,2,3,\cdots$）分别为非正弦周期函数的一次、二次、三次**谐波**等。它们均为不同频率的正弦量。

一般常用的非正弦周期性信号的傅里叶级数展开式列表 2-1 如下。

**表 2-1　常用非正弦周期性信号的傅里叶级数展开式**

| 名　称 | 波　形　图 | 傅里叶级数 |
| --- | --- | --- |
| 矩形波 | 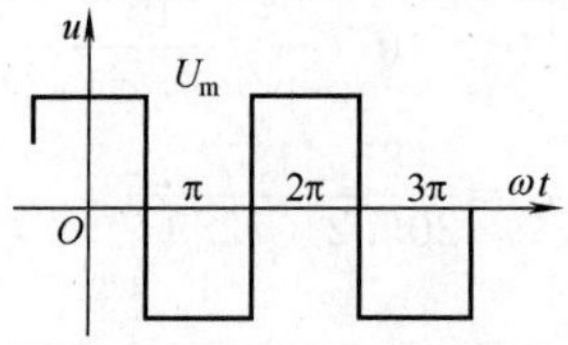 u, $U_m$, π, 2π, 3π, ωt, O | $f(\omega t)=\frac{4U_m}{\pi}\left(\cos\omega t-\frac{1}{3}\cos3\omega t+\frac{1}{5}\cos5\omega t-\frac{1}{7}\cos7\omega t+\cdots\right)$ |
| 锯齿波 | 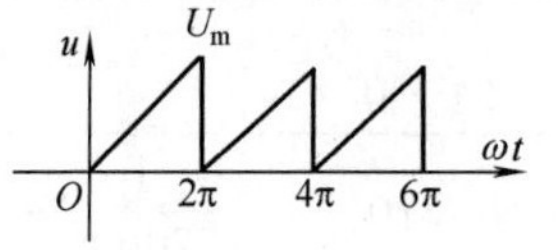 u, $U_m$, 2π, 4π, 6π, ωt, O | $f(\omega t)=U_m\left[\frac{1}{2}-\frac{1}{\pi}\left(\sin\omega t+\frac{1}{2}\sin2\omega t+\frac{1}{3}\sin3\omega t+\cdots\right)\right]$ |
| 单相半波整流 | 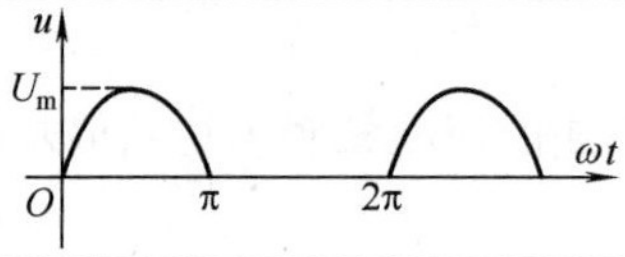 u, $U_m$, π, 2π, ωt, O | $f(\omega t)=\frac{U_m}{\pi}\left(1+\frac{\pi}{2}\sin\omega t-\frac{2}{3}\cos2\omega t-\frac{2}{3\times5}\cos4\omega t-\cdots\right)$ |
| 单相全波整流 | 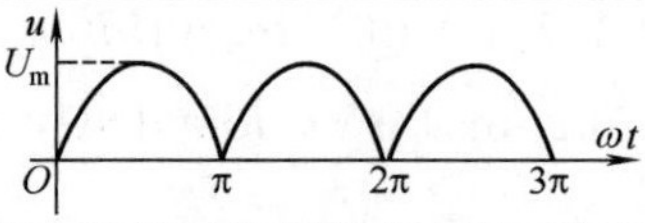 u, $U_m$, π, 2π, 3π, ωt, O | $f(\omega t)=\frac{2U_m}{\pi}\left(1-\frac{2}{3}\cos2\omega t-\frac{2}{3\times5}\cos4\omega t-\frac{2}{5\times7}\cos6\omega t-\cdots\right)$ |

## 二、非正弦周期电流线性电路的分析计算

非正弦周期性信号分析的理论依据就是线性电路的叠加性。当 $f(t)$ 作用于线性电路时，可将 $f(t)$ 分解成傅里叶级数 $A_0+\sum_{n=1}^{\infty}A_{nm}\sin(n\omega t+\psi_n)$，这时相当于直流分量及各次谐波分量同时作用于电路。分析时可令直流分量及各次谐波分量分别单独作用于电路，然后再将各结果的瞬时值叠加，就是线性电路对非正弦周期信号 $f(t)$ 的响应。

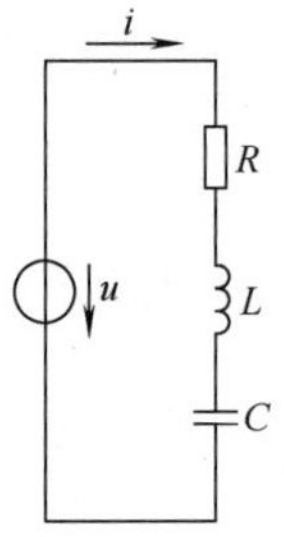

i
R
u
L
C

图 2-34　例 2-9 电路

**【例 2-9】** 电路如图 2-34 所示。已知 $R=200\Omega$，$C=2.2\mu F$，$L=10mH$，$u(t)$ 为表 2-1 中矩形波，其中 $U_m=200mV$，$T=2ms$。试计算电路中的电流 $i(t)$（计算到 5 次谐波）。

**解**　由表 2-1 可查矩形波的傅里叶分解为

$$u(t)=\frac{4U_m}{\pi}\left(\cos\omega t-\frac{1}{3}\cos3\omega t+\frac{1}{5}\cos5\omega t+\cdots\right) \tag{2-50}$$

其中　$U_m=200mV$，$\omega=\frac{2\pi}{T}=\frac{2\times3.14}{2\times10^{-3}}=3140rad/s$

代入上式得

$$u(t)=(255\cos3140t-85\cos9420t+51\cos15700t)\text{mV}$$

计算各次谐波单独作用时的电路电流。

一次谐波

$$\dot{I}_{1\text{m}}=\frac{\dot{U}_{1\text{m}}}{R+\text{j}(X_\text{L}-X_\text{C})}=\frac{255\angle0^\circ}{200+\text{j}\left(3140\times10\times10^{-3}-\dfrac{10^6}{3140\times2.2}\right)}$$

$$=\frac{255\angle0^\circ}{200+\text{j}(31.4-144.7)}=\frac{255}{200+\text{j}(-113.3)}=\frac{255}{229.8\angle-29.5^\circ}$$

$$=1.1\angle29.5^\circ\text{mA}$$

三次谐波

$$\dot{I}_{3\text{m}}=\frac{\dot{U}_{3\text{m}}}{R+\text{j}(X_\text{L}-X_\text{C})}=\frac{85\angle180^\circ}{200+\text{j}\left(9420\times10\times10^{-3}-\dfrac{10^6}{9420\times2.2}\right)}$$

$$=\frac{85\angle180^\circ}{200+\text{j}(94.2-48.3)}=\frac{85\angle180^\circ}{200+\text{j}45.9}=\frac{85\angle180^\circ}{205.2\angle12.9^\circ}$$

$$=0.41\angle167.1^\circ\text{mA}$$

五次谐波

$$\dot{I}_{5\text{m}}=\frac{\dot{U}_{5\text{m}}}{R+\text{j}(X_\text{L}-X_\text{C})}=\frac{51\angle0^\circ}{200+\text{j}\left(15700\times10\times10^{-3}-\dfrac{10^6}{15700\times2.2}\right)}$$

$$=0.21\angle-32.6^\circ\text{mA}$$

从例 2-9 可以看出在不同的谐波下，电阻值是不变的而感抗和容抗的值却随着谐波的不同而不同。

$$i(t)=1.1\cos(3140t+29.5^\circ)+0.41\cos(9420t+167.1^\circ)+0.21\cos(15700t-32.6^\circ)\text{mA}$$

**【例 2-10】** 在图 2-35(a) 中，输入 $u=240+100\sqrt{2}\sin314t\text{V}$，$R=400\Omega$，$C=50\mu\text{F}$，试求输出电压 $u_2$ 中含有的交直流电压各为多少?

**解** 直流成分

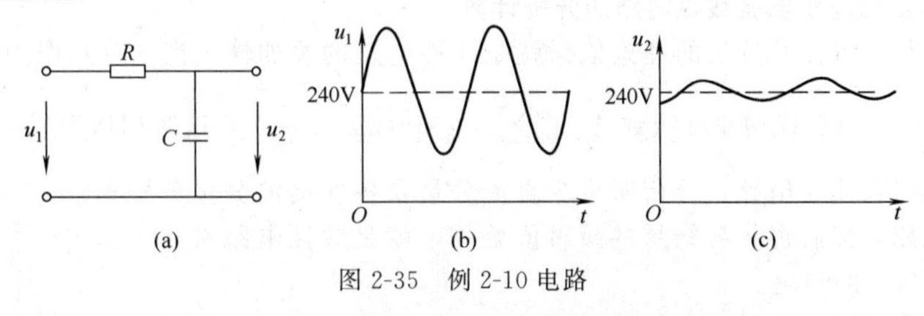


图 2-35 例 2-10 电路

因电路不通直流，所以 240V 直流电压全部加在电容两端输出。即

$$U_2=240\text{V}$$

交流成分

$$R=400\Omega,\quad X_\text{C}=\frac{10^6}{314\times50}=63.7\Omega$$

$$\dot{U}_{2\text{交}}=\frac{100\angle0^\circ}{R-\text{j}X_\text{C}}(-\text{j}X_\text{C})=\frac{100\times63.7\angle-90^\circ}{400-\text{j}63.7}$$

$$=\frac{6370\angle-90^\circ}{405\angle-9^\circ}=15.7\angle-81^\circ\text{V}$$

故 $$u_2=15.7\sqrt{2}\sin(314t-81°)\ \text{V}$$

从图2-35(b)、(c) 来看输出电压和输入电压比较，直流电压没变而交流电压的幅值大大减小。电容的这一特性在电子技术中被广泛用来旁路交流信号。

## 三、非正弦周期电流电路中有效值及平均功率的计算

### 1. 有效值

非正弦周期性信号的有效值按有效值的定义可知和正弦信号一样为瞬时值的方均根值。如周期性电流 $i(t)$，其有效值为

$$I=\sqrt{\frac{1}{T}\int_0^T[i(t)]^2\mathrm{d}t}$$

将 $i(t)=I_0+\sum\limits_{n=1}^{\infty}I_{\text{nm}}\sin(n\omega t+\psi_{\text{n}})$ 的傅里叶级数展开式代入上式，则

$$I=\sqrt{\frac{1}{T}\int_0^T\left[I_0+\sum_{n=1}^{\infty}I_{\text{nm}}\sin(n\omega t+\psi_{\text{n}})\right]^2\mathrm{d}t} \tag{2-51}$$

可求得

$$I=\sqrt{I_0^2+I_1^2+I_2^2+I_3^2+\cdots} \tag{2-52}$$

式中，$I_0$ 为直流分量，$I_1,I_2,I_3$ 分别为一、二、三次谐波分量的有效值。

同理，非正弦周期性电压 $u(t)$ 的有效值亦为

$$U=\sqrt{U_0^2+U_1^2+U_2^2+U_3^2+\cdots} \tag{2-53}$$

### 2. 平均功率

非正弦周期电流电路中的平均功率和正弦电路一样由瞬时功率的平均值来定义。假设一个二端网络的端电压为 $u(t)$，流入的电流为 $i(t)$，则瞬时功率

$$p(t)=u(t)i(t)$$

平均功率 $$P=\frac{1}{T}\int_0^T p\,\mathrm{d}t \tag{2-54}$$

将

$$u(t)=U_0+\sum_{n=1}^{\infty}U_{\text{nm}}\sin(n\omega t+\psi_{\text{un}})$$

$$i(t)=I_0+\sum_{n=1}^{\infty}I_{\text{nm}}\sin(n\omega t+\psi_{\text{in}})$$

代入式(2-54) 则可求得

$$P=U_0I_0+\sum_{n=1}^{\infty}U_{\text{n}}I_{\text{n}}\cos\varphi_{\text{n}} \tag{2-55}$$

式中，$U_{\text{n}},I_{\text{n}}$ 分别为 $n$ 次谐波的电压、电流的有效值，$\varphi_{\text{n}}=\varphi_{\text{un}}-\varphi_{\text{in}}$。也就是说，周期性非正弦电路中平均功率为直流分量和各谐波分量的平均功率之和。

## 思　考　题

2-8-1　在周期性非正弦电路中电压和电流还能用相量表示吗？

2-8-2　在周期性非正弦电路中的分析计算中总电流相量是否等于各谐波分量的相量和？

## 本章复习提示

单相交流电路主要介绍的是正弦交流电路的分析计算方法。复习时请思考下列问题。

(1) 一个正弦量如何用相量来表示？

（2）列出三个单一参数元件电路基本性质，$u$ 和 $i$ 的相量关系和功率特性一览表。

（3）正弦交流电路的分析计算采用的基本方法是什么？功率计算和直流电路有何不同？

（4）采用并联电容的方法提高功率因数前后电路各物理量有何变化？

（5）电路串联谐振有什么特点？有何用途？

（6）非正弦周期电流线性电路的分析计算的基本方法是什么？

## 习　题

2-1　绘出正弦量 $u(t)=50\sin\left(3140t-\frac{\pi}{6}\right)$ V 的波形图，该函数的最大值、有效值、频率和周期各为多少？

2-2　已知 $u_1=141\sin(\omega t-50°)$ V，$u_2=282\sin(\omega t+25°)$ V，（1）写出相量式 $\dot{U}_1$ 和 $\dot{U}_2$；（2）求 $u_1$ 和 $u_2$ 的相位差，谁超前谁？

2-3　已知 $\dot{I}_{1m}$ 和 $\dot{I}_{2m}$ 的相量图如图 2-36 所示。其中 $I_{1m}=5\sqrt{2}$ A，$I_{2m}=7\sqrt{2}$ A，请写出 $\dot{I}_1$ 和 $\dot{I}_2$ 的表达式。

2-4　用相量法求下列两个函数的和及差。

（1）$u_1=141.4\sin(\omega t+30°)$ V，$\dot{U}_{2m}=70.7\angle 45°$V，$u_2$ 频率同 $u_1$ 为 $\omega$。

（2）$i_1=10\sqrt{2}\sin(\omega t+30°)$ A 和 $i_2=10\sin(\omega t-60°)$ A。

2-5　已知线圈的电感 $L=100$mH，电阻不计。当线圈电流为 $i=14.1\sin(314t+30°)$ mA 时，求感抗 $X_L$ 及线圈电压 $u$。

2-6　已知电容 $C=4\mu$F，若电容两端电压 $U=220$V，$f=150$Hz。求容抗 $X_C$ 及电容中流过的电流 $I$。

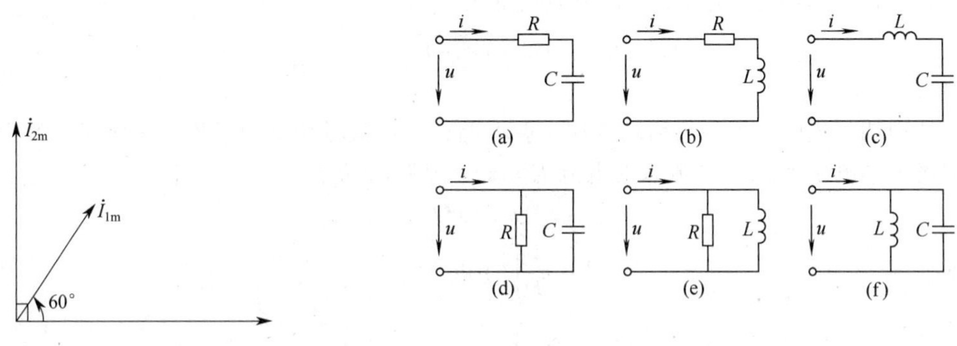


图 2-36　题 2-3 图

图 2-37　题 2-7 图

2-7　试画出图 2-37 中各图的电压、电流相量图。

2-8　日光灯与镇流器串联接到交流电压上，可看做 $R$, $L$ 串联电路。如已知某灯管的等效电阻 $R=280\Omega$，镇流器的电阻和电感分别为 $R_L=20\Omega$，$L=1.65$H，电源电压 $U=220$V。试求电路中的电流和灯管两端与镇流器上的电压。这两个电压加起来是否等于 220V？电源频率为 50Hz。

2-9　电路如图 2-38 所示。已知 $U=U_{RL}=U_C=100$V，$R=10\Omega$。求电路中电流 $I=$？

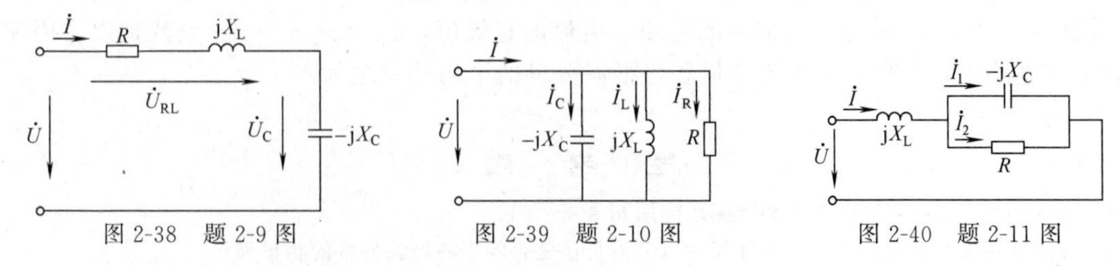


图 2-38　题 2-9 图　　图 2-39　题 2-10 图　　图 2-40　题 2-11 图

2-10　$RLC$ 并联电路如图 2-39 所示。已知 $u=100\sqrt{2}\sin 314t$ V，$R=30\Omega$，$L=10$mH，$C=50\mu$F，求电路总电流？

2-11　图 2-40 中已知 $I_1=I_2=10$A，$U=100$V，$\dot{U}$ 和 $\dot{I}$ 同相，试求 $I$, $R$, $X_L$, $X_C$。

2-12　图 2-41 中已知 $R_1=R_2$，$X_L=X_C$，利用相量图证明 $\dot{U}_{ab}$ 和 $\dot{U}$ 之间相位相差 90°。

2-13　计算图 2-42 中各支路的电流。

2-14　图 2-43 中 $R=8\Omega$，$X_L=6\Omega$，$I_1=I_2=8.2\text{A}$，求 $U$,$I$ 及功率因数、无功功率。

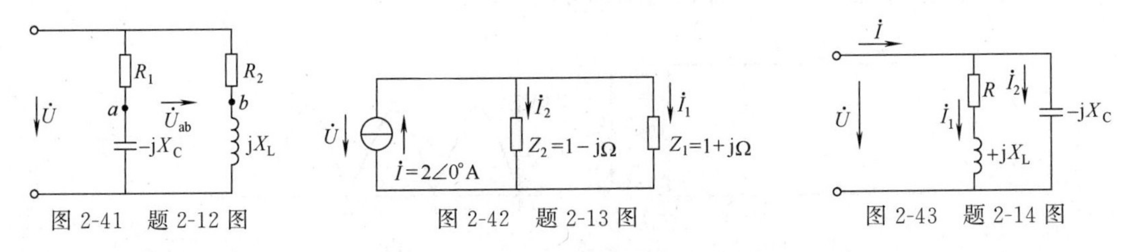


图 2-41　题 2-12 图　　图 2-42　题 2-13 图　　图 2-43　题 2-14 图

2-15　图 2-44 中 $Z_1=2+j3\Omega$，$Z_2=3+j6\Omega$，并知 $Z_2$ 的视在功率 $S=1490\text{V}\cdot\text{A}$，求 $Z_1$ 支路的有功功率$P=$？

2-16　已知图 2-45 中电源频率 $f=50\text{Hz}$，$U=220\text{V}$，$C=9177\mu\text{F}$。S 合上时安培表读数为 10A，功率表读数为 1kW；当 S 打开时安培表读数为 9.7A，功率表读数为 1.13kW，求 $Z$ 并说明是感性还是容性？

2-17　图 2-46 为移相电路。已知电压 $U_1=10\text{mV}$，$f=1000\text{Hz}$，$C=0.01\mu\text{F}$，要使 $u_2$ 的相位超前 $u_1$ 60°，求 $R$ 和 $U_2$。

2-18　图 2-47 所示电路中已知 $I_1=3.6\text{A}$，$I_3=6\text{A}$，总电压 $u$ 超前总电流 $i_1$ 60°，求 $I_2=$？

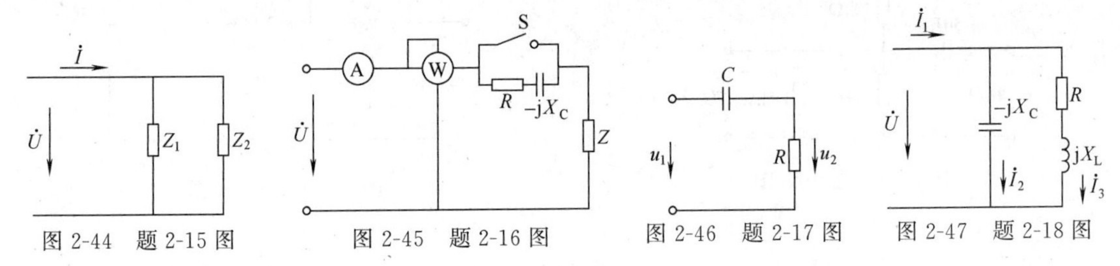


图 2-44　题 2-15 图　　图 2-45　题 2-16 图　　图 2-46　题 2-17 图　　图 2-47　题 2-18 图

2-19　在图 2-48 中日光灯和白炽灯并联接于 220V 的电源上。图中 $R_1$ 为灯管电阻，$X_L$ 为镇流器感抗（镇流器看成是纯电感），$R_2$ 为白炽灯电阻。已知灯管功率为 40W，功率因数为 0.5，白炽灯功率为 60W。求 $I_1$,$I_2$,$I$ 及总的功率因数。

2-20　在图 2-49 中已知正弦电压 $U=20\text{V}$，$f=50\text{Hz}$，$R=3\Omega$，$X_L=4\Omega$，要求开关闭合前后电流表读数保持不变，求 $C$ 的数值。

2-21　在图 2-50 电路中 $u=100\sqrt{2}\sin 314t\,\text{V}$，电流有效值$I=I_L=I_C$，电路消耗的功率为 866W，求 $i_L$，$i_C$,$i$？

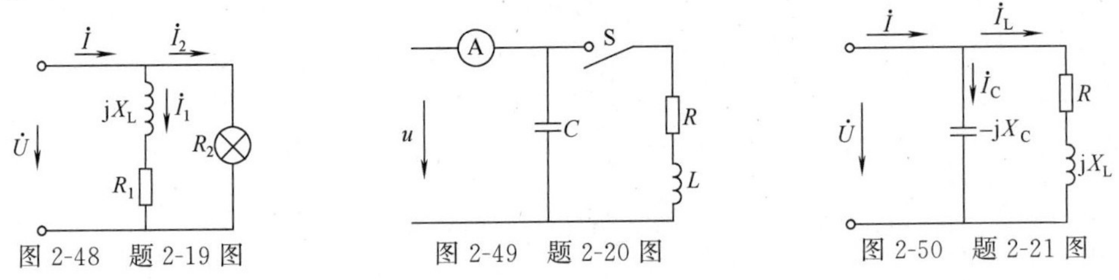


图 2-48　题 2-19 图　　图 2-49　题 2-20 图　　图 2-50　题 2-21 图

2-22　已知 40W 的日光灯电路接于 220V 的交流电源上电流为 0.45A，求并联 4.75$\mu$F 的电容后功率因数为多少？有功功率为多少？

2-23　已知电感性负载的有功功率为 300kW，功率因数为 0.65，若要将功率因数提高到 0.9，求电容器的无功功率。

2-24　一个线圈与电容串联。已知 $C=10.4\mu\text{F}$，当电源频率为 1000Hz 时发生谐振，这时电流为 2A，电容电压为电源电压的 10 倍。求线圈电阻和电感以及电源电压。

2-25　某收音机输入电路的电感为 0.3mH，可变电容 $C=25\sim360\text{pF}$，问能满足收听哪个频率范围的无线电信号？

2-26　$RLC$ 串联电路中 $u=100\sqrt{2}\sin 314t\,\text{V}$，调节电容 $C$ 使电流 $i$ 与 $u$ 同相时测得电容电压为 180V，电流

为 1A，求电路中 $R$，$L$，$C$ 的值。

2-27 将图 2-51(b) 所示电压波形加在图 2-51(a) 所示电路上时输出电压 $u_o$=？设 $R=2\text{k}\Omega$，$C=10\mu\text{F}$，$L=5\text{H}$，基波频率为 50Hz。(求到 4 次谐波即可)

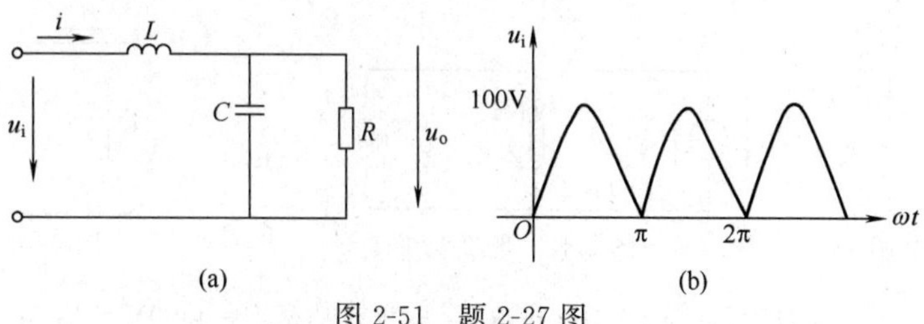


图 2-51 题 2-27 图

2-28 在图 2-52 所示电路中 $E=12\text{V}$，$u=0.1\sin6280t\,\text{V}$，求输出电压 $u_2(t)$。

2-29 已知图 2-53 所示电路中 $R=6\Omega$，$\omega L=2\Omega$，$\dfrac{1}{\omega C}=18\Omega$，$u(t)=10+80\sin(\omega t+30°)+18\sin3\omega t\,\text{V}$，求电压表、电流表及功率表的读数。

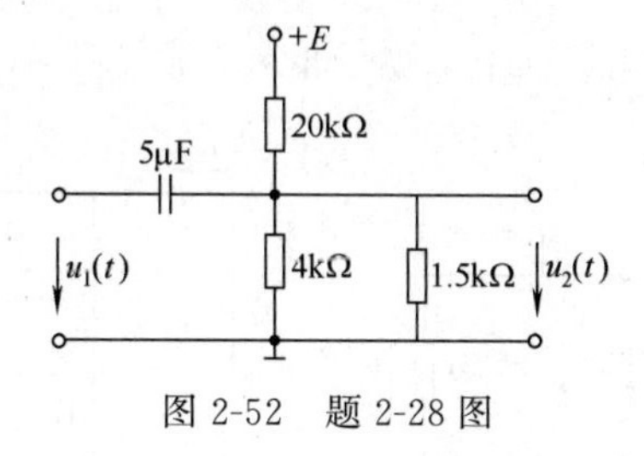


图 2-52 题 2-28 图

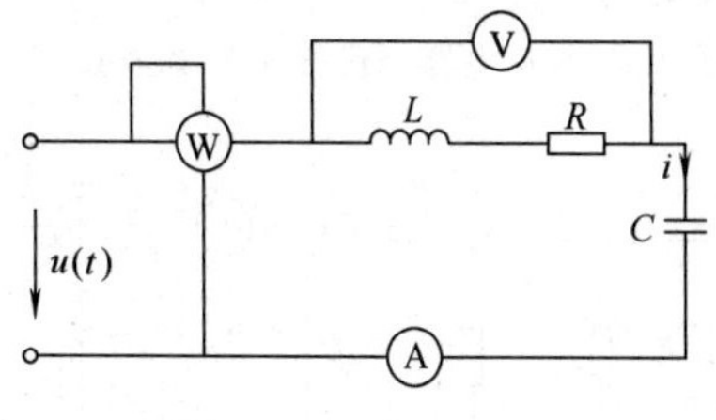


图 2-53 题 2-29 图

# 第三章　三相电路

目前世界上电力系统所采用的供电方式，绝大多数是三相制。所谓三相制，就是由三个频率相同，幅值相等，相位互差120°的电压源（或电动势）组成的供电系统，这类电压源亦称为三相电源。

三相交流电有许多优点，例如：三相交流电易于获得；广泛用于电力拖动的三相交流电动机结构简单、性能良好、可靠性高；三相交流电的远距离输电比较经济等。

## 第一节　三相电源

### 一、三相电动势的产生

三相电源（或三相电动势）是由三相交流发电机产生的。三相交流发电机结构如图3-1(a)所示。它由两大部分组成：一部分为不动的，称为**定子**；另一部分为可旋转的称为**转子**。定子和转子之间有一定的气隙。在定子铁芯槽内对称地安放着三组匝数相同的线圈，称为绕组，如图3-1(b)所示。每一组绕组称为一相。各相绕组结构相同，它们的始端分别为 $U_1, V_1, W_1$，末端分别为 $U_2, V_2, W_2$，即 $U_1U_2, V_1V_2, W_1W_2$。三相绕组均匀地分布在定子铁芯圆表面的槽内，在空间位置上彼此相差120°。转子上绕有直流线圈（称为励磁绕组），以形成N，S磁极。发电机的转子由内燃机、汽轮机等驱动，带动磁极旋转。外部直流电源通过电刷和装在转轴上的滑环，将电流通入转子上的直流线圈（励磁绕组），可在磁极表面的空气隙中产生较强的磁场。由于磁通量具有连续性，磁力线经由磁极铁芯和定子铁心而完成闭合路径，如图3-1(a)中的虚线所示。选择合适的磁极形状，可使磁极极面中心的磁感应强度最大（$B=B_m$），而往两边逐渐减小，形成正弦分布状态。

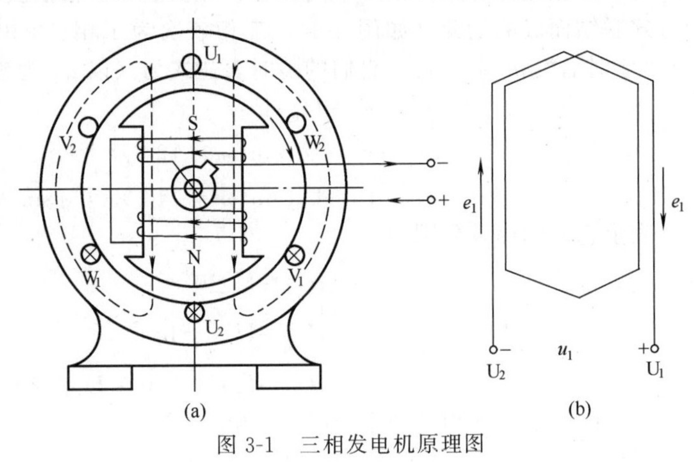

图3-1　三相发电机原理图

当转子（磁极）由原动机带动做匀速旋转时，定子绕组便切割磁力线产生正弦变化的感应电动势。由于定子绕组对称，三个相的电动势 $e_1, e_2, e_3$［参考方向均由末端指向始端如图3-1(b)所示］将是幅值相等，相位互差120°，同频率的三个正弦量。按图3-1所示发电机，当磁极顺时针旋转时，以 $e_1$ 为参考，则三相绕组中感应电动势出现最大值的顺序为 $e_1 \to e_2 \to e_3$。

则三相电动势的表达式为

$$\begin{cases} e_1 = E_m \sin\omega t \\ e_2 = E_m \sin(\omega t - 120°) \\ e_3 = E_m \sin(\omega t - 240°) = E_m \sin(\omega t + 120°) \end{cases} \tag{3-1}$$

如用相量表示这三个电动势，可写为

$$\begin{cases} \dot{E}_1 = E\angle 0° \\ \dot{E}_2 = E\angle -120° \\ \dot{E}_3 = E\angle -240° = E\angle 120° \end{cases} \tag{3-2}$$

三相电动势的正弦曲线和相应的相量图如图 3-2 所示。

幅值相等，频率相同而相位互差 120°的三相电动势称为对称三相电动势。三相交流电动势（或电压）出现最大值的先后顺序称为三相电源的**相序**。上述三相电源的相序如上所述是 1→2→3。

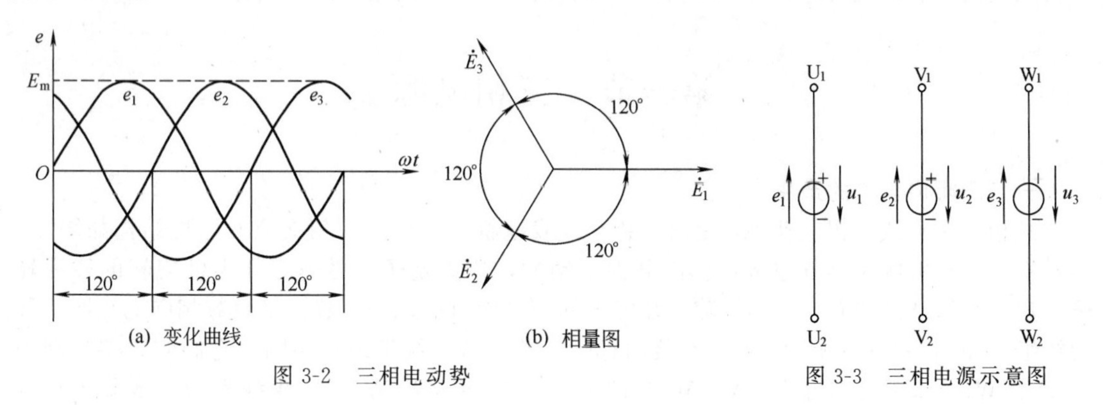


图 3-2　三相电动势

图 3-3　三相电源示意图

## 二、对称三相电源

可将三相电源想象成由 3 个同频率、等幅值和初相依次相差 120°的独立正弦电压源按一定方式联结而成的电源（如图 3-3）。三相依次为 1 相、2 相和 3 相（或称 U 相、V 相、W 相），分别记为 $u_1, u_2, u_3$。它们的瞬时表达式为（以 $u_1$ 为参考正弦量）

$$\begin{cases} u_1 = e_1 = U_m \sin\omega t \\ u_2 = e_2 = U_m \sin(\omega t - 120°) \\ u_3 = e_3 = U_m \sin(\omega t - 240°) = U_m \sin(\omega t + 120°) \end{cases} \tag{3-3}$$

表示它们的相量分别为

$$\begin{cases} \dot{U}_1 = U\angle 0° \\ \dot{U}_2 = U\angle -120° \\ \dot{U}_3 = U\angle -240° = U\angle 120° \end{cases} \tag{3-4}$$

它们的波形图和相量图示于图 3-4 和图 3-5。

对称三相电源的电压瞬时值的和为零，即

$$u_1 + u_2 + u_3 = 0$$

且

$$\dot{U}_1 + \dot{U}_2 + \dot{U}_3 = 0 \tag{3-5}$$

## 三、三相电源的联结方式

### 1. 联结方式

三相电源的联结方式一般为星形（Y 形）接法，较为常见的是星形联结的四线制供电系统，其联结方式见图 3-6。

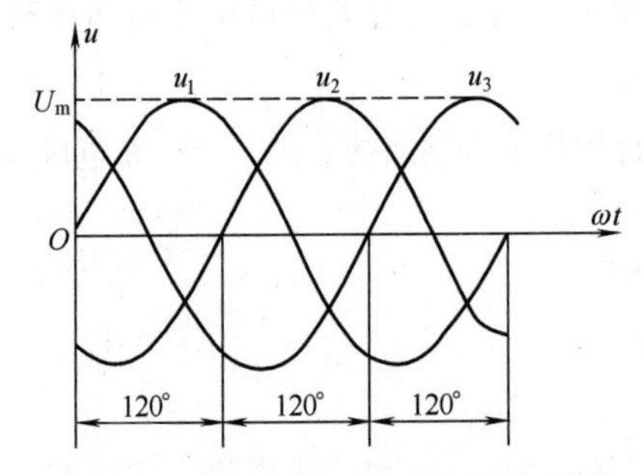


图 3-4　对称三相电源的电压波形图

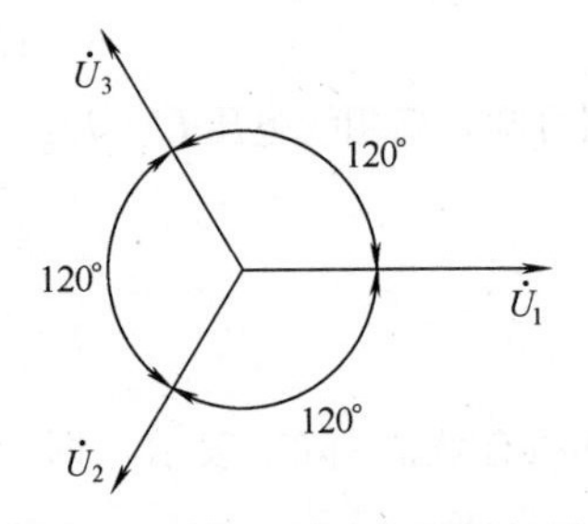


图 3-5　对称三相电源的相量图

在星形联结中，三相绕组的三个末端 $U_2$,$V_2$,$W_2$ 接在一起，成为一个公共点，称为**中性点** $N$。从中性点引出的导线称为中性线。低压系统的中性点一般接地，故中性点又称**零点**，中性线又称**零线或地线**。

从三相绕组的三个首端 $U_1$,$V_1$,$W_1$ 引出的导线 $L_1$,$L_2$,$L_3$ 称为相线或端线。相线对地有相位差，能使验电笔发光，常称为**火线**。

三根相线和一根中性线都引出的供电方式称为三相四线制供电，中性线不引出的方式称为三相三线制供电。

2. 电源 Y 形联结时相、线电压的关系

为了正确使用三相电源，必须了解四根输电线（$L_1$,$L_2$,$L_3$,N）之间的电压关系。$L_1$,$L_2$,$L_3$ 三根端线与中性线之间的电压，用 $u_1$,$u_2$,$u_3$ 表示，称为**相电压**（即每相电源的电压）；端线与端线之间的电压，分别用 $u_{12}$,$u_{23}$,$u_{31}$ 表示，称为**线电压**（即端线之间的电压）。

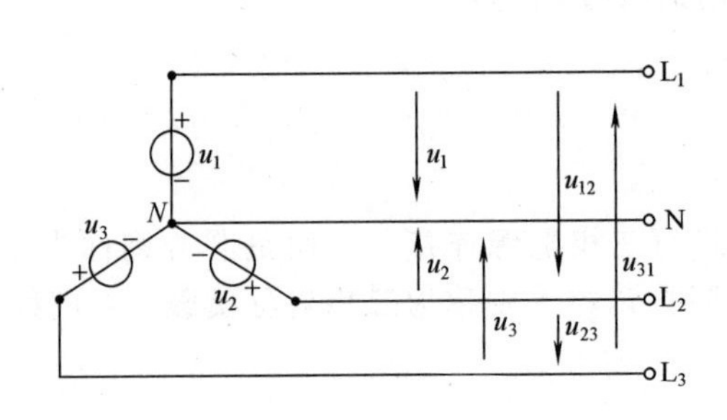


图 3-6　星形联结的相电压和线电压

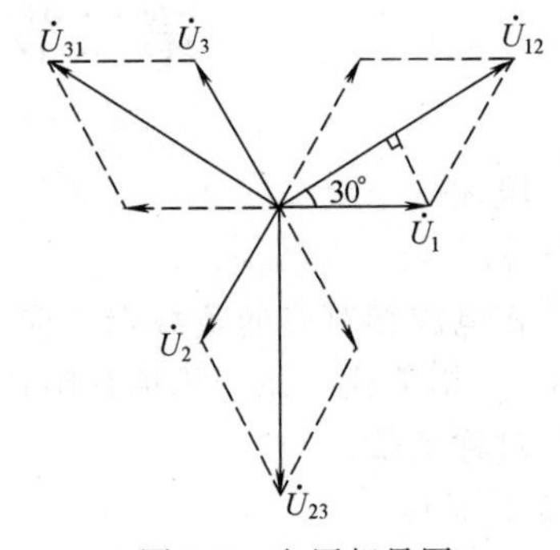


图 3-7　电压相量图

若忽略输电线上的电压降，相、线电压之间的关系应用基尔霍夫电压定律有

$$\begin{cases}\dot{U}_{12}=\dot{U}_1-\dot{U}_2\\ \dot{U}_{23}=\dot{U}_2-\dot{U}_3\\ \dot{U}_{31}=\dot{U}_3-\dot{U}_1\end{cases}$$

而相电压 $\dot{U}_1$,$\dot{U}_2$,$\dot{U}_3$ 有效值相等，用 $U_p$ 表示，相位互差 120°。以 $\dot{U}_1$ 为参考相量有

$$\begin{cases}\dot{U}_1=U_p\angle 0°\\ \dot{U}_2=U_p\angle -120°\\ \dot{U}_3=U_p\angle -240°=U_p\angle 120°\end{cases} \tag{3-6}$$

$$U_1=U_2=U_3=U_p$$

作出电压相量图如图 3-7 所示。线电压有效值与相电压有效值的关系可由相量图求得

$$U_{12}=2U_1\cos30^\circ=\sqrt{3}U_1$$

由图可知，三相线电压$\dot{U}_{12}$,$\dot{U}_{23}$,$\dot{U}_{31}$ 也是对称的，且相位上分别超前$\dot{U}_1$,$\dot{U}_2$,$\dot{U}_3$ 相电压 30°。

$$\begin{cases}\dot{U}_{12}=U_l\angle30^\circ\\ \dot{U}_{23}=U_l\angle-90^\circ\\ \dot{U}_{31}=U_l\angle150^\circ\end{cases}\tag{3-7}$$

线电压有效值用$U_l$ 表示，即

$$U_{12}=U_{23}=U_{31}=U_l$$

$$U_l=\sqrt{3}U_p$$

显见三相四线制的供电系统，可以供给负载两种不同的电压。通常低压供电系统中，相电压$U_p=220V$，线电压$U_l=380V$（$\sqrt{3}\times220V=380V$）。例如电灯负载额定电压为 220V，应接于三相电源的相线（火线）与中性线之间。若有个电焊机，其额定电压为 380V，则应接于电源的两根相线（火线）之间。

## 思考题

3-1-1 发电机的三相绕组接成星形时，如将 $U_1$,$V_1$,$W_1$ 连成一点（作为中性点），是否也可产生对称三相电动势？如误将 $U_1$,$V_2$,$W_1$ 连成一点，是否也可产生对称三相电动势？

3-1-2 某三相对称电源 $U$ 相的电压瞬时值 $u_1=220\sqrt{2}\sin(\omega t+20^\circ)$ V，写出其他两相电压的瞬时表达式，并画出波形图。

# 第二节　三相电路的计算

### 一、概述

1. 三相负载

与三相电源相对应的负载端，应采用三组负载与三相电源连接。三组负载分别称为 1 相、2 相、3 相负载。如三相负载阻抗的阻抗模和阻抗角相等则称为**三相对称负载**，否则称为**三相不对称负载**。

2. 负载联结

三相负载的联结主要有星形联结（Y 联结）和三角形联结（△联结）两种。三相电源和三相负载的联结方式概括起来主要有以下几种。

负载联结
- 负载 Y 联结
  - 三相四线制
    - 负载对称
    - 负载不对称　　[见图 3-8(a)、(b)]
  - 三相三线制　负载对称　　[见图 3-8(c)、(d)]
- 负载△联结
  - 负载对称
  - 负载不对称　　[见图 3-8(e)、(f)]

### 二、三相负载的星形联结

1. 三相四线制

三相负载星形联结的三相四线制电路可画成图 3-9 所示的形式。端线 $L_1$,$L_2$,$L_3$ 上流过的电流称为**线电流**，如 $\dot{I}_{L_1}$,$\dot{I}_{L_2}$,$\dot{I}_{L_3}$。线电流的有效值用 $I_l$ 表示。流过每相负载 $Z_1$,$Z_2$,$Z_3$ 的电流称为**相电流**，如 $\dot{I}_1$,$\dot{I}_2$,$\dot{I}_3$。相电流的有效值用 $I_p$ 表示。由图可知负载星形联结时线

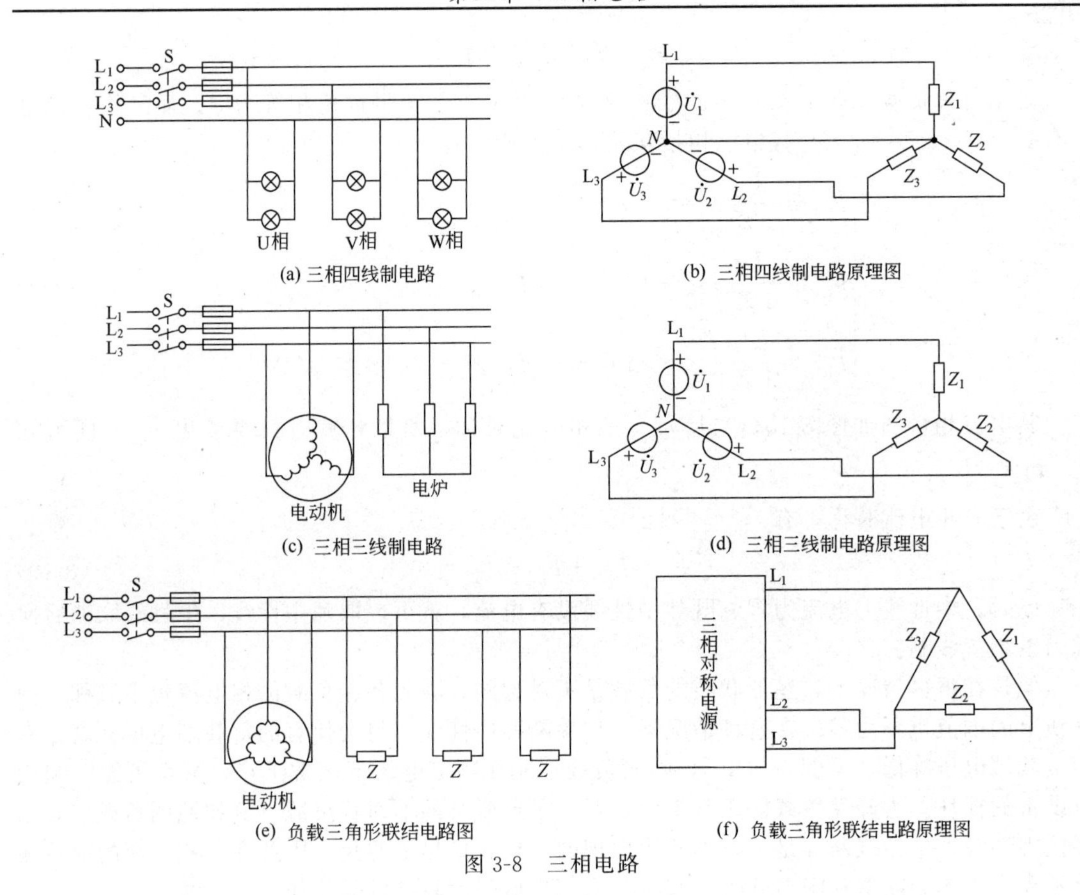

(a) 三相四线制电路　(b) 三相四线制电路原理图
(c) 三相三线制电路　(d) 三相三线制电路原理图
(e) 负载三角形联结电路图　(f) 负载三角形联结电路原理图

图 3-8　三相电路

电流等于相电流

$$\begin{cases}\dot{I}_{L_1}=\dot{I}_1\\ \dot{I}_{L_2}=\dot{I}_2\\ \dot{I}_{L_3}=\dot{I}_3\end{cases}$$

故有 $I_l=I_p$。如果不计连接导线的阻抗，各相负载承受的电压就是电源的相电压，故负载端电压相量图与电源端电压相量图一样，见图 3-7，其线电压 $U_l$ 与相电压 $U_p$ 之间有 $U_l=\sqrt{3}U_p$ 的关系。

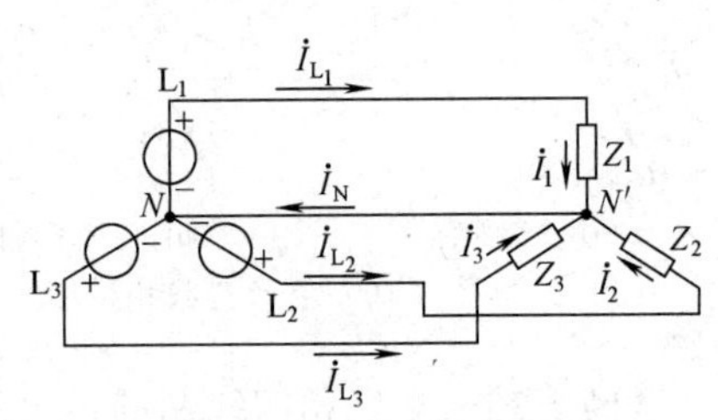

图 3-9　三相四线制电路

由图 3-9 可知，每相负载与电源构成一个单独回路，任何一相负载的工作都不受其他两相工作的影响，所以各相电流的计算方法和单相电路一样，即

$$\begin{cases}\dot{I}_{L_1}=\dfrac{\dot{U}_1}{Z_1}\\ \dot{I}_{L_2}=\dfrac{\dot{U}_2}{Z_2}\\ \dot{I}_{L_3}=\dfrac{\dot{U}_3}{Z_3}\end{cases} \tag{3-8}$$

对负载的中性点 $N'$ 应用基尔霍夫电流定律可得中性线电流 $\dot{I}_N$

$$\dot{I}_N=\dot{I}_{L_1}+\dot{I}_{L_2}+\dot{I}_{L_3}$$

对于对称负载，有 $|Z_1|=|Z_2|=|Z_3|=|Z|$，且各阻抗角相等为 $\varphi$。而三相对称电源有 $U_1=U_2=U_3=U_p$，且电压相量互差 120°。所以有

$$\begin{cases}\dot{I}_{L_1}=\dfrac{U_p}{|Z|}\angle 0°-\varphi \\ \dot{I}_{L_2}=\dfrac{U_p}{|Z|}\angle -120°-\varphi=\dot{I}_{L_1}\angle -120° \\ \dot{I}_{L_3}=\dfrac{U_p}{|Z|}\angle -240°-\varphi=\dot{I}_{L_1}\angle -240°=\dot{I}_{L_1}\angle 120°\end{cases} \tag{3-9}$$

其电流相量图如图 3-10(a) 所示，三相电流对称，所以计算时只要求出 $\dot{I}_{L_1}$，便可知 $\dot{I}_{L_2}$ 和 $\dot{I}_{L_3}$。

由于三相电流对称，有

$$\dot{I}_N=\dot{I}_{L_1}+\dot{I}_{L_2}+\dot{I}_{L_3}=0 \tag{3-10}$$

此时，中性线上电流为零。既然中性线没有电流，就可以取消中性线，中性线取消后便成为三相三线制。

但是在很多情况下，星形联结的负载是不对称的，因而各相负载的相电流也不对称，中性线上的电流也不为零。在这种情况下，如果断开中性线，将会使有的负载端电压升高，有的负载端电压降低［见例 3-1(3)］，因而负载不能在额定电压下正常工作，甚至可能引起用电设备的损坏。为确保负载能正常工作，对于星形联结的不对称负载（例如照明负载）必须要接中性线。中性线断开是一种不希望出现的故障，应尽量避免，因此在三相电源的中性线上不允许接入熔断器和闸刀开关。有时还采用机械强度较高的导线作为中性线。

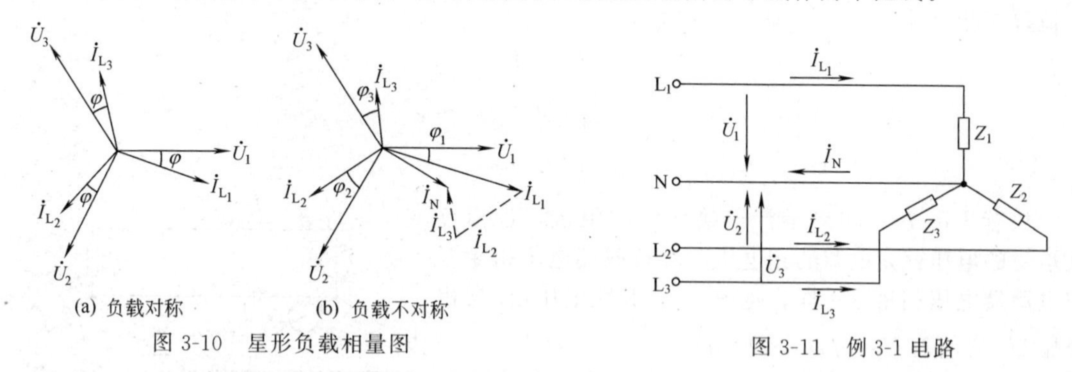


(a) 负载对称　(b) 负载不对称

图 3-10　星形负载相量图

图 3-11　例 3-1 电路

**【例 3-1】** 在三相四线制的供电线路中，已知电压为 380V/220V。(1)三相负载对称均为 $Z=(12+j6)\Omega$，求各线电流及中性线电流，并作相量图；(2)三相阻抗分别为 $Z_1=(12+j6)\Omega$，$Z_2=(6+j9)\Omega$，$Z_3=(18+j30)\Omega$，求各线电流及中性线电流，并作相量图；(3)在第(2)种情况下，若中性线断开，求各负载相电压，并作负载电压相量图。

**解** (1) 在图 3-11 中，三相对称电源，以 $\dot{U}_1$ 为参考相量。设

$$\dot{U}_1=220\angle 0°\text{V}$$

$$\dot{I}_{L_1}=\frac{\dot{U}_1}{Z_1}=\frac{220\angle 0°}{12+j6}=16.4\angle -26.57°\text{A}$$

按对称电流可得

$$\dot{I}_{L_2}=\dot{I}_{L_1}\angle -120^\circ=16.4\angle -26.57^\circ-120^\circ=16.4\angle -146.57^\circ A$$

$$\dot{I}_{L_3}=\dot{I}_{L_1}\angle 120^\circ=16.4\angle -26.57^\circ+120^\circ=16.4\angle 94.43^\circ A$$

$$\dot{I}_N=\dot{I}_{L_1}+\dot{I}_{L_2}+\dot{I}_{L_3}=0$$

相量图如图 3-12 所示。

(2)
$$\dot{I}_{L_1}=\frac{\dot{U}_1}{Z_1}=\frac{220\angle 0^\circ}{12+j6}=16.4\angle -26.57^\circ A$$

$$\dot{I}_{L_2}=\frac{\dot{U}_2}{Z_2}=\frac{220\angle -120^\circ}{6+j9}=20.34\angle -176.31^\circ A$$

$$\dot{I}_{L_3}=\frac{\dot{U}_3}{Z_3}=\frac{220\angle 120^\circ}{18+j30}=6.29\angle 60.96^\circ A$$

$$\begin{aligned}\dot{I}_N&=\dot{I}_{L_1}+\dot{I}_{L_2}+\dot{I}_{L_3}\\&=16.4\angle -26.57^\circ+20.34\angle -176.31^\circ+6.29\angle 60.96^\circ\\&=14.67-j7.34-20.3-j1.31+3.05+j5.5=-2.58-j3.15\\&=4.07\angle -129.32^\circ A\end{aligned}$$

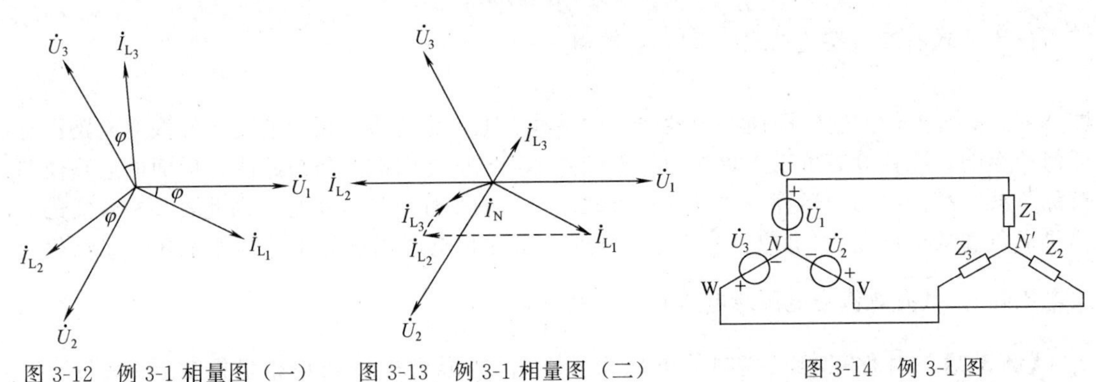


图 3-12　例 3-1 相量图（一）　　图 3-13　例 3-1 相量图（二）　　图 3-14　例 3-1 图

相量图如图 3-13 所示。

(3) 这是三相三线制负载不对称情况，对图 3-14 列结点电压方程，求出 $\dot{U}_{N'N}$ 得

$$\left(\frac{1}{Z_1}+\frac{1}{Z_2}+\frac{1}{Z_3}\right)\dot{U}_{N'N}=\frac{\dot{U}_1}{Z_1}+\frac{\dot{U}_2}{Z_2}+\frac{\dot{U}_3}{Z_3}$$

$$\dot{U}_{N'N}=\frac{\dfrac{\dot{U}_1}{Z_1}+\dfrac{\dot{U}_2}{Z_2}+\dfrac{\dot{U}_3}{Z_3}}{\dfrac{1}{Z_1}+\dfrac{1}{Z_2}+\dfrac{1}{Z_3}}$$

$$=\frac{\dfrac{220\angle 0^\circ}{12+j6}+\dfrac{220\angle -120^\circ}{6+j9}+\dfrac{220\angle 120^\circ}{18+j30}}{\dfrac{1}{12+j6}+\dfrac{6}{6+j9}+\dfrac{1}{18+j30}}=21.37\angle -83.35^\circ V$$

$$\dot{U}_{UN'}=\dot{U}_1-\dot{U}_{N'N}=220\angle 0^\circ-21.37\angle -83.35^\circ=218.56\angle 5.57^\circ V$$

$$\dot{U}_{VN'}=\dot{U}_2-\dot{U}_{N'N}=220\angle -120^\circ-21.37\angle -83.35^\circ=203.25\angle -123.6^\circ V$$

$$\dot{U}_{WN'}=\dot{U}_3-\dot{U}_{N'N}=220\angle 120^\circ-21.37\angle -83.35^\circ=239.77\angle 117.97^\circ V$$

显然这时三相相电压不再对称。相量图如图 3-15 所示。

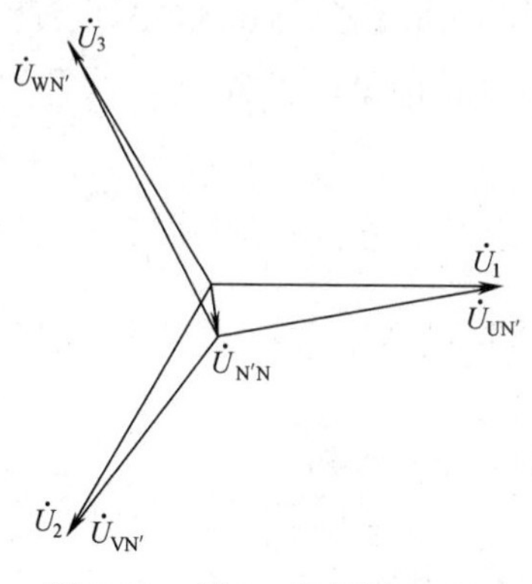


图 3-15 例 3-1 相量图（三）

通过这道例题，可以进一步地认识到，中性线的重要作用是在三相不对称负载星形联结中，使三相负载成为互不影响的独立回路，也就是使三相负载在不对称情况下，仍保持三相负载的相电压对称。

2. 三相三线制

通过前面对三相四线制的分析可知，当三相负载对称时，中性线上电流为零［式(3-10)］，这时中性线可以取消，构成**三相三线制**，星形联结的三相电动机和电炉都采用此供电制。

对于对称的三相星形联结负载，三相三线制电路，由结点电压法可以得

$$\left(\frac{1}{Z}+\frac{1}{Z}+\frac{1}{Z}\right)\dot{U}_{N'N}=\frac{\dot{U}_1}{Z}+\frac{\dot{U}_2}{Z}+\frac{\dot{U}_3}{Z}$$

$$\frac{3}{Z}\dot{U}_{N'N}=\frac{\dot{U}_1+\dot{U}_2+\dot{U}_3}{Z}$$

由于上式右方为零［见式(3-5)］，解得

$$\dot{U}_{N'N}=0$$

即 $N'$与 $N$ 等电位。这时即使有中性线，中性线上电流也为零，所以有无中性线对电路没有任何的影响。在计算时可以想象在两等电位点 $N$ 与 $N'$之间有一条短路线，后面的运算便与对称负载三相四线制的运算一样了。星形联结电源的中性点通常接地，因此，无中性线的对称星形负载的中性点 $N'$电位也等于零。此时，负载相电压仍然等于电源相电压（忽略供电线电压降），其有效值为电源线电压有效值的$\frac{1}{\sqrt{3}}$倍。

**【例 3-2】** 对称三相三线制的电压为 380V，Y 形对称负载每相阻抗 $Z=10\angle 10°\Omega$，求电流。

**解** 在三相电路问题中，如不加说明，电压都是指线电压，且为有效值。线电压为 380V，则相电压为 $380/\sqrt{3}=220$V。设 $\dot{U}_1$ 电压初相为零，则

$$\dot{U}_1=220\angle 0°\text{V}$$

因为 $N',N$ 等电位，所以

$$\dot{I}_{L_1}=\frac{\dot{U}_1}{Z}=\frac{220\angle 0°}{10\angle 10°}=22\angle -10°\text{A}$$

其他两相电流为

$$\dot{I}_{L_2}=22\angle -10°-120°=22\angle -130°\text{A}$$

$$\dot{I}_{L_3}=220\angle -10°+120°=22\angle 110°\text{A}$$

各相电流的有效值为 22A。

**三、三相负载的三角形联结**

图 3-8(e) 所示为三相电网中三角形联结的负载。三角形联结的特点是每相负载所承受的电压等于电源的线电压。由于各相负载的电压是固定的，故各相负载的工作情况不会相互影响，各相的电流可以按单相电路的方法进行计算。该接法经常用于三相对称负载，如正常运行时三个绕组接成三角形的三相电动机。

在分析计算三角形联结的电路时，各相负载的电压（就是线电压）和电流的正方向可按

电源的正相序依次设定，即各相负载电压为 $\dot{U}_{12},\dot{U}_{23},\dot{U}_{31}$，相电流为 $\dot{I}_1,\dot{I}_2,\dot{I}_3$，如图 3-16 所示。

由此可得相电流为

$$\begin{cases}\dot{I}_1=\dfrac{\dot{U}_{12}}{Z_1}\\[2ex]\dot{I}_2=\dfrac{\dot{U}_{23}}{Z_2}\\[2ex]\dot{I}_3=\dfrac{\dot{U}_{31}}{Z_3}\end{cases}\tag{3-11}$$

根据基尔霍夫电流定律，线电流为

$$\begin{cases}\dot{I}_{L_1}=\dot{I}_1-\dot{I}_3\\\dot{I}_{L_2}=\dot{I}_2-\dot{I}_1\\\dot{I}_{L_3}=\dot{I}_3-\dot{I}_2\end{cases}\tag{3-12}$$

如果是三相对称负载，即 $Z_1=Z_2=Z_3$，那么相电流和线电流一定也是对称的，即

$$I_1=I_2=I_3=I_p$$

$$I_{L_1}=I_{L_2}=I_{L_3}=I_l=2I_p\cos30°=\sqrt{3}I_p$$

它们的绝对值相等，在相位上互差 120°。图 3-17 为对称三角形负载的电压和电流的相量图。

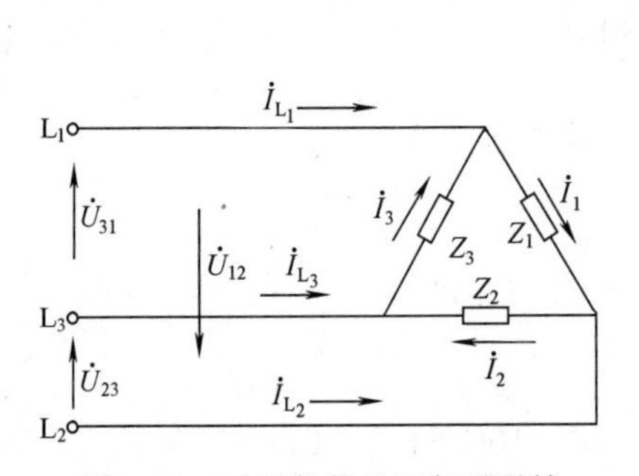

图 3-16　三相负载的三角形联结

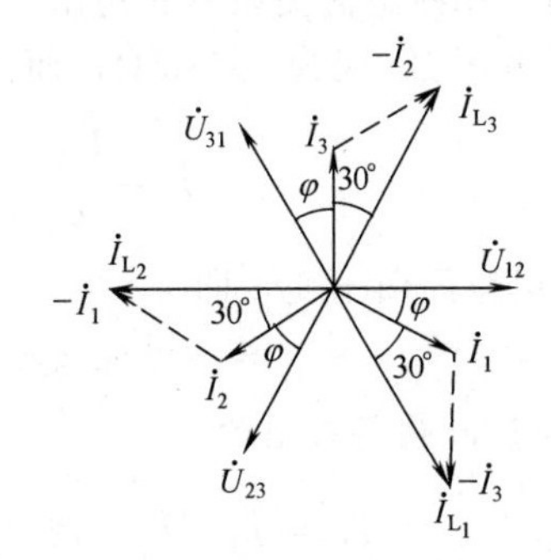

图 3-17　对称三角形负载相量图

从相量图可以看出，三个对称三角形负载的线电流与相应的相电流的相位关系是 $\dot{I}_{L_1}$ 滞后于 $\dot{I}_1$30°，$\dot{I}_{L_2}$ 滞后于 $\dot{I}_2$30°，$\dot{I}_{L_3}$ 滞后于 $\dot{I}_3$30°。

总结以上所述，三相负载中各电压和电流的关系可综合于表 3-1 中。

**表 3-1　三相负载中各电压和电流的关系**

| 负载的联结 | | 电压 | | 电流 | |
|---|---|---|---|---|---|
| | | 对称负载 | 不对称负载 | 对称负载 | 不对称负载 |
| 星形 | 有中性线($Y_N$) | $U_l=\sqrt{3}U_p$ | $U_l=\sqrt{3}U_p$ | $I_l=I_p$<br>$I_N=0$ | $I_l=I_p$<br>电流不对称<br>$I_N\neq0$ |
| | 无中性线(Y) | $U_l=\sqrt{3}U_p$ | 相电压不对称 | $I_l=I_p$ | $I_l=I_p$<br>电流不对称 |
| 三角形(△) | | $U_l=U_p$ | $U_l=U_p$ | $I_l=\sqrt{3}I_p$ | 相电流不对称<br>线电流不对称 |

**【例 3-3】** 在图 3-18 中，已知 (1)$Z_1,Z_2$ 和 $Z_3$ 均为 10∠30°Ω，电源电压为 380V，求各相电流及线电流；(2)若 $Z_2$ 改为 5∠30°Ω，其余条件不变，求各相电流及线电流。

**解**　(1) 由于各负载对称，故各相电流及线电流均对称。设

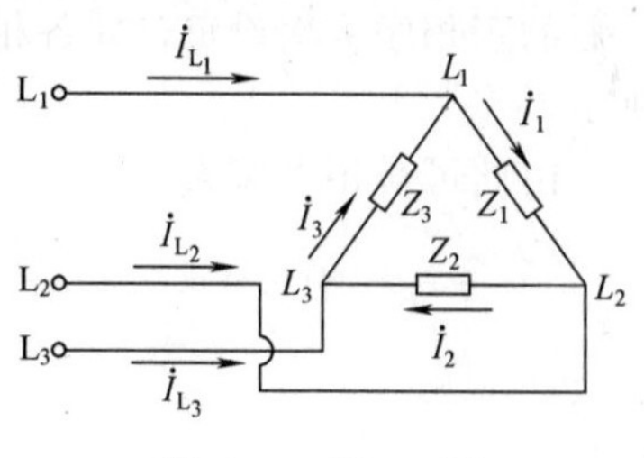

图 3-18　例 3-3 图

$$\dot{U}_{12}=380\angle 0°\text{V}$$

$$\dot{U}_{23}=380\angle -120°\text{V}$$

$$\dot{U}_{31}=380\angle 120°\text{V}$$

$$\dot{I}_1=\frac{\dot{U}_{12}}{Z_1}=\frac{380\angle 0°}{10\angle 30°}=38\angle -30°\text{A}$$

$\dot{I}_2$,$\dot{I}_3$ 依次为

$$\dot{I}_2=38\angle -30°-120°=38\angle -150°\text{A}$$

$$\dot{I}_3=38\angle -30°+120°=38\angle 90°\text{A}$$

线电流

$$\dot{I}_{L_1}=\sqrt{3}I_p\angle -30°-30°=\sqrt{3}\times 38\angle -60°=65.82\angle -60°\text{A}$$

$\dot{I}_{L_2}$,$\dot{I}_{L_3}$ 依次为

$$\dot{I}_{L_2}=65.82\angle -60°-120°=65.82\angle -180°\text{A}$$

$$\dot{I}_{L_3}=65.82\angle -60°+120°=65.82\angle 60°\text{A}$$

由此可以看出，当对称负载作三角形联结时，求电流只需求出一项，其余五项便可根据对称原则、相线电流关系一一写出。

(2) 由于 $Z_2$ 仅为 $5\angle 30°\Omega$，而其余条件不变，则有

$$\dot{I}_2=\frac{\dot{U}_{23}}{Z_2}=\frac{380\angle -120°}{5\angle 30°}=76\angle -150°\text{A}$$

$\dot{I}_1$,$\dot{I}_3$ 仍保持原值不变，即

$$\dot{I}_1=38\angle -30°\text{A},\quad \dot{I}_3=38\angle 90°\text{A}$$

根据式(3-12) 得各线电流

$$\dot{I}_{L_2}=\dot{I}_2-\dot{I}_1=76\angle -150°-38\angle -30°=100.54\angle -169.11°\text{A}$$

$$\dot{I}_{L_3}=\dot{I}_3-\dot{I}_2=38\angle 90°-76\angle -150°=100.54\angle 49.11°\text{A}$$

$\dot{I}_{L_1}$ 将保持 $65.82\angle -60°$A。

### 思考题

3-2-1　三相对称电源的线电压 $U_l=380$V，负载为三相对称三角形负载，每相负载 $R=22\Omega$，试求 $I_p$。

3-2-2　三相四线制供电系统中，中性线上的电流等于三相负载电流之和，所以中性线的截面积应选得比相线的截面积更大，这种说法对吗？

## 第三节　三相负载的功率

三相负载取用的平均功率等于各相负载平均功率之和 $P=P_1+P_2+P_3$。如果负载对称，则各相负载取用的平均功率也相等，三相功率可以表示为

$$P=3U_{p}I_{p}\cos\varphi \tag{3-13}$$

式中，$U_p$，$I_p$ 分别为相电压和相电流；$\varphi$ 为每相负载电压与电流的相位差，取决于负载的阻抗角。

一般为方便起见，常用线电压 $U_l$ 和线电流 $I_l$ 计算三相对称负载的功率。负载星形联结时，相电流等于线电流，即 $I_p=I_l$ 而负载相电压为 $U_p=U_l/\sqrt{3}$；负载三角形联结时，则 $U_p=U_l$，而 $I_p=I_l/\sqrt{3}$。将上述关系代入式(3-13) 可得

$$P=\sqrt{3}U_{l}I_{l}\cos\varphi \tag{3-14}$$

三相对称负载，不论是星形联结还是三角形联结，都可以用式(3-14) 计算三相功率。必须注意的是，式(3-14) 中的 $\varphi$ 仍为每相负载阻抗的阻抗角，即每相负载电压和电流的相位差角。

同理，三相对称负载的无功功率为

$$Q=3U_{p}I_{p}\sin\varphi=\sqrt{3}U_{l}I_{l}\sin\varphi \tag{3-15}$$

三相负载的视在功率定义为

$$S=\sqrt{P^{2}+Q^{2}} \tag{3-16}$$

三相对称负载的视在功率为

$$S=3U_{p}I_{p}=\sqrt{3}U_{l}I_{l} \tag{3-17}$$

**【例 3-4】** 某三相对称负载 $Z=(6+\mathrm{j}8)\Omega$，接于线电压 $U_l=380\mathrm{V}$ 的三相对称电源上。试求：(1) 负载星形联结时所取用的电功率（如图 3-19 所示）；(2) 负载三角形联结时所取用的电功率。

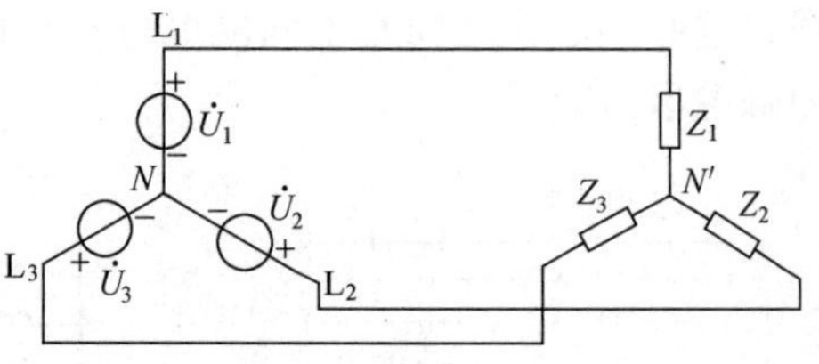

图 3-19　例 3-4（1）图

**解**　因为　　$Z=6+\mathrm{j}8=10\angle 53.13^{\circ}\Omega$

即　　$|Z|=10\Omega$，　$\varphi=53.13^{\circ}$

(1) 负载作星形联结时

$$U_{p}=\frac{U_{l}}{\sqrt{3}}=\frac{380}{\sqrt{3}}=220\mathrm{V},\quad I_{l}=I_{p}=\frac{U_{p}}{|Z|}=\frac{220}{10}=22\mathrm{A}$$

三相功率为　$P=\sqrt{3}U_{l}I_{l}\cos\varphi=\sqrt{3}\times380\times22\cos53.13^{\circ}=8688\mathrm{W}=8.688\mathrm{kW}$

(2) 负载作三角形联结时

$$U_{l}=U_{p}=380\mathrm{V}$$

$$I_{p}=\frac{U_{p}}{|Z|}=\frac{380}{10}=38\mathrm{A},\quad I_{l}=\sqrt{3}I_{p}=65.82\mathrm{A}$$

$$P=\sqrt{3}U_{l}I_{l}\cos\varphi=\sqrt{3}\times380\times65.82\cos53.13=25998\mathrm{W}=26\mathrm{kW}$$

由此可见，当电源的线电压相同时，负载三角形联结时的功率是星形联结时的 3 倍。为什么有这一关系，请读者自己推导一下。例 3-4 也说明在同一电源下，负载的联结应按其额定电压进行正确接线。

## 思 考 题

3-3-1 正常接法为三角形联结的三相电阻炉功率为 3kW，若误将其接成星形在同一电源下使用，问耗用的功率是多少？

# 第四节 安全用电常识

### 一、触电

人体受到电流的伤害称为**触电**，伤及内部器官时称为**电击**。电击主要是电流伤害神经系统使心脏和呼吸功能受到障碍，极易导致死亡。只是皮肤表面被电弧烧伤时称为**电伤**。对于工频交流电，实验资料表明，人体对触电电流的反应可划分为三级。

（1）引起人感觉的最小电流称为感知电流，约为 1mA 左右；

（2）触电后人体能主动摆脱的电流称为摆脱电流，约 10mA 左右；

（3）在较短时间内危及生命的电流称为致命电流，一般认为是 50mA 以上。

当人体的皮肤潮湿时，人体电阻大致为 1000Ω，故 50V 以下的电压认为是较安全的。我国有关部门规定工频交流电的安全电压有效值为 42V，36V，24V，12V 和 6V。凡手提照明灯等携带式电动工具，如无特殊安全措施时应采用 42V 和 36V 安全电压，在特殊危险场所要采用 12V 或 6V。

触电方式大致有三种，即单相触电（如图 3-20）、两相触电（如图 3-21）和跨步电压触电。跨步电压触电是指，当带有电的电线掉落到地面上后，以落地点为圆心，画许多同心圆，这些同心圆之间有不同的电位差，使处于事故现场的人两脚之间承受一定的电压而造成的触电事故。

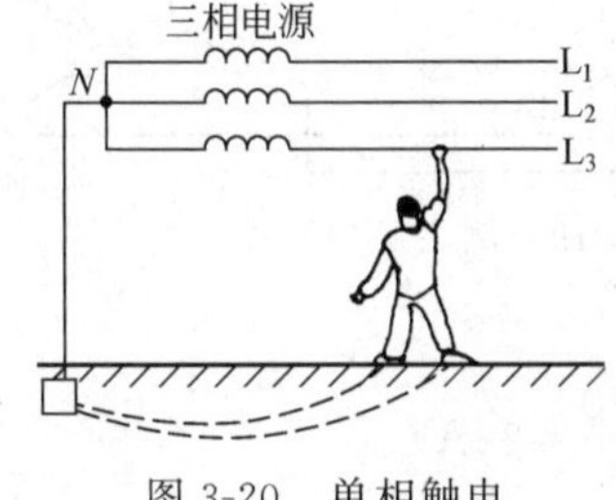

图 3-20 单相触电

图 3-21 两相触电

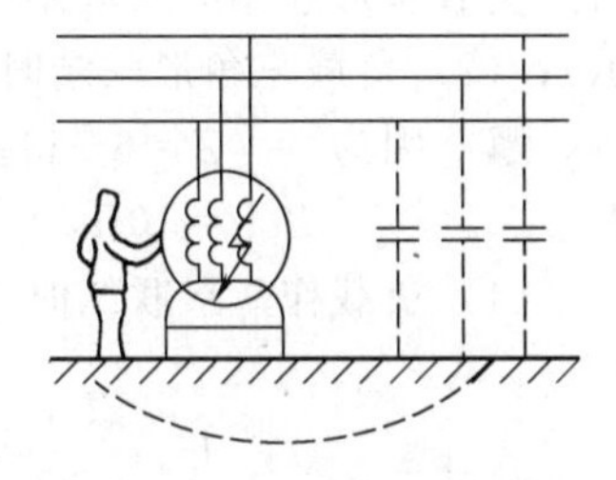
图 3-22 人碰外壳触电

### 二、电气设备的接地与接零保护

为了防止电器设备意外带电，造成人体触电事故和保证电气设备正常运行，经常采取的技术措施有**保护接地**和**保护接零**。

1. 保护接地

保护接地是把电气设备不带电的金属部分与地作可靠的金属连接。它适用于中性点不接地的供电系统，例如：在中性点不接地的三相三线制供电系统中，当某电动机因内部绝缘损坏使得机壳带电（简称**碰壳**），若有人触及电动机外壳，将由电流经人体电阻 $R_r$ 与分布电容构成回路，如图 3-22 所示，发生触电危险。

如果电动机接有保护接地，如图 3-23 所示，接地电阻 $R_d$ 按规定不大于 4Ω。发生单相“碰壳”后，一方面由于小电阻 $R_d$ 的并入，使得三相负载不对称，以致中性点偏移，使故障点相对地的电压大大小于原相电压。另一方面人体电阻 $R_r$ 在最不利的情况下为 1000Ω，是接地电阻的 250 多倍。人体电阻与接地电阻处于并联联结，有 $R_rI_r=R_dI_d$ 关系，故绝大部分电流从阻值很小的 $R_d$ 上流过，只有很少的电流流过人体，大大减少了触电的危险。

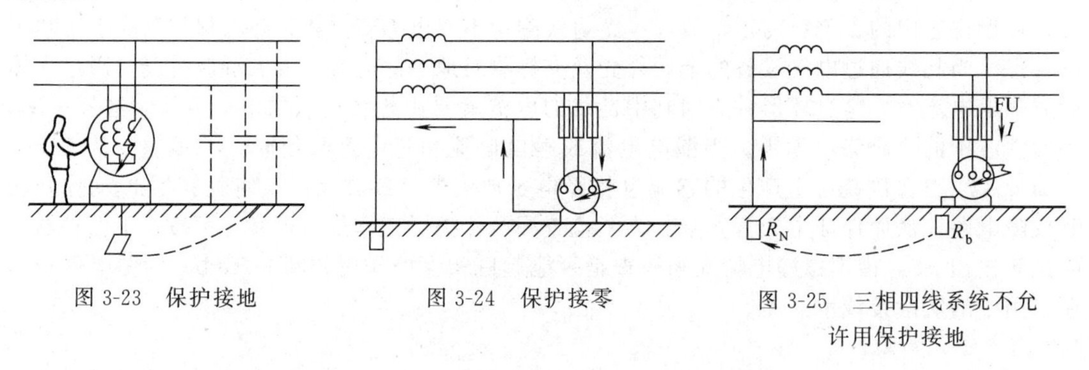


图 3-23 保护接地　　图 3-24 保护接零　　图 3-25 三相四线系统不允许用保护接地

2. 保护接零

保护接零用于三相电源中性点 $N$ 接地的三相四线制供电系统中，它是将电气设备的外壳与系统的零线相联接，如图 3-24 所示。当发生单相“碰壳”时，使相线与零线发生单相短路，短路电流使熔断器中的熔断丝熔断或断电保护设备动作，使故障点迅速脱离电源。值得注意的是，在三相四线制供电系统中，不允许采用保护接地。否则，如图 3-25 所示，发生单相“碰壳”后，相应相的短路电流 $I=\dfrac{U_p}{R_b+R_N}$，此值很可能不足以使熔丝熔断，故障将长期存在下去。此时，如果 $R_b=R_N$，$U_p=220V$，那么 $R_b I_{SC}=R_N I_{SC}=U_p/2=110V$，这一电压远远高于安全电压。

3. 三相五线制供电系统

这种供电系统有五条引出电线，分别为三条火线 $L_1, L_2, L_3$，一条工作零线 N 及一条保护零线 PE。见图 3-26，其中保护零线 PE 是专门以防止触电为目的用来与系统中各设备或线路的金属外壳、接地母线等作电气连接的导线。在正常工作时工作零线中有电流，保护零线中不应有电流，如果保护零线中出现电流，则必定有设备漏电情况发生。

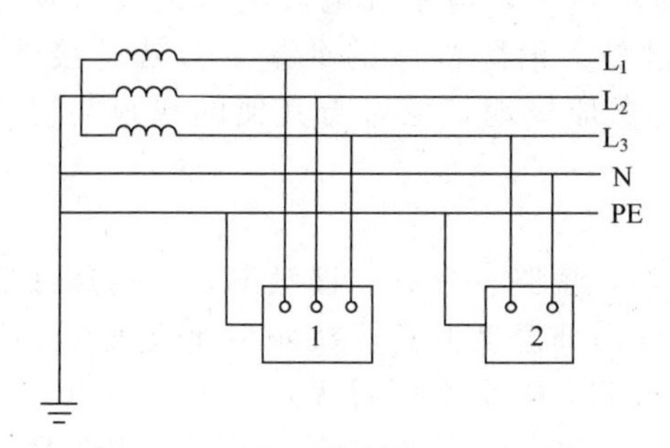


图 3-26 三相五线制低压配电系统

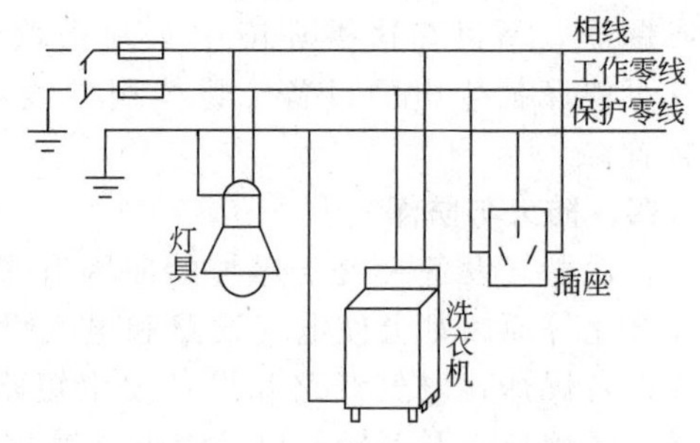


图 3-27 非零线和保护零线

对于民用设施和办公场所的照明支线，通常采用双极开关，在火线和地线（零线）上都装有熔丝，以增加过电流时的熔断机会，在这种情况下必须配置保护零线。如图 3-27 所示，金属灯具，洗衣机和电冰箱等电器的金属外壳，以及单相三眼插座中的 PE 端子都要接在保护零线上。

4. 漏电保护器

单相漏电保护器原理如图 3-28(a) 所示，图中 TA 是电流互感器，AD 是电子放大器，

K 是漏电脱扣器，$R$ 是试验电阻，SB 是试验按钮。在正常情况下，由相线穿过电流互感器 TA 的环形铁芯进入负载的电流与由负载穿过环形铁芯流回中性线的电流大小相等，方向相反，环形铁芯中的合磁势为零，故 TA 副边线圈中不产生感应电势，漏电保护器处于正常工作状态。当相线通过电气设备的金属外壳及支撑物对地有漏电流，或人触及外壳，通过人体形成触电电流时，穿过环形铁芯回到中性线的电流就要比相线进入的电流要小，这样一来，环形铁芯中的合磁势不为零。当漏电电流或触电电流超过一定数值时（一般整定为 15mA 或 30mA），TA 副绕组上产生的感应电势经电子放大器 AD 放大后，使脱扣器 K 动作，切断故障电路，从而保证了人身安全。为了检查漏电保护器工作是否可靠，可按一下保护器上的试验按钮 SB，借模拟漏电情况来检查是否能起脱扣保护作用。图 3-28(b) 为漏电保护器在家用中的实际接线示意图。

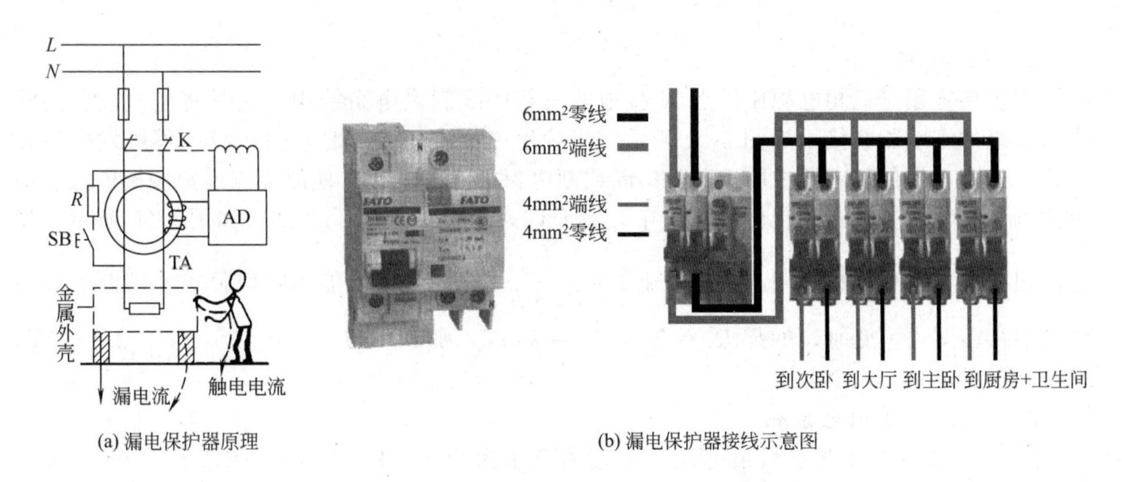


(a) 漏电保护器原理

(b) 漏电保护器接线示意图

图 3-28 漏电保护器

## 三、静电防护

在工农业生产和日常生活中常会产生静电情况，产生静电的原因有很多，较常见的是摩擦起电。在有易燃易爆液体、气体或粉尘的环境中，由于静电放电可能会引发起火或爆炸，所以在这类环境中必须采取一定的措施。消除静电的最基本方法是**接地**，将有可能摩擦生电的设备、物体用导线连接并可靠地接地，也可与其他的接地共用接地装置。

## 四、防火与防爆

引发电气设备火灾与爆炸的原因有很多。例如：短路、过载、接触不良、通风散热条件恶化等原因都会使电气线路和电气设备整体或局部温度升高，从而引起火灾或引发电气设备爆炸；电气线路和设备发生短路，接头松脱，电机炭刷冒火，过电压放电，熔断器熔体熔断，开关操作以及继电器触点开闭等会产生电火花和电弧，引燃或引爆易燃易爆物质；此外静电放电也会引起同类火灾事故；电热和照明设备使用不当也是引起火灾和爆炸的原因之一。

因此应严格遵守安全操作规程，经常检查电气设备运行情况，定期检修。在空气含有可燃固体粉尘（如煤粉、面粉等）和可燃气体达到一定程度时应选用防爆型的开关、变压器、电动机等电气设备。这类设备装有坚固特殊的外壳，使电气设备中电火花或电弧的作用不波及设备之外。具体规定，可查阅电工手册。

## 本章复习提示

请读者按照如下的思路归纳总结一下本章所学过的主要内容。

（一）三相电源

（1）三相电动势是如何产生的？

（2）对称三相电源的瞬时表达式及相量表达式如何？

（3）什么是相电压？什么是线电压？电源Y联结时相、线电压的关系如何？

（二）三相电路的计算

（1）三相负载的联结主要有哪几种？各是什么？

（2）三相负载星形联结时，负载对称和不对称两种情况下，相电流与线电流之间关系如何？相电压与线电压之间关系如何？何时中性线上有电流？何时中性线可省略？

（3）三相负载三角形联结时，负载对称和不对称两种情况下，三相负载的相电压与线电压之间关系如何？线电流与相电流之间关系如何？

（三）三相对称负载的有功功率、无功功率及视在功率如何计算？

（四）安全用电

（1）什么叫触电、电击及电伤？

（2）工频交流电的安全电压有效值为多少？

（3）触电方式大致有几种？各是什么？

（4）什么是保护接地和保护接零？各用于什么场合？

（5）什么是三相五线制？五线各是什么线？

## 习　　题

3-1　已知三相对称电源的$U$相电动势为$e_1=220\sqrt{2}\sin(314t+60°)$ V，写出其他两相电动势的瞬时值表达式。

3-2　三个相等的阻抗$Z=(4+j3)$ Ω，星形联结，接在$U_l=380$V的对称电源上。设传输端线的压降可以不计。电源中点和负载中点通过阻抗$Z_N$连接起来。试问负载电流与$Z_N$有无关系？如$Z_N=(1+j0.5)$ Ω，或$Z_N=0$，试求负载的电流。

3-3　图3-29所示电路中，已知电源电压$u_{12}=380\sqrt{2}\sin\omega t$ V。（1）如果每相阻抗模都等于20Ω，是否可以说负载是对称的？（2）设$R=X_L=X_C=20\Omega$，试分别用相量图及相量式求电流的瞬时表达式。

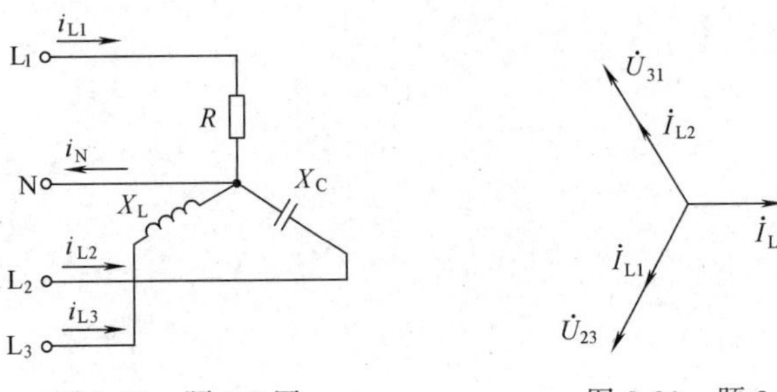


图3-29　题3-3图　　　　图3-30　题3-4图

3-4　图3-30所示电路为三相对称星形负载的电流和线电压的相量图。已知线电压为380V，电流为10A，求每相负载的等效阻抗。

3-5　已知在三角形联结的三相对称负载中，每相负载为30Ω电阻与40Ω感抗串联，电源线电压为380V，求相电流和线电流的数值。

3-6　三相四线供电线路，送到某楼房作照明的电源$U_l=380$V。设每相各装220V，40W的白炽灯100盏，求各相线的电流和中性线电流？如$L_1$线的熔丝熔断，此相的电灯全部熄灭，问各线的电流有何改变？画出第二种情形的电压、电流相量图。

3-7 有一三相对称负载，其每相的电阻$R=8\Omega$，感抗$X_L=6\Omega$。如果负载采用星形联结接于线电压$U_l=380V$的三相电源上。试求相电压、相电流及线电流。

3-8 如将上题的负载采用三角形联结接于线电压$U_l=220V$的电源上，试求相电压、相电流及线电流。将所得结果与上题结果加以比较。

3-9 在图3-31所示电路中，已知每相阻抗模都是38Ω，线电压为380V。以线电压$\dot{U}_{12}$为参考相量，求各相电流和线电流。

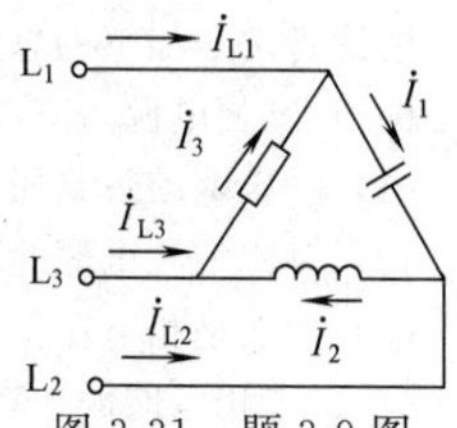

图3-31 题3-9图

3-10 星形联结的对称三相负载，每相阻抗为$Z=(16+j12)\ \Omega$，接于线电压$U_l=380V$的对称三相电源。试求线电流$I_l$、有功功率$P$、无功功率$Q$和视在功率$S$。

3-11 对称三相电阻炉作三角形联结，每相电阻为$R=38\Omega$，接于线电压$U_l=380V$的对称三相电源。试求负载相电流$I_p$、线电流$I_l$和三相功率$P$，并以$\dot{U}_{12}$为参考相量画出各电压电流相量图。

3-12 对称三相电源，线电压$U_l=380V$，对称三相感性负载作三角形联结，若测得线电流$I_l=17.3A$，三相功率$P=9.12kW$，求每相负载的电阻和感抗。

# 第四章　电路的瞬变过程

## 第一节　电路瞬变过程的概述

前面分析了电路的**稳态**。所谓稳态，对直流电路而言是指各支路电压电流保持恒定，对交流电路而言指各支路电压、电流的幅值、频率、变化规律稳定不变。本章主要讨论电路的瞬变过程。

### 一、瞬变过程

当电路的结构或参数发生变化时，如电源或无源元件的断开或接入，信号的突然注入等，可能使电路改变原来的工作状态，而转变到另一个工作状态❶，这种转变往往需要经历一个过程，在工程上称为**瞬变过程**（过渡过程）。

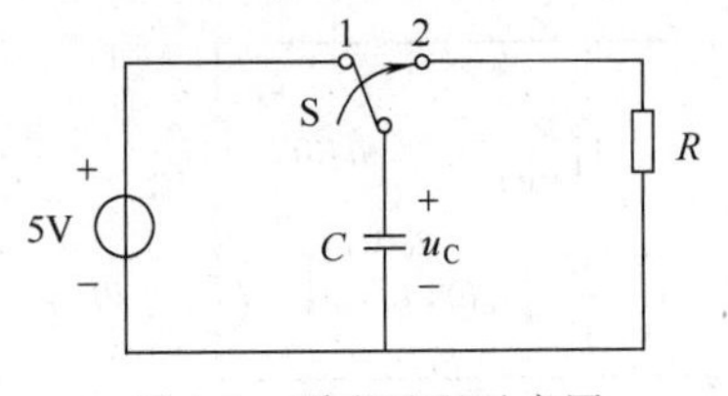


图 4-1　瞬变过程示意图

例如，图 4-1 所示电路中当开关 S 处于 1 位置时，电路已处于稳态，此时电容两端电压 $u_C=5V$，电路中各支路电流为零，各元件电压电流均保持恒定不变。这时，如将 S 合向 2 位置，则电容开始放电，电路中有电流，随着时间的推移，电容两端电压 $u_C$ 逐渐减小，直至 $u_C=0V$，这时放电截止，电容两端电压和电路中电流为零，达到新的稳态。在这两个稳态之间的过程为瞬变过程。本章重点要研究的是瞬变过程中，各支路电压、电流随时间变化的一般规律及影响电路瞬变过程快慢的因素。

在瞬变过程中的电容元件和电感元件两端的电压和电流关系只能以其特征方程 $i_C=C\dfrac{du_C}{dt}$，$u_L=L\dfrac{di_L}{dt}$来描述，因此在瞬变过程中根据 KCL 和 KVL 所建立的电路方程将是以电流、电压为变量的微分方程。本章讨论电路中仅有一个储能元件电容或电感（或可等效为一个储能元件）的情况，此时所得到的 KCL 或 KVL 方程为一阶线性常系数微分方程，相应的电路称为一阶线性电路。

### 二、换路定律及瞬变过程的初始值

电路从一种结构状态转化到另一结构状态称为**“换路”**。换路的时刻一般设为 $t=0$（当然也可以设为 $t=t_0$ 时刻）。为了叙述方便，把换路前趋于换路时的一瞬间记为 $t=0_-$，把换路后的初始瞬间记为 $t=0_+$。换路所经历的时间为 $0_-$ 到 $0_+$。一阶电路在换路后瞬间（即 $t=0_+$）各个电压值、电流值，称为电路瞬变过程的初始值。电路瞬变过程的最终值就是换路后的稳态值，一般用 $t=\infty$注明。

电容为储能元件，不论其处于充电还是放电状态，其两端的电压值都是随着两个极板上的正负电荷的逐渐增加或减少而逐渐增加或减少的，是一个渐变的过程，不会发生跃变。因

❶ 这里的“工作状态”均指“稳定状态”，即“稳态”。

此，在换路瞬间有

$$u_C(0_+)=u_C(0_-) \tag{4-1}$$

同样，电感也是一储能元件，它可以将电能转化为磁场能，反过来又可以将磁场能转化为电能。对于线性电感元件，当电流流过时所产生的磁通链是 $\Psi=Li$，$L$ 为电感元件的电感系数，$i$ 为流过电感的电流，根据楞次定律可知，磁通量的变化过程也是一个渐变的过程，不会突然增大或消失，所以换路后瞬间磁通量不发生跃变，进而有

$$i_L(0_+)=i_L(0_-) \tag{4-2}$$

综合式(4-1) 和式(4-2) 就是所谓的**换路定律**：在换路后瞬间，电容两端的电压和流过电感的电流保持换路前瞬间的数值，不发生跃变。

根据换路定律，可以由换路前瞬间的值 $u_C(0_-)$ 和 $i_L(0_-)$ 确定初始值 $u_C(0_+)$ 和 $i_L(0_+)$，再通过它们在 $t=0_+$ 的电路中求出其他一些电压、电流。例如电阻上的电压和电流，电容上电流，电感上电压等。具体做法是将 $t=0_+$ 时的电容电压和电感电流分别以理想电压源和理想电流源来替代，此理想电压源和理想电流源的电压和电流分别等于电容电压和电感电流在 $t=0_-$ 时的值，这样就获得了一个 $t=0_+$ 时的计算电路，该电路亦称 $0_+$ 等效电路，可以用来计算其他各初始值。

**【例 4-1】** 图 4-2(a) 所示电路，在打开开关以前，电路已处稳态，求打开开关 S 瞬间的 $u_C(0_+)$，$i_L(0_+)$，$i_C(0_+)$，$u_L(0_+)$ 和 $u_{R_2}(0_+)$。

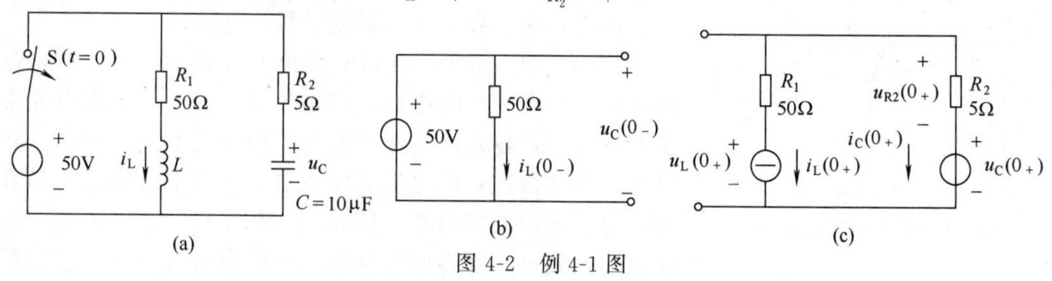


图 4-2　例 4-1 图

**解**　打开开关 S 以前，电路已处稳态，即 $C$ 开路 $[i_C(0_-)=0]$；$L$ 短路 $[u_L(0_-)=0]$，此时电路如图 4-2(b) 所示

$$u_C(0_-)=50\text{V}$$

$$i_L(0_-)=\frac{50}{50}=1\text{A}$$

开关 S 打开后瞬间，根据换路定律

$$u_C(0_+)=u_C(0_-)=50\text{V}$$

$$i_L(0_+)=i_L(0_-)=1\text{A}$$

$t=0_+$ 时刻的等效电路如图 4-2(c) 所示

$$i_C(0_+)=-i_L(0_+)=-1\text{A}$$

$$u_L(0_+)=u_C(0_+)-i_L(0_+)(R_1+R_2)$$

$$=50-1\times(50+5)=-5\text{V}$$

$$u_{R_2}(0_+)=i_C(0_+)R_2=-1\times5=-5\text{V}$$

## 思　考　题

4-1-1　换路定律的理论基础是什么？

# 第二节　*RC* 电路的瞬变过程

## 一、*RC* 电路瞬变过程

图 4-3(a) 所示电路，$t<0$ 时开关 S 置于 1 端，此时电路处于稳态，电容端电压 $u_C=U_0$。$t=0$ 时刻开关 S 合向 2 端，电路如图 4-3(b)，下面来研究一下该电路的瞬变过程。换路后瞬间 $u_C(0_+)=u_C(0_-)=U_0$，根据 KVL 方程可得

$$Ri_C+u_C=U_S \tag{4-3}$$

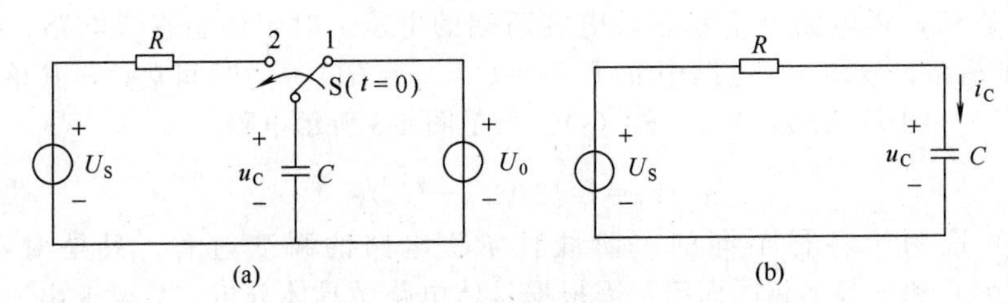


图 4-3　*RC* 电路

又 $i_C=C\dfrac{du_C}{dt}$ 代入式(4-3) 得

$$RC\frac{du_C}{dt}+u_C=U_S \tag{4-4}$$

这是一阶常系数线性非齐次微分方程，它的通解由该方程的特解 $u'_C$ 和对应的齐次方程 $RC\dfrac{du_C}{dt}+u_C=0$ 的通解 $u''_C$ 叠加而成，即

$$u_C=u'_C+u''_C \tag{4-5}$$

先求 $u''_C$，方程式(4-4) 对应的一阶齐次微分方程为

$$RC\frac{du_C}{dt}+u_C=0 \tag{4-6}$$

由高等数学可知，$u''_C$ 是一个时间的指数函数。用猜试法，设 $u''_C=Ae^{pt}$ 代入式(4-6) 得

$$RCApe^{pt}+Ae^{pt}=0$$

$$(RCp+1)Ae^{pt}=0$$

欲使等式成立需有特征方程

$$RCp+1=0$$

于是

$$p=-\frac{1}{RC}$$

所以齐次微分方程的通解为

$$u''_C=Ae^{-\frac{t}{RC}}$$

那么，非齐次一阶微分方程式(4-4) 的解为

$$u_C=u'_C+Ae^{-\frac{t}{RC}} \tag{4-7}$$

当 $t\to\infty$ 时有

$$u_C(\infty)=u'_C+Ae^{-\infty}$$

因为 $e^{-\infty}=0$，所以有

$$u'_C=u_C(\infty) \tag{4-8}$$

将 $u'_C=u_C(\infty)$ 代入式(4-7) 得

$$u_C=u_C(\infty)+A\mathrm{e}^{-\frac{t}{RC}} \tag{4-9}$$

$t=0_+$ 时
$$u_C(0_+)=u_C(\infty)+A\mathrm{e}^0$$

由此得
$$A=u_C(0_+)-u_C(\infty) \tag{4-10}$$

将式(4-10) 代入式(4-9) 得

$$u_C(t)=u_C(\infty)+[u_C(0_+)-u_C(\infty)]\mathrm{e}^{-\frac{t}{RC}} \tag{4-11}$$

令 $\tau=RC$，代入式(4-11) 得

$$u_C(t)=u_C(\infty)+[u_C(0_+)-u_C(\infty)]\mathrm{e}^{-\frac{t}{\tau}} \tag{4-12}$$

式中，$u_C(0_+)$ 为初始值；$u_C(\infty)$ 为稳态值；$\tau=RC$ 为时间常数。

$u_C(0_+)$,$u_C(\infty)$ 和 $\tau$ 称作瞬变过程的**三要素**。图 4-3 电路中，初始值 $u_C(0_+)=U_0$。$u_C(\infty)$ 为稳态值，指电路趋于稳态后电容两端的电压，对于稳态直流电路，$C$ 相当于开路，$L$ 相当于短路，故图 4-3 电路中 $u_C(\infty)=U_S$。$\tau=RC$ 称为时间常数，其单位为 $R$——欧姆（Ω），$C$——法拉（F），$\tau$——秒（s）。于是图 4-3 所示电路

$$u_C(t)=U_S+(U_0-U_S)\mathrm{e}^{-\frac{t}{RC}}$$

式(4-12) 适用于各种不同的一阶线性 $RC$ 电路的瞬变过程，只是对不同的电路 $u_C(0_+)$,$u_C(\infty)$ 和 $\tau$ 各不相同而已，需根据具体电路做具体分析。只要求出三要素，就能根据式(4-12) 直接写出电路的 $u_C(t)$ 响应。

**【例 4-2】** 图 4-4 所示电路，已知 $U_S=12\text{V}$，$R=1\Omega$，$C=5\text{F}$，开关 S 闭合前电容 $C$ 未被充电。$t=0$ 时闭合开关 S，求开关闭合后电容两端电压 $u_C(t)$ 及流过电容的电流 $i_C(t)$ 并绘出 $u_C(t)$，$i_C(t)$ 的变化曲线。

**解** 由题目可知 $u_C(0_-)=0\text{V}$

根据换路定律 $u_C(0_+)=u_C(0_-)=0\text{V}$，电路趋于稳态后，电容相当于开路，所以

$$u_C(\infty)=U_S=12\text{V}$$

时间常数
$$\tau=RC=1\times5=5\text{s}$$

由式(4-12) 得

$$\begin{aligned}u_C(t)&=u_C(\infty)+[u_C(0_+)-u_C(\infty)]\mathrm{e}^{-\frac{t}{\tau}}\\&=12+(0-12)\mathrm{e}^{-\frac{t}{5}}=12-12\mathrm{e}^{-\frac{t}{5}}\text{V}\end{aligned}$$

又
$$i_C=C\frac{\mathrm{d}u_C}{\mathrm{d}t}=5\times\frac{\mathrm{d}}{\mathrm{d}t}(12-12\mathrm{e}^{-\frac{t}{5}})=12\mathrm{e}^{-\frac{t}{5}}\text{A}$$

$u_C$,$i_C$ 变化曲线如图 4-5 所示，对于 $i_C$ 有

$$i_C(0_+)=12\mathrm{e}^0=12\text{A},\quad i_C(\infty)=12\mathrm{e}^{-\infty}=0\text{A}$$

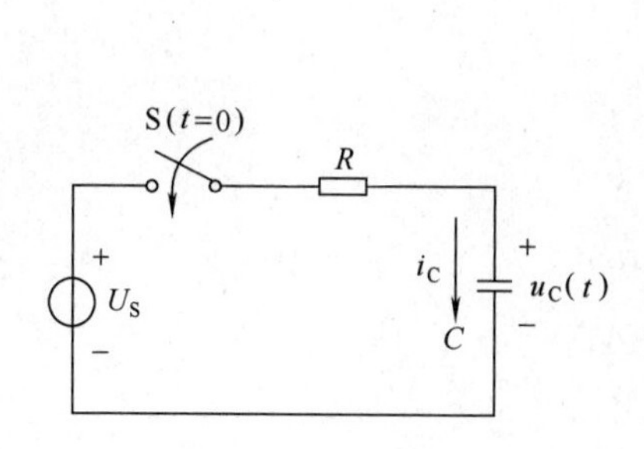

图 4-4 例 4-2 电路

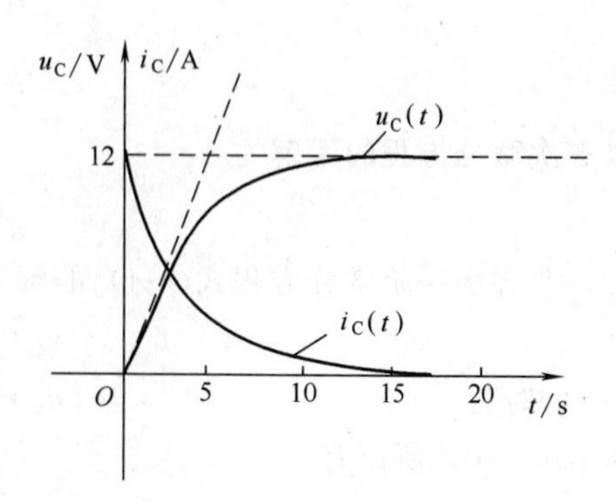

图 4-5 $u_C$、$i_C$ 变化曲线

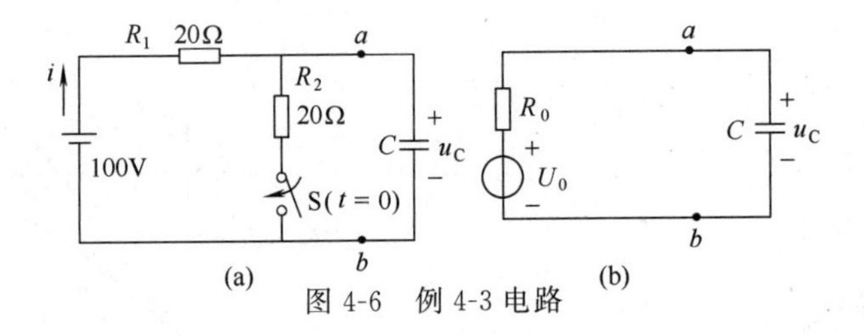


图 4-6　例 4-3 电路

【例 4-3】 电路如图 4-6(a) 所示，S 闭合前电路已处稳态，已知 $C=1\text{F}$，求 $t\geqslant 0$ 时的 $u_C(t)$ 及 $i(t)$。

**解**　$u_C(0_+)=u_C(0_-)=100\text{V}$

S 闭合后，对 $ab$ 左边的二端网络进行戴维宁定理等效后所得电路如图 4-6(b)，图中

$$U_0=\frac{100}{R_1+R_2}\times R_2=\frac{100}{20+20}\times 20=50\text{V}$$

$$R_0=R_1/\!/R_2=\frac{20}{2}=10\Omega$$

$$u_C(\infty)=U_0=50\text{V}$$

$$\tau=R_0C=10\times 1=10\text{s}$$

$$\begin{aligned}u_C(t)&=u_C(\infty)+[u_C(0_+)-u_C(\infty)]\text{e}^{-\frac{t}{\tau}}\\&=50+(100-50)\text{e}^{-\frac{t}{10}}\\&=50+50\text{e}^{-\frac{t}{10}}\text{V}\end{aligned}$$

根据图 4-6(a) 列 KVL 方程可得

$$R_1 i(t)+u_C(t)=100$$

$$i(t)=\frac{100-u_C(t)}{20}=\frac{100-50-50\text{e}^{-\frac{t}{10}}}{20}=2.5-2.5\text{e}^{-\frac{t}{10}}\text{A}$$

从以上例题我们可以注意到：在同一电路的瞬变过程中，各电压、电流随时间 $t$ 变化的函数式中的指数项相同，即具有相同的时间常数 $\tau$。

## 二、瞬变过程的三种类型

一般将电路中的电源信号称为**激励**，将由激励变化或换路引起的各支路电压电流的变化称为**响应**。对于一阶电路瞬变过程的响应，可以分成三种类型。

### 1. 零输入响应

一阶电路中只有一个储能元件，如果在换路瞬间储能元件原来就有能量储存，那么换路后即使电路中并无电源激励，电路中仍将有电压、电流。这是因为储能元件所储存的能量要通过电路中的电阻以热能的形式放出。由于在这种情况下电路中并无电源输入，因而电路中所引起的电压或电流就称为**零输入响应**，即换路后的电路中无独立电源情况下电路的响应。图 4-1 所示情况即为一阶 $RC$ 线性电路的零输入响应。在零输入响应中，由于电路中无外施电源，故电容上所储存的电能最终要被放光，使得 $u_C(\infty)=0$，而 $u_C(0_+)\neq 0$，根据三要素法式(4-12) 可得

$$u_C(t)=u_C(0_+)\text{e}^{-\frac{t}{\tau}} \tag{4-13}$$

其变化曲线如图 4-7 所示，当 $t=\tau$ 时

$$u_C(\tau)=u_C(0_+)\text{e}^{-\frac{t}{\tau}}=u_C(0_+)\text{e}^{-1}=0.368u_C(0_+) \tag{4-14}$$

式(4-14) 说明，在一阶线性 $RC$ 电路零输入响应中，当 $t=\tau$ 时，电容上电压放电至初

始值的36.8%。

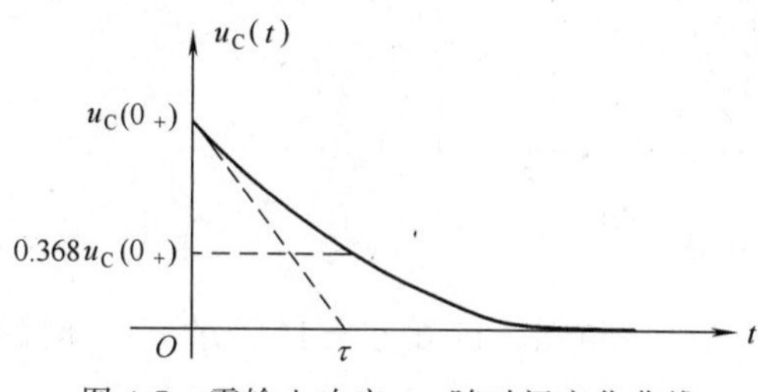


图4-7 零输入响应 $u_C$ 随时间变化曲线

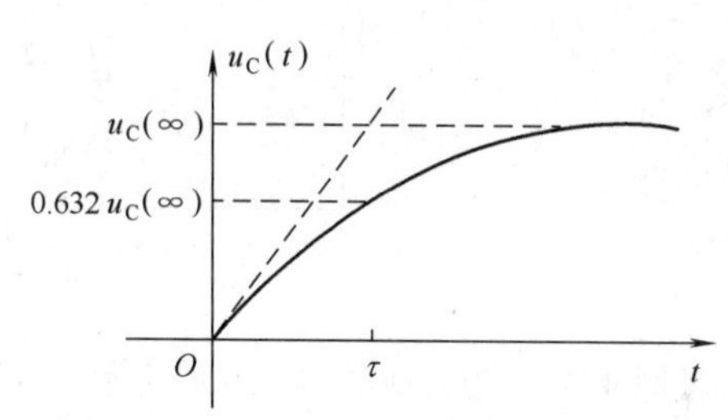


图4-8 零状态响应 $u_C$ 随时间变化曲线

2. 零状态响应

在换路后瞬间，如果储能元件的初始储能为零，电路由电源激励所产生的电路响应就是**零状态响应**。例4-2所示情况即为一阶 $RC$ 线性电路的零状态响应。将零初始值代入式(4-12)可得

$$u_C(t)=u_C(\infty)(1-e^{-\frac{t}{\tau}}) \tag{4-15}$$

当 $t=\tau$ 时

$$u_C(\tau)=0.632u_C(\infty) \tag{4-16}$$

式(4-16)说明在一阶 $RC$ 线性电路零状态响应中，$t=\tau$ 时电容充电至稳态值的63.2%。$u_C$ 随时间变化曲线如图4-8所示。

3. 全响应

在瞬变过程的电路中，既有电源激励，且初始条件不为零的电路响应称为**全响应**。图4-3所示电路即为一阶 $RC$ 线性电路的全响应，就电容而论，式(4-12) $u_C(t)=u_C(\infty)+[u_C(0_+)-u_C(\infty)]e^{-\frac{t}{\tau}}$ 可写为

$$\underbrace{u_C(t)}_{\text{全响应}}=\underbrace{u_C(0_+)e^{-\frac{t}{\tau}}}_{\text{零输入响应}}+\underbrace{u_C(\infty)(1-e^{-\frac{t}{\tau}})}_{\text{零状态响应}} \tag{4-17}$$

由以上分析可知：全响应为零输入响应和零状态响应两者的叠加，同时零输入响应和零状态响应又分别为全响应的一种特例。即

全响应=零输入响应+零状态响应

当时间 $t\to\infty$ 时，$e^{-\infty}$ 为零，式(4-12)右边第二项 $[u_C(0_+)-u_C(\infty)]e^{-\frac{t}{\tau}}$ 为零，于是 $u_C(t)$ 最后稳定运行于 $u_C(\infty)$ 值上。式(4-12)右边第一项 $u_C(\infty)$ 称为稳态分量。式(4-12)右边第二项 $[u_C(0_+)-u_C(\infty)]e^{-\frac{t}{\tau}}$ 称为暂态分量或自由分量，随着时间 $t$ 的增加此项逐渐减小，直至为零。

$$\underbrace{u_C(t)}_{\text{全响应}}=\underbrace{u_C(\infty)}_{\text{稳态分量}}+\underbrace{[u_C(0_+)-u_C(\infty)]e^{-\frac{t}{\tau}}}_{\text{暂态分量}} \tag{4-18}$$

全响应又可看做稳态分量和暂态分量之叠加。即

全响应=稳态分量+暂态分量

关于瞬变过程三种响应类型的定义也同样适用下面所述的 $RL$ 电路。

**三、时间常数 $\tau$ 的物理意义**

式(4-12)中 $\tau$ 具有时间的量纲，被称为时间常数。它的物理意义如下。

(1)在一阶 $RC$ 线性电路零输入响应中，$\tau$ 值表明电容上电压放电至初始值的36.8%所需时间。

(2)在一阶 $RC$ 线性电路零状态响应中，$\tau$ 值表明电容充电至稳态值的63.2%所需时间。

（3）瞬变过程的时间约为 $3\sim5\tau$。

从式(4-18)看，理论上电路只有经过 $t=\infty$ 的时间，暂态分量才能下降到零，从而达到稳定。但由于指数曲线，开始变化较快，所以实际上经过 $t=3\tau$ 的时间，暂态分量下降到 $e^{-3}=0.05$；若 $t=5\tau$，暂态分量就下降到 $e^{-5}=0.007$。因此，当 $t=3\sim5\tau$ 时，就足可以认为达到稳态了。

这个结论很重要，表明瞬变过程时间的长短仅取决于时间常数的大小，而和初始储能的大小、激励源的强弱等都无关。

（4）$\tau$ 值大小为在瞬变过程若电压、电流以直线变化，瞬变过程所需时间。

通过以上分析已知，瞬变过程中电压、电流均以指数规律变化（增长或衰减），如图 4-9 所示。下面在图 4-9 中以原点为例，对此结论做一说明。过原点作 $u_C(t)$ 切线，该切线即表示了 $u_C(t)$ 在原点若以直线变化的规律。此结论表明：切线在稳态值水平线上切取的长度就是时间常数 $\tau$ 之值。

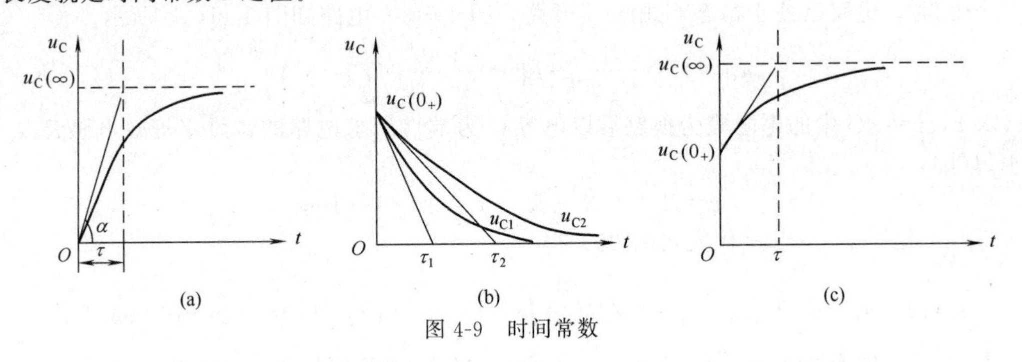


图 4-9　时间常数

以图 4-9(a) 零状态响应为例证明如下。

图中 $u_C(t)=u_C(\infty)-u_C(\infty)e^{-\frac{t}{\tau}}$，切线以 $u'_C(t)|_{t=0}$ 变化速率上升，即

$$\tan\alpha=u'_C(t)|_{t=0}=\frac{1}{\tau}u_C(\infty)e^{-\frac{t}{\tau}}|_{t=0}=\frac{u_C(\infty)}{\tau}$$

## 思　考　题

4-2-1　试从能量角度解释 $RC$ 电路的零输入响应和零状态响应中暂态分量随时间按指数规律衰减。

4-2-2　已测得某一电路在 $t=0$ 换路后的输出电压随时间变化曲线如图 4-10 所示。你能近似求出该系统的时间常数 $\tau$ 吗？

4-2-3　从电压或电流波形图上求时间常数 $\tau$ 有几种求法？

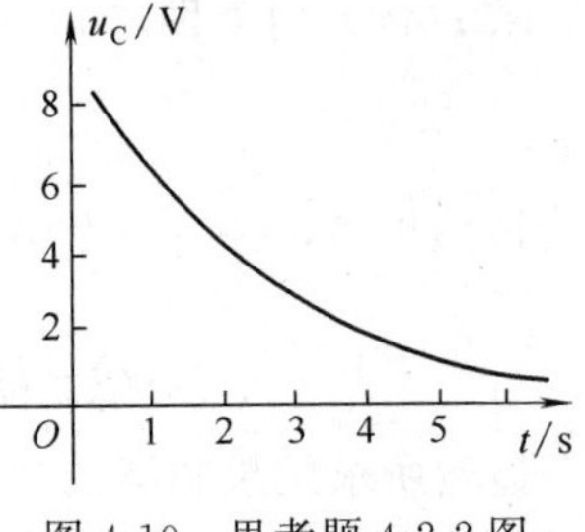


图 4-10　思考题 4-2-2 图

# 第三节　一阶线性电路瞬变过程的一般求解方法

通过前面的分析可得出一阶线性电路瞬变过程的一般求解方法——**三要素法**。对于一阶线性电路，无论是 $RC$ 电路还是 $RL$ 电路，任一支路或元件上的电压或电流，均可以根据以下式子求出

$$f(t)=f(\infty)+[f(0_+)-f(\infty)]e^{-\frac{t}{\tau}} \tag{4-19}$$

如果所求为电压，则 $f(t)$ 用 $u(t)$ 代入，如所求为电流，$f(t)$ 用 $i(t)$ 代入。$f(0_+)$

指初始值，$f(\infty)$ 指稳态值，$\tau$ 为时间常数。如对 $RC$ 电路，$\tau=R_0C$，其中 $R_0$ 为换路后的电路从 $C$（储能元件）两端看进去的二端网络的戴维宁等效电阻。

下面用三要素法对例 4-3 电路进行求解。

例 4-3 电路如图 4-6 中(a) 所示。由三要素法式(4-19) 可知，例 4-3 中所求的 $u_C(t)$ 和 $i(t)$ 应为

$$u_C(t)=u_C(\infty)+[u_C(0_+)-u_C(\infty)]e^{-\frac{t}{RC}} \tag{4-20}$$

$$i(t)=i(\infty)+[i(0_+)-i(\infty)]e^{-\frac{t}{\tau}} \tag{4-21}$$

下面只需分别求出式(4-20) 和式(4-21) 的三个要素代入式(4-20) 和式(4-21) 即可。

由图 4-6(a) 知

$$u_C(0_+)=u_C(0_-)=100\text{V}$$

$t\to\infty$时，电路已处于稳态 $C$ 相当于开路，图 4-6(a) 电路如图 4-11(a) 所示。

$$u_C(\infty)=\frac{100}{R_1+R_2}R_2=\frac{100}{20+20}\times 20=50\text{V}$$

求 $\tau$，$\tau=RC$ 中的电阻应为换路后以电容 $C$ 为端口所求电路的戴维宁等效电阻 $R_0$，如图 4-11(b)。

$$\tau=R_0C=R_1/\!/R_2\times C=10\times 1=10\text{s}$$

将 $u_C(0_+)$,$u_C(\infty)$,$\tau$ 代入式(4-20) 得

$$u_C(t)=u_C(\infty)+[u_C(0_+)-u_C(\infty)]e^{-\frac{t}{\tau}}=50+(100-50)e^{-\frac{t}{10}}=50+50e^{-\frac{t}{10}}\text{V}$$

求 $i(0_+)$ 时看图 4-11(c)。在 $t=0_+$ 时刻，电容相当于恒压源 $u_C(0_+)$。

$$i(0_+)=\frac{100-u_C(0_+)}{R_1}=\frac{100-100}{20}=0\text{A}$$

求 $i(\infty)$ 时看图 4-11(a) 可知

$$i(\infty)=\frac{100}{R_1+R_2}=\frac{100}{20+20}=2.5\text{A}$$

将 $i(0_+)$,$i(\infty)$,$\tau$ 代入式(4-21) 得

$$i(t)=i(\infty)+[i(0_+)-i(\infty)]e^{-\frac{t}{\tau}}=2.5-2.5e^{-\frac{t}{10}}\text{A}$$

显然所求结果和第二节例 4-3 的结果是一致的，对比用戴维宁定理等效法化简电路，三要素法使求解更为简洁明了。

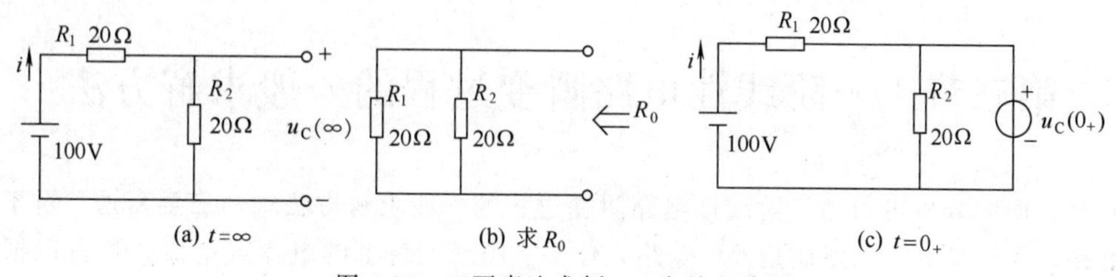


图 4-11　三要素法求例 4-3 有关电路图

## 思 考 题

4-3-1　试用三要素法求解例 4-3 中 $R_2$ 中的电流。

# 第四节　*RL* 电路的瞬变过程

## 一、*RL* 电路的瞬变过程

以图 4-12(a) 所示电路为例来分析一下 *RL* 电路的瞬变过程。当开关 S 处于 1 位置时，电路处于稳定状态，这时电感相当于短路，电感中的电流

$$i_L=\frac{U_S}{R_1}$$

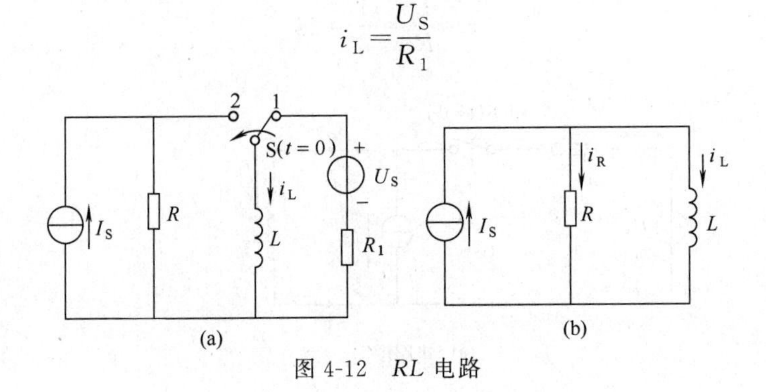


图 4-12　*RL* 电路

在 $t=0$ 时，开关 S 合向 2 位置，此时电路如图 4-12(b) 所示。

由 KCL 方程可得

$$i_R+i_L=I_S \tag{4-22}$$

$$\frac{u_L}{R}+i_L=I_S \tag{4-23}$$

将 $u_L=L\dfrac{di_L}{dt}$ 代入式(4-23) 得

$$\frac{L}{R}\cdot\frac{di_L}{dt}+i_L=I_S \tag{4-24}$$

这又是一个一阶常系数微分方程，参照式(4-4) 可解得

$$i_L(t)=i_L(\infty)+[i_L(0_+)-i_L(\infty)]e^{-\frac{t}{\tau}} \tag{4-25}$$

式中，$i_L(0_+)$ 为初始值；$i_L(\infty)$ 为稳态值；$\tau=\dfrac{L}{R_0}$ 为时间常数。

$i_L(0_+)$，$i_L(\infty)$ 和 $\tau$ 为三要素。式(4-25) 符合式(4-19) 指出的一阶线性电路瞬变过程一般求解方法。$i_L(0_+)$ 为 $t=0_+$ 时的电感电流。$i_L(\infty)$ 为电路趋于稳态后的值，此时电感相当于短路。$\tau=L/R_0$ 称为一阶 *RL* 线性电路的时间常数，其中 $L$——亨利（H），$R_0$——欧姆（Ω），$\tau$——秒（s）。$R_0$ 是换路后电路从电感两端看进去的二端网络的戴维宁等效电阻。求 $R_0$ 时需将电路中的独立电源置零，即恒压源短路，恒流源开路。图 4-12 电路中 $i_L(0_+)=U_S/R_1$，$i_L(\infty)=I_S$，$\tau=L/R$，所以

$$i_L(t)=I_S+(\frac{U_S}{R_1}-I_S)e^{-\frac{R}{L}t}$$

**【例 4-4】** 图 4-13(a) 所示电路 S 闭合前，电路处于稳态，已知：$U_S=10V$，$I_S=2A$，$R=2\Omega$，$L=4H$，求 S 闭合后 $i_L$ 及 $i$，并绘制 $i_L$ 及 $i$ 随时间 $t$ 变化曲线。

**解**　由换路定律得

$$i_L(0_+)=i_L(0_-)=-I_S=-2A$$

求 $i_L(\infty)$：应用叠加原理，画出 S 闭合后且电路趋于稳态时的电路，如图 4-13(b)所示。

$$i_L(\infty)=\frac{U_S}{R}-I_S=\frac{10}{2}-2=3\text{A}$$

$\tau$ 为：$\tau=\frac{L}{R}$。其中 $R$ 为从 $L$ 两端看进去，恒流源 $I_S$ 开路，恒压源 $U_S$ 短路时的等效电阻。所以

$$\tau=\frac{L}{R}=\frac{4}{2}=2\text{s}$$

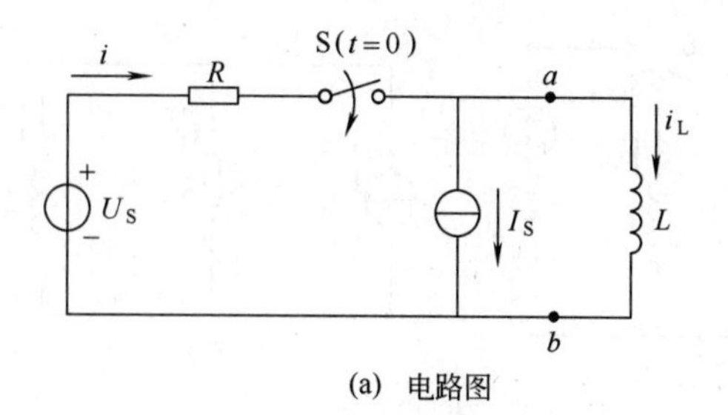


(a) 电路图

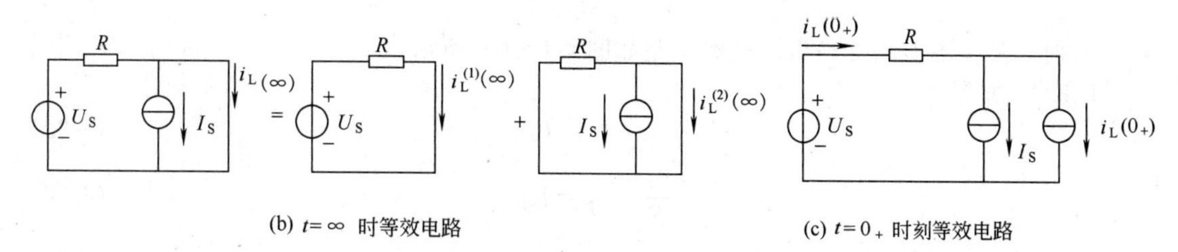


(b) $t=\infty$ 时等效电路

(c) $t=0_+$ 时刻等效电路

图 4-13 例 4-4 图

将 $i_L(\infty)$，$i_L(0_+)$ 和 $\tau$ 代入式(4-25) 得

$$i_L(t)=i_L(\infty)+[i_L(0_+)-i_L(\infty)]\text{e}^{-\frac{t}{\tau}}$$

$$=3+(-2-3)\text{e}^{-\frac{t}{2}}=3-5\text{e}^{-\frac{t}{2}}\text{A}$$

S 闭合后，列 KCL 方程得

$$i(t)=I_S+i_L(t)=2+3-5\text{e}^{-\frac{t}{2}}=5-5\text{e}^{-\frac{t}{2}}\text{A}$$

$i_L$ 和 $i$ 随时间 $t$ 的变化曲线如图 4-14 所示。对 $i$ 有

$$i(0_+)=5-5\text{e}^0=0\text{A}, \quad i(\infty)=5-5\text{e}^{-\infty}=5\text{A}$$

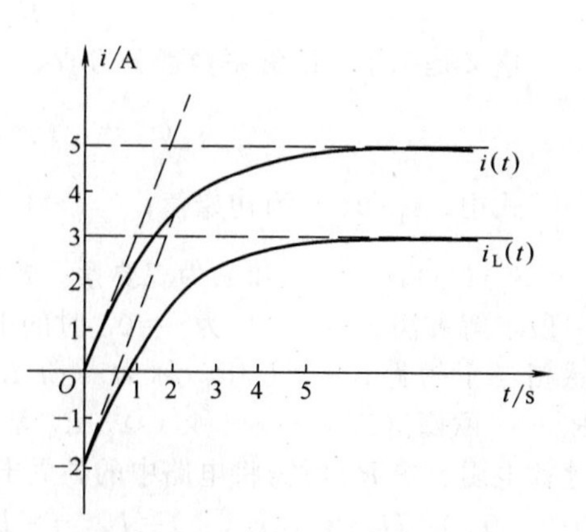


图 4-14 $i$，$i_L$ 随 $t$ 变化曲线

还可以用三要素法直接求出 $i(t)$。求法如下：由图 4-13 (c) 可知

$$i(0_+)=I_S+i_L(0_+)=2+(-2)=0\text{A}$$

又 $\quad i(\infty)=I_S+i_L(\infty)=2+3=5\text{A}$

$$\tau=\frac{L}{R}=\frac{4}{2}=2\text{s}$$

$$i(t)=i(\infty)+[i(0_+)-i(\infty)]\text{e}^{-\frac{t}{\tau}}=5+(0-5)\text{e}^{-\frac{t}{2}}=5-5\text{e}^{-\frac{t}{2}}\text{A}$$

**【例 4-5】** 图 4-15(a) 所示电路，开关 S 闭合前已处稳态，求 S 闭合后 $i_L$，$u_L$ 和 $i$。

**解** 由换路定律可得

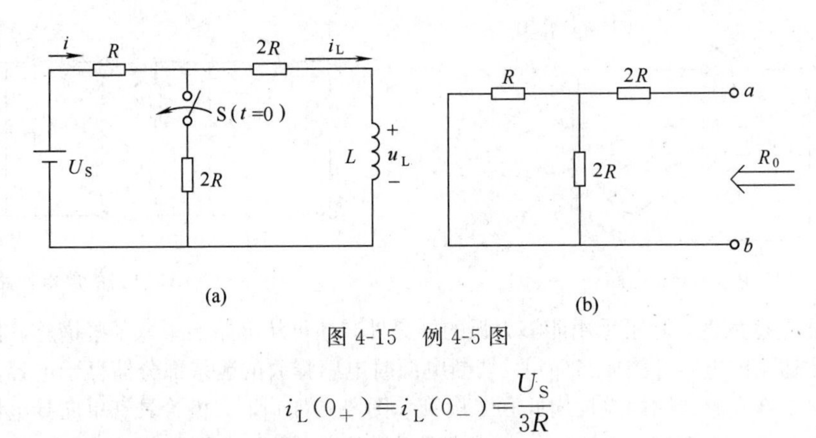


图 4-15　例 4-5 图

$$i_L(0_+)=i_L(0_-)=\frac{U_S}{3R}$$

$t\to\infty$时，电路趋于稳态，$L$ 相当于短路。所以

$$i_L(\infty)=\frac{1}{2}i(\infty)=\frac{1}{2}\times\frac{U_S}{R+\frac{2R}{2}}=\frac{U_S}{4R}$$

求 $R_0$：将 $L$ 开路，求 $ab$ 二端的戴维宁等效电阻［见图 4-15(b)］

$$R_0=2R+\frac{R\times 2R}{R+2R}=\frac{8}{3}R$$

$$\tau=\frac{L}{R_0}=\frac{3L}{8R}$$

将以上各值代入式(4-25) 得

$$i_L(t)=i_L(\infty)+[i_L(0_+)-i_L(\infty)]\mathrm{e}^{-\frac{t}{\tau}}$$

$$=\frac{U_S}{4R}+\left(\frac{U_S}{3R}-\frac{U_S}{4R}\right)\mathrm{e}^{-\frac{t}{\frac{3L}{8R}}}=\frac{U_S}{4R}+\frac{U_S}{12R}\mathrm{e}^{-\frac{8R}{3L}t}$$

$$u_L(t)=L\ \frac{\mathrm{d}i_L}{\mathrm{d}t}=L\times\frac{\mathrm{d}}{\mathrm{d}t}\left(\frac{U_S}{4R}+\frac{U_S}{12R}\mathrm{e}^{-\frac{8R}{3L}t}\right)$$

$$=-\frac{2U_S}{9}\mathrm{e}^{-\frac{8R}{3L}t}$$

求 $i$：由 KVL 方程可得

$$U_S=Ri+2Ri_L+u_L$$

$$i=\frac{1}{R}(U_S-2Ri_L-u_L)=\frac{U_S}{2R}+\frac{U_S}{18R}\mathrm{e}^{-\frac{8R}{3L}t}$$

## 二、*RL* 电路的“放电”

对于电阻电感电路的瞬变过程，还存在过电压问题。例如在图 4-16 所示电路中，当开关 S 断开时，由于 $i_L(0_+)$ 不能突变，因此，电压表两端电压在 $t=0_+$ 时为Ⓥ$=i_L(0_+)R_{gv}$。若 $i_L(0_+)=20\text{mA}$，$R_{gv}=500\text{k}\Omega$，则电压表两端电压可高达 $10^4$ V，有可能损坏电压表。若在断开 S 前先将电压表移去，电流变化率将趋近无穷大，线圈两端将感应高电压

$$u_L=L\ \frac{\mathrm{d}i}{\mathrm{d}t}\to\infty$$

高电压的产生将导致开关处的气隙被击穿而产生电弧，使开关的触头受到损伤，同时电感线圈本身的绝缘也将受到损伤。

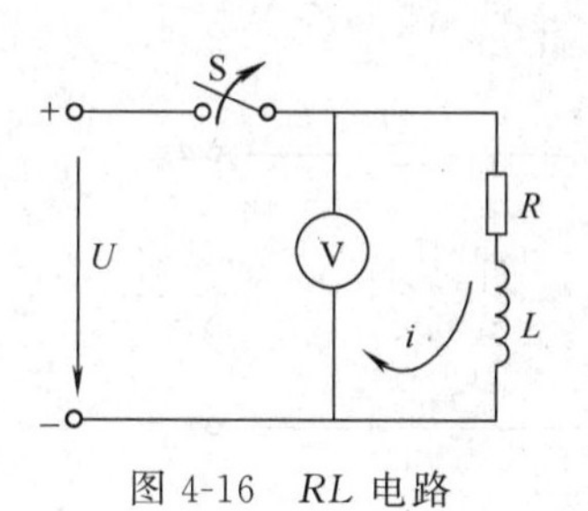


图 4-16　$RL$ 电路

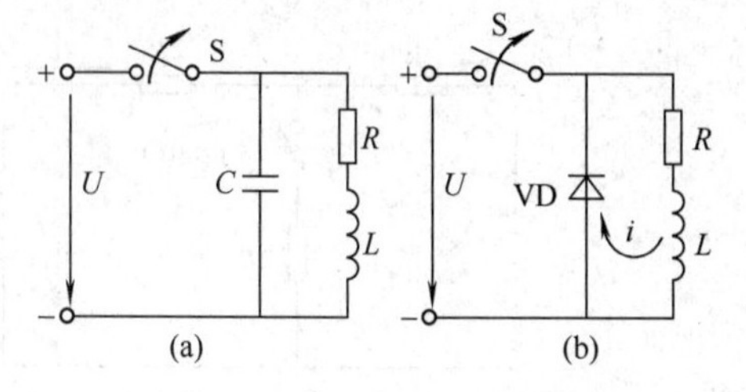


图 4-17　$RL$ 电路的放电回路

为了防止上述危害，除了采用能够灭弧的开关外，还可从电路上采取某些措施。例如在电感线圈两端并联适当的电容［图 4-17(a)］，切断电源时电感释放的能量部分储存于电容，最后消耗于电阻。又例如在电感线圈两端反向并联二极管［图 4-17(b)］，二极管具有单向导电性，它不影响电路的正常工作，而在切断电源时给电感线圈提供放电回路，进而避免了过电压现象。

## 思　考　题

4-4-1　用三要素法求例 4-5 中的 $i$。

# 第五节　微分和积分电路

所谓微分电路和积分电路实质上是 $RC$ 充放电电路，下面对这两种电路在输入如图 4-18 所示波形 $u_1$ 时的输出电压 $u_2$ 波形进行具体的讨论。

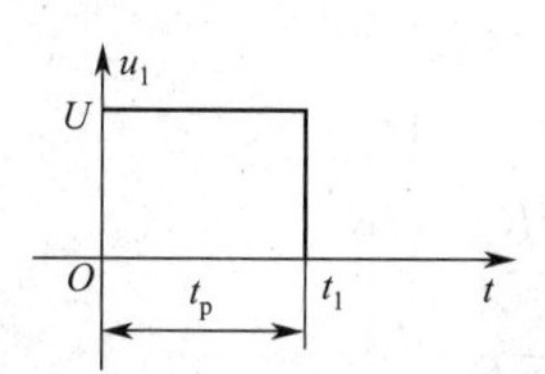


图 4-18　矩形脉冲电压

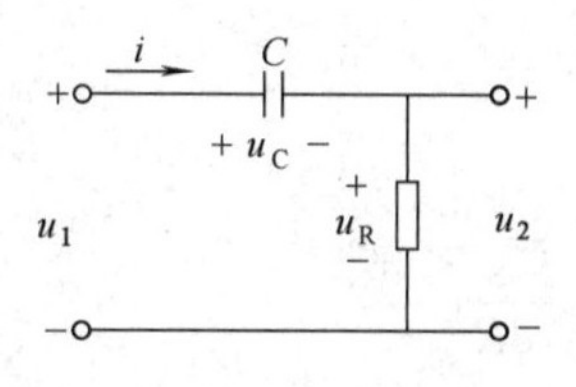


图 4-19　微分电路

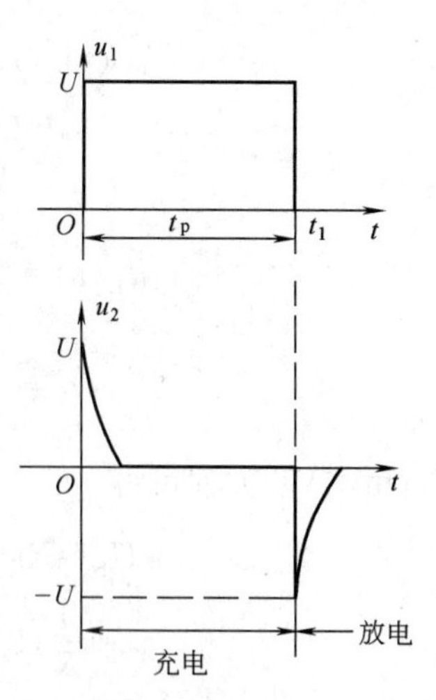


图 4-20　微分电路输入电压和输出电压的波形

### 一、微分电路

图 4-19 所示电路为微分电路，根据三要素法式(4-19) 可知，输出电压 $u_2$ 为

$$u_2=u_R(t)=u_R(\infty)+[u_R(0_+)-u_R(\infty)]e^{-\frac{t}{\tau}} \tag{4-26}$$

其中 $\tau=RC$，选取适当参数，使 $\tau \ll t_p$。

在 $0 \leqslant t < t_1$ 期间，有 $u_R(\infty)=i(\infty)R$，而 $i(\infty)=0$，故 $u_R(\infty)=0$，又 $u_c(0_+)=0$，所以 $u_R(0_+)=U$，将这些条件代入式(4-26) 得

$0\leqslant t<t_1$ 时

$$u_2=u_R(t)=Ue^{-\frac{t}{\tau}} \tag{4-27}$$

当 $t\geqslant t_1$ 时，由于 $\tau\ll t_p(=t_1)$，所以认为，电容充电完毕，即 $u_C(t_{1+})=u_C(t_{1-})=U$，$u_R(t_{1+})=-u_C(t_{1-})=-U$，又 $u_R(\infty)=i(\infty)R$，而 $i(\infty)=0$，故 $u_R(\infty)=0$。将这些条件代入式(4-26) 得

$t\geqslant t_1$ 时

$$u_2=u_R(t)=-Ue^{-\frac{t-t_1}{\tau}} \tag{4-28}$$

根据式(4-27)、式(4-28) 绘出 $u_2$ 波形如图 4-20 所示。对于图 4-19 所示电路，由于 $\tau\ll t_p$，电容的充、放电进行得很快，一般情况下 $u_R\ll u_C$，可以认为

$$u_1=u_C+u_R\approx u_C$$

所以
$$u_2=Ri=RC\frac{du_C}{dt}\approx RC\frac{du_1}{dt}$$

上式表明，输出电压 $u_2$ 与输入电压 $u_1$ 对时间的微分近似成比例，因此称之为微分电路。

必须注意，在矩形波电压作用下，$RC$ 串联电路成为微分电路的必要条件是：$\tau\ll t_p$；输出电压 $u_2$ 要从电阻 $R$ 两端引出。

**二、积分电路**

图 4-21 所示电路为积分电路，根据三要素法式(4-19) 可知，输出电压 $u_2$ 为

$$u_2=u_C(t)=u_C(\infty)+[u_C(0_+)-u_C(\infty)]e^{-\frac{t}{\tau}} \tag{4-29}$$

其中 $\tau=RC$，适当选取参数，使 $\tau\gg t_p$。

$u_1$ 波形如图 4-18 所示，在 $0\leqslant t<t_1$ 期间，有 $u_C(\infty)=u_1=U$，$u_C(0_+)=u_C(0_-)=0$，将这些条件代入式(4-29) 得

$0\leqslant t<t_1$ 时

$$u_2=u_C(t)=U(1-e^{-\frac{t}{\tau}}) \tag{4-30}$$

在 $t\geqslant t_1$ 期间，$u_1$ 从 $U$ 变为 0，此时电容两端电压不能突变，为 $u_C(t_1)$，而 $u_C(\infty)=0$，将这些条件代入式(4-29) 得

$$u_2=u_C(t)=u_C(t_1)e^{-\frac{t-t_1}{\tau}}$$

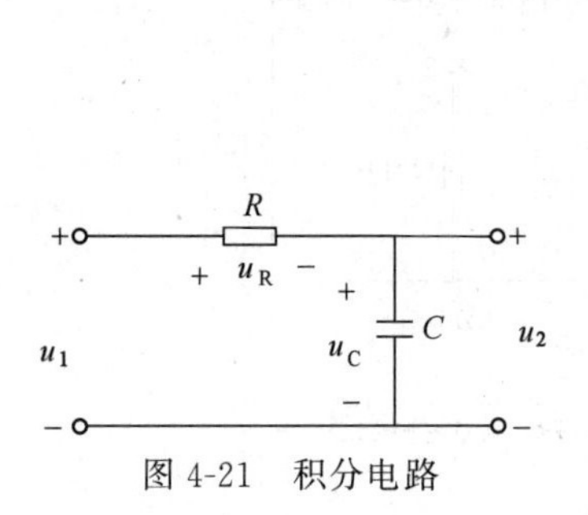


图 4-21　积分电路

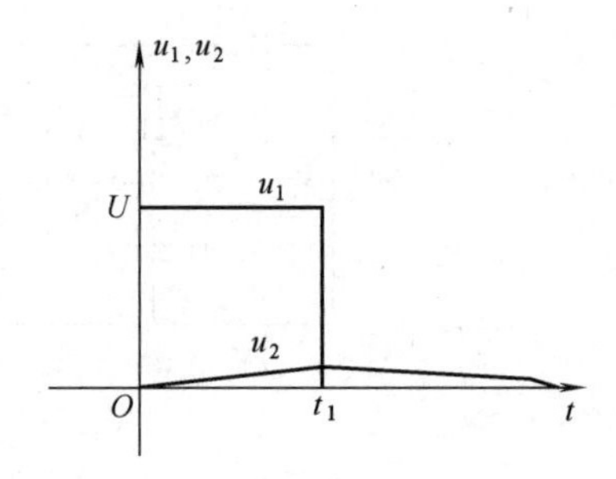


图 4-22　积分电路输入电压和输出电压波形

由以上分析可得出 $u_1$ 和 $u_2$ 的波形如图 4-22 所示。对于图 4-21 所示电路，由于 $\tau\gg t_p$，电容的充放电进行得很慢，电容两端电压的变化很小 $u_C\ll u_R$，可以认为

$$u_1=u_R+u_C\approx u_R=Ri$$

或者
$$i\approx\frac{u_1}{R}$$

又输出电压

$$u_2=u_C=\frac{1}{C}\int i\,dt\approx\frac{1}{RC}\int u_1\,dt$$

上述表明，输出电压 $u_2$ 与输入电压 $u_1$ 对时间的积分近似成比例，因此，称这种电路为积分电路。必须注意，在矩形脉冲电压作用下，$RC$ 串联电路成为积分电路的必要条件是：$\tau\gg t_p$；输出电压 $u_2$ 要从电容 $C$ 两端引出。

## 思考题

4-5-1 微分电路中，如果 $\tau\gg t_p$，输出电压 $u_2$ 与输入电压 $u_1$ 之间是否存在微分关系？为什么？

4-5-2 积分电路中，如果 $\tau\ll t_p$，输出电压 $u_2$ 与输入电压 $u_1$ 之间是否存在积分关系？为什么？

## 本章复习提示

请读者按照如下思路，将本章的主要内容进行归纳总结。

（一）电路的瞬变过程

（1）何为电路的稳态？何为电路的瞬变过程（或过渡过程）？

（2）何为换路及换路定律？

（二）一阶电路瞬变过程的一般求解方法

（1）一阶电路瞬变过程的一般求解方法是什么？

（2）三要素各指什么？如何确定？

（3）时间常数 $\tau$ 的物理意义是什么？

（4）稳态分量和暂态分量各指什么？

（5）瞬变过程有几种类型？各是什么？如何计算其响应？

（6）什么是微分电路？什么是积分电路？各自的必要条件是什么？

## 习题

4-1 如图 4-23 所示各电路中开关 S 在 $t=0$ 时动作，在 $t<0$ 时电路已达稳态，试求各电路 $t=0_+$ 时刻储能元件两端的电压、电流，其中图 4-23(d) 中的 $e(t)=100\sin\left(\omega t+\frac{\pi}{3}\right)$V，$u_C(0_-)=20$V。

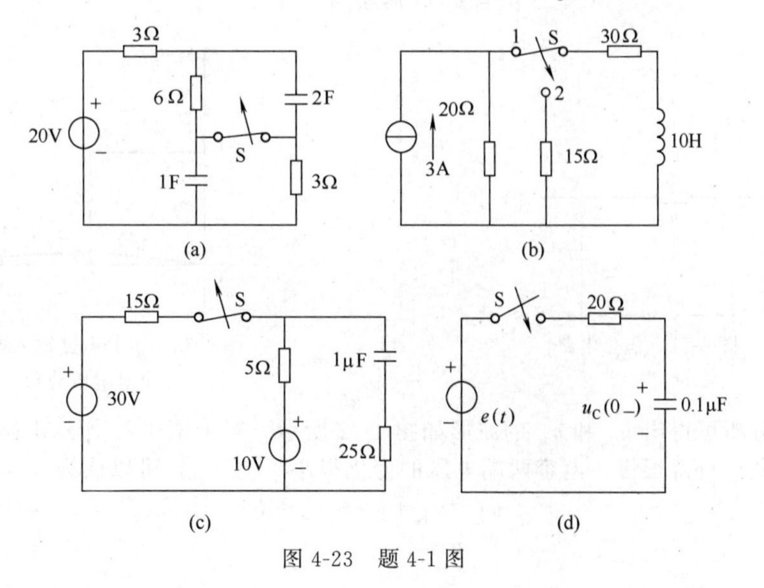


图 4-23 题 4-1 图

4-2　如图 4-24 所示电路中，开关在 $t=0$ 时打开（在 $t<0$ 时电路已达稳态）。(1) 求 $u(0_+)$；(2) 求 $t\geqslant 0$ 时 $u(t)$，$i_C(t)$，$i(t)$；(3) 绘 $i(t)$ 波形图。

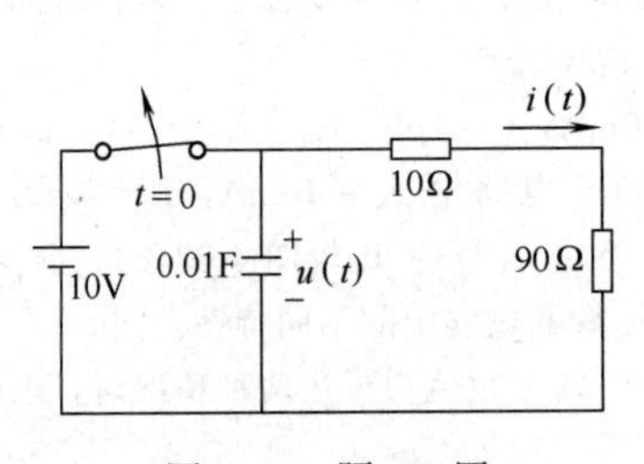

图 4-24　题 4-2 图

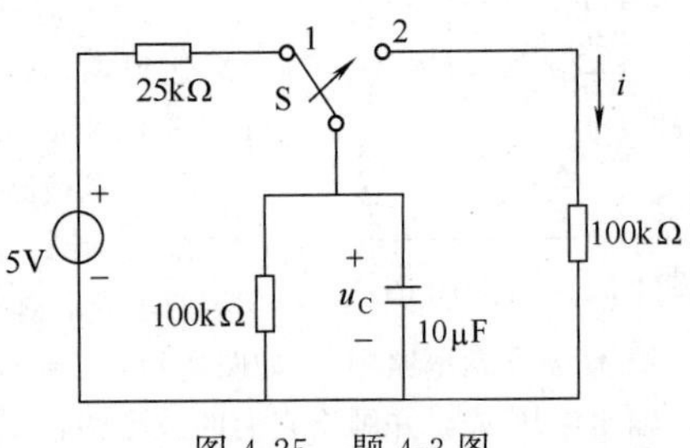

图 4-25　题 4-3 图

4-3　图 4-25 电路中，开关 S 原在位置 1 已久，$t=0$ 时合向位置 2，求 $u_C$ 及 $i$。($t\geqslant 0$)

4-4　在图 4-26 所示电路中，$I=10\text{mA}$，$R_1=3\text{k}\Omega$，$R_2=3\text{k}\Omega$，$R_3=6\text{k}\Omega$，$C=2\mu\text{F}$。在开关 S 闭合前电路已处于稳态。求在 $t\geqslant 0$ 时，$u_C$ 和 $i_1$，并作出它们随时间的变化曲线。

4-5　电路如图 4-27 所示，换路前已处于稳态，试求换路后（$t\geqslant 0$）的 $u_C$。

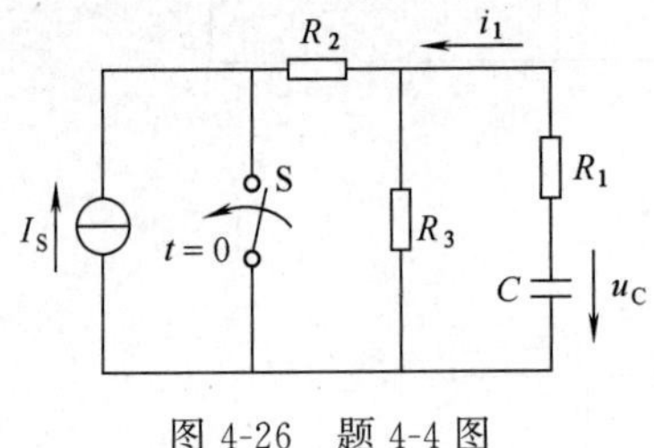

图 4-26　题 4-4 图

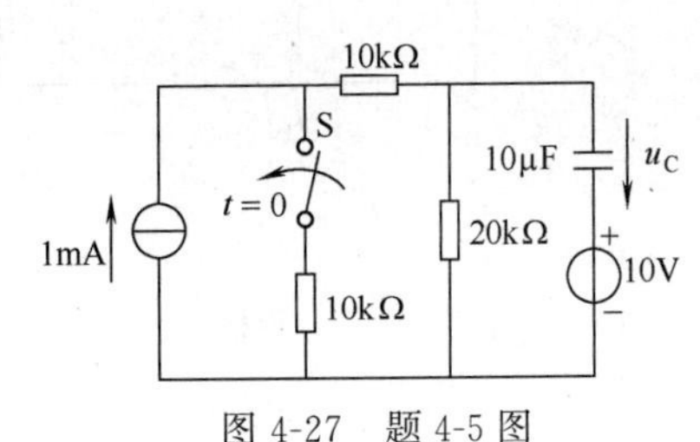

图 4-27　题 4-5 图

4-6　图 4-28 所示电路中，在 $t=0$ 时，开关 S 打开，求 $u_C$。(换路前已处稳态)

4-7　图 4-29 所示电路，已知 $U\text{s}=24\text{V}$，电容电压 $u_C(0_-)=0$，开关 S 闭合后，要求：(1)开关 S 闭合 0.5s 后，$u_C$ 值达到输入电压 $U\text{s}$ 幅值的 50%；(2)电路在整个工作过程中从电源取的电流最大值不应超过 1mA。求满足上述条件时电路的参数 $R$，$C$ 应当为多大？

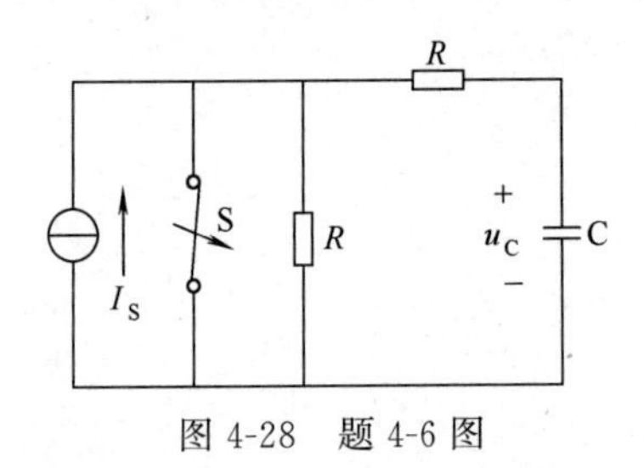

图 4-28　题 4-6 图

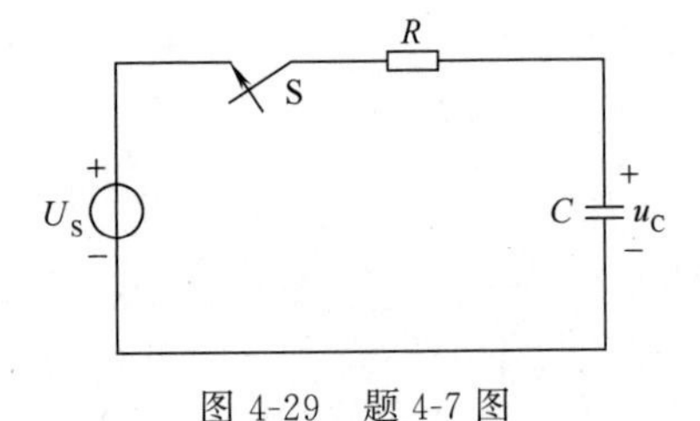

图 4-29　题 4-7 图

4-8　(1)求图 4-30 所示电路开关 S 接通后的 $i_L(t)$，设 S 接通前电路已处于稳态；
(2)求电路接通稳定后再断开的 $i_L(t)$。

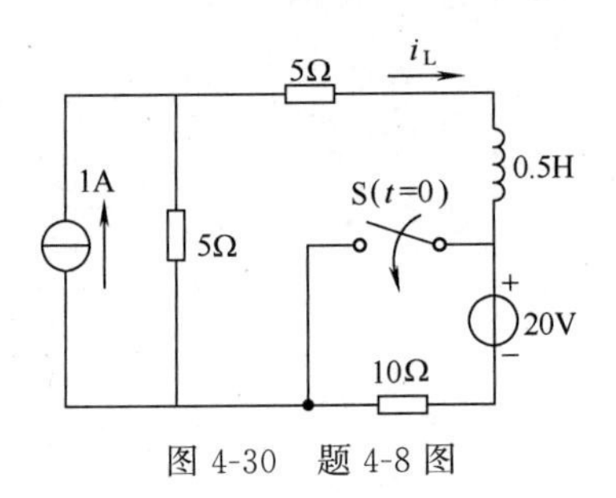

图 4-30　题 4-8 图

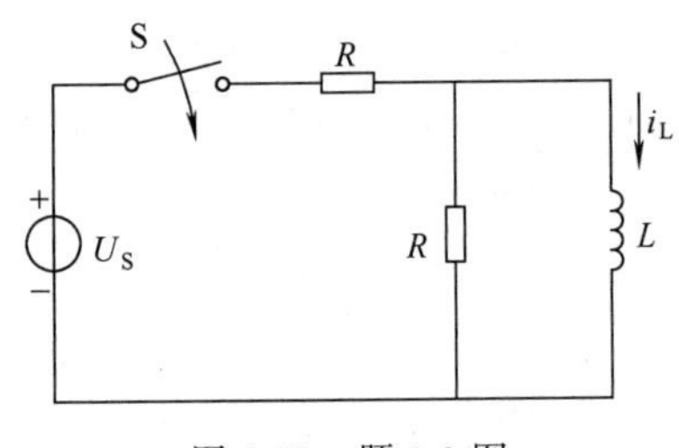

图 4-31　题 4-9 图

4-9 图 4-31 中 $t=0$ 时，开关 S 合上（在 $t<0$ 时电路已达稳态），求 $i_L(t)$。

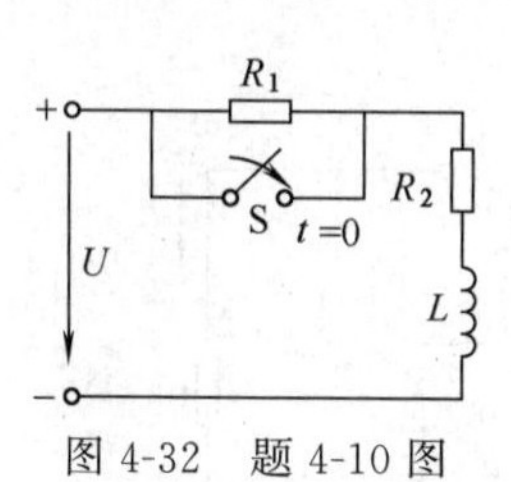

图 4-32 题 4-10 图

4-10 在图 4-32 所示电路中，已知 $U=12\text{V}$，$R_1=6\Omega$，$R_2=2\Omega$，$L=0.2\text{H}$。当 $t=0$ 时开关 S 闭合，把电阻 $R_1$ 短接，问短接后需经多少时间电流才达到 4.5A。（在 $t<0$ 时电路已达稳态）

4-11 图 4-33(a) 所示的电路中 $I_S=10\text{mA}$，$C=1\mu\text{F}$，$R_1=R_2=1\text{k}\Omega$，$u_C(0_-)=0\text{V}$，求换路后 $u_C(t)$。图 4-33(b) 电路中 $I_S=10\text{mA}$，$L=0.1\text{H}$，$R_1=R_2=10\Omega$，$i_L(0_-)=0\text{A}$，求换路后 $u_L(\text{t})$。比较图 4-33(a)、图 4-33(b) 两电路，体会电容和电感元件在瞬变过程中的不同特性。

4-12 图 4-34 所示电路中 $u_i$ 如图所示，$T=10^{-5}\text{s}$，图示电路 $R$，$C$ 的参数值为下述两种情况时，求电路的输出电压 $u_o$，并画出它们的波形图：

(1) $R=500\text{k}\Omega$，$C=20\text{pF}$； (2) $R=50\text{k}\Omega$，$C=20\text{pF}$。

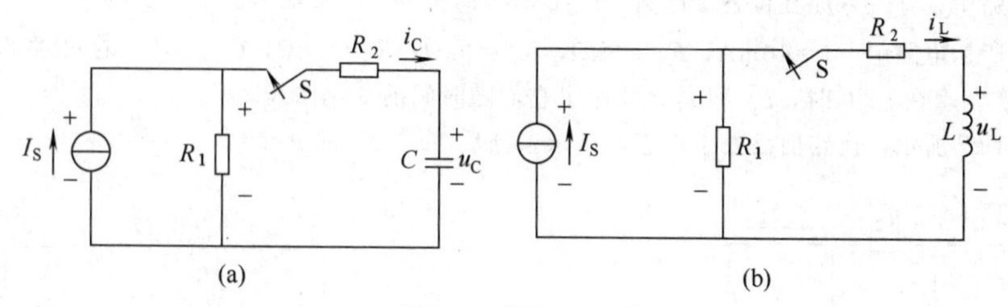

图 4-33 题 4-11 图

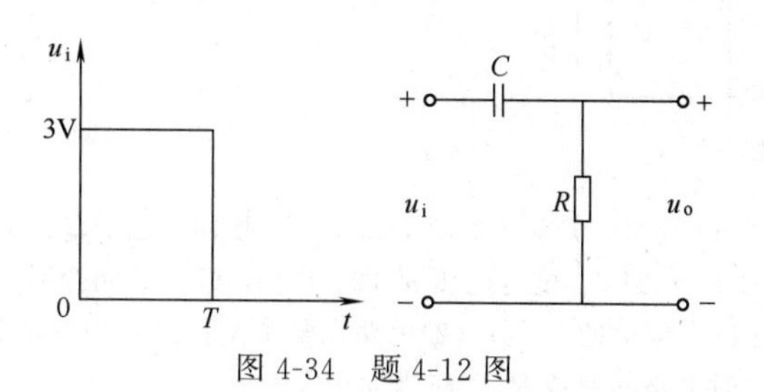

图 4-34 题 4-12 图

# 第五章　磁路与变压器

前面几章讨论了交、直流电路的基本概念、定理以及分析方法，它是电工学课程的基础。下面几章将介绍一些在工农业生产中常用的电气设备，如变压器、电动机，这类电气设备都是利用电磁相互作用进行工作的。本章介绍有关磁路的基本知识和变压器。

## 第一节　磁路概述

电气设备的磁场一般集中分布于由导磁材料构成的闭合路径内，这样的路径称为**磁路**。下面所要介绍的变压器和交流异步机都要用到有关磁路的知识。在大学物理中已经介绍了一些相关内容，在此先将一些基础知识简要的复习一下。

### 一、磁场的基本物理量

1. *磁感应强度* $\boldsymbol{B}$

**磁感应强度** $\boldsymbol{B}$ 是表示磁场内某点的磁场强弱及方向的物理量。它是一个矢量，其单位是特斯拉（T）。

2. *磁通* $\Phi$

在均匀磁场中，磁感应强度 $B$ 与垂直于磁场方向的面积 $S$ 的乘积，称为通过该面积的**磁通** $\Phi$，即

$$\Phi = BS \quad 或 \quad B = \frac{\Phi}{S} \tag{5-1}$$

如果不是均匀磁场，则 $B$ 取平均值。

由式(5-1) 可见，磁感应强度 $\boldsymbol{B}$ 在数值上可以看成与磁场方向相垂直的单位面积所通过的磁通，故 $\boldsymbol{B}$ 又称为“**磁通密度**”。磁通 $\Phi$ 的单位是韦伯（Wb），简称韦。

3. *磁导率* $\mu$

**磁导率** $\mu$ 是表示物质导磁性能的物理量，其单位是亨/米（H/m）。真空的磁导率用 $\mu_0$ 表示 $\mu_0 = 4\pi \times 10^{-7}$ H/m。

4. *磁场强度* $\boldsymbol{H}$

磁场强度是进行磁路计算时引用的一个物理量，也是矢量，它与磁感应强度的关系是

$$\boldsymbol{H} = \frac{\boldsymbol{B}}{\mu} \quad 或 \quad \boldsymbol{B} = \mu \boldsymbol{H} \tag{5-2}$$

磁场强度的单位是安/米（A/m），它与下面所要讲的全电流定律有关。

### 二、磁路的基本定律

1. *全电流定律*

**全电流定律**又称**安培环路定律**，其含义：在磁场中沿任一闭合回线，磁场强度向量的线积分等于穿过该闭合回线所包围面积的电流的代数和。用数学式表示

$$\oint \boldsymbol{H} \cdot \mathrm{d}\boldsymbol{l} = \sum I \tag{5-3}$$

其中，当电流的方向与所选路径的方向符合右手螺旋关系时，电流前面取正号，相反时取负号。在磁场均匀的磁路中沿中心路径 $l$ 上各点的磁场强度 $H$ 相等，且磁场方向与路径上各对应点的切线方向相同（即 $\boldsymbol{H}$ 与 $\boldsymbol{l}$ 方向相同）时，式(5-3) 可化简为

$$Hl=\sum I \tag{5-4}$$

该式的含义是：等式左边 $Hl$ 是磁压降，右边是磁动势。与电路的基尔霍夫回路电压定律相似。

2. 磁路的欧姆定律

图 5-1 所示闭合磁路其截面积 $S$ 处处相同，平均长度为 $l$，励磁线圈的匝数为 $N$ 匝，励磁电流为 $I$。因为磁路的平均长度比截面的尺寸大得多，可以认为截面内磁通密度是均匀的。由式(5-4) 有

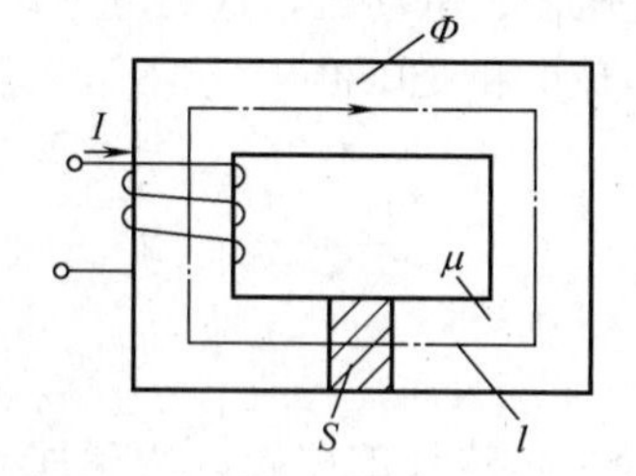

图 5-1 闭合磁路

$$Hl=\sum I=NI \tag{5-5}$$

将式(5-2)、式(5-1) 代入并整理得

$$\Phi=\frac{NI}{\dfrac{l}{\mu S}} \tag{5-6}$$

令 $F_{\mathrm{m}}=NI$，$R_{\mathrm{m}}=\dfrac{l}{\mu S}$则有

$$\Phi=\frac{F_{\mathrm{m}}}{R_{\mathrm{m}}} \tag{5-7}$$

式(5-7) 是**磁路欧姆定律**，与电路欧姆定律相似。磁路中的磁通 $\Phi$ 与电路中的电流 $I$ 对应；磁动势 $F_{\mathrm{m}}$ 与电动势 $E$ 对应；磁阻 $R_{\mathrm{m}}$ 与电阻 $R$ 对应。磁动势 $F_{\mathrm{m}}$ 的单位为安（A），磁阻 $R_{\mathrm{m}}$ 单位可以由式(5-6) 推得

$$R_{\mathrm{m}}=\frac{F_{\mathrm{m}}}{\Phi}=\frac{F_{\mathrm{m}}}{BS}=\frac{F_{\mathrm{m}}}{\mu HS} \tag{5-8}$$

$$R_{\mathrm{m}}\text{ 的单位}=\frac{\text{安}}{\text{亨/米}\cdot\text{安/米}\cdot\text{米}^2}=\frac{1}{\text{亨}}\left(\frac{1}{H}\right)$$

$\Phi R_{\mathrm{m}}$ 是磁压降，单位为安（A）。

## 三、直流磁路的工作特点

如果图 5-1 中的励磁电流 $I$ 是直流电流，则其工作特点为：励磁电流是由励磁线圈的外加电压 $U$ 和线圈电阻 $R$ 决定，$I=U/R$。励磁电流是恒定的直流，稳态时磁路中的磁通也是恒定的，因此不会在励磁线圈中产生自感电动势。

## 四、交流磁路的工作特点

1. 磁通与电压的关系

在图 5-2 所示的交流铁芯线圈上加交变电压 $u$，便有交变电流 $i$ 流过线圈，并在线圈中产生交变的磁通，绝大部分磁通经铁芯构成闭合磁路称为**主磁通** $\Phi$。还有很少的一部分要通过空气后闭合，这部分称作**漏磁通** $\Phi_\sigma$，产生磁通的线圈称为**励磁线圈**（或励磁绕组），其电流称为**励磁电流**。

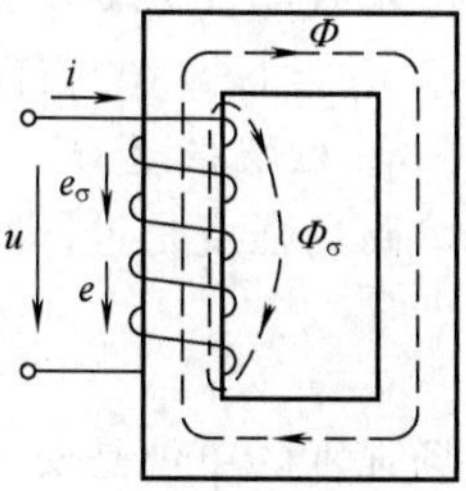

图 5-2 交流铁芯线圈

$\Phi$ 和 $\Phi_\sigma$ 均为交变磁通，在线圈中分别产生感应电动势 $e$ 和 $e_\sigma$，规定 $e$ 和 $e_\sigma$ 的参考方向与 $\Phi$ 和 $\Phi_\sigma$ 的参考方向符合右手螺旋关系，因此 $e$,$e_\sigma$ 与电流 $i$ 的参考方向一致（如图 5-2 中已标明），在此参考方向下

$$e=-N\frac{\mathrm{d}\Phi}{\mathrm{d}t} \tag{5-9}$$

根据基尔霍夫定律，铁芯线圈电路的电压方程式为

$$u=Ri+(-e_{\sigma})+(-e) \tag{5-10}$$

式中，$R$ 为线圈电阻。

一般铁芯线圈的主磁通 $\Phi$ 远大于漏磁通 $\Phi_{\sigma}$，故 $e$ 远大于 $e_{\sigma}$ 且远大于线圈电阻电压降 $Ri$，因此

$$u\approx -e=N\frac{\mathrm{d}\Phi}{\mathrm{d}t} \tag{5-11}$$

$u$ 正弦交变，$\Phi$ 将正弦交变，设

$$\Phi=\Phi_{\mathrm{m}}\sin\omega t \tag{5-12}$$

则

$$e=-N\frac{\mathrm{d}\Phi}{\mathrm{d}t}=-\omega N\Phi_{\mathrm{m}}\cos\omega t=E_{\mathrm{m}}\sin(\omega t-90^{\circ})$$

式中，$E_{\mathrm{m}}=\omega N\Phi_{\mathrm{m}}$ 为 $e$ 的最大值，其有效值为

$$E=\frac{E_{\mathrm{m}}}{\sqrt{2}}=\frac{2\pi fN\Phi_{\mathrm{m}}}{\sqrt{2}}=4.44fN\Phi_{\mathrm{m}} \tag{5-13}$$

由式(5-11) 可得 $\dot{U}\approx -\dot{E}$，其有效值 $U\approx E$，由此可得

$$\Phi_{\mathrm{m}}=\frac{E}{4.44fN}\approx\frac{U}{4.44fN} \tag{5-14}$$

式(5-14) 表明：当线圈匝数 $N$ 及电源频率 $f$ 一定时，主磁通的幅值 $\Phi_{\mathrm{m}}$ 基本决定于励磁线圈外加电压的有效值，而与电流无关，与铁芯的材料及尺寸无关。也就是说：当外加电压 $U$ 和频率 $f$ 一定时，通过匝数 $N$ 的线圈主磁通最大值 $\Phi_{\mathrm{m}}$ 几乎是不变的，与输入电流和磁路的磁阻 $R_{\mathrm{m}}$ 无关，该结论称为恒磁通原理。

2. 功率损耗

交流铁芯线圈的功率损耗主要有两大部分：其一是线圈有电阻，电流流过后有功率损耗 $RI^2$，通常称为**铜损**，写作 $P_{\mathrm{Cu}}$；其二是，铁芯通过交变磁通时所产生的磁滞损耗和涡流损耗，两者合称**铁损**（磁滞和涡流现象在物理电磁学中已讲过）写作 $P_{\mathrm{Fe}}$。为了减小铁损，铁芯通常用磁滞回线较窄的硅钢片叠成。铁芯线圈当频率 $f$ 一定时，铁损近似地与 $U^2$ 成正比。这个关系也普遍适用于交流电机和电器。

### 思　考　题

5-1-1　若将交流铁芯线圈接到与其额定电压相等的直流电源上，或将直流铁芯线圈接在有效值与其额定电压相同的交流电源上，各会产生什么问题？为什么？

## 第二节　变压器的基本结构

变压器的种类繁多，应用甚广，但基本结构是一样的。主要可分为芯式和壳式两种，其结构和符号如图 5-3 所示，芯式的特点是线圈包围铁芯，壳式的特点是铁芯包围线圈。变压器的主要组成部分有三部分：铁芯、原绕组和副绕组。

**一、铁芯**

变压器铁芯的作用是构成磁路。为减少涡流损耗和磁滞损耗，铁芯用 0.35～0.5mm 厚的硅钢片交错叠装而成。硅钢片的表层涂有绝缘漆，用以限制涡流。

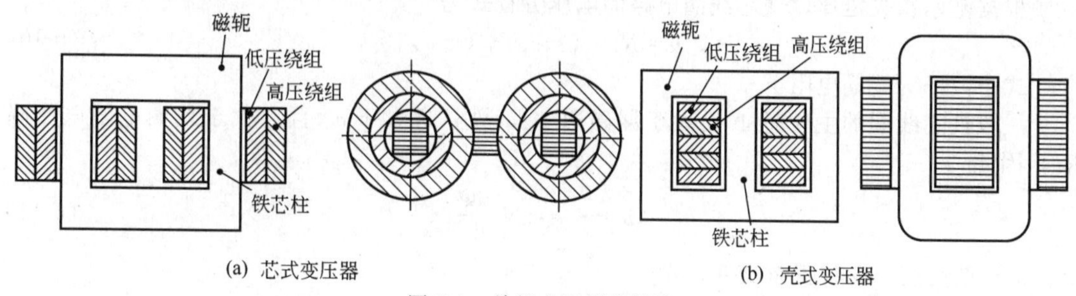


图 5-3 单相变压器的结构

## 二、绕组

绕组就是线圈。**原绕组**指接电源的绕组（又称初级绕组），**副绕组**指接负载的绕组（又称次级绕组）。

图 5-4 所示为三相芯式变压器的结构图，高压和低压三相绕组分别套在截面相等的三个芯柱上，上下两磁轭和芯柱构成三相闭合铁芯。大容量电力变压器，为了散去运行时由铁损和铜损产生的热量，铁芯和绕组都浸在盛有绝缘油的油箱中，油箱外面还装有散热油管，其附属设备和外形如图 5-5 所示。

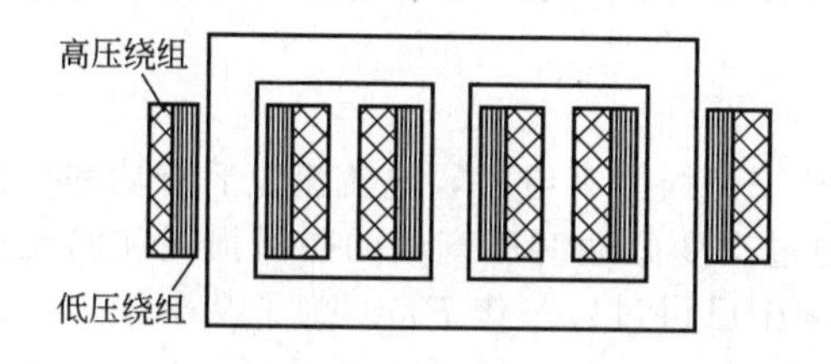


图 5-4 三相芯式变压器的结构

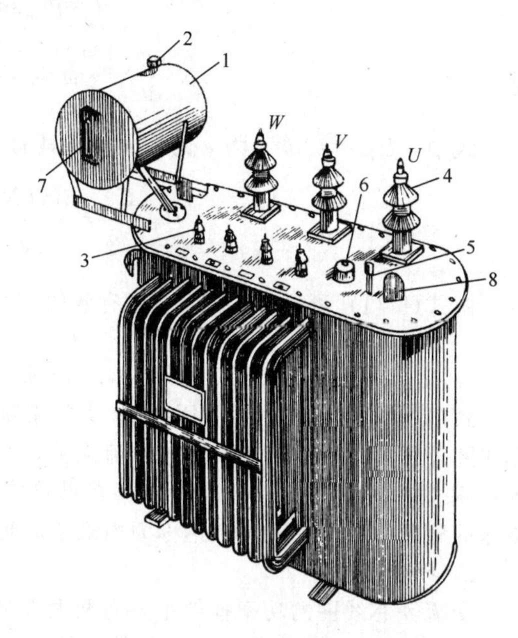


图 5-5 三相油冷变压器

1—油枕；2—加油栓；3—低压套管和出线杆；4—高压套管和出线杆；5—温度计；6—无载调压开关；7—油位表；8—吊环

# 第三节 变压器工作原理

图 5-6 所示为单相变压器的工作原理图，其中原绕组一边（简称**原边**）各电量均注有“1”下标。副绕组一边（简称**副边**）均注有“2”下标。电流和感应电动势和参考方向如前所述，与磁通参考方向符合右手螺旋关系。

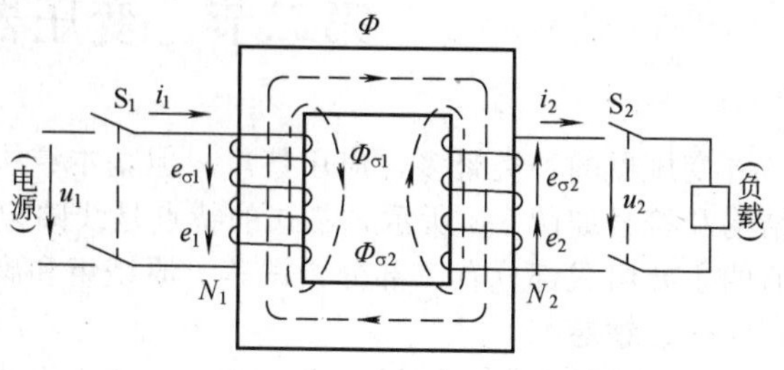


图 5-6 变压器工作原理图

## 一、空载运行

所谓空载运行，是指变压器原绕组接通电源，而副绕组开路，不接负载时的工作状态（如图 5-6 所示电路 $S_1$ 闭合，$S_2$ 打开）。

此时副边 $i_2=0$，原边电流 $i_1=i_{10}$，称为**空载电流**。$i_{10}$ 经 $N_1$ 匝原绕组后形成磁动势 $N_1 i_{10}$，在铁芯中产生正弦交变的主磁通 $\Phi$，它既通过原绕组也通过副绕组，故将分别在原、副绕组中产生感应电势 $e_1$ 和 $e_2$。此外，在原、副绕组周围还存在少量的漏磁通，它将在原、副绕组中产生漏感电势 $e_{\sigma1}$ 和 $e_{\sigma2}$。$u_1$ 正弦变化，在磁路中 $\Phi$ 也正弦变化，设 $\Phi=\Phi_m \sin\omega t$。

根据前面分析有

$$\begin{cases} e_1=-N_1\dfrac{d\Phi}{dt}=-N_1\omega\Phi_m\cos\omega t=E_{1m}\sin(\omega t-90^\circ) \\ e_2=-N_2\dfrac{d\Phi}{dt}=-N_2\omega\Phi_m\cos\omega t=E_{2m}\sin(\omega t-90^\circ) \end{cases} \tag{5-15}$$

$N_1, N_2$ 为原、副绕组匝数，$\omega$ 为电源电压角频率，$E_{1m}$ 和 $E_{2m}$ 分别为 $e_1$ 和 $e_2$ 的最大值

$$\begin{cases} E_{1m}=N_1\omega\Phi_m=2\pi f N_1\Phi_m \\ E_{2m}=N_2\omega\Phi_m=2\pi f N_2\Phi_m \end{cases} \tag{5-16}$$

$e_1, e_2$ 有效值分别为

$$\begin{cases} E_1=\dfrac{E_{1m}}{\sqrt{2}}=4.44fN_1\Phi_m \\ E_2=\dfrac{E_{2m}}{\sqrt{2}}=4.44fN_2\Phi_m \end{cases} \tag{5-17}$$

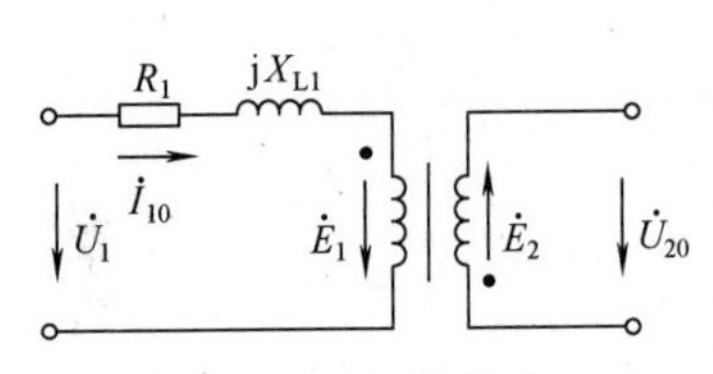


图 5-7　变压器空载时的等效电路

对原绕组来说，除感应电势 $e_1$ 外，因绕组存在一定的电阻 $R_1$，故有一部分压降，此外还有漏感电势 $e_{\sigma1}$，$e_{\sigma1}$ 为漏磁通 $\Phi_{\sigma1}$ 产生的，由于漏磁通的磁路主要是空气，所以它的作用相当于一个电感恒定的线圈。因此，变压器空载时的等效电路如图 5-7 所示，图中 $R_1$ 为原绕组电阻，$X_{L1}$ 为原绕组漏磁通所引起的感抗，称为**漏感抗**。此处并没有考虑变压器的铁芯损耗，根据图 5-7 可写出原边电压方程为

$$\dot{U}=(R_1+jX_{L1})\dot{I}_{10}+(-\dot{E}_1)$$

由于 $R_1, I_{10}$ 均很小，式右边第一项远远小于第二项，故可认为

$$\dot{U}_1\approx-\dot{E}_1 \tag{5-18}$$

变压器空载运行时，副边　$\dot{U}_{20}=\dot{E}_2$

变压器原、副绕组电压比为

$$\frac{U_{10}}{U_{20}}\approx\frac{E_1}{E_2}=\frac{4.44fN_1\Phi_m}{4.44fN_2\Phi_m}=\frac{N_1}{N_2}=K \tag{5-19}$$

比值 $K$ 称为变压器的**变换比**，亦即原、副绕组的**匝数比**。

原绕组加额定电压（$U_1=U_{1N}$）时的副绕组空载电压 $U_{20}$ 规定为**副绕组的额定电压** $U_{2N}$。变压器铭牌上标有 $U_{1N}/U_{2N}$，既标明了额定电压，也标明了变换比。

## 二、负载运行

### 1. 磁动势平衡

当图 5-6 中 $S_2$ 闭合后，副绕组接通负载，在感应电动式 $e_2$ 的作用下产生副边电流 $i_2$，原绕组电流从 $i_0$ 增大到 $i_1$。$i_2$ 流经 $N_2$ 匝副绕组后形成磁动势 $N_2 i_2$，所以在负载运行下磁路中的主磁通 $\Phi$ 是由原绕组磁动势 $N_1 i_1$ 和副绕组磁动势 $N_2 i_2$ 共同产生的，即（$N_1 i_1+N_2 i_2$）。由恒磁通原理可知 $\Phi_m$ 基本取决于 $U_1$，输入电压 $U_1$ 不变时，主磁通最大值 $\Phi_m$ 基本不变。因此，加负载后原、副绕组合成的磁动势应与空载时原绕组的磁动势基本相等，即

$$N_1i_1+N_2i_2=N_1i_{10}$$

写成相量形式为

$$N_1\dot{I}_1+N_2\dot{I}_2=N_1\dot{I}_{10}$$

空载电流 $I_{10}$ 很小，它只有 $I_{1N}$ 的 3%～8%，可忽略，于是

$$N_1\dot{I}_1+N_2\dot{I}_2\approx 0 \quad 或 \quad N_1\dot{I}_1\approx -N_2\dot{I}_2 \tag{5-20}$$

式(5-20) 表明：事实上，在负载运行时相量 $\dot{I}_1$ 的相位与相量 $\dot{I}_2$ 的相位近似相反。也就是说，$N_1\dot{I}_1$ 和 $N_2\dot{I}_2$ 产生的磁动势是反相的，因此原绕组磁动势 $N_1\dot{I}_1$ 的增大实际上是抵消了 $N_2\dot{I}_2$ 的去磁作用并保持合成磁动势值不变。

2. 电流关系

由式(5-20) 可得

$$\frac{I_1}{I_2}\approx\frac{N_2}{N_1}=\frac{1}{K} \tag{5-21}$$

即负载运行时原副绕组电流比与其变比 $K$ 成反比关系。注意式(5-21) 不适用于空载和轻载状态。

3. 等效电路

负载运行时，副绕组电流 $i_2$ 还要在副绕组边产生漏磁通 $\Phi_{\sigma2}$（见图 5-6）。漏磁通的磁路主要是空气或变压器油，所以它相当于一个电感量恒定的线圈。变压器负载运行时的等效电路如图 5-8 所示，其中 $R_2$ 为副绕组的电阻，$X_{L2}$ 为副绕组的漏感抗。

根据图 5-8 列写出原副边的电压方程为

$$\dot{U}_1=(R_1+jX_{L1})\dot{I}_1-\dot{E}_1 \tag{5-22}$$

$$\dot{U}_2=\dot{E}_2-(R_2+jX_{L2})\dot{I}_2 \tag{5-23}$$

4. 变压器的外特性

由式(5-23) 可知，随着负载电流 $I_2$ 的变化，输出电压 $U_2$ 也相应要发生变化。负载电流为零时 $U_2=U_{20}=E_2$，在常见的感性负载情况下，$U_2$ 随负载电流 $I_2$ 的增加而逐渐下降，通常用图 5-9 所示变压器的外特性曲线表示。它可由实验测得，从空载到满载（$I_2=I_{2N}$），$U_2$ 从 $U_{20}$ 约下降 2%～3%。因此式(5-19) 同样适用于负载运行。

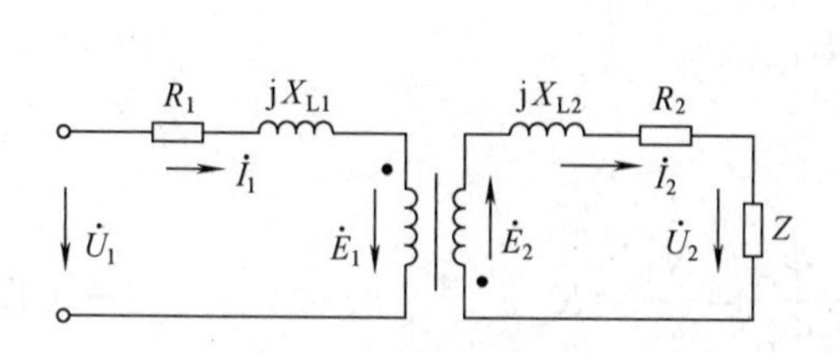


图 5-8 变压器负载运行时的等效电路

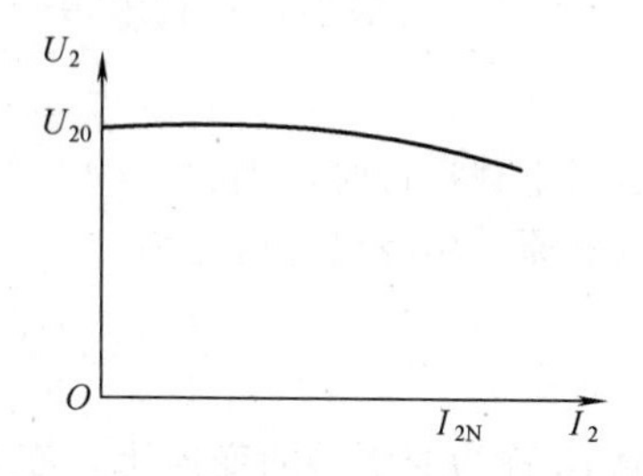


图 5-9 变压器感性负载时的外特性

5. 变压器的损耗和效率

变压器负载运行时，输出功率为

$$P_2=U_2I_2\cos\varphi_2 \tag{5-24}$$

原边输入的功率为

$$P_1=U_1I_1\cos\varphi_1=P_2+P_{Fe}+P_{Cu} \tag{5-25}$$

$P_{Fe}$ 为变压器的铁损，当频率 $f_1$ 一定时与输入电压 $U_1^2$ 成正比，$U_1$ 一定时，$P_{Fe}$ 保持恒定。$P_{Cu}$ 为变压器的铜损，和负载大小有关。

$$P_{Cu}=R_1I_1^2+R_2I_2^2$$

由于 $P_{Fe}$,$P_{Cu}$ 在功率中所占比例甚微，所以变压器的效率较高，可达 96%～99%。

$$\eta=\frac{P_2}{P_1}\times100\%=\frac{P_2}{P_2+P_{Fe}+P_{Cu}}\times100\%$$

**【例 5-1】** 某单相变压器额定电压为 3300/220V，今欲在副边接上 60W，220V 的白炽灯 166 盏，若不考虑原、副绕组阻抗，求原、副绕组电流各是多少?

**解** 166 盏灯并联于变压器副边，其副边电流为

$$I_2=166\times\frac{60}{220}=45.27\text{A}$$

$$I_1=I_2\frac{N_2}{N_1}=I_2\frac{U_2}{U_1}=45.27\times\frac{220}{3300}=3.02\text{A}$$

**三、阻抗变换**

根据式(5-15) 可知，$\dot{E}_1$,$\dot{E}_2$ 同相位，$\dot{E}_1/\dot{E}_2=K$。如忽略变压器原、副绕组中电阻和漏感抗的电压降，则

$$\dot{U}_1=-\dot{E}_1=-K\dot{E}_2=-K\dot{U}_2$$

由式(5-20) 可得

$$\dot{I}_1=-\frac{N_2}{N_1}\dot{I}_2=-\frac{\dot{I}_2}{K}$$

$$\frac{\dot{U}_1}{\dot{I}_1}=\frac{-K\dot{U}_2}{-\frac{\dot{I}_2}{K}}=K^2\frac{\dot{U}_2}{\dot{I}_2}=K^2Z$$

设 $Z'=\dot{U}_1/\dot{I}_1$，则

$$Z'=K^2Z \tag{5-26}$$

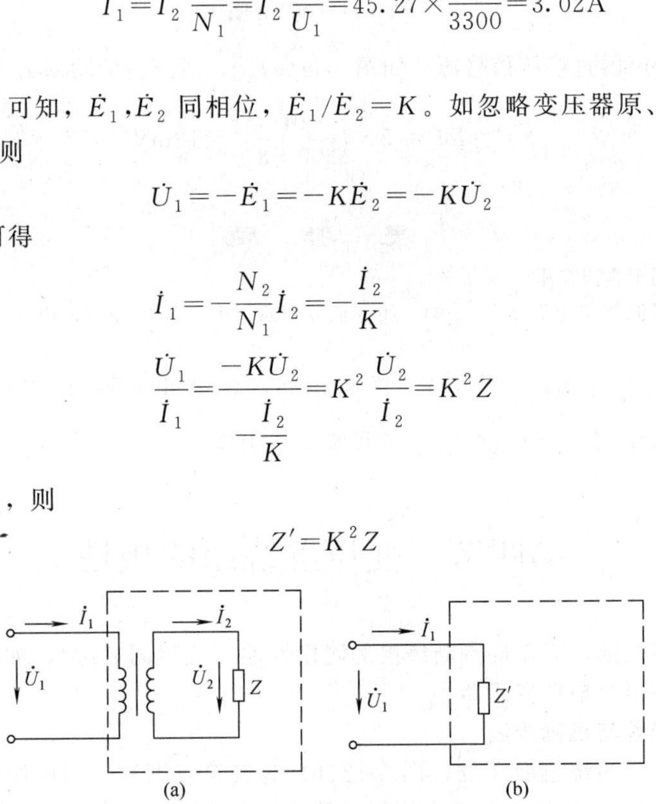

(a)　(b)

图 5-10　负载阻抗的等效变换

$Z'$为从变压器原绕组端口看进去的等效负载阻抗，或称为折算到变压器原边电路的**等效负载阻抗**，如图 5-10 所示。它说明变压器在交流供电或传递信息的电路中能起阻抗变换作用，故在电子线路中常用于前后环节之间的**阻抗匹配**。

**【例 5-2】** 某电阻为 8Ω 的扬声器，接于输出变压器的副边，输出变压器的原边接电动势 $E_S=10$V，内阻 $R_S=200\Omega$ 的信号源。设输出变压器为理想变压器，其原、副绕组的匝数为 500/100（如图 5-11 所示）。试求：(1) 扬声器的等效电阻 $R'$和获得的功率；(2) 扬声器直接接信号源所获得的功率。

**解** (1) 8Ω 电阻接变压器等效电阻 $R'$为

$$R'=K^2R=\left(\frac{N_1}{N_2}\right)^2R=\left(\frac{500}{100}\right)^2\times8=200\Omega$$

获得的功率为［如图 5-11(c) ］

$$P=R'I_1^2=R'\left(\frac{E_S}{R_S+R'}\right)^2=200\times\left(\frac{10}{200+200}\right)^2=125\text{mW}$$

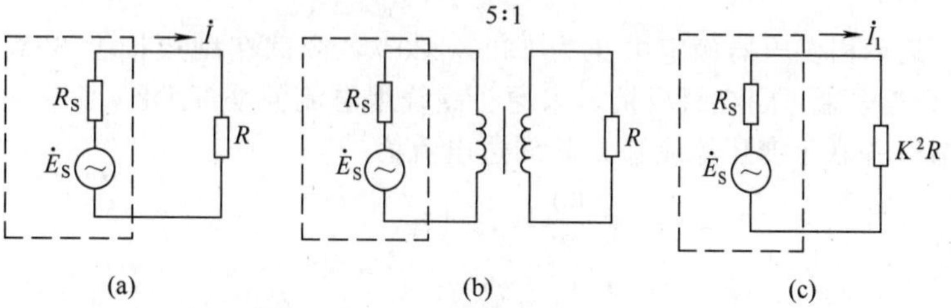

图 5-11 例 5-2 图

（2）若 8Ω 扬声器直接接信号源［如图 5-11(a)］，所获得的功率为

$$P=RI^2=8\times\left(\frac{10}{200+8}\right)^2=18\text{mW}$$

## 思 考 题

5-3-1 变压器能否用于直流变压？

5-3-2 已知某变压器原绕组电阻 $R_1=10\Omega$，如变压器空载运行，原边加额定电压 220V，原边电流是否为 22A？

5-3-3 是否可使用一台 $U_{1N}/U_{2N}=220/36\text{V}$ 的降压变压器，将 36V 电压升高至 220V？

5-3-4 变压器在轻载时，公式$\frac{I_1}{I_2}=\frac{N_2}{N_1}=\frac{1}{K}$是否还成立？为什么？

# 第四节 变压器绕组的极性

在使用变压器之前，需正确判断绕组的同极性端（或称同名端），如接法不当，变压器不能正常工作，甚至会损坏变压器。

### 一、绕组的极性与正确接线

图 5-12(a) 为一多绕组变压器，图 5-12(b) 为其符号画法。图中原边有两个绕组，其抽头端子为 1-2 和 3-4，副边也为两个绕组，其抽头端子为 5-6 和 7-8，额定电压标于图中。

为了正确接线，首先必须明确各绕组线圈端子的同极性端，又称同名端，并用记号

(a) 多绕组变压器

(b) 符号画法

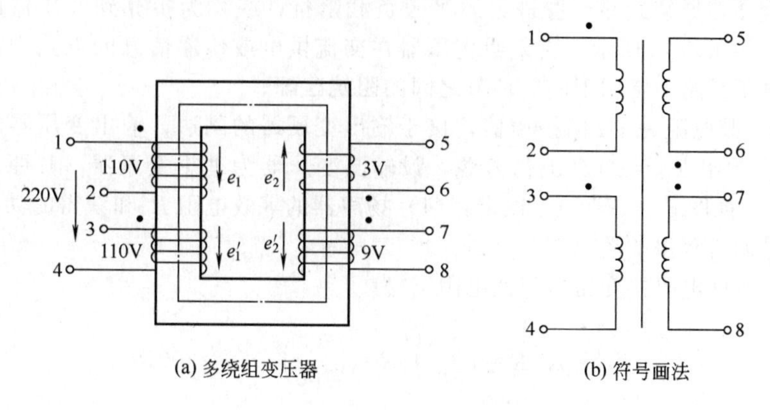

图 5-12 多绕组变压器极性的测定

“·”或“*”表示。所谓**同名端**即铁芯中磁通所感应的电动势在各绕组端有相同的瞬时极性，这样电流同时从同极性端流入（或流出）时在铁芯中产生的磁通方向相同，相互加强，如图 5-12 中标有“·”端。

在图 5-12 中，如电源电压为 220V 时，需将 2,3 端接在一起，电源加到 1,4 两端；如电源电压为 110V 时，1,3 两端接在一起，2,4 两端接在一起（即两原绕组并联），电源加到（1,3）和（2,4）上。副边欲得到 12V 时，将 6 和 8（或 5 和 7）接一起，从 5,7（或 6,8）两端输出，相当 3V 加 9V；欲得到 6V，把 6 和 7（或 5 和 8）接在一起，从 5,8（或 6,7）两端输出，相当于 9V 减去 3V。

### 二、同名端的测定方法

同极性端可由下述方法确定。通过开关把直流电压源（如干电池）接在任一绕组上，譬如接在 1-2 绕组上。如果电源的正极和 1 端相连，那么，当开关突然闭合时，在其副绕组上感应电压为正的那一端就和 1 端为同极性端。

### 思　考　题

5-4-1　在上述同名端测定方法中，如果开关从闭合稳态突然打开，其副绕组感应电压为正的那一端和哪一端为同极性端？为什么？

5-4-2　如将图 5-12 中 $e_2$ 的参考方向做相反的规定，所标注的同名端需不需要变更？

## *第五节　三相变压器

三相变压器用于变换三相电压。应用最广泛的是三相芯式变压器，其结构示意图如图 5-13 所示。它的铁芯有三个芯柱，每个芯柱上各套着一个相的原、副绕组，芯柱和上下磁轭构成三相闭合铁芯，变压器运行时，三个相的原绕组所加电压是对称的，因此三个相的芯柱中的磁通 $\Phi_U, \Phi_V, \Phi_W$ 也是对称的。由于每个相的原、副绕组绕在同一芯柱上，由同一磁通联系起来，其工作情况和单相变压器相同。三个单相变压器也可以把绕组连接起来变换三相电压，但三相变压器比总容量相等的三个单相变压器省料、省工，造价低、所占空间小，因此电力变压器一般都采用三相变压器。

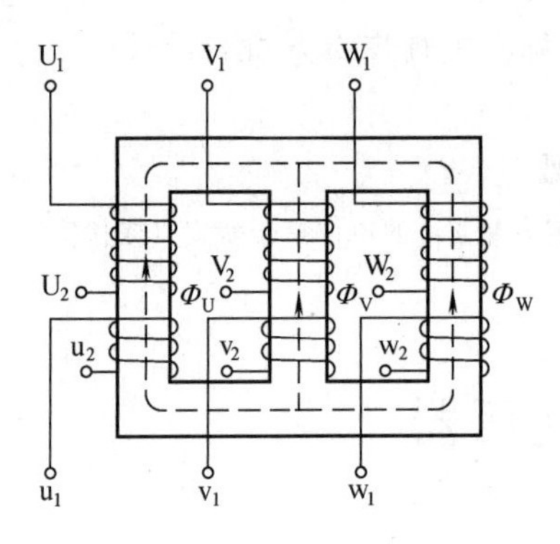


图 5-13　三相变压器

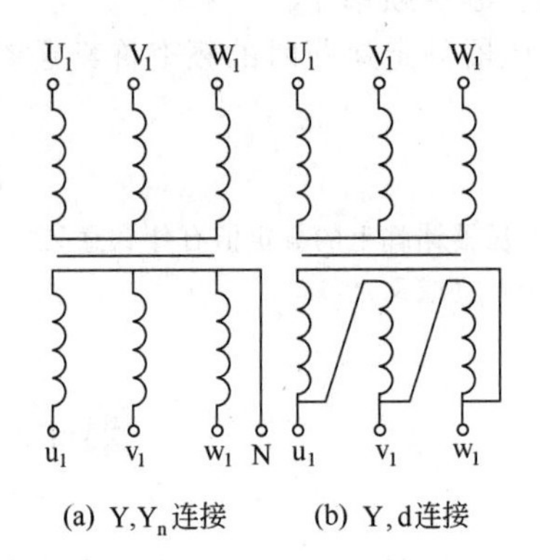


图 5-14　三相变压器绕组的连接方式

三相变压器绕组最常见的连接方式是 Y,$Y_n$ 连接，如图 5-14(a) 所示，用于把 6.0kV,10kV,35kV 高压变换为 400/230V 四线制低压的场合。$U_1$,$V_1$,$W_1$ 是输入端，接高压输电线，$u_1$,$v_1$,$w_1$,N 是输出端，引出低压供电线的火线和地线（零线）。它的线电压比等于相电压比，即

$$\frac{U_{l1}}{U_{l2}}=\frac{\sqrt{3}U_{p1}}{\sqrt{3}U_{p2}}=\frac{N_1}{N_2}=K$$

其次常见的连接方式是 Y，d 连接（d 代表△），如图 5-14(b) 所示，用于把 35kV 电压变换为 3.15kV,6.3kV,10.5kV 电压和其他场合。它的线电压比等于相电压比的$\sqrt{3}$倍，即

$$\frac{U_{l1}}{U_{l2}}=\frac{\sqrt{3}U_{p1}}{U_{p2}}=\sqrt{3}\frac{N_1}{N_2}=\sqrt{3}K$$

## 第六节　变压器的额定值

为了保证变压器的正常运行和使用寿命，制造厂将变压器的主要技术条件（额定值）注明在变压器的铭牌上。

### 一、额定电压 $U_{1N}$ 和 $U_{2N}$

**额定电压**是根据变压器的绝缘强度和允许温升而规定的电压值。原边额定电压 $U_{1N}$ 指原边应加的电源电压。$U_{2N}$ 指原边加上 $U_{1N}$ 时，副绕组的空载电压。在三相变压器中，原、副边的额定电压都是指其线电压。

### 二、额定电流 $I_{1N}$ 和 $I_{2N}$

**额定电流**是根据变压器允许温升而规定的电流值。变压器的额定电流有原边额定电流 $I_{1N}$ 和副边额定电流 $I_{2N}$。在三相变压器中 $I_{1N}$ 和 $I_{2N}$ 都是指其线电流。

### 三、额定容量 $S_N$

变压器的**额定容量**是指其副边的额定视在功率 $S_N$，额定容量反映了变压器传递功率的能力。

单相变压器为
$$S_N=U_{2N}I_{2N} \tag{5-27}$$

三相变压器为
$$S_N=\sqrt{3}U_{2N}I_{2N} \tag{5-28}$$

### 四、额定频率 $f_N$

变压器额定运行时的频率称额定频率，我国规定标准工频频率为 50Hz。

### 思考题

5-6-1 变压器铭牌上的额定值有什么意义？为什么变压器额定容量 $S_N$ 的单位是千伏安（或伏安），而不是千瓦（或瓦）？

## 第七节　自耦变压器

普通变压器的原边和副边只有磁路上的耦合，在电路上没有直接的联系，而自耦变压器的副绕组取的是原绕组的一部分，其原理图如图 5-15 所示。设原绕组匝数为 $N_1$，副绕组匝数为 $N_2$，则原、副绕组的电压、电流关系在额定值运行时依旧满足如下关系

$$\frac{U_1}{U_2}=\frac{I_2}{I_1}=\frac{N_1}{N_2}=K \tag{5-29}$$

自耦变压器的优点是：省材料、效率高、体积小、成本低。但自耦变压器低压电路和高压电路直接有电的联系使用不够安全，因此一般变压比很大的电力变压器和输出电压为12V，36V的安全灯变压器都不采用自耦变压器。

实验室中常用的自耦调压器是一种副绕组匝数可调的自耦变压器（见图5-16），因副绕组匝数可调，其输出电压$U_2$可调，使用起来很方便。

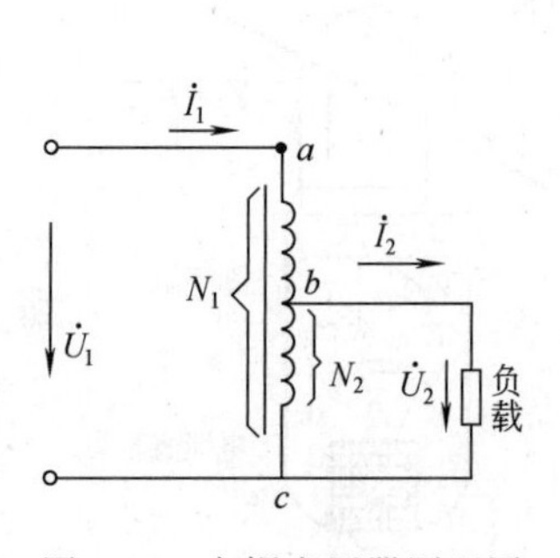


图5-15　自耦变压器原理图

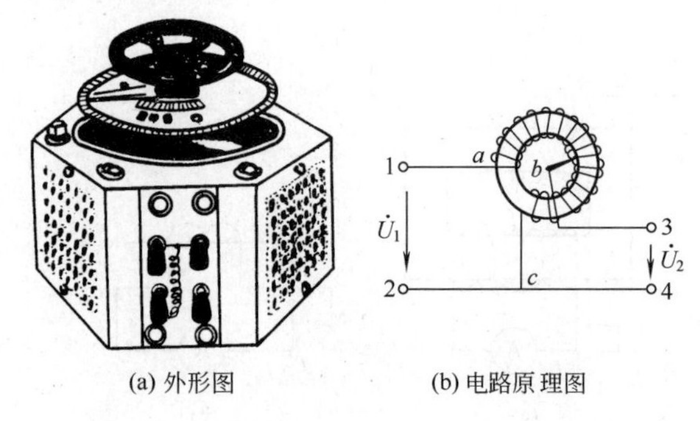


图5-16　自耦变压器

# 第八节　仪用互感器

仪用互感器是供测量、控制及保护电路用的一种特殊变压器。

## 一、电压互感器

电压互感器是用于测量交流高电压的仪用变压器（如图5-17所示）。当被测线路电压值很高时接入变比$K$较大的电压互感器，将电压降低后再进行测量。这样测量端便可与高电压隔离，且测量用的电压表不需要很大的量程，测出的电压值乘以变比$K$后，便是原边高压侧的电压值$U_1$。通常电压互感器副边电压的额定值都设计成标准值100V，而其原边的额定电压值应选得与被测线路的电压等级相一致。

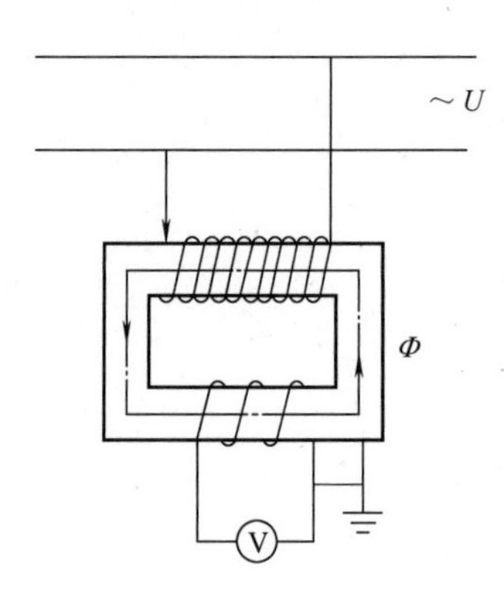


图5-17　电压互感器

为安全起见，使用电压互感器时，电压互感器的铁芯、金属外壳及副绕组的一端都必须可靠接地，以防绕组间绝缘损坏时，副绕组上有高压出现。此外，电压互感器副边严禁短路，否则将产生比额定电流大几百倍，甚至几千倍的短路电流，烧坏互感器。电压互感器的原、副边一般都装有熔断器作短路保护。

## 二、电流互感器

电流互感器是用来扩大交流电流量程的仪用变压器。原绕组匝数$N_1$远小于副绕组匝数$N_2$，即$N_1/N_2=K\ll1$，而副边所接电流表内阻极小，因此副边相当于短路。因$I_2=KI_1$，当$K\ll1$时，$I_2\ll I_1$，电路如图5-18所示。电流互感器的原绕组常用粗导线烧成，匝数很少（1至几匝）。工作时原绕组两端电压微弱，所以副绕组两端电压也较低。制造厂一般将副绕组额定电流设计为5A，故常接5A量程表指示。为了工作安全，电流互感器的副绕组、铁芯和外壳应接地。

钳形电流表是电流互感器和电流表组成的测量仪表，用它来测量电流时不必断开被测电路，使用十分方便。图 5-19 是一种钳形电流表的外形及结构原理图。测量时先按下压块使可动的钳形铁芯张开，把通有被测电流的导线套进铁芯内，然后放开压块使铁芯闭合，这样，被套进的载流导体就成为电流互感器的原绕组（即 $N_1=1$），而绕在铁芯上的副绕组与电流表构成闭合回路，从电流表上可直接读出被测电流的大小。

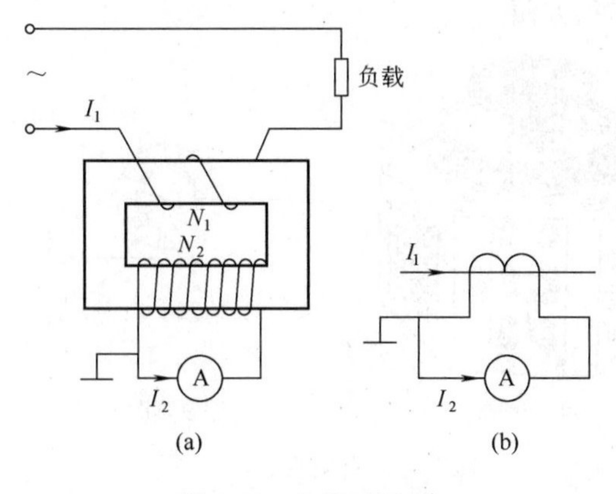


图 5-18 电流互感器

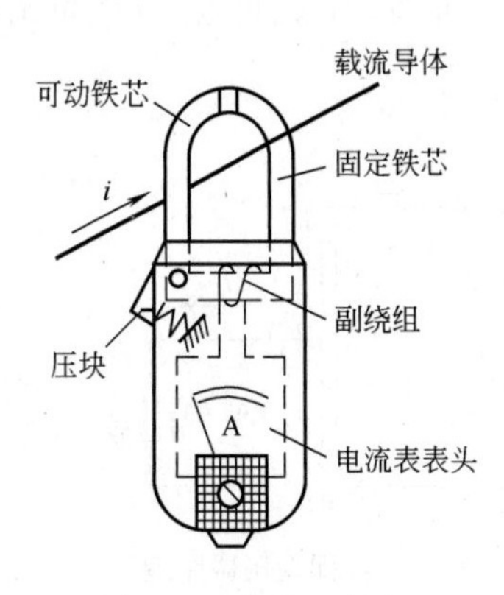


图 5-19 钳形电流表

## 本章复习提示

请读者按照以下的思路，将本章内容总结一下。

（一）磁路概述

(1) 什么是磁感应强度、磁通、磁导率和磁场强度？

(2) 何为全电流定律？

(3) 磁路欧姆定律指什么？

(4) 直流磁路的工作特点是什么？

(5) 交流磁路中的磁通最大值 $\Phi_m$ 与励磁线圈的哪些物理量有关？

(6) 交流铁芯线圈的功率损耗主要有哪些？

（二）变压器的工作原理

(1) 空载运行时原、副绕组之间的关系如何？

(2) 副绕组的额定电压 $U_{2N}$ 指什么？

(3) 变压器负载运行时，原、副绕组之间电压、电流有何关系？

(4) 变压器副边所接负载阻抗 $Z$ 折算到原边后的等效负载阻抗如何计算？

（三）三相变压器

(1) 三相变压器的连接方式有几种？

(2) 每种连接方式原、副绕组线电压之比各为何值？

（四）变压器的额定值主要有哪些？

（五）电压互感器和电流互感器，使用时必须注意什么？

## 习 题

5-1 为了求出铁芯线圈的铁损，先将它接在直流电源上，从而测得线圈的电阻为 1.75Ω；然后接在交流电源上，测得电压 $U=120$V，功率 $P=70$W，电流 $I=2$A，试求铁损和线圈的功率因数。

5-2 有一交流铁芯线圈，接在 $f=50$Hz 的正弦电源上，在铁芯中得到磁通的最大值为 $\Phi_m=2.25\times10^{-3}$Wb。现在在此铁芯上再绕一个线圈，其匝数为 200。当此线圈开路时，求其两端电压。

5-3　变压器的容量为1kV·A，电压为220/36V，每匝线圈的感应电动势为0.2V，变压器工作在额定状态。(1) 原、副绕组的匝数各为多少？(2) 变比为多少？(3) 原、副组的电流各为多少？

5-4　有一台单相变压器电压比为3000/220V，接一组220V，100W的白炽灯共200只，试求变压器原、副绕组的电流各为多少？

5-5　有一台额定容量为50kV·A，额定电压3300/220V的变压器，高压绕组为6000匝。试求：(1) 低压绕组匝数；(2) 高压侧和低压侧的额定电流？

5-6　一台$S_N=2$kV·A，$U_{1N}/U_{2N}=220/110$V变压器，原级接到220V电源上，副级对$Z_L=(6+j8)\Omega$负载供电。求 (1) 原、副级电流$I_1=$？$I_2=$？(2) 原级输入的有功功率$P_1=$？无功功率$Q_1=$？视在功率$S_1=$？功率因数$\cos\varphi_1=$？(忽略变压器绕组电压降、励磁电流和各种损耗)

5-7　一单相变压器$S_N=10$kV·A，$K=\frac{U_1}{U_2}=3000/230$V副边接220V，60W的白炽灯。如变压器在额定状态下运行，问 (1) 可接多少盏白炽灯？(2) 原、副绕组的额定电流各是多少？(3) 如果副边接的是220V，40W，$\cos\varphi=0.45$的日光灯，问可以接多少盏？

5-8　图5-20所示电路中，变压器有两个相同的原绕组，每个绕组的额定电压为110V，副绕组的额定电压为6.3V，问：当电源电压为220V及110V时，原绕组的四个接线端应如何连接？在这两种情况下，副绕组的端电压是否改变？

5-9　图5-21所示电路是一个有三个副绕组的电源变压器，试问能得出多少种输出电压？

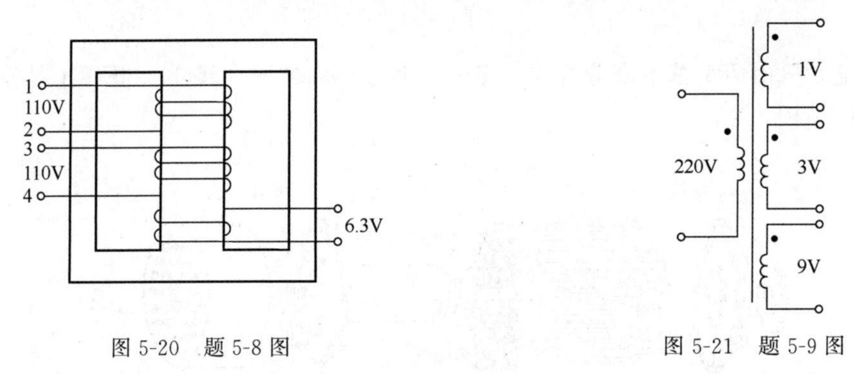


图5-20　题5-8图　　　图5-21　题5-9图

5-10　某三相变压器，$S_N=5000$kVA，Y/△接法，额定电压35/10.5kV，求高、低压绕组的相电压、相电流和线电流的额定值？

5-11　某三相变压器原、副绕组每相匝数比$K=\frac{N_1}{N_2}=10$，试分别求该变压器在Y/Y和Y/△接法时，原、副线电压之比。

# 第六章　异步电动机及其控制

**异步电动机**是将电能转换为机械能的装置，在现代化生产中得到广泛应用。电动机分为直流电动机和交流电动机两大类，交流电动机又有同步和异步之分。异步电动机又分三相异步电动机和单相异步电动机，三相异步电动机用于生产，单相异步电动机多用于家电。三相异步电动机具有结构简单、工作可靠、价格便宜、维护方便等优点，因而被广泛应用于机床、起重机和运输机等。

本章主要介绍三相异步电动机的构造、工作原理、机械特性和使用方法。

## 第一节　三相异步电动机的结构

三相异步电动机由两个基本部分构成：**定子**（部分）和**转子**（部分）。图 6-1 是笼式三相异步电动机的结构。

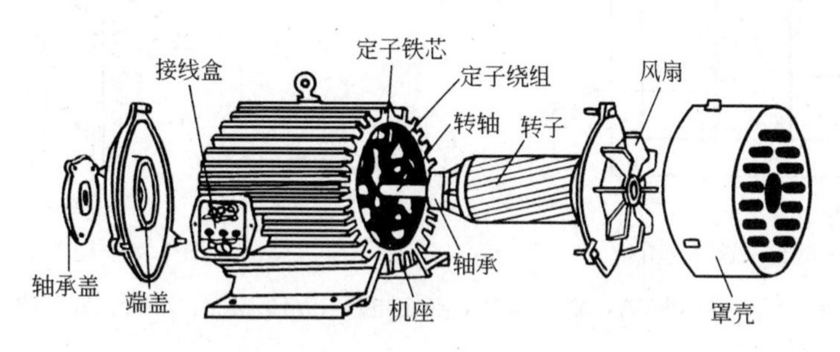


图 6-1　笼式三相异步电动机的构造

### 一、定子

三相异步电动机的定子部分包括机座和装在机座内的定子铁芯和定子绕组。机座一般是用铸铁或铸钢制成，用于固定和支撑定子铁芯。定子铁芯是由相互绝缘的硅钢片叠成，定子铁芯的内圆周表面有均匀分布的槽，用来放置定子三相绕组，如图 6-2 所示。定子三相绕组对称均匀地嵌放在定子铁芯槽中，对外每相绕组有两个抽头，分别和接线盒中的六个端子相连，如图 6-3(a)。定子绕组有的接成星形，有的接成三角形，如图 6-3(b)、(c)。

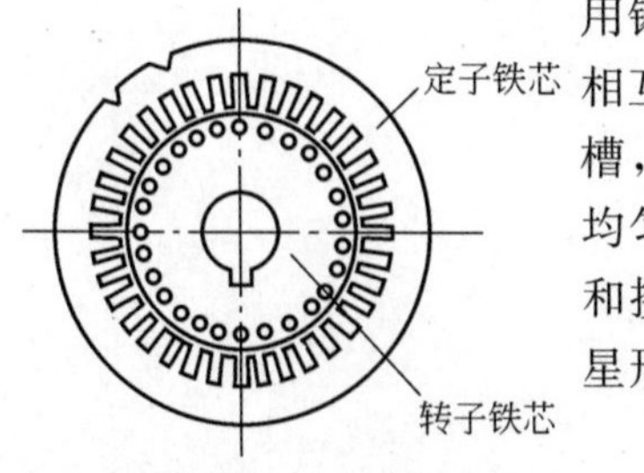


图 6-2　定子/转子铁芯

### 二、转子

三相异步电动机的转子包括转轴、转子铁芯和转子绕组等部件。转子铁芯装在转轴上，转子转动，输出机械转矩。转子铁芯也是由硅钢片叠成，呈圆柱状，外表面上有槽，槽内放置转子绕组。

根据三相异步电动机的转子绕组的构造不同，异步电动机又分为笼式和绕线式两种。**笼式转子**绕组是在转子铁芯的每个槽中放一根铜条，两端焊上铜环，把所有的铜条短接成一个回路。在中小型笼式异步电动机中转子绕组和作冷却用的风扇用铝铸为一体。如果去掉铁芯，转子绕组的形状似鼠笼，故而得名。如图 6-4 所示为笼式转子。

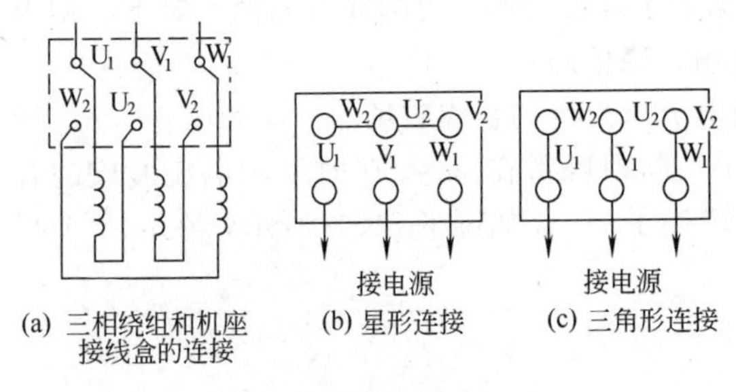

(a) 三相绕组和机座接线盒的连接　(b) 星形连接　(c) 三角形连接

图 6-3　定子绕组的接法

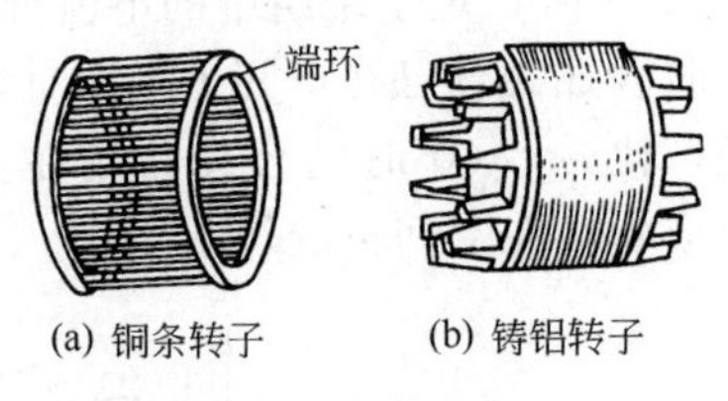

(a) 铜条转子　(b) 铸铝转子

图 6-4　笼式转子

**绕线式转子**的绕组与定子绕组类似，用绝缘导线按一定规律放在转子槽中，组成三相对称绕组并且接成星形，它的三根端线接到装在转轴上的三个滑环上，通过一组电刷引出来与外部设备（如三相变阻器）连接起来，如图 6-5 所示。

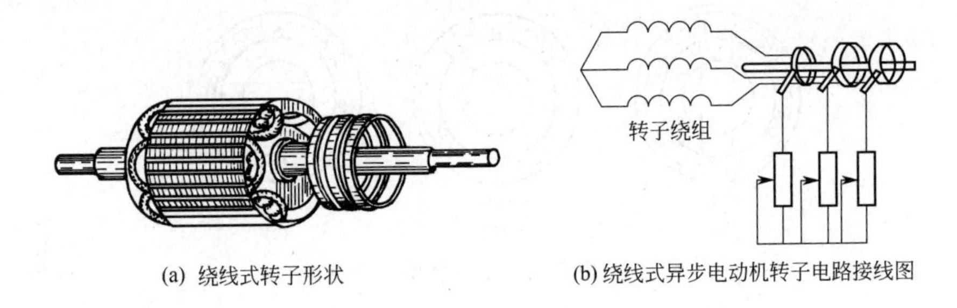

(a) 绕线式转子形状　(b) 绕线式异步电动机转子电路接线图

图 6-5　绕线式异步电动机转子

笼式与绕线式异步电动机的构造不同，但它们的工作原理是相同的。

# 第二节　三相异步电动机的转动原理

三相异步电动机是如何转动起来的呢？为了说明这个问题，先来分析定子三相绕组通以三相正弦交流电流所产生的**旋转磁场**。

## 一、旋转磁场

*1. 旋转磁场的产生*

下面以三相定子绕组在空间互成 120°放置为例来说明旋转磁场的产生原理。

为说明问题方便，将定子三相绕组用三个单匝线圈代替，如图 6-6(a) 所示，其中 $U_1, V_1, W_1$ 为三个线圈的首端，$U_2, V_2, W_2$ 是三个线圈的末端，接成星形，首端接到电源上。设电流的参考方向如图 6-6(b) 所示，从首端流入，末端输出，

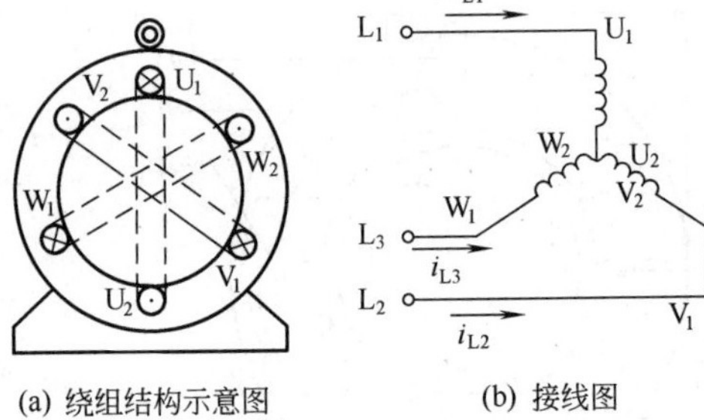

(a) 绕组结构示意图　(b) 接线图

图 6-6　两极定子三相对称绕组

流入纸面用⊗符号表示，流出纸面用⊙表示。电流相序为 1→2→3，下面分析不同时刻由三相电流所产生的磁场情况。

$\omega t=0°$时，定子绕组中电流的分布如图 6-7(a) 所示，$i_{L1}=0$，$i_{L2}<0$，其方向与参考方向相反，即从 $V_2 \rightarrow V_1$，$i_{L3}>0$，其方向与参考方向相同，即从 $W_1 \rightarrow W_2$。将每相电流所产生的磁场相加，便得出三相电流的合成磁场。据右手螺旋定则，磁力线方向由上向下，相当于定子上方是 N 极，下方为 S 极，产生两极磁场，**磁极对数** $p=1$。

$\omega t=60°$时，定子绕组中的电流分布和三相电流所产生的合成磁场的方向如图 6-7(b) 所示，此时合成磁场已在空间上顺时针转过了 60°，同理可得在 $\omega t=90°$时三相电流形成的合成磁场，比 $\omega t=60°$时的合成磁场在空间上又转过了 30°，如图 6-7(c) 所示，在 $\omega t=180°$时，合成磁场在空间再旋转 90°。

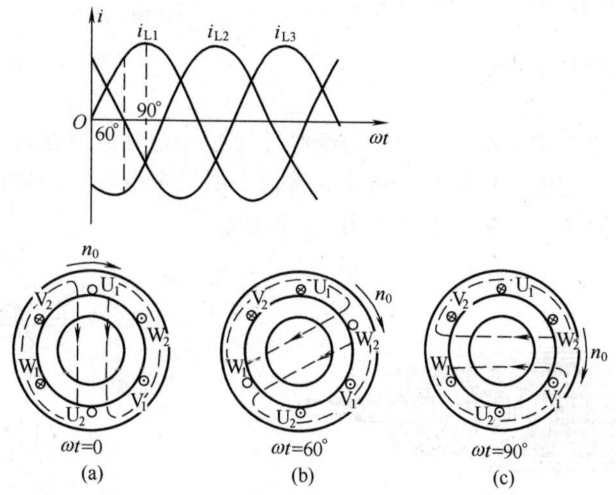


图 6-7 三相电流产生的旋转磁场（$p=1$）

综上所述，对于图 6-6 所示 $p=1$ 的旋转磁场，当三相电流的相位从 0°变到 180°时，合成磁场在空间旋转了 180°。所以，当电流完成一个周期的变化时，所产生的合成磁场在空间上也旋转了一周。三相电流随时间周期性变化，所产生的合成磁场也就在空间不停旋转，形成了旋转磁场。

2. 旋转磁场的转速

由上述分析可知，当旋转磁场的磁极对数 $p=1$ 时，电流每变化一周，旋转磁场在空间转一圈，若电流频率为 $f_1$，则旋转磁场的转速为 $n_0=60f_1$ r/min，它与 $f_1$，$p$ 有关。

如果适当安排三相定子绕组，使其每相绕组如图 6-8(b) 由两个线圈串联而成，定子绕

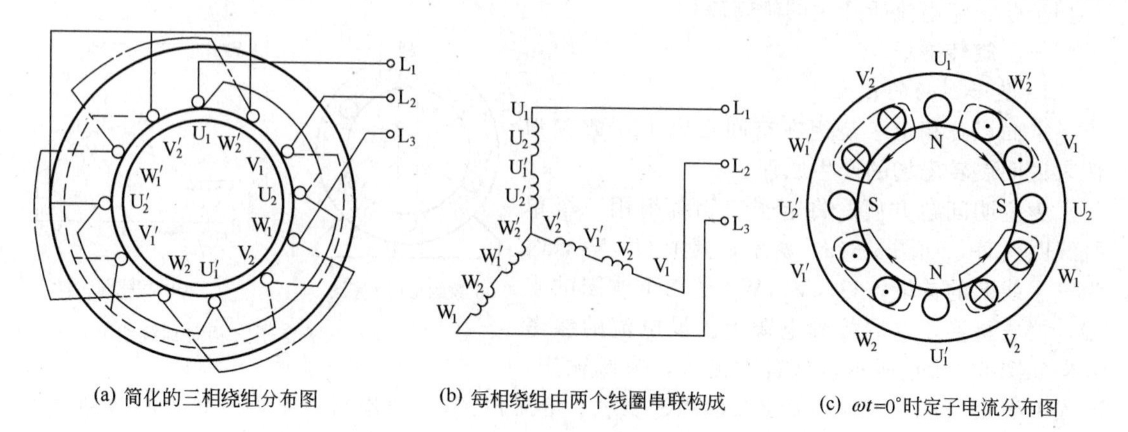


图 6-8 产生 4 极旋转磁场的定子绕组

组的分布如图 6-8(a) 所示。当对 U,V,W 三相绕组通入相序 1→2→3 三相对称电流在 $\omega t=0$ 时，定子中电流分布图如图 6-8(c) 所示。对比图 6-7(a)，可看出图 6-8(c) 所示产生的是 4 极旋转磁场，即产生的旋转磁场的磁极对数为 $p=2$。

图 6-8 三相定子绕组各对应端之间在空间位置相差 60°，也就是通上三相对称电流时，当电流相位变化 120°时，在定子绕组中的电流分布在空间仅旋转了 60°。因此，在 $p=2$ 时，电流变化一周，合成磁场在空间旋转 180°，其转速为 $n_0=60f_1/2\text{r/min}$。

同理对于具有 $p$ 对磁极的旋转磁场，其转速 $n_0$ 可表示为

$$n_0=\frac{60f_1}{p} \tag{6-1}$$

在我国，工频 $f_1=50\text{Hz}$，由式(6-1) 可知，对应于不同磁极对数 $p$ 的旋转磁场的转速 $n_0$ 见下表。

| $p$ | 1 | 2 | 3 | 4 | 5 | 6 |
|---|---|---|---|---|---|---|
| $n_0$/(r/min) | 3000 | 1500 | 1000 | 750 | 600 | 500 |

3. *旋转磁场的方向*

旋转磁场的旋转方向与定子三相绕组中通入的电流的相序有关，在图 6-6 中，顺时针排列的 $U_1U_2$，$V_1V_2$，$W_1W_2$ 三相绕组顺序通入三相对称电流 $i_{L1}$，$i_{L2}$，$i_{L3}$，且相序为 1→2→3，则产生的旋转磁场的方向与通入电流的相序一致，即为顺时针旋转。如果绕组的排列顺序不变，而将通入定子绕组的电源线任意对调两根，使三相绕组 $U_1U_2$，$V_1V_2$，$W_1W_2$ 中通入电流的顺序变为 1→3→2，则旋转磁场将反转，即为逆时针旋转。总之，旋转磁场总是从电流相序在前的绕组转向电流相序在后的绕组。

**二、三相异步电动机的转动原理**

三相异步电动机的定子绕组接通三相交流电源后，在电动机内部产生旋转磁场，转子在旋转磁场的作用下就会转动起来。图 6-9 所示，是以 $p=1$ 旋转磁场为例的三相异步电动机的转动原理。

设磁场按逆时针方向以恒速转动，而转子最初是静止的。旋转磁场转动时，转子导体切割磁力线，产生感应电动势 $e_2$，其方向根据右手定则判断，如图所示，⊙表示流出，⊗表示流入。由于转子导体自成回路，在 $e_2$ 的作用下产生感应电流 $i_2$，暂不考虑转子导体的电感效应，则 $i_2$ 的方向与 $e_2$ 同。载流导体在磁场中要受到电磁力 $F$ 的作用，其方向用左手定则判定。转子导体所受电磁力对转轴形成**电磁转矩 $T$**，转子在电磁转矩的作用下转动起来。显然转子的转动方向与旋转磁场的方向一致，但转子转速 $n$ 低于旋转磁场转速 $n_0$。如果 $n=n_0$ 则转子导体与磁场之间无相对运动，转子导体不再切割磁力线，无感应电动势 $e_2$ 和感应电流 $i_2$ 产生，电磁转矩 $T$ 便消失，电动机不可能旋转。因此始终有 $n<n_0$，存在差异，故称这种电动机为异步电动机。

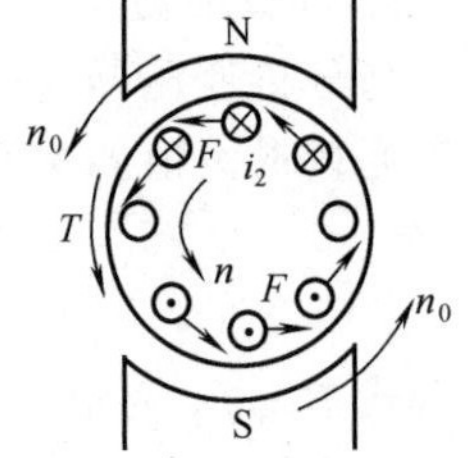

图 6-9　三相异步电动机的转动原理

异步电动机旋转磁场的转速 $n_0$ 又称为**同步转速**，$n$ 与 $n_0$ 之间相差的程度用**转差率** $s$ 表示。

$$s=\frac{n_0-n}{n_0} \tag{6-2}$$

转差率是异步电动机的一个重要参数。在电动机启动瞬间 $n=0$，$s=1$，正常运行时，转差率很小，约在 0.02～0.08 之间。

## 思考题

6-2-1 一台异步电动机，额定转速 $n_N=1440r/min$，电源频率 $f_1=50Hz$，问电动机的磁极对数和转差率各是多少？

# 第三节 三相异步电动机的电磁转矩和机械特性

## 一、电磁转矩

**电磁转矩**是三相异步电动机的重要物理量，为进一步了解异步电动机的性能和使用方法，必须了解电磁转矩同电动机内部主要电磁量及转速的关系。

由电机学原理知，电磁转矩的表达式为

$$T=K_T\Phi I_2\cos\varphi_2 \tag{6-3}$$

式中，$K_T$ 为与电动机结构有关的常数；$\Phi$ 为旋转磁场**每极磁通量**；$I_2$，$\varphi_2$ 为转子电流和它同转子感应电动势的相位差。

下面就电磁转矩 $T$ 与一些外部条件（如电源电压 $U_1$、转子转差率 $s$ 等）的关系做进一步说明。

三相异步电动机的电磁关系与变压器类似，定子绕组相当于变压器的原边绕组，转子绕组（一般是短接的）相当于变压器的副边绕组。旋转磁场交链于定子和转子绕组，分别在定子和转子每相绕组中产生感应电动势，旋转磁场是定子电流和转子电流共同作用产生的。

在异步电动机中，只要定子绕组安排得当，旋转磁场的强度沿定子与转子之间的空气隙接近于按正弦规律分布，它穿过定子绕组的磁通量将是正弦交变的，通过每相定子绕组，磁通量最大值 $\Phi_m$ 就等于旋转磁场的每极磁通量 $\Phi$。

1. 每极磁通量 $\Phi$ 与定子每相电压 $U_1$ 的关系

与分析变压器的电磁关系类似，定子一相绕组中与所加电压平衡的感应电动势的有效值和磁通量最大值的关系为 $U_1\approx E_1=4.44K_1f_1N_1\Phi_m$，即每极磁通为

$$\Phi=\frac{U_1}{4.44K_1f_1N_1} \tag{6-4}$$

式中，$f_1$ 为定子绕组中感应电动势的频率，等于电源频率；$K_1$ 是定子绕组系数，与定子绕组结构有关，其值小于1；$N_1$ 是定子每相绕组的匝数。上式表明，当电源电压 $U_1$ 和频率 $f_1$ 一定时，异步电动机旋转磁场的每极磁通量 $\Phi$ 基本不变。

2. 转子电路各量（$I_2$，$\cos\varphi_2$，$E_2$ 等）同转差率 $s$ 的关系

旋转磁场与转子之间存在着速度差（$n_0-n$），转子导体切割磁力线产生感应电动势 $e_2$。$e_2$ 的频率 $f_2$ 不同于定子电流的频率 $f_1$，它与转差率有关。

电动机刚启动时，转子仍处于静止状态（$n=0$，$S=1$），旋转磁场和转子之间的相对转速为同步转速 $n_0$。此时旋转磁场的磁通以同步转速切割转子导体，转子电路中感应电动势频率为 $f_2=f_1=pn_0/60$。当转速升高后（$n\neq0$），旋转磁场与转子之间相对转速为（$n_0-n$），故转子电路中感应电动势的频率应为

$$f_2=\frac{p(n_0-n)}{60}=\frac{n_0-n}{n_0}\times\frac{pn_0}{60}=sf_1 \tag{6-5}$$

额定转速时，$s$ 下降到 0.02～0.08，则 $f_2$ 只有几赫兹。

$E_2$ 与转差率 $s$ 有关，$s$ 越大，$E_2$ 也越大。电动机刚启动时，$f_2=f_1$，故产生的感应电

动势 $E_2=4.44K_2f_1N_2\Phi$，这时转子电路中的感应电动势最大，记作 $E_{20}$。$E_{20}$ 就是在启动瞬间转子电路中的感应电动势。在任意转差率时，根据式（6-5）

$$E_2=4.44K_2f_2N_2\Phi=4.44K_2sf_1N_2\Phi=sE_{20} \tag{6-6}$$

参考式(6-4) 可知，其中 $K_2$ 为转子绕组系数。

转子电流和定子电流一样，要产生漏磁通 $\Phi_{\sigma2}$。它只与转子绕组铰链，则转子绕组的每相漏感抗 $x_2=2\pi f_2L_{\sigma2}$。$L_{\sigma2}$ 为转子绕组的漏磁电感。转子静止时刻 $f_2=f_1$，$x_2=2\pi f_1L_{\sigma2}$，此时的转子漏磁电感为最大，记作 $x_{20}$。转子转动起来之后 $x_2$ 和 $x_{20}$ 的关系，根据式（6-5）为

$$x_2=2\pi f_2L_{\sigma2}=2\pi sf_1L_{\sigma2}=sx_{20} \tag{6-7}$$

综合式(6-6)、式(6-7)，按照交流电路理论在转子电路中有

$$I_2=\frac{E_2}{\sqrt{R_2^2+x_2^2}}=\frac{sE_{20}}{\sqrt{R_2^2+(sX_{20})^2}} \tag{6-8}$$

式中，$R_2$ 为转子一相绕组的电阻，对于绕线式异步电动机，$R_2$ 包含该相外接电阻。由式(6-8) 可知，在电动机刚启动时，$s=1$，$I_2$ 此时最大，和变压器原理一样，此时定子电流必然也最大，称为电动机的启动电流。一般中小型笼式电动机的启动电流约为额定电流的 5～7 倍。

转子每相绕组的功率因数

$$\cos\varphi_2=\frac{R_2}{\sqrt{R_2^2+x_2^2}}=\frac{R_2}{\sqrt{R_2^2+(sX_{20})^2}} \tag{6-9}$$

由式(6-9) 可知，$s=1$ 时，$\cos\varphi_2$ 最小，随着转速的增加，$s$ 减小，$\cos\varphi_2$ 增大。

3. 异步电动机的电磁转矩 $T$

将式(6-4)、式(6-8)、式(6-9) 代入式(6-3) 得

$$T=K_T\Phi\frac{sE_{20}}{\sqrt{R_2^2+(sX_{20})^2}}\times\frac{R_2}{\sqrt{R_2^2+(sX_{20})^2}}=K_T\Phi\frac{sR_2E_{20}}{R_2^2+(sX_{20})^2}$$

又因为 $\Phi\propto U_1$，$E_{20}\propto\Phi\propto U_1$ 因此上式可写成

$$T=K\frac{sR_2U_1^2}{R_2^2+(sX_{20})^2} \tag{6-10}$$

式中，$K$ 是与电动机结构有关的常数。

由此可知，电磁转矩 $T$ 是转差率 $s$ 的函数，在某一 $s$ 值下，又与定子每相电压 $U_1$ 的平方成正比。因此电源电压的波动对电动机的电磁转矩影响很大。

**二、机械特性**

**机械特性**是指在电源 $U_1$ 不变的条件下，电动机的转速 $n$ 与电磁转矩 $T$ 之间的关系，$n=f(T)$，如图 6-10 所示［此曲线可由式(6-10) 表示的 $T=f(s)$ 关系曲线得到］。

在图 6-10 中，$n_m$ 称为**临界转速**，$n_0$ 为同步转速，$n_N$ 为**额定转速**，$T_N$ 为**额定转矩**，$T_{st}$ 对应 $n=0$ 时的电磁转矩，称为**启动转矩**，$T_m$ 为**最大转矩**。

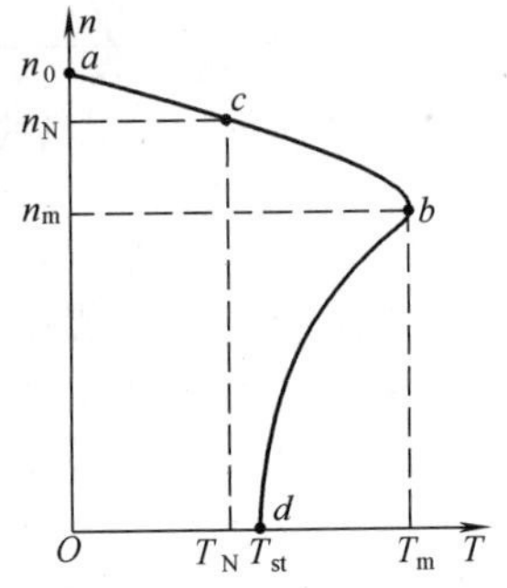

图 6-10　机械特性

当异步电动机轴上加有负载 $T_N$ 时，根据运动学原理，$T_N<T_{st}$ 时，电动机能够启动并沿着 $db$ 段曲线加速，当转速 $n>n_m$ 后，$T$ 随 $n$ 的增加而减小，当 $T=T_N$ 时，电动机就进入稳定运行，即稳定于 $c$ 点。在特性 $bd$ 段电动机不能稳定工作，在 $ab$ 段由于转速的降低使电磁转矩增大，而电磁转矩的增大又制止了转速的

继续下降，因此 $ab$ 段为稳定工作区。在 $ab$ 段，较大的转矩变化对应较小的转速变化，这种特性称为异步电动机具有硬的机械特性。

机械特性是异步电动机的主要特性，为能够正确使用电动机，现介绍电磁转矩的三个特征值。

1. 额定转矩 $T_N$

额定转矩 $T_N$ 表示电动机在额定工作状态时的转矩，如果忽略电动机本身的风阻摩擦损耗，可近似地认为额定转矩 $T_N$ 等于额定输出转矩 $T_{2N}$，可用下式计算

$$T_N \approx T_{2N} = \frac{P_{2N}}{\omega} = \frac{P_{2N}}{2\pi n_N/60} = 9550\frac{P_N}{n_N} \tag{6-11}$$

式中，$n_N$ 为电动机的转速，r/min；$P_N$ 为电动机轴上输出功率，kW。

2. 最大转矩 $T_m$

$T_m$ 表示电动机可能产生的最大转矩，又称临界转矩，对应于 $T_m$ 的转差率 $s_m$ 称为临界转差率。$s_m$ 和 $T_m$ 可由 $\frac{dT}{ds}=0$ 求得

$$s_m = \frac{R_2}{X_{20}} \tag{6-12}$$

将式(6-12) 代入式(6-10) 中

$$T_m = K\ \frac{U_1^2}{2X_{20}} \tag{6-13}$$

由此可见，在电动机转子参数一定的情况下，$T_m$ 与 $R_2$ 无关，而与 $U_1^2$ 成正比，但 $s_m$ 与 $U_1$ 无关，而与转子的电阻 $R_2$ 有关。

(1) 电源电压 $U_1$ 对机械特性的影响。当 $U_1$ 下降，而其他参数不发生变化时，$s_m$ 不变，$T_m$ 与 $U_1^2$ 成正比，$U_1$ 对机械特性的影响如图 6-11 所示。电源电压下降，使得启动转矩 $T_{st}$ 和最大转矩 $T_m$ 都减小。当负载转矩超过最大转矩时，电动机就带不动了，经 $db$ 段滑至 $n=0$，发生了**堵转**（或称为闷车）。这时电动机的电流马上升高到额定电流的 5～7 倍，电机严重过热以致损坏。

(2) 转子电路电阻 $R_2$ 对机械特性的影响。当电源电压 $U_1$ 一定时，$T_m$ 一定，$R_2$ 对机械特性的影响如图 6-12 所示。$R_2$ 越大，$s_m$ 越大，$n_m$ 越小，机械特性变软。

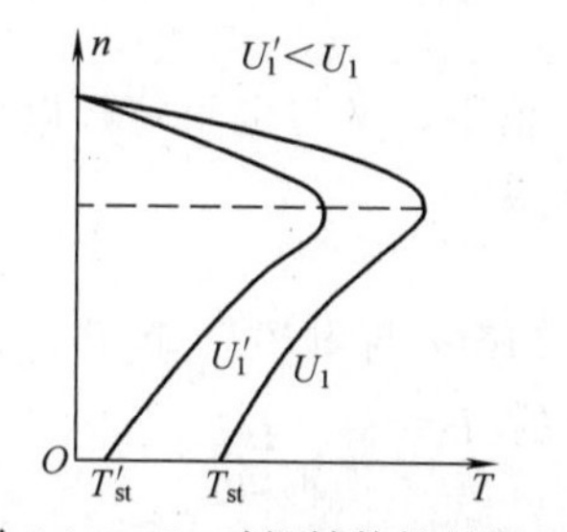

图 6-11　$U_1$ 对机械特性的影响

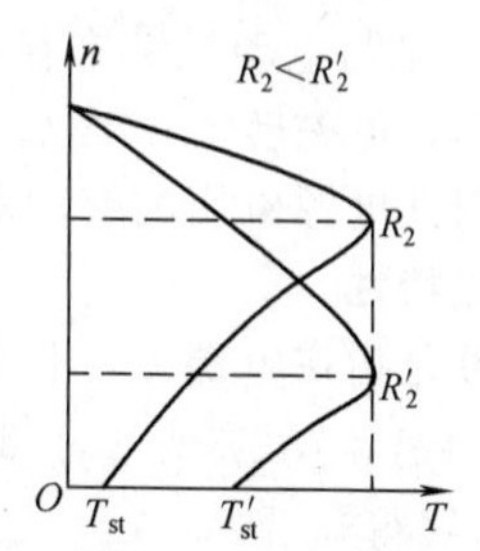

图 6-12　$R_2$ 对机械特性的影响

对于绕线式异步电动机，转子电路的电阻可以改变，因此选择合适的外接电阻，就可以改变机械特性，可以提高启动转矩。

在短时间内电动机的负载转矩可以超过额定转矩，接近最大转矩，而电机不至于立即过热。因此最大转矩反映了电动机短时允许过载的能力，常用**过载系数 $\lambda_m$** 表示

$$\lambda_m = \frac{T_m}{T_N} \tag{6-14}$$

一般电动机的过载系数为 1.8～2.2。

3. *启动转矩 $T_{st}$*

电动机启动时，$n=0$，$s=1$，由式(6-10) 知，此时电磁转矩为

$$T_{st}=K\frac{R_2U_1^2}{R_2^2+X_{20}^2}$$

可见 $T_{st}$ 与转子电路电阻 $R_2$、电抗 $X_{20}$ 和定子绕组每相电压 $U_1$ 等有关。当 $U_1$ 减小时，$T_{st}$ 减小（见图 6-11），适当增大转子电阻，可提高启动转矩 $T_{st}$（见图 6-12）。需要注意，当转子电阻过大，即 $R_2>X_{20}$ 时，$s_m>1$，$T_{st}$ 开始减小。

**思　考　题**

6-3-1　异步电动机的定子、转子之间的电磁关系与变压器原边、副边之间的电磁关系有何不同？

6-3-2　为何异步电动机的启动电流 $I_{st}$ 较大而启动转矩 $T_{st}$ 却不太大？

6-3-3　电动机在运行过程中突然被卡住，会对电动机产生什么样的影响？

6-3-4　电源电压降低，电动机对外输出转矩受何影响？

## 第四节　三相异步电动机的铭牌和技术数据

每台异步电动机的机座上都有一块铭牌，上面标有该电动机的主要技术数据。为了正确使用电动机，必然要了解铭牌。下面以 Y100L-2 型电动机的铭牌为例说明如下。

| 三相异步电动机 | | | | | |
|---|---|---|---|---|---|
| 型号 | Y100L-2 | 功率 | 3.0kW | 频率 | 50Hz |
| 电压 | 380V | 电流 | 6.4A | 接法 | Y |
| 转速 | 2880r/min | 绝缘等级 | B | 工作方式 | 连续 |
| 年　月　编号 | | | 电机厂 | | |

### 一、型号

电动机型号是电动机类型、规格等代号。例如：

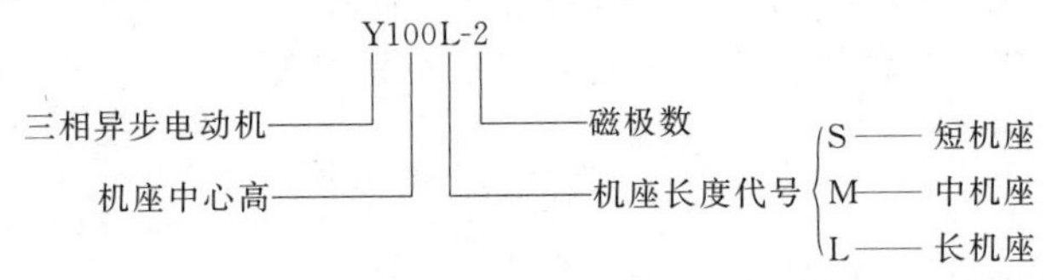


目前我国生产的异步电动机产品代号和名称有：Y 代表异步电动机，YR 代表绕线式异步电动机，YB 代表隔爆型异步电动机，YZ 为起重冶金用异步电动机，YZR 代表起重冶金用绕线式异步电动机，YQ 代表高启动转矩异步电动机。

### 二、额定功率 $P_N$

额定功率是电动机在额定运行情况下，其轴上输出的机械功率。又称额定容量。Y100L-2 型电动机的额定功率为 $P_N=3.0$kW。

### 三、额定电压 $U_N$

**额定电压**是指电动机在额定运行时定子绕组线电压，它同定子绕组接法相对应。例如某电动机的铭牌上标有电压 220/380V，接法△/Y，表明电源电压为 220V 时定子绕组接成三角形，电源电压为 380V 时接成星形。在 Y 系列电动机中，$U_{1N}$ 均为 380V，容量在 3.0kW

以下的接成星形，4.0kW 以上的接成三角形。

## 四、额定电流 $I_N$

**额定电流**是电动机在额定运行时定子绕组的线电流。Y100L-2 电动机的铭牌表明，$I_N=6.4A$。额定电压为 380V 的三相异步电动机其额定电流值约为其额定功率值（单位为千瓦）的二倍，即“一千瓦两安培”，可用于估算电流。

## 五、额定转速 $n_N$

在额定电压下，输出额定功率时的转速称**额定转速**。

## 六、绝缘等级

**绝缘等级**是按电动机绕组所用的绝缘材料在使用时允许的极限温度来划分的，见下表。

| 绝缘等级 | A | E | B |
|---|---|---|---|
| 最高允许温度/℃ | 105 | 120 | 130 |

## 七、工作方式

工作方式是对电动机按铭牌上等额定功率持续运行时间的限制，分为“连续”“短时”和“断续”等。

## 八、功率因数

技术手册中给出的功率因数，是电动机在额定运行状态下，定子电路的功率因数。异步电动机空载运行时定子电路的功率因数很低，只有 0.2～0.3，随着负载增加，功率因数增加，在额定负载时一般为 0.7～0.9，因此要避免空载运行。

## 九、效率

效率是指电动机在额定状态下运行时输出功率 $P_N$ 对定子输入功率 $P_1$ 的比值。即

$$\eta=\frac{P_N}{P_1}\times 100\% \tag{6-15}$$

其中

$$P_1=\sqrt{3}U_N I_N \cos\varphi_N \tag{6-16}$$

除铭牌上的数据外，在电动机的产品目录中还列有其他一些技术数据如$\frac{T_m}{T_N}$,$\frac{I_{st}}{I_N}$,$\frac{T_{st}}{T_N}$等。

**【例 6-1】** 已知 Y132M-4 型异步电动机的某些技术数据如下。

$P_N=7.5kW$，$U_N=380V$，△接法，$n_N=1440r/min$，$\eta=87\%$

$\cos\varphi_N=0.85$，$I_{st}/I_N=7.0$，$T_{st}/T_N=2.2$

求异步电动机的额定电流、启动电流、额定转矩、启动转矩。

**解**

$$P_1=\frac{P_N}{\eta}=\frac{7.5}{0.87}=8.62kW$$

由 $P_1=\sqrt{3}U_N I_N\cos\varphi_N$，得额定电流

$$I_N=\frac{P_1}{\sqrt{3}U_N\cos\varphi_N}=\frac{8.62}{\sqrt{3}\times 380\times 0.85}=15.4A$$

$$T_N=9550\frac{P_N}{n_N}=9550\times\frac{7.5}{1440}=49.74N\cdot m$$

$$T_{st}=2.2T_N=109.42N\cdot m$$

$$I_{st}=7.0I_N=107.8A$$

## 思考题

6-4-1 一台电动机的额定数据为 $U_N=380V$，$I_N=15.4A$，$\cos\varphi_N=0.85$，$P_N=7.5kW$，问该电动机的效率为多少？

# 第五节　三相异步电动机的启动和调速

## 一、三相异步电动机的启动

电动机接通电源后开始转动起来，直到转速稳定，这一过程称为启动过程。如本章第三节中所述，$I_{st}=5\sim7I_N$，启动电流很大。由于启动时间很短，对非频繁启动的电动机本身工作没有什么不良影响。但如果电动机要频繁启动，也可能使电动机过热，寿命缩短甚至损坏，因此在使用时要特别注意。启动电流对供电线路产生的影响，会使供电线路的电压突然降低，影响接在同一线路上的其他用电设备的正常工作。例如可能使正在运行的电动机停车等。

一般情况下，几千瓦以下的小型异步电动机，在其容量小于独立供电变压器容量的20%时允许直接启动。否则，就要在启动时采取降压措施，减小启动电流。

另外，电机在启动时启动转矩 $T_{st}$ 不大，$T_{st}$ 一般为 $T_N$ 的2倍左右。

1. 笼式异步电动机的降压启动

(1) 定子串电阻（或电抗）启动。在启动时，定子电路中串接电阻或电抗器，以限制启动电流。待转速升高后，再将电阻或电抗器短接，从而使电动机工作在额定电压下。

(2) 星形-三角形换接启动。若电动机正常工作时定子绕组接成三角形，则可以采用Y-△启动。即启动时接成星形，待电动机的转速接近额定转速时，再将定子绕组换接成三角形，如图6-13所示。

当接成△直接启动时，电源线电压为 $U_l$，则定子每相绕组所加电压为 $U_l$，启动电流（指线电流）可表示成

$$I_{st\triangle}=\sqrt{3}\frac{U_l}{|Z|}$$

式中，$|Z|$ 为启动时每相绕组的阻抗模。

启动时接成Y，则定子每相绕组所加电压为 $U_l/\sqrt{3}$，启动电流可表示成

$$I_{stY}=\frac{U_l}{\sqrt{3}|Z|}$$

所以

$$I_{stY}=\frac{1}{3}I_{st\triangle} \tag{6-17}$$

即采用Y-△启动时启动电流降为直接启动时的1/3。由于电磁转矩与定子每相绕组所加电压的平方成正比，因此采用Y-△启动时启动转矩也降为直接启动时的1/3。

(3) 自耦变压器降压启动。自耦变压器降压启动是利用三相自耦变压器降低电动机的启动电压，以减小启动电流，如图6-14所示。

启动时先合上电压开关 $Q_1$，然后把启动器开关 $Q_2$ 打到启动位置，使定子绕组接通自耦变压器的副边而降压启动，待电动机转速升高后再将 $Q_2$ 从启动位置迅速换到运行位置，使电动机工作在额定电压下。

为满足不同要求，自耦变压器一般备有几个抽头，使输出电压分别为电源电压的40%，60%，80%或55%，64%，73%。设自耦变压器的变换比为 $K$，则采用自耦变压器启动时启动电流和启动转矩均下降为直接启动时的 $1/K^2$ 倍。

自耦变压器降压启动适合于容量较大且正常运行时定子绕组接成Y而不能采用Y-△降压启动的笼式异步电动机。

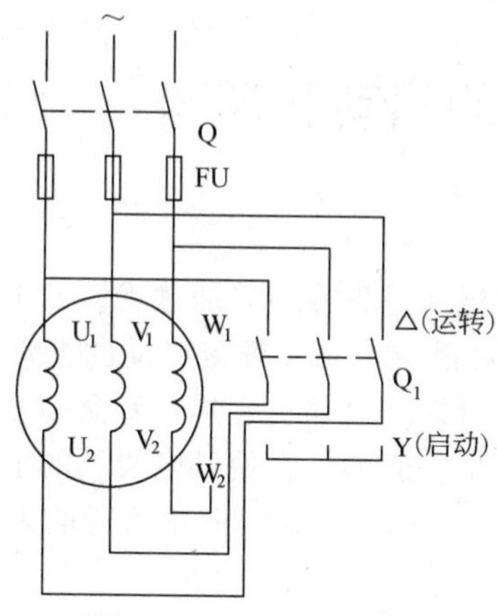


图 6-13 Y-△降压启动

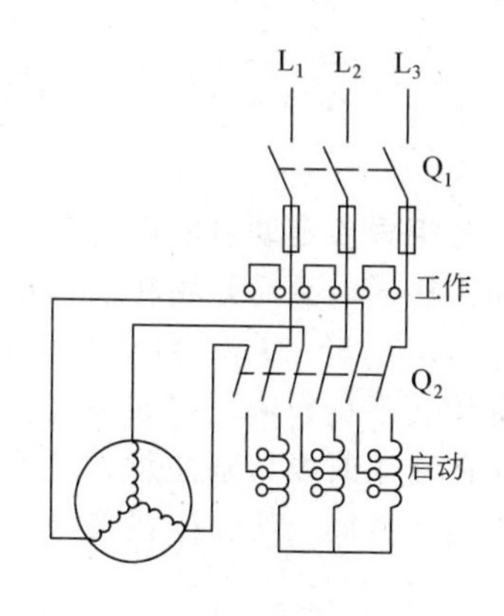


图 6-14 自耦变压器降压启动

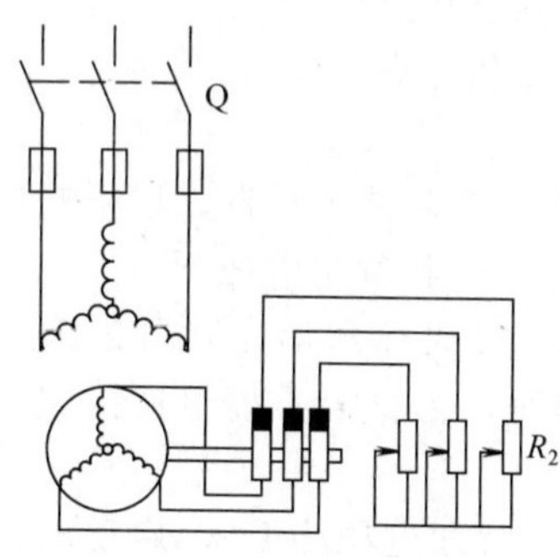


图 6-15 绕线式异步电动机转子串接电阻启动

自耦变压器降压启动和 Y-△降压启动一样，由于降低启动电流的同时也减小了启动转矩，因此只适于轻载或空载启动。

2. 绕线式异步电动机的启动

如图 6-12 所示，只要在转子电路中串接适当的电阻就可以改善绕线式异步电动机的启动性能，同时也可以提高启动转矩。图 6-15 所示是绕线式异步电动机用启动电阻器启动的电路原理图。启动后随着转速的提高将启动电阻逐段切除，当转速接近额定转速时，启动电阻全部短接，电动机工作在正常状态。

绕线式异步电动机串接电阻的启动方法，主要应用于要求启动转矩较大而对启动性能要求不高的场合，如起重机、卷扬机等。

## 二、三相异步电动机的调速

**调速**就是通过改变电动机的某些运行条件，使得在同一负载下得到不同的稳定转速，以满足工作机械的需要。例如造纸机、切削机床等要求电动机有不同的转速。

由异步电动机转速的表达式(6-1)、式(6-2) 可推得

$$n=n_0(1-s)=(1-s)\frac{60f_1}{p} \tag{6-18}$$

可知，改变异步电动机转速可能的方法有：改变磁极对数、改变电源频率、改变电动机的转差率。下面分别介绍。

1. 变极调速

**变极调速**只应用于笼式异步电动机，它是通过改变定子绕组的连接方法来改装旋转磁场的极对数。以图 6-8 中 U 相绕组的情况为例，U 绕组由 $U_1U_2$ 和 $U'_1U'_2$ 串联组成，产生 4 极磁场，即 $p=2$，若将 $U_1U_2$ 和 $U'_1U'_2$ 并联，则产生 2 极磁场，即 $p=1$。这样同步转速由 $n_0=1500$r/min 变化为 $n_0=3000$r/min。变极调速将使转速成倍变化，不能平滑调速，是有级调速。

2. 变频调速

**变频调速**是通过变频设备使电源频率连续可调，从而使电动机的转速连续可调，这是一种无级调速。变频设备如图 6-16 所示，它由整流器和逆变器组成，交流电源经过整

流器后变为直流电源，再经过逆变器变换为频率和电压可调的三相交流电，然后供给电动机。变频调速的调速范围大，且具有硬的机械特性。随着晶闸管变流技术的发展，变频技术发展迅速，变频调速成为当今调速技术的发展方向。

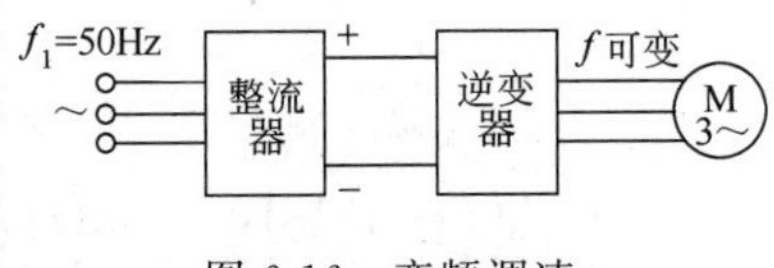


图 6-16　变频调速

3. 变转差率调速

对于绕线式异步电动机，可以通过改变转差率 $s$ 进行调速。转子电路中外接电阻阻值不同时，对同一负载可以得到不同转速，如图 6-12 所示。这种调速方法调速范围不大，且调速电阻能耗较大，机械特性变软，但这种方法简单易行，目前仍广泛应用于起重机、提升机等。

## 思　考　题

6-5-1　异步电动机降压启动的目的是什么？

6-5-2　重载启动时宜采用降压启动吗？

6-5-3　绕线式异步电动机转子电路中串入电阻以后，其启动电流和启动转矩各有什么变化？如果所串电阻过大，启动转矩又如何变化？

# 第六节　单相异步电动机

**单相异步电动机**主要为小型电动机，在生产生活中应用很广泛，如电钻、压缩机、电风扇、洗衣机、电冰箱等所用电机。

单相异步电动机是在单相电源电压的作用下运行，其转子多为笼式。单相异步电动机只有一相定子绕组，当通入正弦交流电后，定子绕组产生脉动磁场。单相异步电动机形成旋转磁场的常用的方法有电容分相式和罩极式两种。

## 一、电容分相式异步电动机

**电容分相式异步电动机**的结构如图 6-17 所示。电动机定子有两相绕组 $U_1U_2$ 和 $V_1V_2$，它们在空间上相差 90°，并联于单相电源，且 V 绕组电路中串联有电容器 $C$，使两个绕组中的电流在相位上相差近 90°，即分相，此时 $i_2$ 超前于 $i_1$ 近 90°。这样在电动机内部，两相电流所产生的合成磁场即为一旋转磁场。如图 6-18 所示。在旋转磁场的作用下，电动机的转子就在启动转矩的作用下转动起来。

电容分相式异步电动机可以反转，其反转是靠换接电容器 $C$ 的位置来实现的。当电容器与 U 绕组串联时，$i_2$ 将滞后于 $i_1$ 近 90°，合成磁场的旋转方向由图 6-18 所示的顺时针旋

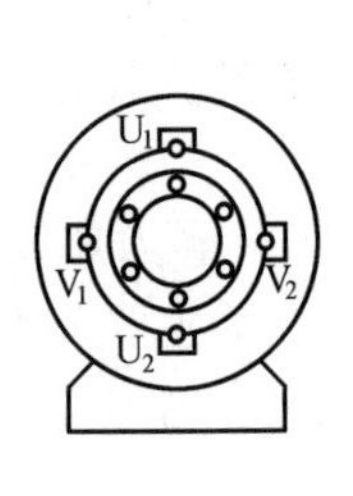


(a) 结构示意图

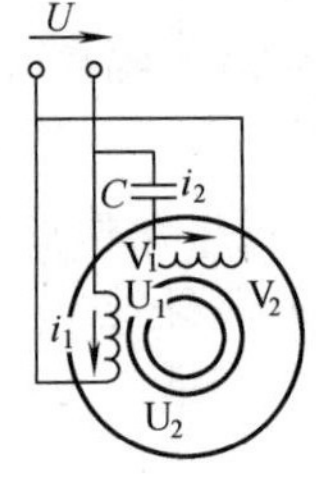


(b) 接线原理图

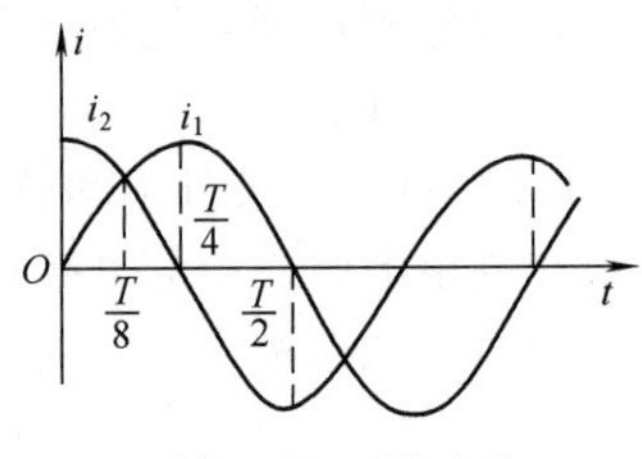


(c) 两相电流的波形

图 6-17　电容分相式异步电动机

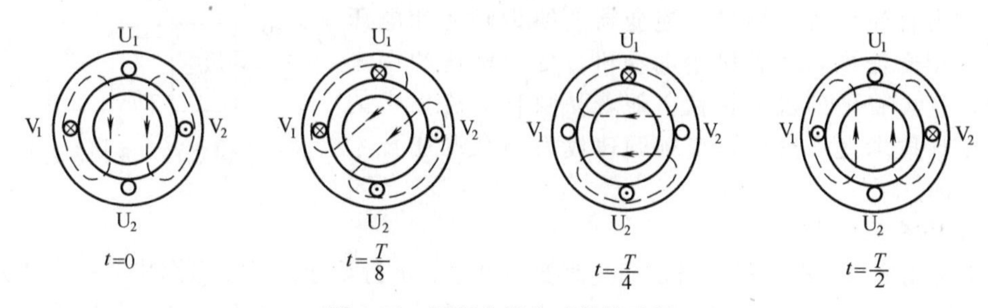


图 6-18 两相电流生成旋转磁场

转变为逆时针旋转，从而实现了电动机的反转。

**二、罩极式单相异步电动机**

**罩极式单相异步电动机**的结构如图 6-19 所示。它的定子做成凸极式，定子绕组就套装在这个磁极上，并且在每个磁极表面开有一个凹槽，将磁极表面分成大小两部分，较小的部分（俗称罩极）套着一个短路铜环。当定子绕组通过交流电流而产生脉动磁场时，由于短路铜环中感应电流的作用，使通过磁极表面的磁通分为两部分，这两部分在大小和相位上均不相同，被短路环罩着部分的磁通滞后于另外一部分磁通。这两部分在空间位置上不同，时间上又有相位差的磁通，在通电瞬间形成了移动磁场，使单相异步电动机启动。旋转方向是从磁极不罩铜环的部分转向罩有铜环的部分。

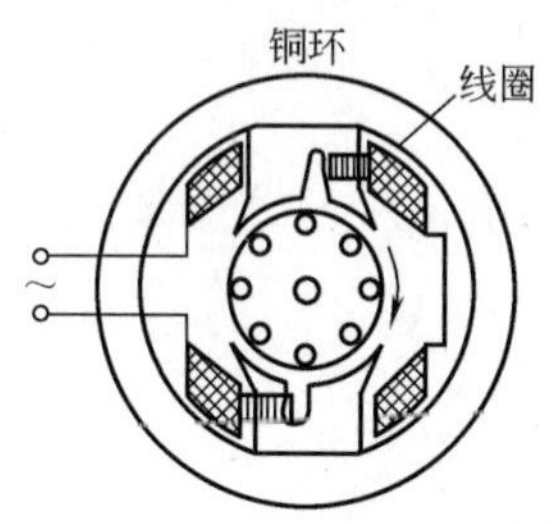


图 6-19 罩极式单相异步电动机的结构图

一般风扇和小型鼓风机上的电动机就是罩极式单相异步电动机。

单相异步电动机的效率和功率因数都较低，过载能力差，因此容量都较小，一般小于 1kW。

# 第七节 常用低压控制电器

在生产过程中，为了满足生产工艺要求，往往使生产机械的运动和生产机械之间的配合动作按一定程序进行，这样要求对拖动生产机械的电动机的启动、停止、正反转和调速等进行控制。电动机的控制线路不论繁简，均由一些基本元件（如继电器、接触器、按钮等）组成，这种控制称为继电接触器控制。

本节介绍一些常用的低压控制电器。

**一、闸刀开关**

**闸刀开关**在继电接触器控制系统中只在检修时作隔离开关，不带负载时切断电源，但对小功率电动机可以作电源开关。

图 6-20 是 KH 系列闸刀开关外形和符号，它由瓷质底板、刀片和刀座及胶盖等部分组成。胶盖用于熄灭切断电源时产生的电弧，保护人身安全。闸刀开关主要分为单刀、双刀和三刀三种，每种又有单掷和双掷之分。图 6-20(a) 是三刀单掷开关。闸刀开关的额定电压通常是 250V 和 500V，额定电流为 10～500A。

注意闸刀开关在安装时，电源线和静止刀座连接，位置在上方，负载线接在可动闸刀的下侧，这样可以保证切断电源后裸在外面的闸刀不带电，同时避免了闸刀位置在上方可能引起的误接通。

## 二、自动空气断路器

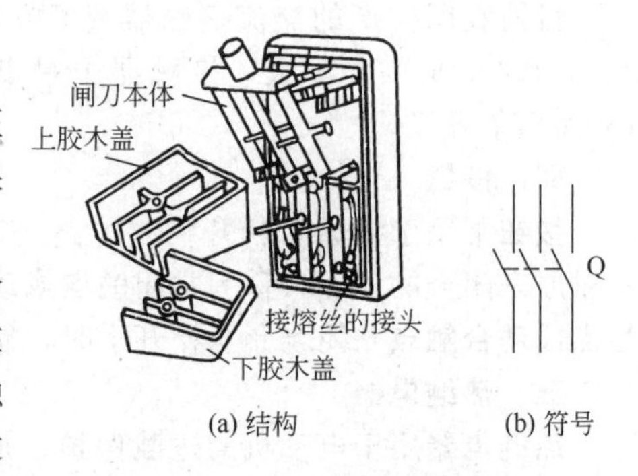


(a) 结构　(b) 符号

图 6-20　胶盖瓷底闸刀开关

**自动空气断路器**又叫自动开关，是常用的低压保护电器，可实现断路保护、过载保护和失压保护，它的结构形式很多，图 6-21 是其原理图。

主触点通常是通过手动操作机构闭合的，闭合后通过锁钩锁住，当电路中任一相发生故障时，在脱扣器（均为电磁铁）的作用下，锁钩脱开，主触点在释放弹簧的作用下迅速断开电路。当电路中发生过载或短路故障时，与主电路串联的线圈就产生较强的电磁吸力，吸引过电流脱扣器的电磁铁右端向下动作从而使左端顶开锁钩，使主触点分断。当电路中电压严重下降或断电时，欠电压脱扣器的电磁铁就被释放，锁钩被打开，同样使主触点分断。当电源电压恢复正常后，只有重新手动闭合后才能工作，实现失压保护。

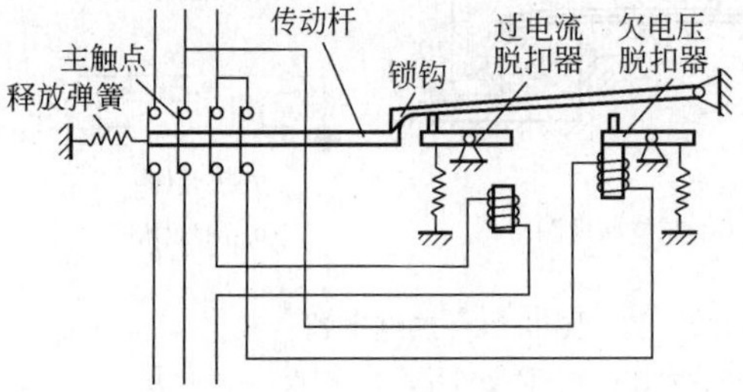

图 6-21　自动空气断路器的原理图

## 三、交流接触器

**交流接触器**常用来接通和断开带有负荷的主电路。其结构和符号如图 6-22 所示。

交流接触器主要由电磁铁和触点部分组成。电磁铁分为可动部分和固定部分。当套在固定电磁铁上的吸引线圈通电后，铁芯吸合使得触点动作（常开触点闭合，常闭触点断开）。当吸引线圈断电时，电磁铁和触点均恢复到原态。

根据不同的用途，触点又分为**主触点**（通常为三对）和**辅助触点**。主触点常接于控制系统的主电路中，辅助触点通过的电流较小，常接在控制电路中。

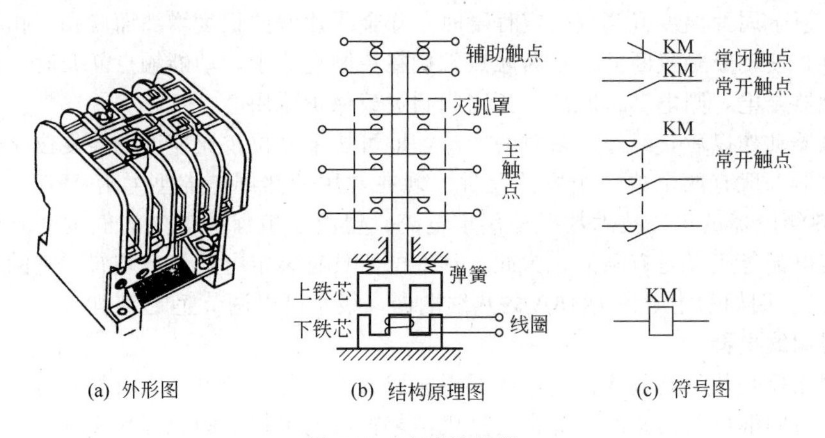


(a) 外形图　(b) 结构原理图　(c) 符号图

图 6-22　交流接触器

在使用交流接触器时一定要看清其铭牌上标的数据。铭牌上的额定电压和额定电流均指的是主触点的额定电压和额定电流，在选择交流接触器时，应使之与用电设备（如电动机）的额定电压和额定电流相符。吸引线圈的额定电压和额定电流一般标在线圈上，选择时应使之与控制电路的电源相符。

目前我国生产的交流接触器有 CJ0 和 CJ10 系列，吸引线圈的额定电压有 36V，127V，220V 和 380V 四个等级，接触器主触点的额定电流分别为 10A，20A，40A，60A，100A 和 150A 六个等级。

**四、按钮**

**按钮**常用于接通和断开控制电路。按钮的结构和符号如图 6-23 所示。当按下按钮时，一对原来闭合的触点（称为常**闭触点**或**动断触点**）被断开，一对原来断开的触点（称为**常开触点**或**动合触点**）闭合。当松开手时，靠弹簧的作用又恢复到原来的状态。

**五、热继电器**

**热继电器**用于电动机的**过载保护**，是利用电流的热效应工作的。图 6-24 是热继电器的结构原理图和符号图。

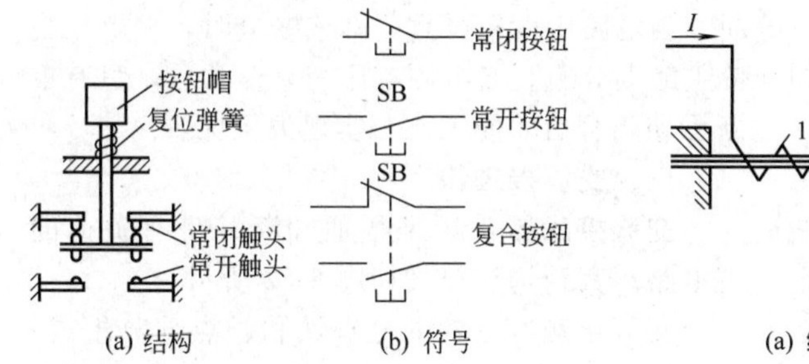


(a) 结构　(b) 符号

图 6-23　按钮开关的结构与符号

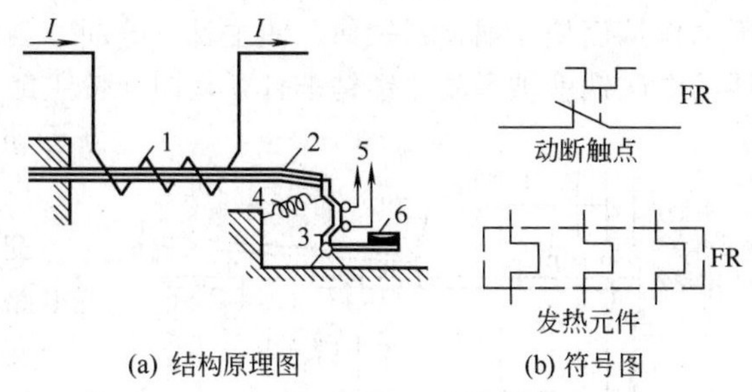


(a) 结构原理图　(b) 符号图

图 6-24　热继电器

1—热元件；2—双金属片；3—扣板；4—弹簧；5—常闭触点；6—复位按钮

图中双金属片的一端是固定的，另一端是自由端。由于膨胀系数不同，下层金属膨胀系数大，上层金属的膨胀系数小，当串接在主电路中的发热元件通电发热时，双金属片的温度上升，双金属片就向上发生弯曲动作，弯曲程度与通过发热元件的电流大小有关。当电动机启动时，由于启动时间短，双金属片弯曲程度很小，不致引起热继电器动作；当电动机过载时间较长，双金属片温度升高到一定程度时，双金属片弯曲程度增加而脱扣，扣板在弹簧的作用下左移，使动断触点断开。动断触点常接在控制电路中，动断触点断开时，使得控制电动机的接触器断电，则电动机脱离电源而起到过载保护作用。

热继电器动作以后，经过一段时间冷却，即可按下复位按钮使继电器复位。

热继电器一般有两个或三个发热元件。现在常用的热继电器型号有 JR0，JR5，JR15，JR16 等。热继电器的主要技术数据是额定电流。但由于被保护对象的额定电流很多，热继电器的额定电流等级又是有限的，为此，热继电器具有整定电流调节装置，它的调节范围是 66%～100%。例如额定电流为 16A 的热继电器，最小可以调节整定为 10A。

**六、时间继电器**

**时间继电器**是从得到输入信号（线圈得电或失电）起，经过一定时间延时后触点才动作的继电器。时间继电器的延时，通常通过机械装置或电子技术的原理来实现。

时间继电器有通电延时和断电延时两种，图 6-25 是一常用的空气式通电延时时间继电器。当线圈 1 通电后，衔铁 2 和与之固定的托板被吸引下来，使铁芯与活塞杆 3 之间有一定距离，在释放弹簧 4 的作用下，活塞杆开始下移。但是活塞杆和杠杆 8 不能迅速动作，因为活塞 5 下落过程中受到气室中的阻尼作用。随着空气缓慢进入气孔 7，活塞才逐渐下移。经过一定时间后，活塞杆推动杠杆使延时触点 9 动作，常闭触点断开，常开触点闭合。从线圈通电到延时触点动作这段时间即为继电器的延时时间。通过调节螺钉 10 调节进气孔的大小可以调节延时时间。当线圈断电时，依靠恢复弹簧 11 的作用，衔铁立即复位，空气由排气孔 12 排出，触点瞬时复位。

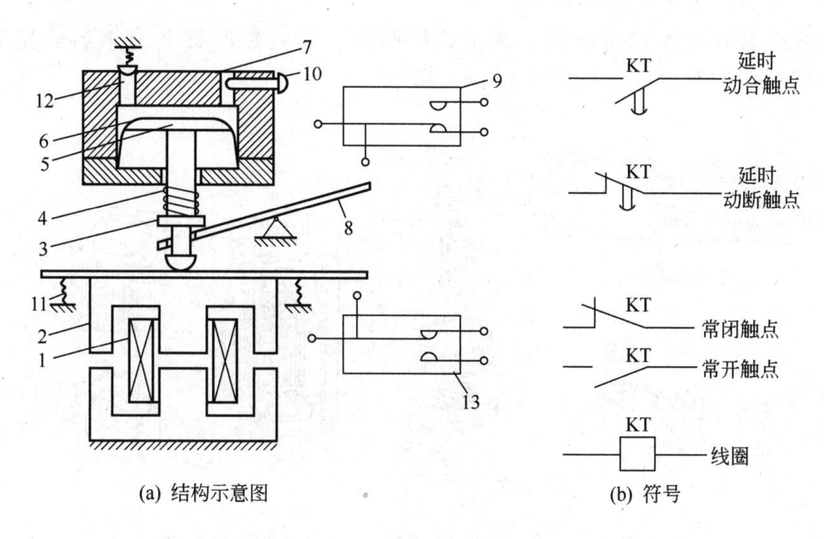


(a) 结构示意图 (b) 符号

图 6-25 空气阻尼式时间继电器

1—线圈；2—衔铁；3—活塞杆；4—弹簧；5—活塞；6—橡皮膜；7—气孔；8—杠杆；9—延时触点；10—调节螺钉；11—恢复弹簧；12—排气孔；13—瞬时触点

延时动作触点的符号在一般触点符号的动臂上添加了一个标记，标记中圆弧的方向示意着触点延时动作的方向。如图 6-25(b) 中延时动合触点的圆弧是向上弯的，就表示该触点在通电后，向上闭合时，是延时闭合，但在断电时是瞬间恢复打开的。同样图 6-25(b) 中延时动断触点中圆弧也是向上弯，表示该触点在通电后，延时向上打开。这一原则可以用来读懂其他断电延时的触点动作特点。

此外，时间继电器还有瞬时动作的触点，如图 6-25(b) 中所示。

## 七、行程开关

**行程开关**又叫限位开关，它的种类较多，图 6-26 是一种组合按钮式的行程开关，它由压头、一对常开触点和一对常闭触点组成。行程开关一般装在某一固定位置上，被它控制的生产机械上装有“撞块”，当撞块压下行程开关的压头，便产生触点通、断的动作。

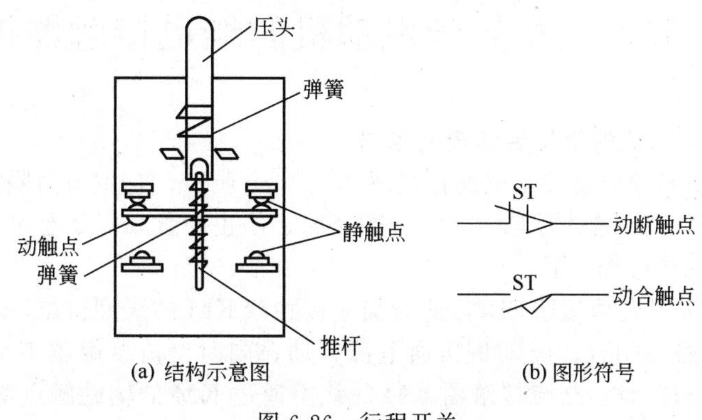


(a) 结构示意图 (b) 图形符号

图 6-26 行程开关

## 八、熔断器

**熔断器**是电路中的**短路保护装置**。熔断器中装有一个低熔点的熔体，串接在被保护的电路中。在电流小于或等于熔断器的额定电流时熔体不会熔断，当发生短路时，短路电流使熔体迅速熔断，从而保护了线路和设备。

常用的熔断器有插入式熔断器、螺旋式熔断器、管式熔断器和有填料式熔断器。如图6-27所示。熔断器的符号统一如图6-27(e)所示。

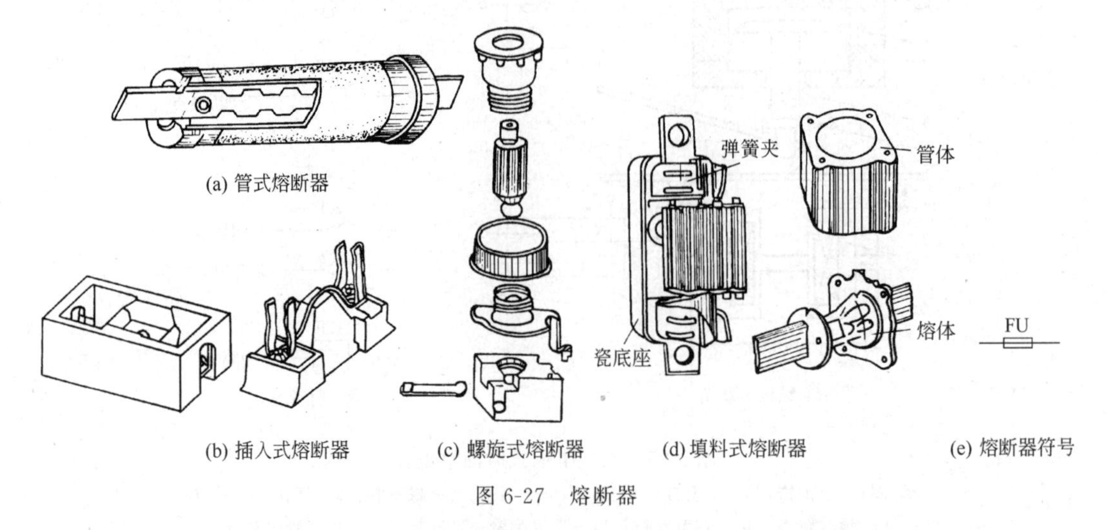


图 6-27 熔断器

熔体是熔断器的主要部分，选择熔断器时必须按下述方法选择熔体的额定电流。

(1) 电炉、电灯等电阻性负载的用电设备，其保护熔断器的熔体额定电流要略大于实际负载电流；

(2) 单台电动机的熔体额定电流是电动机额定电流的1.5～3倍；

(3) 多台电动机合用的熔体额定电流应按式(6-19)计算

$$I_{fu} \geqslant \frac{I_{stm} + \sum_{1}^{n-1} I_N}{2.5} \tag{6-19}$$

式中，$I_{fu}$为熔体额定电流；$I_{stm}$为最大容量电动机的启动电流；$\sum_{1}^{n-1} I_N$为其余电动机的额定电流之和。

# 第八节 三相异步电动机的继电接触器控制

## 一、三相异步电动机的直接启动控制电路

笼式异步电动机直接启动控制电路接线图如图6-28所示，它主要由隔离开关Q、熔断器FU、交流接触器KM、热继电器FR、启动按钮$SB_2$、停止按钮$SB_1$及电动机构成。

该控制电路的动作过程如下。

闭合刀开关，按下启动按钮$SB_2$，此时交流接触器KM的线圈得电，动铁芯被吸合，带动它的三对KM主触点闭合，电动机接通电源转动；同时交流接触器KM常开辅助触点也闭合，当松开按钮$SB_2$时，交流接触器KM的线圈通过KM的辅助触点继续保持带电状态，电动机继续运行。这种当启动按钮松开后控制电路仍能自动保持通电的电路称为具有**自锁**的

控制电路，与启动按钮 $SB_2$ 并联的 KM 常开辅助触点称为自锁触点。

按下停止按钮 $SB_1$，交流接触器 KM 的线圈断电，则 KM 的主触点断开，电动机停转，同时 KM 的常开辅助触点断开，失去自锁作用。

该控制电路有如下保护功能：熔断器 FU 起**短路保护**；热继电器 FR 实现**过载保护**。另外交流接触器的主触点还能实现**失压保护**（或称零压保护），即电源意外断电时，交流接触器线圈断电，主触点断开，使电动机脱离电源；当电源恢复时，必须按启动按钮，否则电动机不能自行启动。这种在断电时能自动切断电动机电源的保护作用称为失压保护。

图 6-28 的控制电路可分为**主电路**和**控制电路**。主电路是电路中通过强电流的部分，通常由电动机、熔断器、交流接触器的主触点和热继电器的发热元件组成。控制电路中通过的电流较小，通常由按钮、交流接触器的线圈及其辅助触点、热继电器的辅助触点构成。主电路和控制电路可以共用一个电源，控制电路也可以采用低电压电源（220V 或 127V）。

图 6-28 为控制接线图，较为直观，但线路复杂时绘制和分析接线图很不方便，为此常用原理图来代替，如图 6-29 所示。原理图分为主电路和控制电路两部分，主电路一般画在原理图的左边，控制图一般画在右边。图中的电器的可动部分均以没通电或没受外力作用时的状态画出。同一接触器的触点、线圈按照它们在电路中的作用和实际连线分别画在主电路和控制电路中，但为说明属于同一器件，要用同一文字符号标明，与电路无直接联系的部件如铁芯、支架等均不画出。

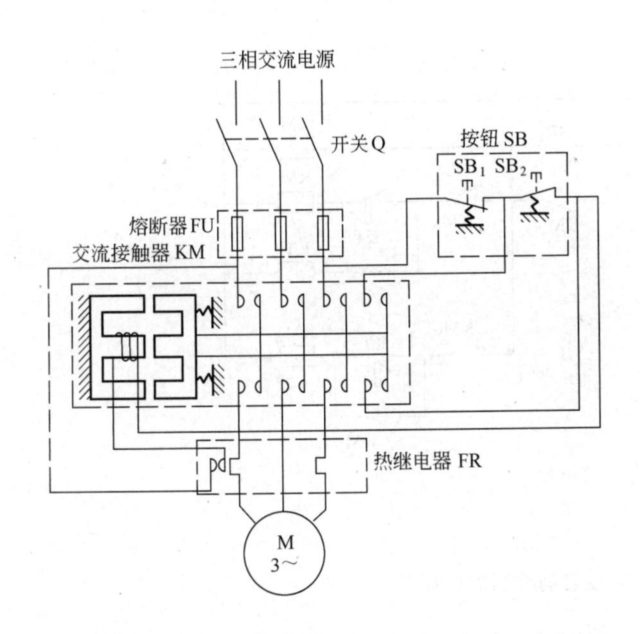


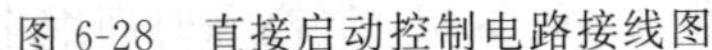
图 6-28　直接启动控制电路接线图

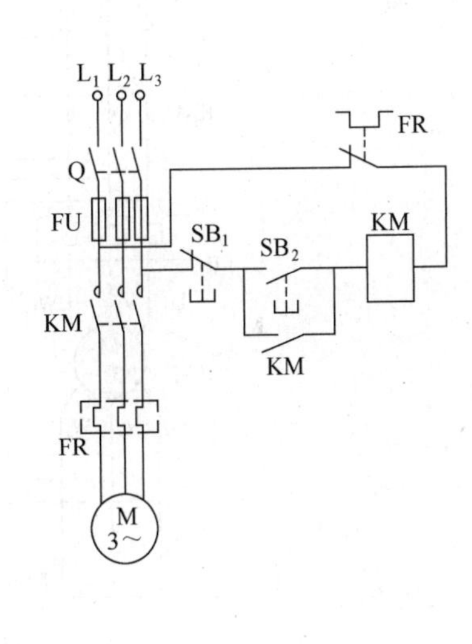


图 6-29　直接启动控制电路原理图

## 二、三相异步电动机的正反转控制

有些生产机械常要求电动机可以正反两个方向旋转，在本章第二节中已经讲过，只要把通入电动机的电源线中任意两根对调，电动机便反转。

图 6-30 为电动机正反转控制的原理图。在主电路中，交流接触器 $KM_1$ 的主触点闭合时电动机正转，交流接触器 $KM_2$ 的主触点闭合时，由于调换了两根电源线，电动机反转。控制电路中交流接触器 $KM_1$ 和 $KM_2$ 的线圈不能同时带电，$KM_1$ 和 $KM_2$ 的主触点同时闭合，会导致电源短路。为保证 $KM_1$ 和 $KM_2$ 的线圈不同时得电，在 $KM_1$ 线圈的控制回路中串联

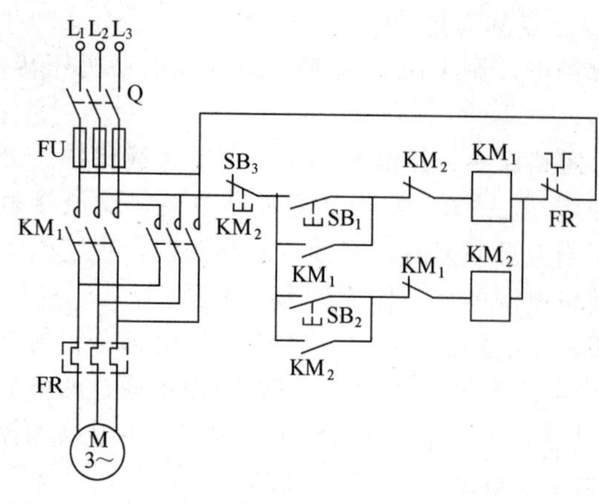


图 6-30 三相异步电动机正反转控制的原理图

了 $KM_2$ 的常闭触点，在 $KM_2$ 线圈的控制回路中串接有 $KM_1$ 的常闭触点。

按下按钮 $SB_1$，$KM_1$ 线圈得电，$KM_1$ 主触点闭合，电动机正转。同时 $KM_1$ 的常开辅助触点闭合，实现自锁，$KM_1$ 的常闭触点打开，将线圈 $KM_2$ 的控制回路断开。这时再按下按钮 $SB_2$，交流接触器 $KM_2$ 也不动作。同理先按下按钮 $SB_2$ 时，$KM_2$ 动作，电动机反转，再按下按钮 $SB_1$，$KM_1$ 不动作。$KM_1$ 常闭触点和 $KM_2$ 的常闭触点保证了两个交流接触器中只有一个动作，这种作用称为**互锁**。要改变电动机的转向，必须先按停止按钮 $SB_3$。

## 三、三相异步电动机的 Y-△启动控制电路

笼式异步电动机经常采用 Y-△降压启动。图 6-31 给出了 Y-△启动控制的原理图。交流接触器 $KM_Y$ 和 $KM_\triangle$ 分别用于电动机绕组的 Y 连接和△连接，时间继电器 KT 用于延时控制。其工作过程如下。

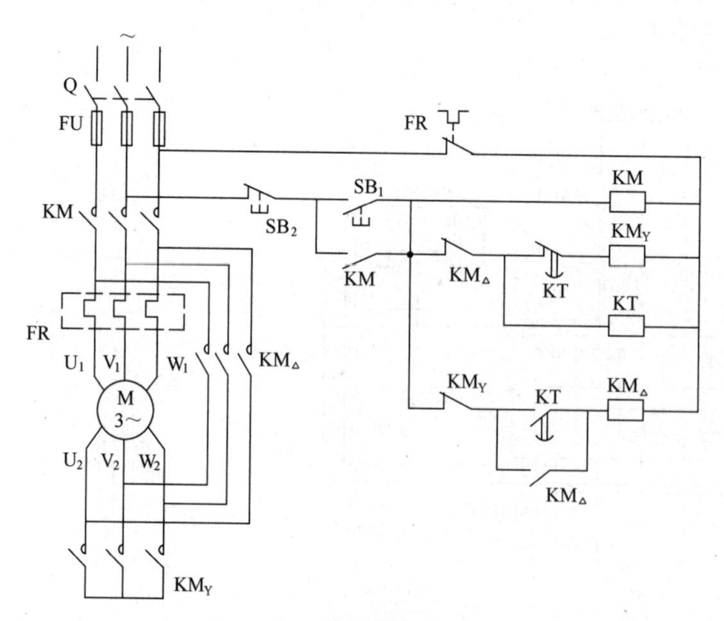


图 6-31 Y-△启动控制的原理图

闭合刀开关 Q，当按下按钮 $SB_1$ 时，交流接触器 KM、$KM_Y$ 线圈和时间继电器 KT 线圈均带电。KM 的主触点闭合，$KM_Y$ 主触点闭合，电动机 Y 联结降压启动。$KM_Y$ 常闭辅助触点断开，交流接触器 $KM_\triangle$ 不动作，实现互锁。经过一段延时，时间继电器 KT 各触点动作，延时动断触点断开，$KM_Y$ 线圈断电；$KM_Y$ 常闭触点闭合，同时 KT 的延时闭合触点闭合，$KM_\triangle$ 线圈带电，$KM_\triangle$ 的主触点动作，电动机△连接全压运行；$KM_\triangle$ 的常闭触点断开，KT 线圈和 $KM_Y$ 线圈断电，实现互锁。

## 四、顺序控制电路

在实际生产中，常需要几台电机按一定的顺序运行，以便相互配合。例如，要求电机 $M_1$ 启动后 $M_2$ 才能启动，且 $M_1$ 和 $M_2$ 可同时停车，其控制电路如图 6-32 所示。

为满足控制要求，在图 6-32 的控制电路中，控制电机 $M_2$ 的接触器线圈 $KM_2$ 和控制 $M_1$ 的交流接触器 $KM_1$ 的常开触点**串联**。从图中可以看出，当按下 $SB_1$ 时，交流接触器 $KM_1$ 线圈带电，$M_1$ 转动，这时再按下按钮 $SB_2$，$KM_2$ 线圈才能带电，$M_2$ 转动，从而保证 $M_1$ 启动后 $M_2$ 才能启动。按下 $SB_3$，$M_1$ 和 $M_2$ 同时停车。

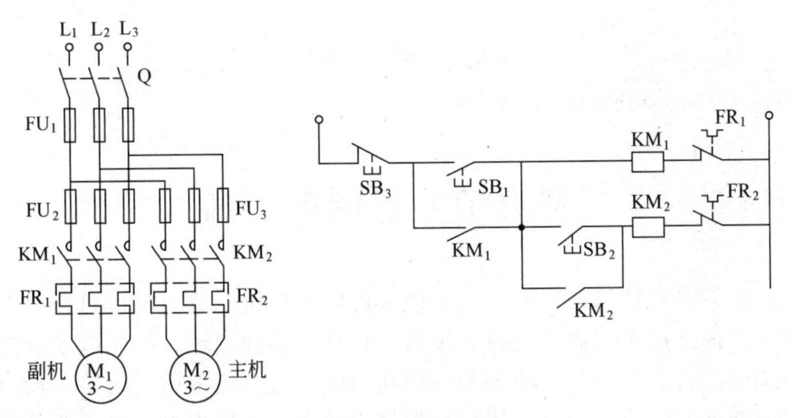


图 6-32 顺序控制电路

## 五、行程控制电路

行程控制是根据生产机械的位置信息去控制电动机运行的。例如在一些机床上，常要求它的工作台应能在一定范围内自动往返；行车到达终点位置时，要求自动停车等。行程控制主要是利用行程开关来实现的。

图 6-33(a) 是应用行程开关进行限位的示意图。图 6-33(b) 是利用行程开关 $ST_a$ 和 $ST_b$ 自动控制电动机正反转电路，用以实现电动机带动工作机械自动往返运动的原理图。

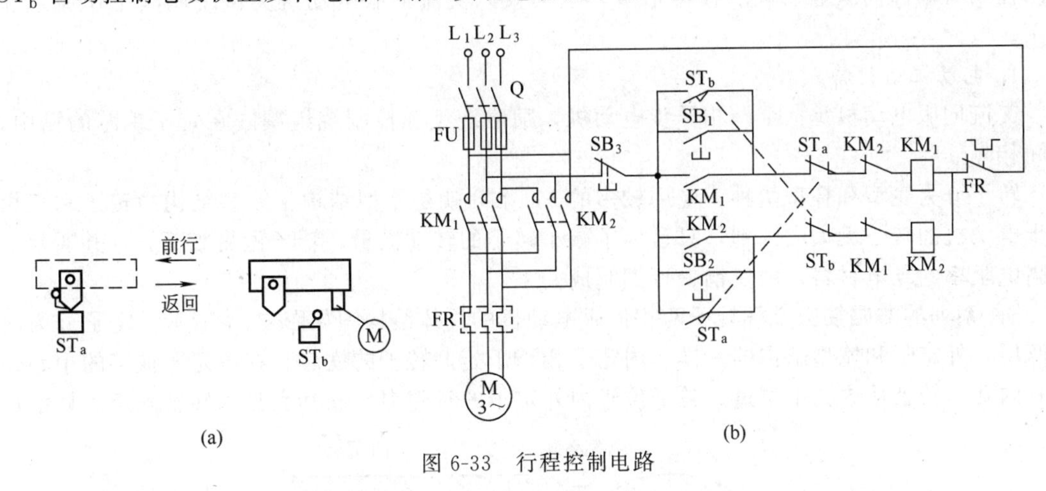


图 6-33 行程控制电路

主电路是由接触器 $KM_1$ 和 $KM_2$ 控制的电动机正、反转电路。行程开关 $ST_a$ 是前行限位开关，$ST_b$ 是回程限位开关，分别串联在控制电路中。

其工作过程如下。

按正转按钮 $SB_1$，使接触器线圈 $KM_1$ 通电，电动机正转，机械前行，同时自锁触点 $KM_1$ 闭合，互锁触点 $KM_1$ 断开。当机械运行到 $ST_a$ 位置时，机械撞块压下行程开关 $ST_a$ 的压头，使 $ST_a$ 的动断触点断开，动合触点闭合，致使接触器线圈 $KM_1$ 断电，电动机停止正转，机械停止前行。同时和线圈 $KM_2$ 串联的 $KM_1$ 常闭互锁触点闭合，因此接触器线圈

$KM_2$ 带电，自锁触点 $KM_2$ 闭合，电动机开始反转，机械开始返回。当撞块离开行程开关 $ST_a$ 后，$ST_a$ 的触点自动复位。当机械上的撞块压下行程开关 $ST_b$ 的压头时，$ST_b$ 的触点动作，从而切断 $KM_2$ 线圈，电机停止反转。$KM_1$ 线圈带电，电动机又开始正转。实现了机械自动往返运动。

### 思考题

6-8-1 什么叫自锁和互锁？如何实现自锁和互锁？

## *第九节 控制电动机

随着自动控制系统和计算装置的不断发展，**控制电动机**已成为现代自动化系统中必不可少的重要元件，普遍运用于工业、农业、军事、科技的各种领域。控制电动机是一类具有特殊功能的小功率电动机。它的基本原理和一般动力电动机并无本质的区别，动力电动机主要实现电能和机械能量的转换，功率、体积、重量都较大。而控制电动机主要是转换和传递信号，用于执行、监测和计算等装置，因此功率通常为数百毫瓦至几百瓦，产品外径通常为几毫米至几百毫米，重量通常为数十克到数千克，但制造精度极高。

本节在前面所学电动机的基础上，简单地介绍几种常用控制电动机，为今后工作、学习打下基础。

### 一、伺服电动机

伺服电动机在自动控制系统中作为执行电动机，将输入的电压信号转换为转矩和转速以驱动控制对象。伺服电动机的种类很多，本书仅以交流伺服电动机为例说明其工作原理和应用。

1. 电动机结构特点

交流伺服电动机是一个两相异步电动机，励磁绕组和控制绕组镶嵌在定子铁芯的槽中，空间相隔 90°。

转子分为笼型和杯型两种。应用较多的 SL 系列就是笼型结构。笼型结构的转子和三相异步电动机的转子无太大区别，只是为了减小转子的转动惯量，转子做得细而长，并通常采用高电阻率的导电材料，由黄铜、青铜制成。

SK 系列的**非磁性空心杯转子**两相伺服电动机的具体结构图如图 6-34 所示。定子分为内外两层，外定子和笼型结构的一样。内定子相当于笼型转子的铁芯。在内定子铁芯的中心处开有内孔，转轴从内孔中穿过。转子位于内外定子的气隙中，靠其底盘和转轴固定。杯型转

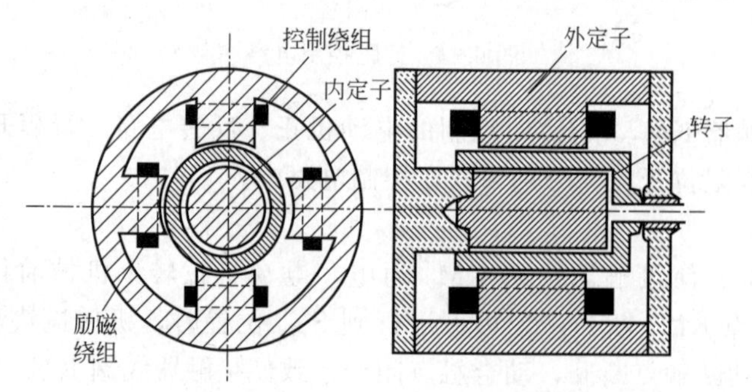


图 6-34 非磁性空心杯转子两相伺服电动机结构图

子就是用铝合金或铜合金制成的空心薄壁圆筒，转动惯量小，动作快速，噪声小，低速转动平稳。

笼型和杯型转子的工作原理都是一样的，因为杯型转子可以视为无数的笼型导体并联。

2. 电动机工作原理

在电容分相式异步电动机中，已知在空间上相差 90°的两相绕组通上相位相差 90°的交流电后便可形成圆形的旋转磁场。若这两相电压幅值不等，或相位相差不是 90°，形成的便是椭圆形磁场。改变这两相电压之间的大小或相位差关系，都将使旋转磁场的椭圆度发生变化，从而影响到电磁转矩。也就是说，当负载转矩一定时，通过改变控制电压的幅值或相位就可以达到改变电动机转速的目的。

在采用幅值控制或幅值-相位控制时一般要求：控制电压大，电动机转得快；控制电压小，电动机转得慢；控制电压为零，电动机停转。

3. 应用举例

图 6-35 是交流伺服电动机在电子自动平衡电位差计电路中的应用实例。

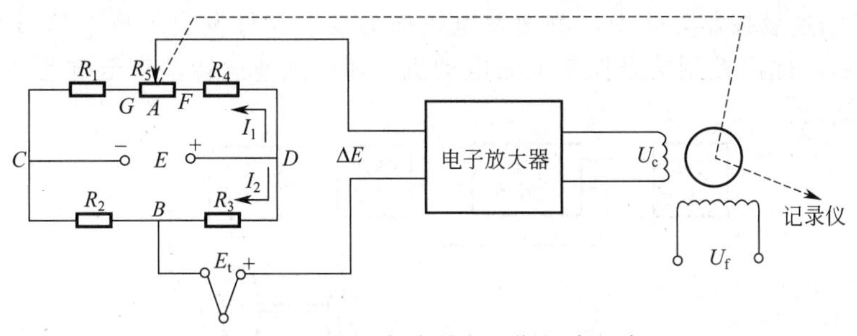


图 6-35　电子自动平衡电位差计电路

电子自动平衡电位差计是一个温度测量仪。$R_1$，$R_2$，$R_3$，$R_4$ 和滑线电位器 $R_5$ 组成电桥测量电路。热电偶为温度检测环节，将温度信号转换为直流电压信号 $E_t$ 加在电桥的 $AB$ 端。电桥的 $CD$ 端加直流电压 $E$，当 $E_t=0$ 时，滑线电位器 $R_5$ 在中点 $A$ 时电桥平衡，$AB$ 端电压为零，偏差信号 $\Delta E=0$。当 $E_t\neq0$ 时，偏差信号 $\Delta E\neq0$，$\Delta E$ 信号通过变流器变换成交流信号，再通过放大，作为交流伺服电动机的控制电压，迫使伺服电动机转动，伺服电动机带动滑线变阻器 $R_5$ 的滑动端往电桥平衡点移动，直至 $\Delta E=0$。显然，被测温度和 $R_5$ 的滑动端有一一对应的关系，进而实现了温度的测量。同理可以测量压力、重量、水位等。

雷达天线的自动跟踪系统、导弹、飞机、舰船的自动导航系统都离不开伺服电动机。

## 二、测速发电机

测速发电机将转速转换成电压，在自动控制系统中，用来测量和调节转速。测速发电机分交流和直流，交流中又分同步和异步。本书仅以交流异步为例说明测速发电机的工作原理。

1. 发电机结构和工作原理特点

异步测速发电机的结构和杯形转子伺服电动机一样，励磁绕组和输出绕组在空间呈 90°，分别镶嵌于定子铁芯中，具体结构示意图如图 6-36。

励磁绕组接到交流电源上，在测速发电机静止（$n=0$）时，励磁绕组产生的脉动磁场在转子中产生感应电动势和感应的转子电流。输出绕组因为其轴线和脉动磁场的磁通垂直，故无感应电势输出。当测速发电机在被测转动轴驱动下转动时（$n\neq0$），输出绕组中转子电流形成的磁场磁通持续地发生变化，输出绕组就产生了感应电动势，有了相应于不同转速的输出电压。理论上输出电压和转速 $n$ 成正比。

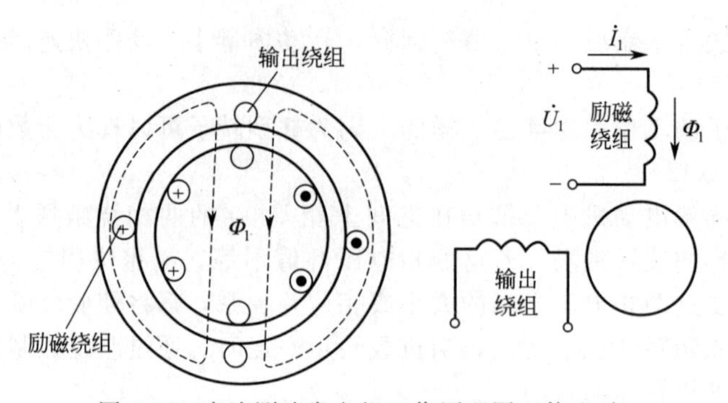


图 6-36 交流测速发电机工作原理图（静止时）

2. 应用举例

测速发电机不同于伺服电动机，它不是执行元件，它是作为一种信号元件在伺服系统中起到测量、校正、解算的作用。

在图 6-37 的速度控制方式中，测速发电机作为反馈元件发出的反馈信号和给定信号在比较器中比较后，输出控制信号控制伺服电动机加速或减速运转，直至电动机运转在要求的转速，做稳定运行。

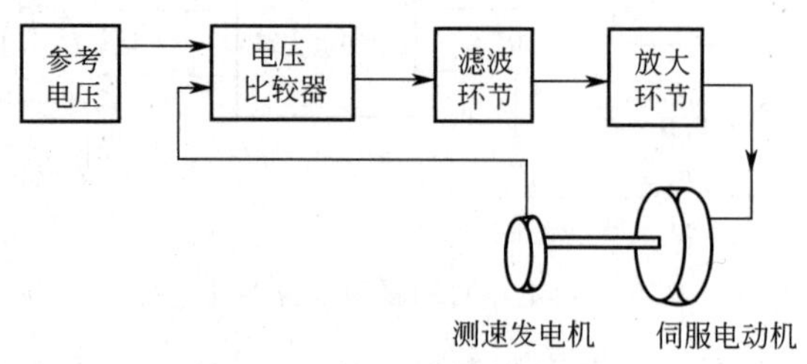


图 6-37 速度控制示意图

## 三、力矩式自整角机

自整角机将转角转为电信号、或将电信号变为转角，实现角度的转输、变换和接收。通过电的连接使两个在机械上不相连的转轴做同步偏转。

1. 自整角机结构和原理

力矩式自整角机都是成对使用，一为发射机，一为接收机。自整角机定子绕组称为整步绕组，它为一三相绕组 U,V,W。转子绕组为励磁绕组分别有三相和单相两种。图 6-38 为一单相力矩式自整角机，转子绕组 $Z_1Z_2$。

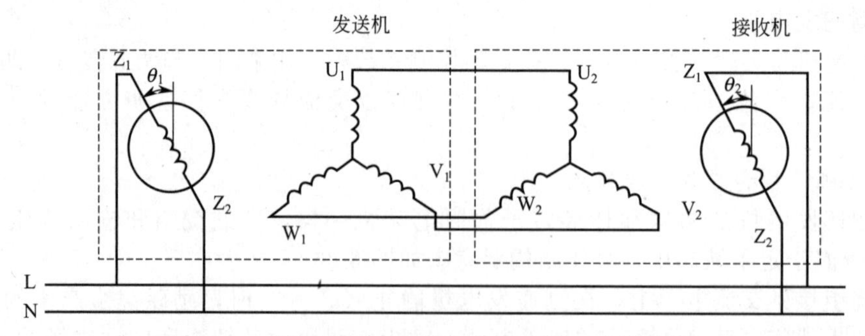


图 6-38 单相力矩式自整角发送-接收机工作原理

当处在协调位置时，$\theta_1=\theta_2$，发送机和接收机整步绕组中的感应电势处于大小相等、方向相反，回路中无电流，不产生整步转矩，两机处于稳定状态。如果发送机的转子在某力矩驱动下转过一个角度，使得 $\theta_1-\theta_2\neq0$，于是发送机和接收机整步绕组中的感应电势不再相等，定子绕组中产生环流，并产生整步转矩，迫使接收机也转过一个角度直至 $\theta_1=\theta_2$，系统达到新的平衡。也就是说，只要发送机的转子转过一个角度，接收机的转子也就跟着转过一个角度，实现了角度的传递。换句话说，通过自整角机使两个在机械上不相连的转轴实现了同步偏转。

2. 应用举例

图 6-39 为控制式自整角机和伺服机构组成的雷达天线和显示管偏转线圈随动系统。在雷达扫描的过程中力矩电动机直接接到电源上，由它带动天线搜索目标。一旦发现目标，力矩电动机自动断开电源，转而接受雷达接收机控制，雷达天线将跟踪目标，随目标而转动。

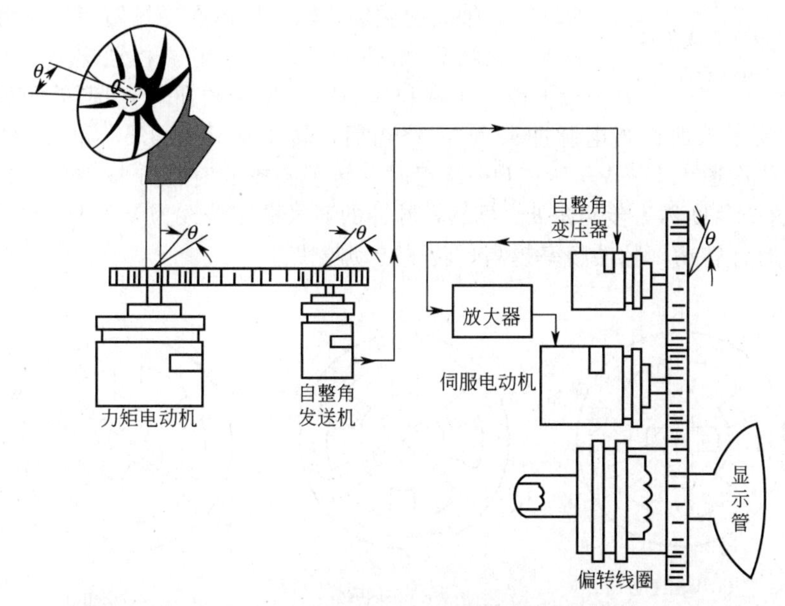


图 6-39　雷达天线和显示管偏转线圈随动装置图

控制式自整角机和力矩式自整角机不同在于其接收机不直接驱动负载只输出电压信号，通常称它为自整角变压器。此处自整角机起的作用就是保证控制室内的雷达显示管偏转线圈的转角完全对应于雷达天线的偏转角。具体工作过程如下：经齿轮和天线齿合的自整角发送机，会随着天线的偏转而转动，由自整角机的原理可知，当自整角接收机转子的偏转角和发送机转子偏转角不一样时，将会产生相应的输出电压，输出电压经放大器放大后，加至伺服电动机的控制线圈，伺服电动机转动。在伺服电动机的带动下，显示器的偏转线圈和自整角接收机的转子转动，随着自整角接收机转子的转动，自整角接收机转子的偏转角和发送机转子偏转角逐步趋于一致，当偏差角为零时，自整角接收机输出电压为零，伺服电动机停止转动。此时，显示器的偏转线圈转过的角度将等于自整角发送机转子转过的角度，使目标在荧光屏相应的确定位置上显示出来。

**四、步进电动机**

步进电动机为脉冲电动机，是一种将脉冲信号转换成输出轴的角位移或直线位移的电动机，它被广泛地应用于数控装置中。每输入一个脉冲，电动机就转动一个角度，转过的总角度和输入的脉冲个数成正比，而转轴的转速和脉冲的频率成正比。

1. 电动机结构特点

图 6-40 为一反应式步进电动机。三相定子绕组 U,V,W，尾端连在一起接成星形连接，

均匀分布在定子的六个磁极上。转子为一柱形，沿圆周有齿，为分析方便，假设转子上有4个均匀小齿。

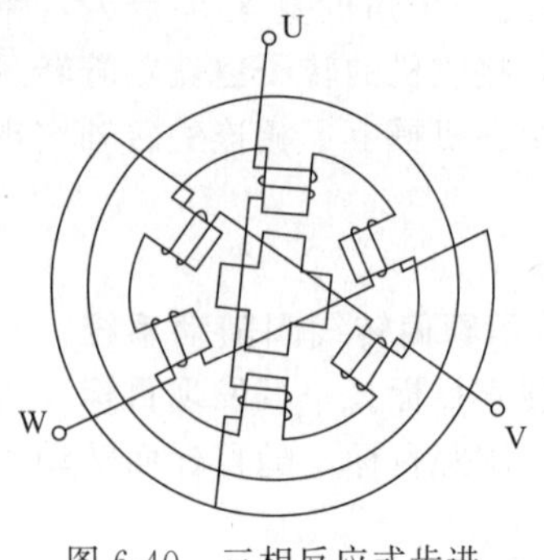


图 6-40 三相反应式步进电动机结构示意图

2. 电动机工作原理

电动机工作时，驱动脉冲按一定顺序轮流加到定子三相绕组上。按通电顺序的不同，三相反应式电动机有多种工作方式，本书仅以单三拍和六拍为例说明其工作原理。

(1) 单三拍控制。单三拍就是指：每次只给一相绕组通电，三次脉冲完成一个通电循环。图 6-41 为步进电动机三相单三拍控制的工作原理图。当U相单独通电时，建立了以 $U_1U_2$ 为轴线的磁场，转子导体在磁场转矩的作用下，转子齿1,3和磁场轴线 $U_1U_2$ 对齐。当V相通电时，同样的原理，转子齿2,4将和 $V_1V_2$ 磁场轴线重合，即转子转过了30°角，如图 6-41(b) 所示。那么当电脉冲通入W绕组后，转子又转过30°，如图 6-41(c) 所示。可见，当脉冲依次通入U—V—W—U…绕组时，转子则按顺时针方向30°－30°的转动。每步转过30°，这个角度称为**步距角 *θ***。显然，脉冲的通入顺序若改为W—V—U—W…时，步进电动机将逆时针转动。脉冲频率越高，转子转动越快。

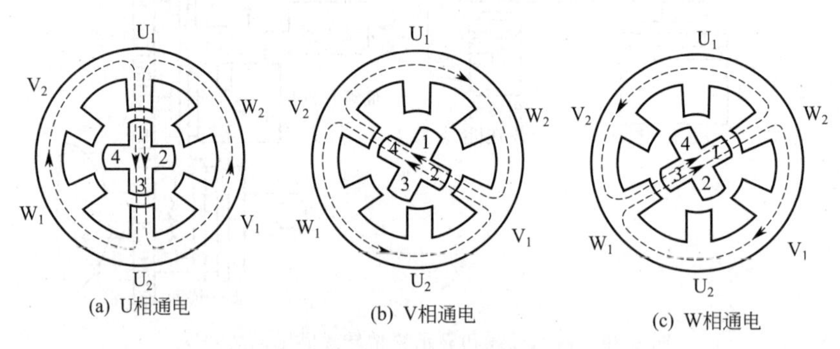


图 6-41 三相单三拍步进电动机工作原理图

(2) 六拍控制。六拍是指：六次脉冲完成一个通电循环。具体通电顺序：U—UV—V—VW—W—WU—U…。这种通电方式，转子的转动顺序如图 6-42 所示。显见，每通一个脉冲，转子的步距角 $\theta=15°$。具体工作原理见图 6-42。

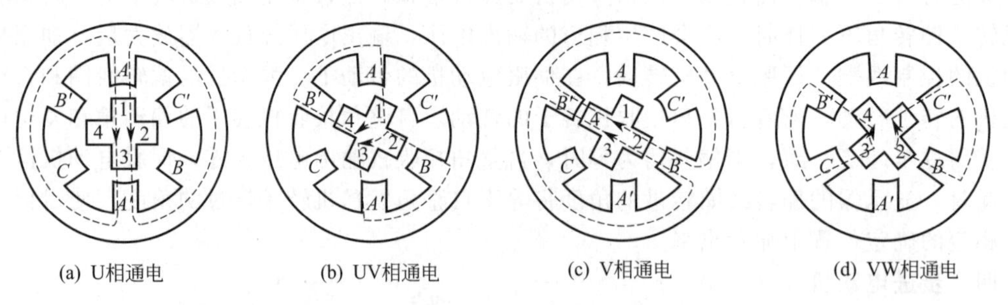


图 6-42 六拍通电时步进电动机工作原理图

步距角 $\theta$ 和**转子齿数 $z_r$** 的关系为

$$\theta=\frac{360°}{z_r m}$$

式中，$m$ 为运行的拍数。

实际上，转子的齿数绝不是 4，而是 40，这样单三拍工作时，步距角 $\theta=3°$，六拍控制时，$\theta=1.5°$。

3. 应用举例

由于步进电动机可直接将电脉冲信号变成相应的机械位移，符合数字控制的系统要求，并且一般在无反馈控制的情况下就能具有精确位移，精确定位，无积累误差等优点，步进电动机获得了广泛应用。

注意：输入的指令脉冲不能直接驱动步进电动机。首先要有脉冲分配器按通电工作方式分配，而后经过脉冲放大器放大后再去控制步进电动机。通常将脉冲分配器和脉冲放大器称为步进电动机的驱动电源。

第三代的石英电子手表就是由石英晶体振荡器产生稳定的高频信号，经 CMOS 电路分频后以频率 1Hz（每秒一个脉冲）脉冲信号经过驱动电源驱动步进电动机工作，由步进电动机轴经轮系传动带带动秒针、分针、时针进行计时。石英手表中的步进电动机是特微型的电机，体积仅为（$2mm^2\times3\sim5mm$）。

图 6-43 是由步进电动机带动的数控机床示意图。数控装置由机床操作程序编制成的磁带或穿孔纸带上的信息、读出程序而输出指令，由指令控制驱动电源，步进电动机在驱动电源输出的脉冲控制下，进行一定的转速运转和对应的角位移。再由减速齿轮带动机床的丝杠旋转，从而实现了工作台的移动。要使工作台在 $x$ 轴、$y$ 轴两个方向上移动显然需要两套步进电动机的控制装置。

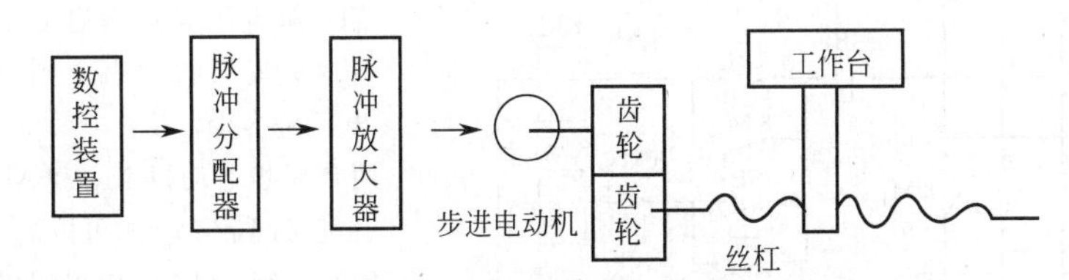


图 6-43　步进电动机带动的数控机床示意图

## 本章复习提示

（一）三相异步电动机的转动原理

（1）三相异步电动机主要由哪几部分构成？笼式异步电动机与绕线式异步电动机的区别是什么？定子绕组有几种接法？

（2）三相异步电动机的旋转磁场是怎样形成的？

（3）三相异步电动机的转子是如何转动起来的？

（二）三相异步电动机的使用

（1）电磁转矩与电源电压有何关系？

（2）熟悉三相异步电动机的机械特性。

（3）熟悉三相异步电动机的铭牌和技术数据。

（4）三相异步电动机为什么要采用降压启动？有哪些降压启动的方法？降压启动时的启动电流和启动转矩比直接启动时降低了多少？

（5）熟悉用继电接触器实现异步电动机的直接启动控制、Y-△启动控制等简单控制。

## 习　题

6-1　有一台 Y200LZ-2 型异步电动机，额定功率 37kW，额定电压 380V，额定转速 2950r/min，这台电动机采用什么接法？同步转速 $n_0$，额定转差率 $s_N$ 各是多少？当负载转矩为 100N・m 时，与 $s_N$ 相比，$s$ 是增加还是减少？当负载转矩为 140N・m 时，$s$ 又如何变化？

6-2　一台三相异步电动机的铭牌数据如下：功率 4kW，电压 380V，功率因数 0.77，效率 0.84，转速 960r/min. 求（1）电动机的额定电流；（2）额定输出转矩；（3）额定转差率。

6-3　已知 Y132S-4 型三相异步电动机的额定数据如下：功率 5.5kW，电压 380V，转速 1440r/min，效率 85.5%，功率因数 0.84，$I_{st}/I_N=7$，$T_{st}/T_N=2.2$，$T_m/T_N=2.2$，频率 50Hz。求（1）额定转差率 $s_N$，额定电流 $I_N$，额定输出转矩 $T_N$；（2）启动电流 $I_{st}$，启动转矩 $T_{st}$，最大转矩 $T_m$；（3）如果电源电压降为额定电压的 80%，重新计算（2）中的各量。

6-4　已知三相异步电动机定子每相绕组的额定电压为 220V，当电源线电压分别为 220V 和 380V 时，电动机应采用何种接法才能保证其正常工作？

6-5　设异步电动机在启动时定子电路的阻抗模为常数，自耦变压器变换比为 $K$，证明采用自耦变压器降压启动时，启动电流和启动转矩均为直接启动时的 $1/K^2$。

6-6　一台笼式异步电动机，技术数据如下：$P_N=28\text{kW}$，$U_N=380\text{V}$，$I_N=58\text{A}$，$\cos\varphi_N=0.88$，$n_N=1455\text{r/min}$，△接法，$I_{st}/I_N=6$，$T_{st}/T_N=1.1$，$T_m/T_N=2.3$，供电变压器要求启动电流不大于 150A，负载 $T_L=73.5\text{N}\cdot\text{m}$，可采用哪种降压启动方法？设自耦变压器的抽头分别为 55%，64%和 73%，分别计算说明。

6-7　已知电动机的技术数据同 6-6 题，计算（1）电动机的磁极对数 $p$；（2）电动机的额定转矩 $T_N$ 和额定效率 $\eta_N$。

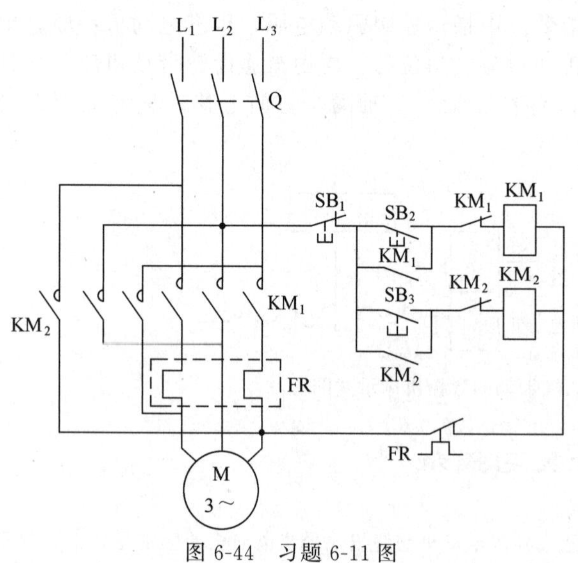


图 6-44　习题 6-11 图

6-8　某电动机的技术参数为：$P_N=30\text{kW}$，$U_N=380\text{V}$，$T_{st}/T_N=1.2$，△接法，问（1）在负载转矩为额定转矩的 70%和 30%时，电动机能否采用 Y-△启动？（2）若采用自耦变压器降压启动，要求启动转矩等于额定转矩的 80%，则自耦变压器的副边电压是多少？

6-9　两台异步电动机 $M_1$ 和 $M_2$，要求 $M_1$ 启动一定时间后 $M_2$ 才可以启动，$M_2$ 可以单独停车，$M_1$ 和 $M_2$ 也可以同时停车，要有短路保护、过载保护和失压保护，设计符合上述要求的控制电路。

6-10　设计一控制电路，要求电动机启动前灯亮 1min，启动后灯灭。电动机、各继电器的额定电压为 380V，设灯的额定电压为 220V，时间继电器采用通电延时式的，并有延时动作和瞬时动作的常开触点和常闭触点。

6-11　图 6-44 是笼式异步电动机的正反转控制电路，试指出图中的错误并改正。

# 第七章　半导体器件基本性能及应用

半导体器件具有重量轻、体积小、耗电小、寿命长以及工作可靠等特点，因而迅速地成为电子技术中的最主流器件。随着半导体工艺的不断革新，集成电路的问世，电子技术进入了微电子时代。微电子器件的发展极大地促进了各个科学技术领域先进技术的不断创新，迎来了现代化的信息时代。半导体二极管、三极管是最常用的半导体器件，PN结是构成各种半导体器件的基础。本章着重介绍半导体二极管和三极管的伏安特性及典型应用，意在了解半导体器件最基本的概念，为今后学习电子技术打下基础。

## 第一节　半导体导电特性及PN结

### 一、半导体的导电特性

所谓**半导体**是指导电能力介于导体与绝缘体之间的物质。元素周期表中的四价元素如硅、锗、硒以及大多数金属氧化物和硫化物都是半导体。

半导体的导电性有许多不同于其他物质的特点。如光敏特性和热敏特性及掺杂特性等。所谓光敏特性和热敏特性是指当环境温度升高或光照加强时，半导体的导电能力会显著增强。所谓掺杂特性是指在纯净的半导体中加入极微量的杂质后，半导体的导电能力显著提高。利用上述特性便可以制成多种用途的半导体器件。但半导体的热敏性和光敏性也有不利的一面，它使半导体器件中的特性易受环境的影响，这一点在使用半导体器件时应加以注意。

半导体之所以呈现上述导电特性，根本原因在于半导体物质的内部原子结构及排列方式。以常用的半导体材料硅和锗的原子结构为例，它们都是四价元素，成晶体状时每一个原子外层的四个价电子都与邻近原子的价电子形成**共价键**的结构，图7-1是硅或锗晶体共价键结构的示意图。

图7-1　硅（锗）晶体结构示意图

处于共价键上的电子不像绝缘体中的电子被束缚的那样紧，在一定温度下或一定光辐照下，某些电子接受外界能量后可以脱离共价键的束缚成为**自由电子**。价电子脱离束缚成为自由电子后在共价键上留下一个空位，称为**空穴**。由于电子带负电荷而原子又是呈中性的，因此空穴可看做是带正电。有空穴的原子又可吸引邻近原子中的价电子来填补空穴，这样在一定条件下半导体中将出现两种带电粒子的运动：一种是带负电的自由电子运动；另一种是带正电的空穴的运动。在外电场作用下电子流向电源正极，空穴流向负极，电路中便形成了电流。半导体导电的最大特点是同时存在电子导电和空穴导电，自由电子和空穴都称**载流子**。纯净半导体中的载流子总是成对出现，又不断复合。在一定条件下达到动态平衡后，半导体中的载流子将维持一定数目不变。当条件变化时载流子数目会发生变化，如温度升高或接受光照，载流子数目将增多，使半导体导电性增强，这便是半导体具有热敏及光敏特性的原因。

一般情况下，**本征半导体**即纯净半导体内的载流子数目有限，导电能力较差。为增强其导电性可以在本征半导体中掺杂。掺杂后导电能力提高的原因同样可以从半导体的内部原子结构来分析。根据掺入本征半导体的杂质情况，可分为两大类。一类是在硅或锗半导体中掺入五价元素（如磷）。磷原子外层有五个价电子，其中四个价电子与硅原子中的价电子形成共价键后，多出的一个电子不受共价键束缚，很容易挣脱原子核的束缚而成为自由电子，这样掺杂半导体中自由电子数目将大量增加，导电能力会大幅提高。在这种类型的掺杂半导体中虽然还是存在自由电子和空穴两种导电方式，但多数的载流子（称多子）是自由电子，少数的载流子（称少子）是空穴，自由电子导电是主要方式，这种半导体称为**电子型半导体**，简称 **N 型半导体**，如图 7-2 所示。

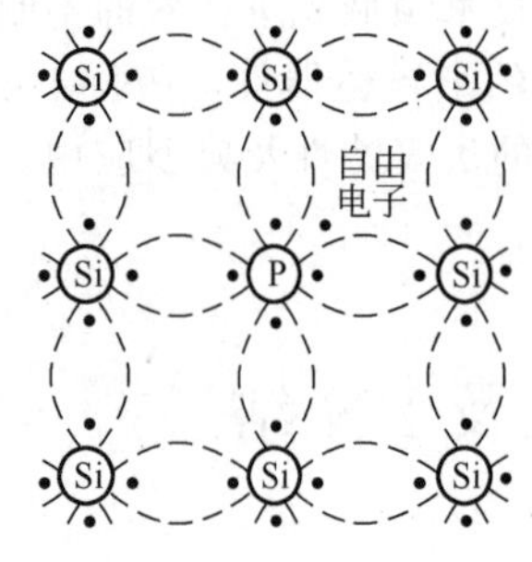


图 7-2　N 型半导体

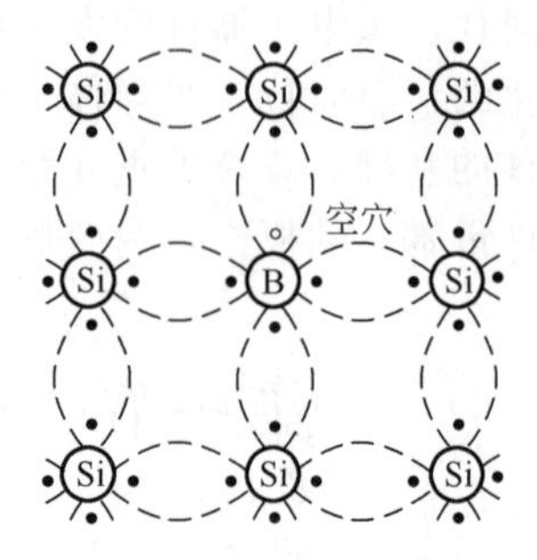


图 7-3　P 型半导体

另一类掺杂半导体是在硅或锗半导体中掺入三价元素（如硼），硼原子外层只有三个价电子，与硅原子中的价电子形成共价键时，将出现一个空穴，当邻近共价键中的价电子来填补这个空穴时，该价电子原共价键中的位置上就出现了一个显正电性的空穴，如图 7-3 所示，这样掺入了微量的硼会使半导体内出现大量的空穴。在这种掺杂半导体中，多子是空穴，少子是自由电子，它主要靠空穴导电，称为**空穴半导体**，简称 **P 型半导体**。

通过控制掺杂内容和掺杂量可以控制半导体内主要的导电机构和导电能力。纯净的半导体是制作半导体器件的原材料，要制成半导体器件必须使用上述的掺杂半导体。

## 二、PN 结及其单向导电性

采用扩散或离子注入的半导体工艺可以在一块半导体单晶芯片上制成 P 型和 N 型两种类型的导电区。在 P 型和 N 型两种半导体的交界面处由于两边多数载流子浓度上的差异将导致互相扩散，即 P 区的空穴向 N 区扩散，在 P 区界面附近因失去空穴而留下带负电的离子；同时 N 区的自由电子也向 P 区扩散，在 N 区界面附近因失去电子而留下带正电的离子，如图 7-4(a) 所示。这些不能移动的带电离子在交界面两侧形成了异号的空间电荷区，这个空间电荷区就叫做 **PN 结**。空间电荷区两边的正负电荷产生一个电场，其方向由正电荷区指

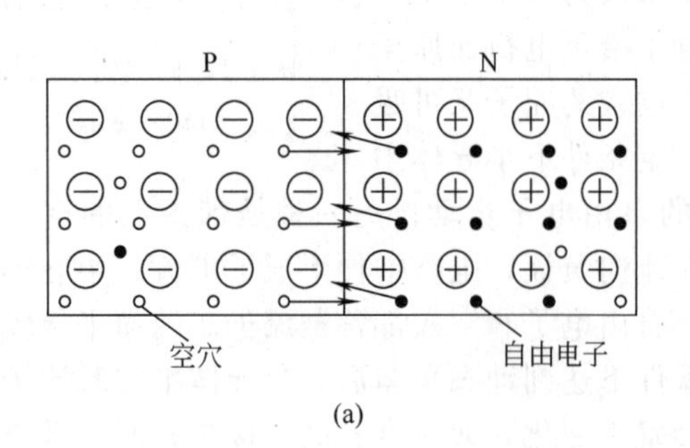


(a)

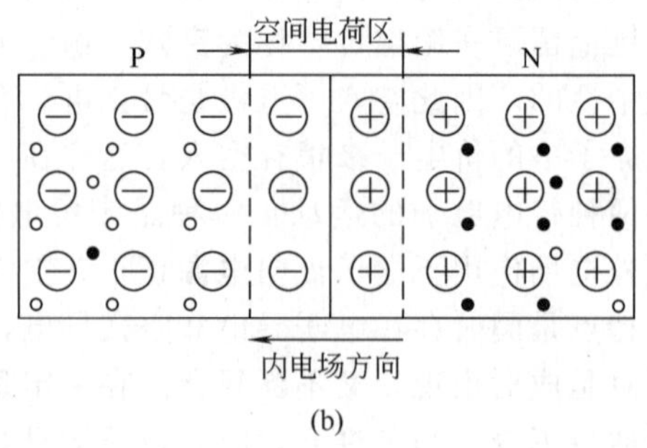


(b)

图 7-4　PN 结的形成

向负电荷区，即由半导体的 N 区指向 P 区。因为它是由内部电荷产生的，故称为**内电场**，如图 7-4(b) 所示。内电场的作用是阻碍多数载流子的**扩散运动**，同时内电场使 P 区少数载流子（电子）向 N 区运动；使 N 区少数载流子（空穴）向 P 区运动。少数载流子在内电场作用下的这种运动称为**漂移运动**。

扩散运动和漂移运动是互相联系而存在的，扩散运动产生空间电荷区和内电场，内电场又削弱扩散运动，产生漂移运动。最终两种运动达到动态平衡，即从 P 区扩散到 N 区的空穴数与从 N 区漂移到 P 区的空穴数相等；从 N 区扩散到 P 区的电子数与从 P 区漂移到 N 区的自由电子数相等。此时空间电荷区的宽度及内电场的强度均处于相对稳定状态。

PN 结的重要特性是**单向导电性**。如果在 PN 结上加正向电压，如图 7-5(a) 所示，即外电源正极接到 P 区，负极接到 N 区，则扩散与漂移运动的动态平衡被打破，内电场被削弱，空间电荷区变窄，扩散运动超过漂移运动，形成较大的扩散电流，PN 结呈现的电阻很小，PN 结处于**导通状态**。如果给 PN 结外加反向电压，即 P 区接电源负极 N 区接电源正极，如图 7-5(b) 所示，这时外电场与内电场方向相同，在外电场作用下，空间电荷区加宽，内电场增强，多子的扩散运动难以进行，漂移运动超过扩散运动，增强了由少数载流子形成的漂移电流。常温下，由于少数载流子数量很少，因此反向电流不大，PN 结呈现的反向电阻很高，PN 结处于**截止状态**。上述情况表明 PN 结具有单向导电性，这一独特的性能是构成各种半导体器件的基础。

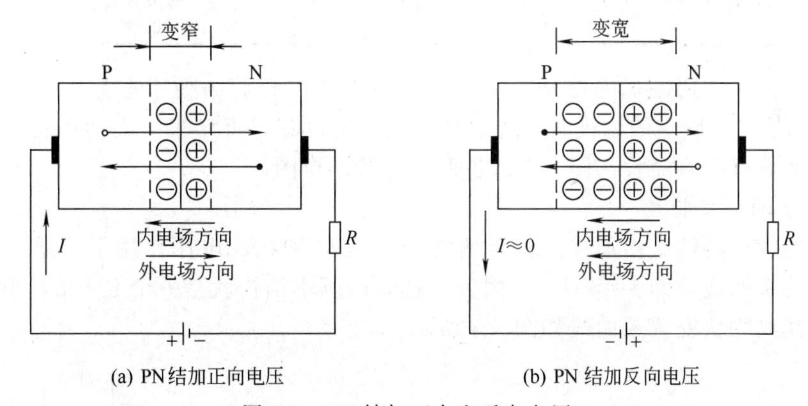


(a) PN结加正向电压　　(b) PN 结加反向电压

图 7-5　PN 结加正向和反向电压

## 三、半导体二极管

1. 基本结构、分类

半导体二极管（diode）是由一个 PN 结加上电极引线和管壳封装制成的，其 P 区引出端称为正极或阳极，N 区引出端为负极或阴极，图 7-6(a) 是其结构示意图，图 7-6(b) 是二极管的符号，符号中的三角箭头表示二极管正向电流的流动方向。

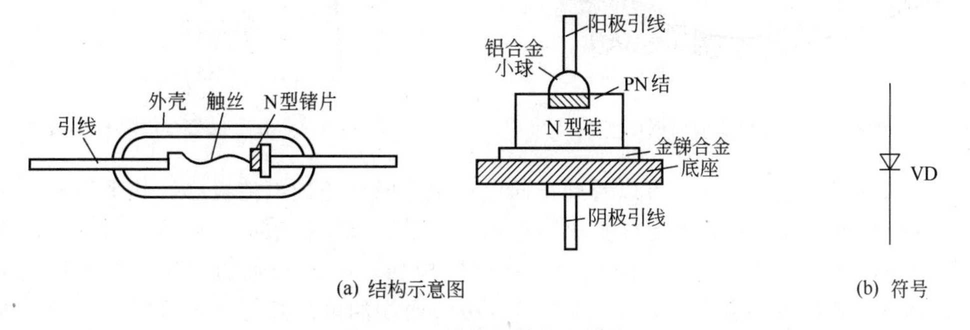


(a) 结构示意图　　(b) 符号

图 7-6　二极管的结构和符号

二极管的种类很多，按制造材料分，主要有硅二极管和锗二极管；按结构分，有点接触型和面接触型两类，如图 7-6(a) 所示；按用途分，有整流二极管、检波二极管、稳压二极管、光电二极管和开关二极管等。锗管一般为点接触型，它的特点是 PN 结的面积很小，结电容小，允许通过的电流较小。一般用于高频检波和小功率整流电路中，也用作数字电路中的开关元件。硅管一般为面接触型，它的 PN 结面积大，可以通过较大电流，但结电容也大，不适用于高频电路，主要用于低频及整流电路。有关二极管的型号及命名可参见表 7-1。

**表 7-1　二极管的型号及命名**

| 第一部分 | 第二部分 | | 第三部分 | | 第四部分 |
|---|---|---|---|---|---|
| 用阿拉伯数字 2 表示器件的电极数目 | 用汉语拼音字母表示器件的材料和类型 | | 用汉语拼音字母表示器件的功能类别 | | 用阿拉伯数字表示序号 |
| 示例<br>2 C K 18<br>18—序号<br>K—开关管<br>C—N 型，硅材料<br>2—二极管 | 符　号 | 意　义 | 符　号 | 意　义 | |
| | A | N 型，锗材料 | P | 小信号管 | |
| | B | P 型，锗材料 | W | 稳压管 | |
| | C | N 型，硅材料 | Z | 整流管 | |
| | D | P 型，硅材料 | K | 开关管 | |
| | | | C | 变容管 | |
| | | | S | 隧道管 | |
| | | | U | 光电管 | |

小电流二极管常用玻璃壳或塑料壳封装。大电流二极管为便于散热。一般使用金属外壳。导通电流在 1A 以上的二极管常加散热器以帮助冷却，近年来，大功率管逐渐采用平板压接式，其散热好、寿命长，图 7-7 是各种二极管外形图。

2. 二极管的伏安特性

二极管的伏安特性是指加在二极管两端的电压 $U$ 和在此电压作用下，通过二极管的电流 $I$ 之间的关系曲线，即 $I=f(U)$。因为二极管的基本结构就是一个 PN 结，所以它具有单向导电性。其典型伏安关系曲线如图 7-8 所示。

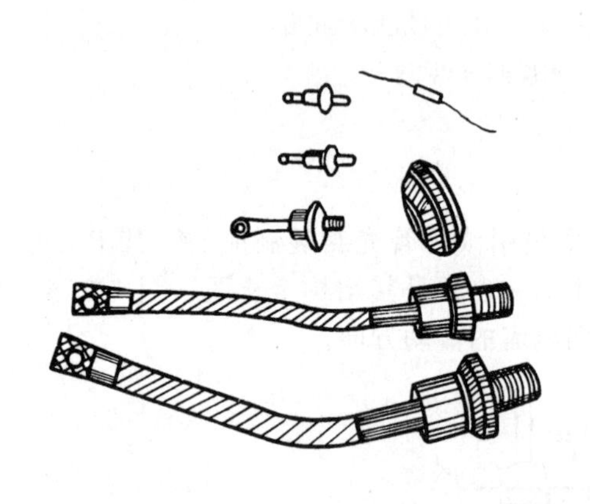

图 7-7　二极管结构外形图

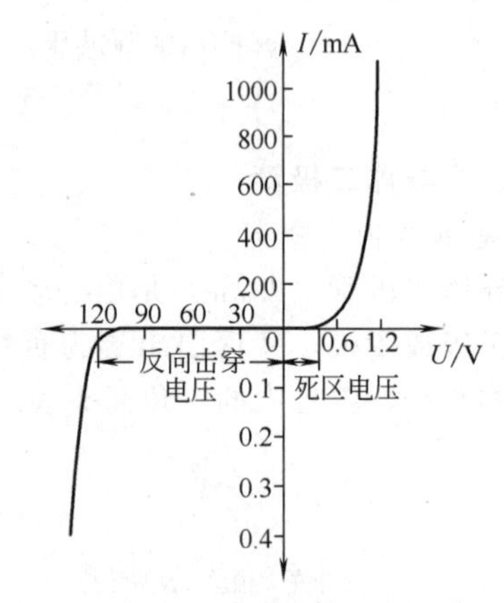


图 7-8　硅二极管伏安特性曲线

观察二极管的正向特性，可以看到正向电压很小时，正向电流极小，几乎为零。这是因为此时的外加电场还太小，不足以克服内电场对多数载流子扩散运动所造成的阻力，所以正向电流很小，几乎为零。这段电压称为 **“死区” 电压**，一般硅管的“死区”电压为 0.4～0.5V，锗管的死区电压值为 0.1～0.2V。当二极管两端的电压超过“死区”电压后，内电场被大大削弱，正向电流大幅度增加，二极管导通。二极管导通后其两端电压（称为管压降）随电流的变化很小，一般硅管的管压降约为0.6～0.8V，锗管的管压降约为0.2～0.3V。

观察二极管的反向特性，可以看到当反向电压在一定范围内时，反向电流很小，而且几乎与反向电压值无关。这是因为反向电流是由少数载流子的漂移运动形成的，温度一定时，少数载流子的数目基本恒定，反向电流不随外加反向电压的大小而改变。一般称反向电流为**反向饱和电流**。此时二极管处于反向截止状态。一般硅管的反向饱和电流为几微安，锗管的反向饱和电流为几百微安。需要注意的是，随着温度升高，半导体内由热激发而产生的电子空穴对数目增加，少数载流子增多，反向电流会随温度升高按指数规律增大。

随着反向电压进一步加大超过某一定值时，外电场产生的电场力足以把共价键中的价电子强行拉出而成为自由电子，这时二极管中载流子数目急剧上升，反向电流突然增大，二极管的单向导电性被破坏，这种现象称为反向击穿。对应的反向电压值称为二极管的反向击穿电压。各类二极管的反向击穿电压大小不等，通常为几十伏到几百伏，最高可达千伏以上。二极管工作时，若无特殊的保护措施，出现电击穿后将造成PN结损坏使二极管失去单向导电性。

3. 二极管主要参数

二极管的特性除用伏安关系曲线表示外，还可以用一些基本参数来说明其适用范围。为了正确选用二极管和判断其性能的好坏，必须对其主要参数有所了解。

(1) 最大正向（整流）电流 $I_{OM}$。**最大整流电流**是指二极管长期使用时，允许流过二极管的最大正向平均电流，用 $I_{OM}$ 表示，其大小取决于PN结的面积、材料和散热情况。当二极管中的实际电流超过这个允许值时，由于PN结过热将使二极管损坏。一般点接触型二极管的 $I_{OM}$ 在几十毫安以下，面接触型则较大，可达到几百毫安以上。大功率二极管要加装散热片以降低结温。

(2) 最高反向工作电压 $U_{RM}$。$U_{RM}$ 是保证二极管不被击穿而给出的**最高反向工作电压值**，一般是反向击穿电压的$\frac{1}{2}$或$\frac{2}{3}$。

(3) 最大反向电流 $I_{RM}$。$I_{RM}$ 是二极管反向电压为 $U_{RM}$ 时的反向电流。它是二极管的质量指标之一。$I_{RM}$ 大表示二极管单向导电性差，并且特性受温度影响大。

除上述参数外，在高频电路中还需了解管子的结电容、开关速度和最高工作频率等性能参数。实际应用时，可查阅半导体器件手册。

4. 应用电路举例

二极管的应用范围很广，主要都是利用它的单向导电性，除后面要介绍的整流电路外，还可用于钳位、限幅及元件保护等。图7-9所示是二极管钳位电路。图中若A点电位 $U_A=3V$，B点电位 $U_B=0V$，由于 $VD_B$ 优先于 $VD_A$ 导通，这样使 $F$ 点电位被钳制在0V，$VD_A$ 截止，起隔离作用，使输入端A与输出端F隔离开来。

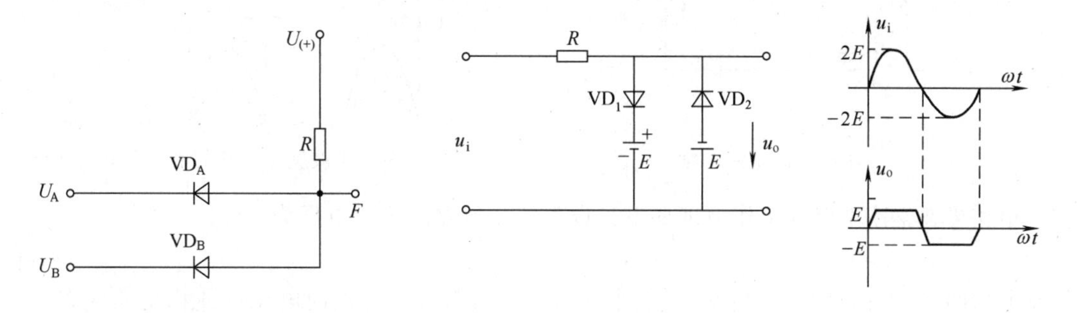


图7-9　二极管钳位电路　　图7-10　二极管限幅电路

利用二极管组成的限幅电路如图 7-10 所示，图中 $U_{im}=2E$，当 $u_i$ 为正半周时，若 $u_i<E$，则 $VD_1$,$VD_2$ 均截止，$u_o=u_i$；若 $u_i>E$，$VD_1$ 导通，$VD_2$ 截止，$u_o=E$；当 $u_i$ 为负半周时若 $|u_i|<E$，$VD_1$,$VD_2$ 均截止，$u_o=u_i$；当 $|u_i|>E$ 时，$VD_2$ 导通，$VD_1$ 截止，$u_o=-E$。二极管 $VD_1$,$VD_2$ 的存在使输出信号的幅度受到限制，故起的是限幅作用。

### 思考题

7-1-1 N 型半导体和 P 型半导体是怎样形成的？各有什么特点？

7-1-2 N 型半导体中的多子为电子，P 型半导体中的多子为空穴，是否 N 型半导体就带负电，而 P 型半导体中就带正电？

7-1-3 为什么 PN 结具有单向导电性？

7-1-4 在同样正向电流下，二极管的压降是大一些好还是小一点的好？而在同样的反向电压下，二极管的反向电流是大一些好还是小一点的好？

## 第二节 二极管整流电路

利用二极管的单向导电性，把按正弦规律变化的交流电变换成单一方向的脉动直流电，实现交流变直流的电路称为**整流电路**。按所接交流电源的相数，主要分为单相整流电路、三相整流电路和多相整流电路。单相整流主要用于小功率负载；三相整流多用于大功率负载；多相整流，如六相或更多相整流多用于特殊场合，如低压大电流电路。下面仅对单相和三相整流电路的工作情况进行介绍。

### 一、单相整流电路

常用的单相整流电路有**单相半波、单相全波、单相桥式整流电路**。当负载要求的电压较高而需要电流较小时，可采用**倍压整流电路**。

1. 单相半波整流电路

单相半波整流电路如图 7-11 所示。它是最简单的整流电路。电路中只使用一个二极管，电路中变压器用来将电源电压变换到整流负载工作所需要的电压值。

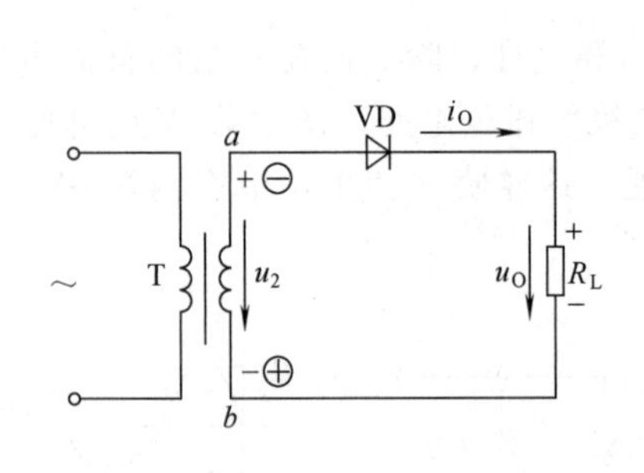


图 7-11 单相半波整流电路

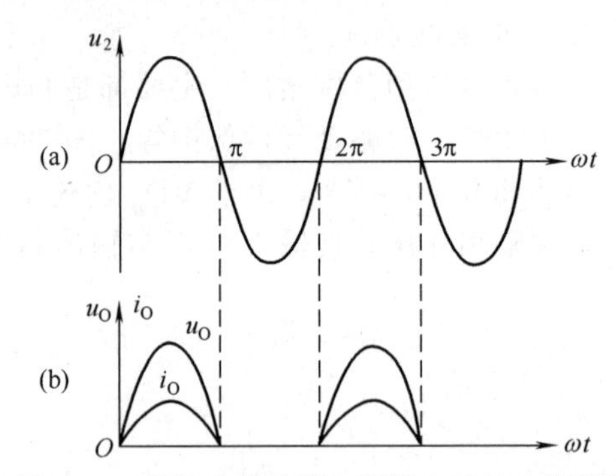


图 7-12 单相半波整流电路的电压和电流波形

单相半波整流电路的工作原理如下：设整流变压器副边的电压为

$$u_2=\sqrt{2}U_2\sin\omega t \tag{7-1}$$

其波形如图 7-12(a) 所示。当 $u_2$ 为正半周时，二极管 VD 受正向电压（或称正向偏置）而导通，如果忽略二极管正向压降则负载 $R_L$ 上的电压 $u_O$ 与交流电压 $u_2$ 的正半波相等，即正半周的电压全部作用在负载上；当交流电压 $u_2$ 变成负半周时，二极管工作在反向偏置状态，二极管截止，负载 $R_L$ 上得不到电压，流过的电流 $i_O$ 为零，交流电压 $u_2$ 的负半周全部作用在二极管上。负载 $R_L$ 上的电压电流波形如图 7-12(b) 所示。

整流后 $u_O$ 虽然方向不变，但大小时刻变化，所以一般是由一个周期的平均值来表示其大小。单相半波整流电压的平均值为

$$U_O=\frac{1}{2\pi}\int_0^{\pi}\sqrt{2}U_2\sin\omega t\,d(\omega t)=\frac{\sqrt{2}}{\pi}U_2=0.45U_2 \tag{7-2}$$

由此得到整流电流的平均值为

$$I_O=\frac{U_O}{R_L}=0.45\frac{U_2}{R_L} \tag{7-3}$$

由于二极管 VD 与负载 $R_L$ 串联，所以流过 VD 的电流平均值为

$$I_D=I_O=0.45\frac{U_2}{R_L} \tag{7-4}$$

二极管不导通时，承受的是反向电压，其承受最大反向电压 $U_{DRM}$ 是被整流的交流电压 $u_2$ 的最大值，即

$$U_{DRM}=\sqrt{2}U_2 \tag{7-5}$$

变压器副边流过的电流亦是半波整流波形，该电流的有效值可由式(2-4) 求得

$$I=\sqrt{\frac{1}{2\pi}\int_0^{2\pi}i^2d(\omega t)}=\sqrt{\frac{1}{2\pi}\int_0^{\pi}(I_m\sin\omega t)^2d(\omega t)}=\frac{I_m}{2}$$

式中，$I_m=\frac{\sqrt{2}U_2}{R_L}$。由式(7-4) 推得 $I_m=\frac{\sqrt{2}I_0}{0.45}$，代入上式得

$$I=\frac{\sqrt{2}I_O}{0.45\times 2}=1.57I_O \tag{7-6}$$

式(7-6) 给出了变压器副边的电流有效值。

在整流电路的实际应用中，应根据以上关系选择二极管及变压器，对二极管的最大整流电流及反向峰值电压要留有一定的余量，以保证二极管的安全使用。

该电路简单，但输出电压低，脉动大，变压器利用率低，适用于小电流及要求不高的直流用电场合，如蓄电池充电、电镀等场合。

**【例 7-1】** 在图 7-11 所示电路中负载电阻 $R_L=750\Omega$，变压器副边电压 $U_2=20V$，求输出电压平均值 $U_O$，输出电流的平均值 $I_O$ 及 $U_{DRM}$，并选用二极管。

**解**

$$U_O=0.45U_2=0.45\times 20=9V$$

$$I_O=\frac{U_O}{R_L}=\frac{9}{750}=0.012A=12mA$$

$$U_{DRM}=\sqrt{2}U_2=\sqrt{2}\times 20=28.2V$$

二极管的主要参数是正向电流平均值和允许承受的最大反向工作电压。为了使用安全，二极管的反向工作峰值电压要选得比 $U_{DRM}$ 大一倍左右。据此查产品目录选择适用二极管型号。可选 2AP4($I_{OM}=16mA$，$U_{RM}=50V$)。

2. 单相桥式整流电路

单相半波整流的缺点是只利用了电流的半个周期，且整流电压的脉动较大。为了克服这些缺点，常采用全波整流电路，实际应用中最普遍采用的电路是单相桥式整流电路。它是由四个二极管接成电桥的形式构成的。图 7-13 所示是单相桥式整流电路的几种不同画法。其结构特点为：$VD_1$，$VD_2$ 阴极相连，接负载的正端；$VD_3$，$VD_4$ 的阳极相连并接负载的负端；$VD_1$ 阳极与 $VD_4$ 阴极相连，$VD_2$ 阳极与 $VD_3$ 阴极相连，分别接到变压器副边两端。下面

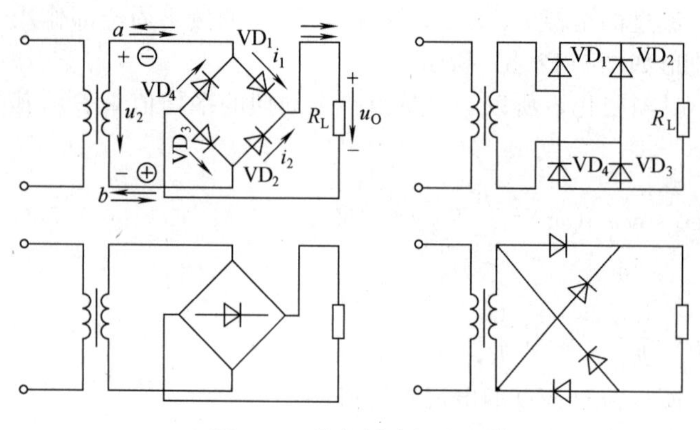

图 7-13 单相桥式整流电路

按照图 7-13 中第一种联接形式来分析桥式整流电路的工作情况。

当变压器副边电压 $u_2$ 在正半周时，其极性为上正下负，即 $a$ 点电位高于 $b$ 点。电路中 $a$ 点电位最高，$b$ 点电位最低，二极管 $VD_1$ 和 $VD_3$ 导通，$VD_2$ 和 $VD_4$ 处于反向偏置而截止。电流 $i_1$ 由变压器副绕组 $a$ 端经 $VD_1$ 到 $R_L$ 再经 $VD_3$ 回到 $b$ 端，这时负载电阻 $R_L$ 上得到一个半波电压和电流，在电压 $u_2$ 的负半周，$a$ 点电位低于 $b$ 点。电路中 $a$ 点电位最低，$b$ 点电位最高，二极管 $VD_2$ 和 $VD_4$ 导通而 $VD_1$ 和 $VD_3$ 截止，电流由 $b$ 端经 $VD_2$ 到 $R_L$，再由 $VD_4$ 回到 $a$ 端，这时负载又得到一个半波电压和电流，如图 7-14 所示，这样在一个周期内，负载 $R_L$ 上得到两个正半周电压和电流。显然，全波整流电路的整流电压平均值 $U_O$ 比半波整流时增加了一倍，即

$$U_O=2\times0.45U_2=0.9U_2 \tag{7-7}$$

相应的，负载中流过的电流平均值也增加了一倍，即

$$I_O=\frac{U_O}{R_L}=0.9\frac{U_2}{R_L} \tag{7-8}$$

由于桥式整流是 $VD_1$ 和 $VD_3$、$VD_2$ 和 $VD_4$ 串联后轮流导通的，每两个二极管串联导电半周，因此，流过每个二极管的平均电流只是负载电流的一半，即

$$I_D=\frac{1}{2}I_O=0.45\frac{U_2}{R_L} \tag{7-9}$$

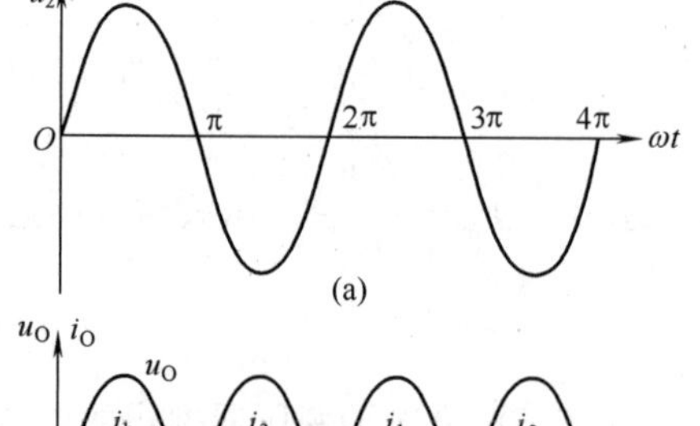


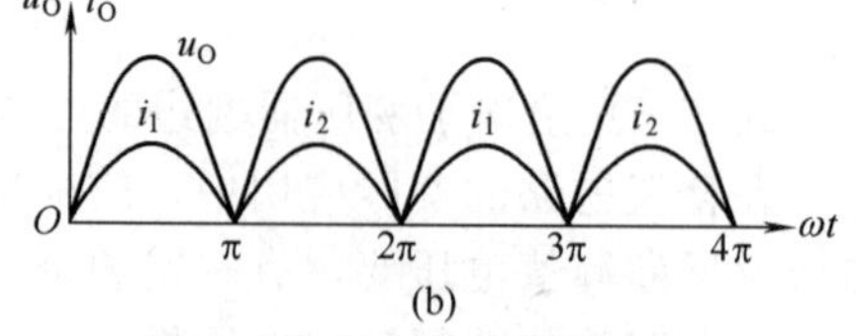

图 7-14 单相桥式整流电路的电压与电流波形

至于二极管截止时承受的最高反向电压，从图 7-13 可以看出，当 $VD_1$ 和 $VD_3$ 导通时，如果忽略二极管的正向压降，截止管 $VD_2$ 和 $VD_4$ 的阴极电位就等于 $a$ 点的电位，阳极电位就等于 $b$ 点的电位。所以截止管所承受的最高反向电压就是电源电压的最大值，即

$$U_{DRM}=\sqrt{2}U_2 \tag{7-10}$$

这一点与半波整流电路相同。

桥式整流电路与半波整流电路相比，虽然需用的整流二极管在数量上增多些，但是变压器利用率提高，输出的直流电压值增高，且脉动减小，因而得到广泛应用。

**【例 7-2】** 如图 7-13 所示单相桥式整流电路，若负载电阻 $R_L$ 为 180Ω，要求通过负载电流的平均值 $I_O=0.5A$，试选择整流电路中二极管及变压器的主要参数。

**解** 因为 $I_O=0.5A$，$R_L=180\Omega$

所以 $U_O=I_OR_L=0.5\times180=90V$

由式(7-7) 可计算出电压 $U_2$ 的有效值 $U_2=\frac{U_O}{0.9}=100V$

由于是单相桥式电路，通过二极管中的电流平均值 $I_D=\frac{I_O}{2}=0.25A$

二极管上承受的反向电压最大值为　$U_{DRM}=\sqrt{2}U_2=141V$

根据计算出的 $I_D$ 和 $U_{DRM}$ 值查阅产品目录，可选型号为 2CZ54D，最大整流电流为 0.5A，最高反向电压为 200V 的二极管。

变压器副边电压有效值　$U_2=100V$

变压器副边电流有效值由表 7-2　$I_2=1.11I_O=1.11\times0.5=0.555A$

$R_L$ 为纯电阻负载，变压器的功率　$P=U_2I_2=100\times0.555=55.5W$

根据计算可选择变比 $K=\frac{220}{100}$，容量为 70V·A 的变压器。

3. 倍压整流电路

上面介绍的两种整流电路是最常用的，实际应用中有一些电子设备在工作时要求提供数千伏以上的直流电压。但负载需要的电流不大，有时只有几个毫安。对于这类负载可采用倍压整流电路供电。

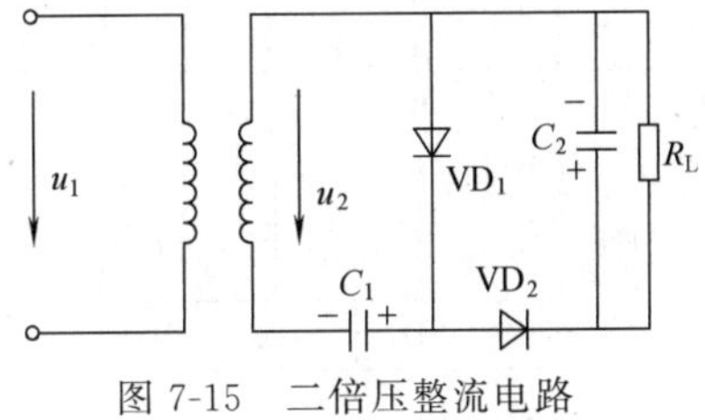

图 7-15　二倍压整流电路

二倍压整流电路如图 7-15 所示，工作原理如下：在电压 $u_2$ 的正半周，二极管 $VD_1$ 导通，$u_2$ 通过 $VD_1$ 对电容 $C_1$ 充电。当电压 $u_2$ 达到正向峰值电压时，电容 $C_1$ 的电压充至$\sqrt{2}U_2$ 值；当 $u_2$ 从正向峰值下降后电容 $C_1$ 上的电压高过 $u_2$，这时二极管 $VD_1$ 开始承受反向电压，不再导电。当电压 $u_2$ 进入负半周后，$u_2$ 的极性改变，这时 $u_2$ 与电容 $C_1$ 上的电压相加通过 $VD_2$ 共同对电容 $C_2$ 充电。如果负载电阻 $R_L$ 的阻值很高，时间常数 $R_LC_2\gg\frac{T}{2}$（$T$ 为交流电压 $u_2$ 的周期），这个电路经过多个周期，反复对电容 $C_1$ 和 $C_2$ 充电后，电容 $C_1$ 上的电压可基本上保持为$\sqrt{2}U_2$，电容 $C_2$ 上的电压，可基本上保持为 $2\sqrt{2}U_2$。从电容 $C_2$ 取得的电压为 $2\sqrt{2}U_2$ 的直流电压。该电路输出电压 $U_O$ 之值为电源电压 $u_2$ 最大值的 2 倍，因此这种整流电路称为倍压整流电路。

如果将上述倍压整流电路多增加几个环节，可以得到更高倍数的倍压整流电路。

## *二、三相桥式整流电路

前面所分析的是单相整流电路，输出功率一般为几瓦到几百瓦，通常应用于电子仪器及家用电器中。对于大功率整流，如果采用单相整流电路，会造成三相供电线路负载不对称影响供电质量，因而多采用三相整流电路。在某些场合，虽然要求整流功率不大，但为得到脉动程度更小的整流电压，也采用**三相整流电路**。三相整流电路可分为**三相半波整流电路**和**三相桥式整流电路**，本节只对应用较多的三相桥式整流电路作一简要介绍。

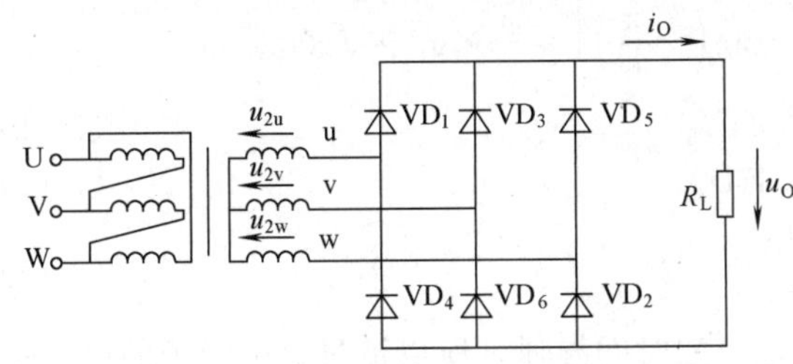

图 7-16　三相桥式整流电路原理图

三相桥式整流电路经三相变压器接交流电源。变压器副边为星形连接，三相桥式整流电路由六只二极管组成，原理如图 7-16 所示。其中 $VD_1$，$VD_3$，$VD_5$ 三个二极管的负极连接在一起，称为共负（阴）极组；$VD_2$，$VD_4$，$VD_6$ 的正极连接在一起，称为共正（阳）极组。负载电阻 $R_L$ 接在负极公共点和正极公共点之间。由于二极管只能在正向电压下导通，所以在某个时刻三相整流电路中，哪些二极管导电，哪些不导电，只要比较一下每个二极管的阳极与阴极之间的电位差就可以确定。在图 7-16 所示电路中，共负极组中哪个二极管正极电位最高，哪个二极管就导通，共正极组中哪个二极管负极电位最低，哪个二极管就导通，同一时间有两个二极管导通。根据三相电压的波形可以看出，在一般情况下，这三个电压总是有一个最高，一个最低，另一个处于中间值。具体分析如下。

图 7-17 上部的 $u_{2u}$，$u_{2v}$，$u_{2w}$ 曲线是图 7-16 电路中变压器的副边相电压波形。在 $t_1 \sim t_2$ 期间，u，v，w 三相中 u 相电压 $u_{2u}$ 最高，v 相电压 $u_{2v}$ 最低，即此时电路中 u 点电位最高，v 点电位最低，故二极管 $VD_1$，$VD_6$ 导通。$VD_1$，$VD_6$ 导通后，$VD_3$，$VD_5$，$VD_2$，$VD_4$ 承受反向电压而截止。如果忽略管子的正向压降，此时加到负载 $R_L$ 上的电压 $U_O$ 就是线电压 $u_{uv}$，电流从变压器的 u 端流出，经过 $VD_1$，$R_L$ 和 $VD_6$，到 v 点流入变压器。

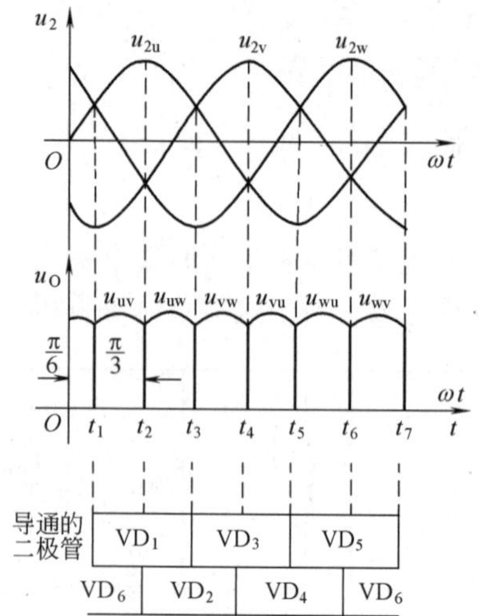

图 7-17　三相桥式整流电路波形图

在 $t_2 \sim t_3$ 期间，u 点电位仍然最高，所以 $VD_1$ 依然导通，但 w 相电压为最低，即 w 点电位最低，故 $VD_2$ 导通。这时加在负载 $R_L$ 上的电压是 uw 之间的线电压 $u_{uw}$，电流的通路是 u→$VD_1$→$R_L$→$VD_2$→w。

其余各段时间内电路的工作情况，可依此类推。从图 7-17 的下部和中部可以看到二极管轮流导通的情况和负载电压的波形，它是一个在一个周期内出现六个波峰的脉动直流电压，脉动程度大大减小，比单相桥式整流输出电压的波形要平滑得多，每个二极管在每个周期（$T$）中导通 $\frac{T}{3}$ 时间，即导通 $\frac{2}{3}\pi$ 弧度，整流输出电压 $u_O$ 分别由三相电源的三个线电压轮流供电，若忽略二极管上的压降，输出电压 $u_O$ 的瞬时值始终与相应的电源线电压相等。

由图 7-16 和图 7-17 可以看出，不管哪一对二极管导通，$u_O$ 的方向总是从三相桥中 $VD_1$，$VD_3$，$VD_5$ 负极公共点指向 $VD_2$，$VD_4$，$VD_6$ 的正极公共点，其最大值等于变压器副边线电压的最大值，它的最小值出现的时刻，可用交流电源电压的相角来计量，即偏离它的最大值 $\frac{\pi}{6}$，若以 $U_2$ 表示变压器副边相电压的有效值，$U_O$ 的平均值计算如下

$$U_O = \frac{1}{\frac{\pi}{3}} \int_{-\frac{\pi}{6}}^{\frac{\pi}{6}} \sqrt{3} \times \sqrt{2} U_2 \cos\omega t \, d(\omega t)$$

$$U_O = \frac{3}{\pi} \sqrt{3} \times \sqrt{2} U_2 \left[ \sin\frac{\pi}{6} - \sin\left(-\frac{\pi}{6}\right) \right] = \frac{3}{\pi} \times \sqrt{3} \times \sqrt{2} U_2$$

化简为
$$U_O = 2.34 U_2 \tag{7-11}$$
或写成
$$U_2 = 0.43 U_O \tag{7-12}$$
负载电流平均值为
$$I_O = \frac{U_O}{R_2} = 2.34 \frac{U_2}{R_L} \tag{7-13}$$

由于在一个周期内，每个二极管只有三分之一的时间导通，所以流过每个管子的电流平均值 $I_D$ 为

$$I_D = \frac{1}{3} I_O = 0.78 \frac{U_2}{R_L} \tag{7-14}$$

每个二极管所承受的最高反向电压为变压器副边线电压的最大值，即

$$U_{DRM} = \sqrt{3} U_m = \sqrt{3} \times \sqrt{2} U_2 = 2.45 U_2 = 1.05 U_O \tag{7-15}$$

表 7-2 列出了几种常见整流电路。

**表 7-2　常见的几种整流电路**

| 类　型 | 单相半波 | 单相全波 | 单相桥式 | 三相半波 | 三相桥式 |
|---|---|---|---|---|---|
| 电　路 | | | | | |
| 整流电压 $u_O$ 的波形 | | | | | |
| 整流电压平均值 $U_O$ | 0.45$U$ | 0.9$U$ | 0.9$U$ | 1.17$U$ | 2.34$U$ |
| 流过每管的电流平均值 $I_D$ | $I_O$ | $\frac{1}{2}I_O$ | $\frac{1}{2}I_O$ | $\frac{1}{3}I_O$ | $\frac{1}{3}I_O$ |
| 每管承受的最高反向电压 $U_{DRM}$ | $\sqrt{2}U=1.41U$ | $2\sqrt{2}U=2.83U$ | $\sqrt{2}U=1.41U$ | $\sqrt{3}\times\sqrt{2}U=2.45U$ | $\sqrt{3}\times\sqrt{2}U=2.45U$ |
| 变压器副边电流有效值 $I$ | 1.57$I_O$ | 0.79$I_O$ | 1.11$I_O$ | 0.59$I_O$ | 0.82$I_O$ |

三相桥式整流在工业生产中应用很广。图 7-18 所示为实际的三相硅整流设备电路图，常用作蓄电池的充电电源或中、小型电解、电镀设备的直流电源。

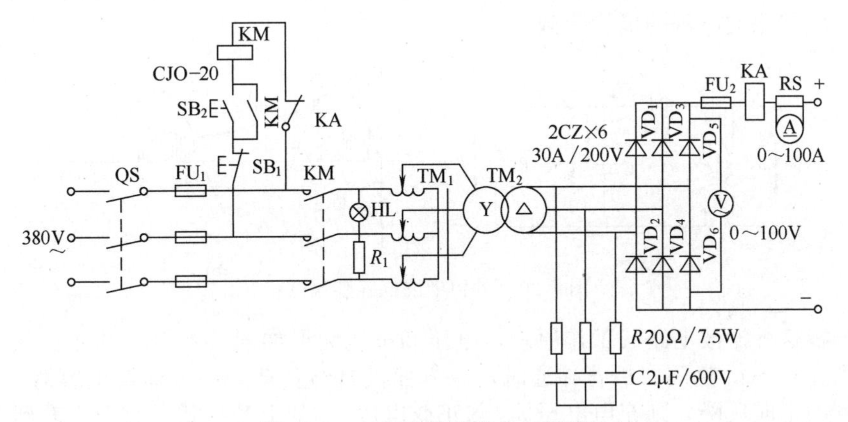


图 7-18　三相硅整流设备电路图

图中电源为 380V 的交流电压，通过组合开关 QS，熔断器 $FU_1$，交流接触器触头 KM，调压器 $TM_1$，电源变压器 $TM_2$ 接到三相桥式整流电路。整流后输出 80A，0～72V 的直流电压。三相自耦调压 $TM_1$ 可调节输出电压的大小。信号灯 HL 指示交流电源的接通情况。电压表、电流表指示输出的电压和电流。

熔断器 $FU_1$ 和 $FU_2$ 是交流侧和直流侧的短路保护，KA 是直流过电流继电器，当负荷电流过大时，KA 动作，其常闭触点断开交流接触器 KM 的控制电路，使 KM 的线圈断电，其主触点跳开，切断交流电源。电路中的三组 $RC$ 电路用来作为整流二极管的瞬时过电压保护。

## 思　考　题

7-2-1　单向桥式整流电路中，若某一整流管发生开路、短路或反接三种情况，电路中会发生什么问题？

7-2-2　如图 7-19 所示倍压整流电路的 $AB$ 端输出电压是电源电压的几倍？

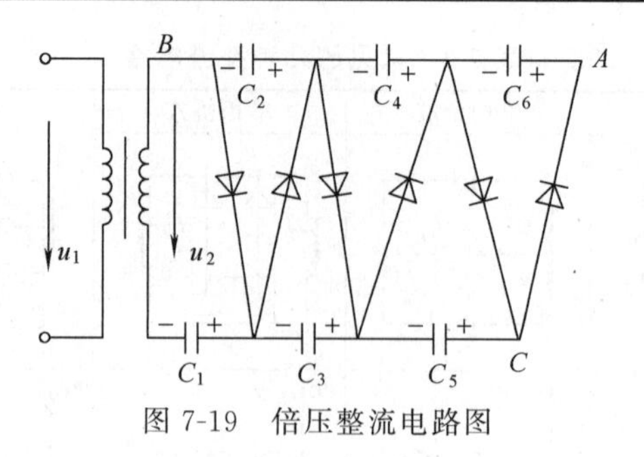


图 7-19　倍压整流电路图

# 第三节　滤波电路

整流电路将交流电转换成脉动直流电后，一般还需要加接**滤波电路**以改善输出电压的脉动程度，使脉动直流电变为比较平滑的直流电，以适应各种要求直流电压平稳的电子设备和电气装置正常工作的需要。滤波电路的种类很多，常用的元件是电容、电感和电阻。

**一、电容滤波**

如图 7-20 所示，将一个容量较大的电容器并联在整流电路的负载两端，即构成一个**单相半波电容滤波整流电路**。电容滤波器是根据电容器的端电压在电路状态改变时不能跃变的原理制成的。因为所需电容量较大，故一般用电解电容器，电解电容有正负极性，在电路中电容的极性应与滤波电压的极性一致。

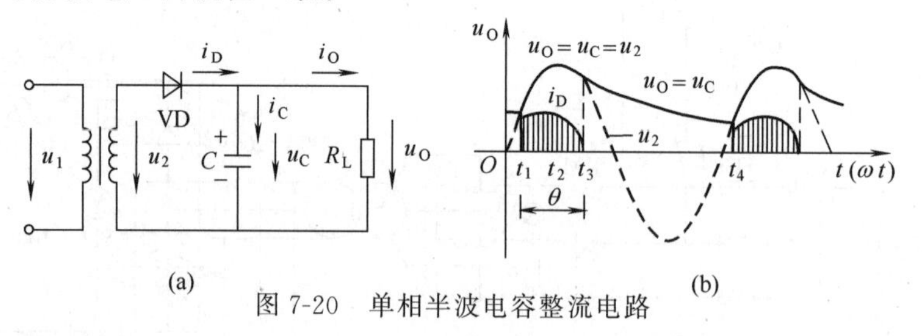


图 7-20　单相半波电容整流电路

下面分析这种滤波电路的工作原理，电压和电流波形如图 7-20(b) 所示。从图 7-20(a) 中可以看到在 $t_1 \sim t_2$ 期间二极管导通时，一方面供电给负载，一方面对电容器 $C$ 充电。如忽略二极管的正向压降，则充电电压 $u_C$ 与正弦电压 $u_2$ 的上升一致，直至上升到 $u_2$ 的最大值，此时流过二极管的电流 $i_D = i_O + i_C$。

此后在 $t_2 \sim t_3$ 阶段 $u_2$ 按正弦规律下降，电容器也开始放电。在这段时间内二极管仍导通，因为按正弦规律变化的 $u_2$ 在 $t_2 \sim t_3$ 时间内下降速度还比较慢，故 $i_C = C\dfrac{du_C}{dt}$的绝对值还比较小，$i_D = i_O + i_C$ 仍大于零，$u_O = u_C = u_2$。但随着 $u_2$ 下降速度加快，放电电流也增大，$i_D$ 值趋于零，二极管反向截止，在 $t = t_3$ 时刻 $i_D = 0$。二极管反向截止后，电容 $C$ 通过 $R_L$ 放电，$u_O = u_C$ 按指数规律下降。时间常数 $\tau(=RC)$，一般大于交流电源周期 $T$，在 $u_2$ 的下一个正半波到来之前，$u_C$ 下降不多，直到 $t = t_4$，$u_2 \geqslant u_C$ 后 VD 再次导通，$C$ 再次被充电，重复上述工作过程。

电容器两端电压 $u_2$ 即为输出电压，从图 7-20(b) 可以看出，单相半波整流电路加电容滤波后，负载电压的脉动程度大为减小，负载电压平均值 $U_O$ 大为提高。$U_O$ 提高的程度与滤波电容和负载电阻的大小有关。放电时间常数 $\tau$ 越大，电容放电越慢，输出电压越平坦。当 $R_L = \infty$（开路）时 $U_O = \sqrt{2}U_2$。通常选

$$\tau = R_L C \geqslant (3 \sim 5)\frac{T}{2} \tag{7-16}$$

式中，$T$ 是交流电压周期。在上述条件下，单相半波整流电路经过电容滤波后，输出直流电压平均值 $U_O$ 的经验值为

$$U_O = U_2 \tag{7-17}$$

对桥式整流滤波

$$U_O = 1.2U_2 \tag{7-18}$$

采用电容滤波，线路简单，整流输出电压的波形比较平直，但滤波效果会随负载 $R_L$ 的大小而变化，因此这种滤波电路一般只适用于负载电流较小，且负载变化也较小的场合，如收音机、电子计算器所用的直流电源。

此外在电容滤波电路中，二极管导通时间较短（导通角小于 180°），冲击电流增大。由于一个周期内电容器的充电电荷等于放电电荷，平均电流为零，所以 $i_D$ 的平均值应等于负载电流平均值 $I_O$，从图 7-20(b) 可以看出，$i_D$ 是周期性脉动电流，因而 $i_D$ 的幅值必然很大。尤其是在接通电源的瞬间，充电电流很大，很容易使整流管损坏，考虑到这种情况，在选用二极管时应留一定的电流余量。还可以在滤波电容前串一个小电阻，以保护二极管。

对单相半波带有电容滤波的整流电路而言，当负载开路时，在交流电压的正半周，电容器上的电压充到等于交流电压的最大值 $\sqrt{2}U_2$，由于负载开路不能放电，这个电压维持不变；在负半周的最大值时，截止二极管所承受的反向电压为交流电源电压的最大值 $\sqrt{2}U_2$，加上电容上电压 $\sqrt{2}U_2$，即

$$U_{DRM} = 2\sqrt{2}U_2$$

对单相桥式整流电路，有电容滤波后，不影响 $U_{DRM}$。

**【例 7-3】** 某负载要求直流电压 $U_O=30V$，直流电流 $I_O=0.5A$，采用带电容滤波的单相桥式整流电路作直流电源。试计算滤波电容器的电容量并确定其最大工作电压的值。

**解** 按式(7-16)，取滤波电容量为

$$C \approx \frac{5 \times \frac{T}{2} I_O}{U_O} \times 10^6 = \frac{5 \times 0.01 \times 0.5}{30} \times 10^6 = 833\mu F$$

故可选用 1000μF 的电解电容。

由式(7-18)，得

$$U_2 = \frac{U_O}{1.2} = \frac{30}{1.2} = 25V$$

取 $U_2=25V$。

电容器两端可能加上的最大直流工作电压就是变压器副边电压的最大值 $\sqrt{2}U_2 = \sqrt{2} \times 25 = 35.4V$，实际可选用允许最大直流工作电压为 50V 的电容器即可。

下面介绍一种比较简单的整流电容滤波的实际应用电路。图 7-21 所示是一种温度可调的电热梳调温供电电路，其调温可分为四挡。

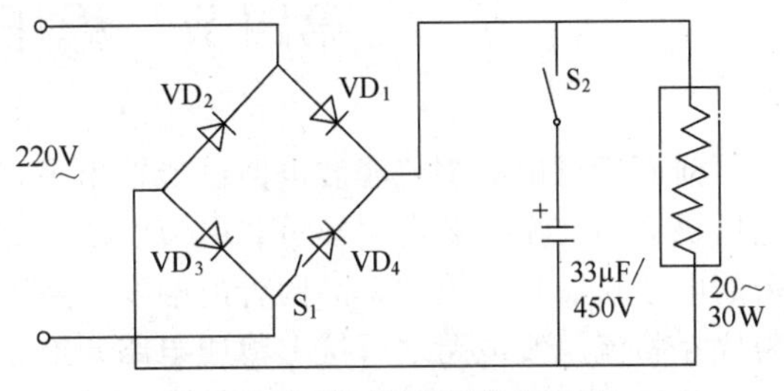

图 7-21 电热梳调温供电电路

(1) 较热挡。图中开关 $S_1$ 及 $S_2$ 均断开，220V 交流电源经半波整流向电热梳供电，供

电电压为 99V。

(2) 中热挡。图中开关 $S_1$ 合上，$S_2$ 断开。220V 交流电源经全波整流后供电，供电电压为较热挡的 2 倍，约为 198V。

(3) 高热挡。图中开关 $S_2$ 合上，$S_1$ 断开，220V 交流电源经半波整流，再经电容滤波供电，供电电压约为 220V。

(4) 最高热挡。图中开关 $S_1$、$S_2$ 均闭合，220V 交流电源经全波整流再经电容滤波供电，供电电压可达 260V 左右。

**二、复式滤波**

为了减小输出电压的脉动程度，可以利用电阻、电感和电容组成复式滤波电路如图 7-22 所示。电感线圈所以能滤波可以这样来理解：因为电感线圈对整流电流的交流分量具有阻抗，谐波频率越高，阻抗越大，所以它可以减弱整流电压中的交流分量。$\omega L$ 比 $R_L$ 大得越多，则滤波效果越好，而后再经过电容滤波器滤波，再一次滤掉交流分量。这样，便可以得到甚为平直的电压波形。但是，由于电感线圈的电感较大（一般在几亨到几十亨的范围内），其匝数越多，电阻也越大，因而其上也有一定的直流压降，造成输出电压的下降。

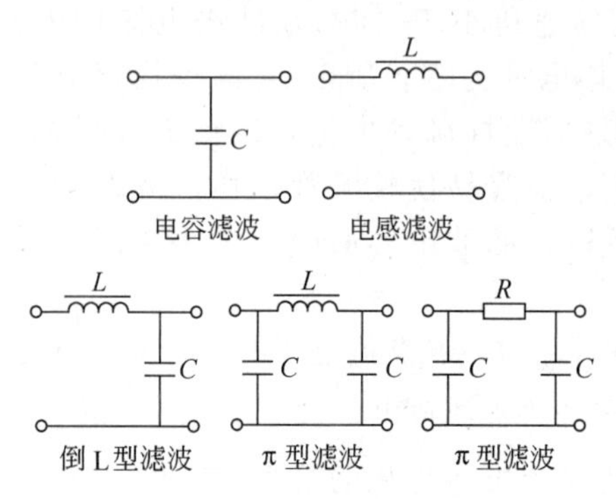


图 7-22 常用复式滤波电路

具有 $LC$ 滤波器的整流电路适用于电流较大、要求输出电压脉动很小的场合，尤其适用于高频电路。

如果要求输出电压的脉动更小，可以在 $LC$ 滤波器的前面再并联一个滤波电容，这样便构成 π 形 $LC$ 滤波器。它的滤波效果比 $LC$ 滤波器更好，但整流二极管中冲击电流较大。

由于电感线圈的体积大而笨重，成本又高，所以一般用电阻去代替 π 形滤波器中的电感线圈，这样便构成了 π 形 $RC$ 滤波器。电阻对于交、直流电流都具有同样的降压作用，但是当它和电容配合之后，就使脉动电压的交流分量较多地降落在电阻 $R$ 两端，而较少地降落在负载上，从而起到了滤波作用。$R$ 越大，$C$ 越大，滤波效果越好。但 $R$ 的增大，会使 $R$ 上的直流分压随之增加，所以这种滤波电路主要适用于负载电流较小而又要求输出电压脉动很小的场合。

### 思考题

7-3-1 整流电路采用电容滤波，试问：

(1) 当负载电阻 $R_L$ 变化时，负载电压平均值是否也变化？为什么？

(2) 当负载电阻 $R_L$ 变化时，输出电压的波纹幅度有否变化？为什么？

## 第四节 稳压管及稳压电路

前面所讨论的整流滤波电路已能输出平直程度比较理想的直流电压，但不足之处是输出电压仍会随交流电源电压和负载电流的波动而变化。这将影响电子设备正常工作。在许多精密的电子仪器自动控制，晶闸管的触发电路等都需要使用电压值非常稳定的直流电源。这就需要在整流滤波电路之后接上**稳压电路**，组成一个直流稳压电源。

稳压电路有并联、串联及开关调整式等几种形式。本节在介绍硅稳压管的特性及其主要参数的基础上，着重分析由硅稳压管组成的稳压电路的工作原理。

## 一、稳压管

**稳压二极管**是一种特殊的面接触型半导体硅二极管，又叫齐纳二极管（Zener Diode），其外形和内部结构同前述整流用半导体二极管相似，二者的伏安特性也相似。不同之处是稳压二极管是工作于反向击穿区，由于制造工艺不同，其反向击穿电压一般比普通二极管低很多，且它的反向特性曲线比普通二极管要陡。图 7-23(a) 是硅稳压管的外形图和表示符号。图 7-23(b) 是其伏安特性。

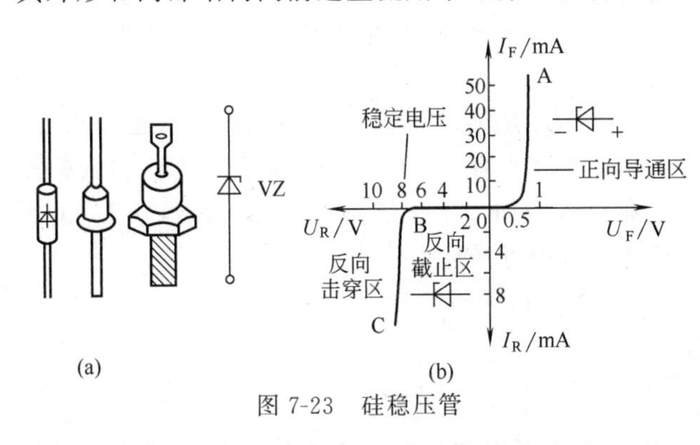

图 7-23　硅稳压管

对于整流用二极管，因其散热条件是按正向导通时的功耗考虑的，当反向击穿时，反向电流会急剧上升，导致管子 PN 结发热烧毁，因此，反向击穿区是不允许的。而对于稳压二极管，却是利用了反向击穿情况下管子电流变化很大而管子二端电压基本不变的这一特性，即稳压管是工作在它的反向击穿区，在制造工艺上采取适当措施使稳压管的反向击穿是可逆的，保证稳压二极管既“击穿”而又不损坏。

稳压二极管有一定的正常工作范围，一般小功率稳压管电流范围为几毫安至几十毫安，如使用中超出此范围，稳压二极管会因发生热击穿而损坏，使用时一般须串联适当的限流电阻，以保证电流不超过允许值。由于硅管的热稳定性比锗管好，因此一般用硅管做稳压二极管。

稳压管的主要参数是稳定电压 $U_Z$，稳定电流 $I_Z$，最大稳定电流 $I_{Zmax}$，耗散功率 $P_{ZM}$。下面对各主要参数作简单说明。

(1) 稳定电压 $U_Z$。等于稳压管的反向击穿电压，也就是反向击穿状态下管子两端的稳定工作电压。同一型号的稳压管，由于半导体器件生产的离散性，其稳定电压分布在某一数值范围内，但就某一个具体的稳压管来说，在温度一定时，其稳定电压是一个定值。

(2) 稳定电流 $I_Z$。保证稳压管具有正常稳压性能的最小工作电流。当工作电流低于 $I_Z$ 时，稳压效果变差。$I_Z$ 一般作为设计电路和选用稳压二极管时的参考数值。

(3) 最大稳定电流 $I_{Zmax}$。稳压范围内稳压管允许通过的最大电流值，实际使用时电流不得超过此值。

(4) 耗散功率 $P_{ZM}$。反向电流通过稳压二极管的 PN 结时，会产生一定的功率损耗，使 PN 结的温度升高。$P_{ZM}$ 是稳压管不至于发生热击穿的最大功率损耗。它是由允许的 PN 结工作温度决定的，它等于稳压管的最大工作电流与相应的工作电压的乘积，即 $P_{ZM}=U_Z I_{Zmax}$。如果实际功率超过这个数值，管子就要损坏。当环境温度超过 +50℃ 时，温度每升高 1℃，耗散功率应降低 1/100。

## 二、稳压管的简单稳压电路

用硅稳压管和限流电阻组成的简单稳压电路如图 7-24 所示，交流电压 $u$ 经桥式整流和电容滤波后得直流电压 $U_i$，再经限流电阻 $R$ 和稳压管 VZ 组成的稳压电路供给负载 $R_L$。图中 $U_i$ 为稳压环节的输入电压，$U_O$ 为输出电压，它的值取决于稳压管的稳定电压，$I_O$ 为负载电流。

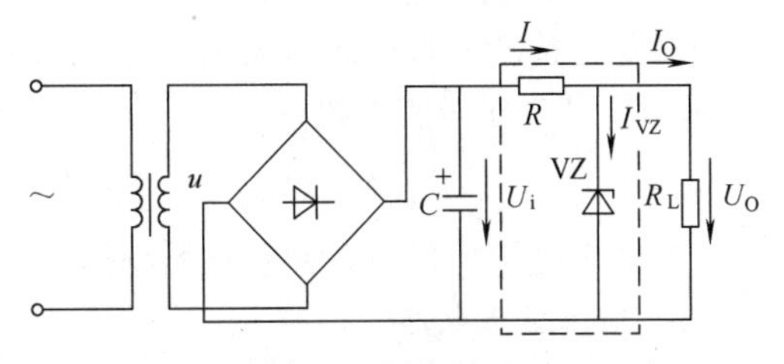

图 7-24　稳压二极管组成的稳压电路

$I_{VZ}$ 为流过稳压管的电流。根据基尔霍夫定律可得

$$I=I_{VZ}+I_O \tag{7-19}$$

$$U_O=U_i-R(I_O+I_{VZ}) \tag{7-20}$$

利用限流电阻电压的升降可使负载输出电压 $U_O$ 趋向稳定。通常引起电压不稳定的原因是交流电源电压的波动和负载电流的变化。下面分别分析在这两种情况下稳压电路的稳压过程。

（1）当交流电源电压增加而使整流输出电压 $U_i$ 随着增加时，负载电压 $U_O$ 也要增加。$U_O$ 也就是稳压管两端的电压 $U_{VZ}$。根据稳压管的伏安特性，$U_{VZ}$ 稍有增加，$I_{VZ}$ 将大幅度增加，流过限流电阻 $R$ 的电流及 $R$ 上的压降都将增加。$R$ 上压降的增加，抵偿了 $U_i$ 的增加，从而使负载电压 $U_O$ 保持基本不变，其稳压过程可描述为

$$U_i\uparrow\rightarrow U_O\uparrow\rightarrow I_{VZ}\uparrow\rightarrow I\uparrow\rightarrow IR\uparrow$$

$$U_O\downarrow (U_O=U_i-IR)$$

如果电源电压下降，其稳压过程相反。

（2）当电源电压保持不变而负载电流在一定范围内变化时，由于稳压管电流 $I_{VZ}$ 的补偿作用，上述稳压电路仍能起稳压作用。其稳压过程可描述为

$$I_O\uparrow\rightarrow I\uparrow\rightarrow IR\uparrow\rightarrow U_O\downarrow\rightarrow I_{VZ}\downarrow\rightarrow I\downarrow$$

$$U_O\uparrow (U_O=U_i-IR)$$

如果 $I_O$ 下降，其稳压过程相反，$U_O$ 仍可基本上保持稳定不变。

由（1）和（2）的分析可知：之所以输出电压 $U_O$ 基本稳定，就是因为 $U_O$ 等于 $U_{VZ}$，而对于稳压二极管来说，反向击穿时尽管电流变化很大而其两端电压 $U_{VZ}$ 是基本不变的。

实际应用中，选择稳压二极管组成稳压电路，首先应知道所要求的负载电压 $U_O$ 和负载电流 $I_O$，一般情况下，取

$$U_Z=U_O \tag{7-21}$$

$$I_{Zmax}=(1.5\sim3)I_{Omax} \tag{7-22}$$

输入电压一般取

$$U_i=(2\sim3)U_O \tag{7-23}$$

限流电阻 $R$ 的选择，应保证流过稳压管的电流介于稳压管稳定电流和最大稳定电流之间，即可使稳压二极管工作于稳压区。若难以选择符合以上条件的电阻 $R$ 可改选最大稳定电流较大的稳压二极管。这种稳压电路因稳压管与负载 $R_L$ 并联，故称为**并联型稳压电路**。其特点是结构简单、经济，但稳压精度较低，负载输出电压不能任意调节，允许最大负荷电流也较小。一般适用于输出电压固定且对稳定度要求不高的小功率电子设备中。

### 三、其他稳压电路

#### 1. 串联式晶体管稳压电路

对稳定精度要求较高和输出电压较大的场合，可采用**串联式晶体管稳压电路**，如图 7-25 所示，其工作过程中描述如下

$$U_O\uparrow\rightarrow U_{BE2}\uparrow\rightarrow I_{B2}\uparrow\rightarrow I_{C2}\uparrow\rightarrow U_{CE2}\downarrow\rightarrow V_{B1}\downarrow\rightarrow U_O\downarrow$$

当输出电压降低时，调整过程相反。

#### 2. 集成稳压电路

目前，电子技术飞速发展，集成稳压已获得广泛应用。所谓**集成稳压电路**就是利用半导

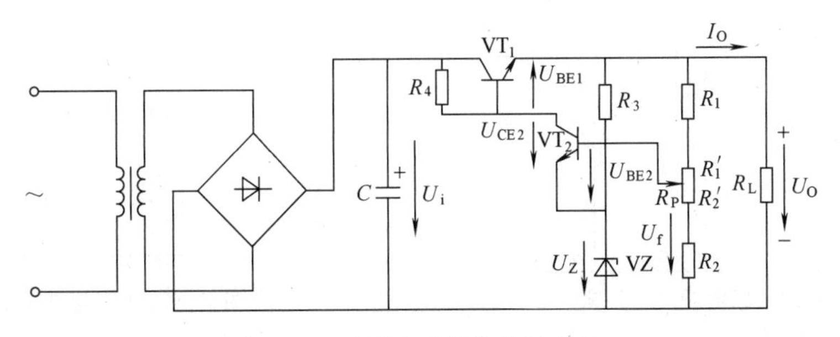


图 7-25　串联式晶体管稳压电路

体集成电路工艺把稳压电路中的主要元件，甚至全部元件制作在一个集成块内。这种单片集成稳压电源体积小，可靠性高，功能强，使用方便且价格低廉。图 7-26 是 CW7800 系列（输出正电压）稳压器的外形管脚和接线图，其内部电路是串联型晶体管稳压电路。CW7900 的外形和 CW7800 完全相同，只是输出负电压，管脚功能也不同，具体见图 7-27。

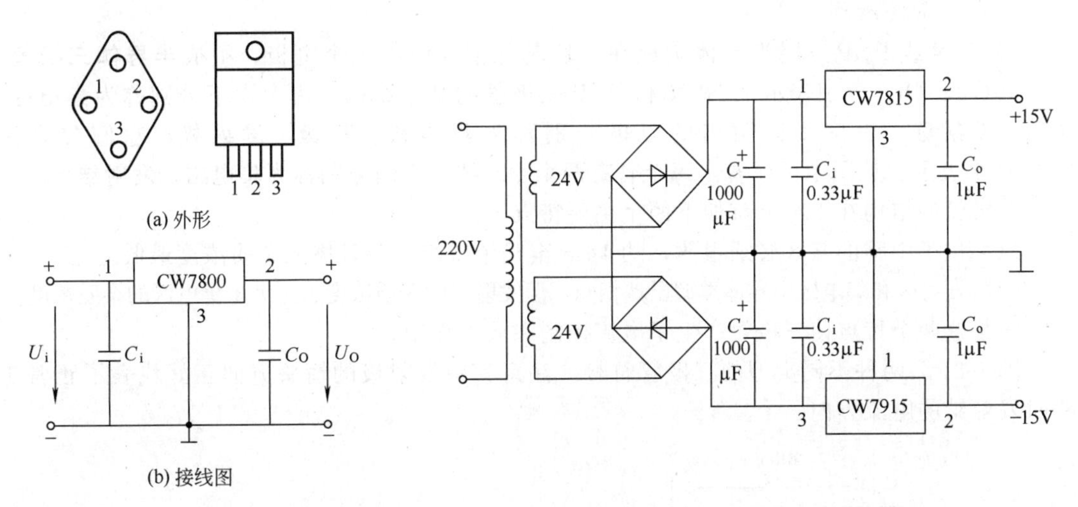


图 7-26　CW7800 稳压器

图 7-27　正负电压同时输出电路

现以 CW7815 为例介绍集成稳压电路的主要参数：输出电压 $U_O=15V$（CW 系列集成稳压电路型号的后两位表示输出稳定电压值）；最大输出电流 $I_{Omax}=1.5A$；输入电压范围 $U_{imin} \sim U_{imax}=17 \sim 35V$；输出电阻 190mΩ；静态工作电流 8mA；最大耗散功率 15W。集成稳压电路的稳压性能可见一斑。

图 7-27 为正负电压同时输出电路。其中 $C_i$ 用以抵消输入端较长接线的电感效应，防止产生自激振荡，接线不长时也可不用。$C_O$ 是为了瞬时增减负载电流时，不致引起输出电压有较大的波动。$C_i$ 一般在 $0.1 \sim 1\mu F$ 之间，$C_O$ 可用 $1\mu F$。

除 CW 系列固定输出的集成稳压电路以外，还有可调输出集成稳压电路，使用更加方便灵活，此处不叙，可查阅有关资料。

## 思　考　题

7-4-1　如图 7-28 所示，若 $U_i=10V$，$R=100\Omega$，稳压管 VZ 的稳定电压 $U_Z=6V$，允许电流的变动范围是 $I_Z=5mA$，$I_{Zmax}=30mA$，求负载电阻 $R_L$ 的可变范围。

7-4-2　指出图 7-29 所示的一个输出 10V 的稳压电路错在哪里，在图中加以改正。

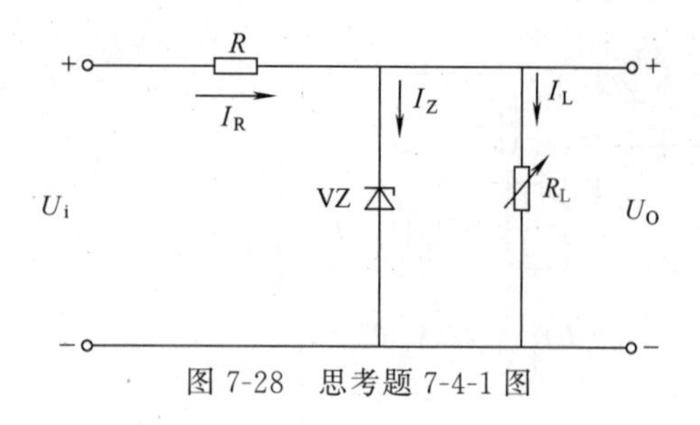


图 7-28　思考题 7-4-1 图

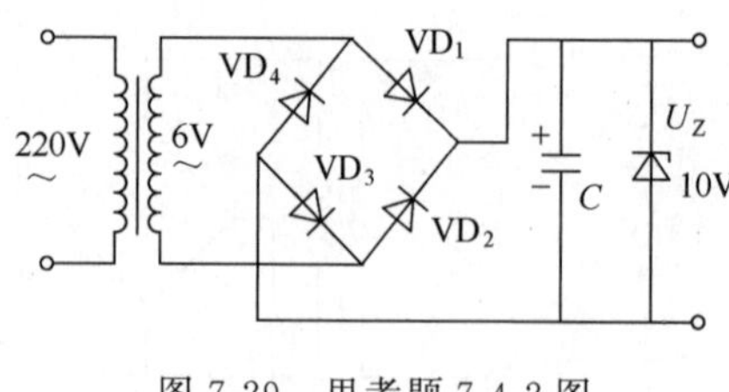


图 7-29　思考题 7-4-2 图

# 第五节　三极管的原理及应用

从单向导电性能的二极管发展到三极管，半导体器件迎来了一个崭新的时代。

## 一、三极管的电流放大作用

半导体三极管简称三极管或晶体管，是放大电路的核心元件。

1. 三极管的结构

将 NPN 或 PNP 三层半导体集成在一块基片上，引出三个电极，组成**半导体三极管**。图 7-30(a)、(b) 分别表示了 NPN 和 PNP 三极管的基本结构。由上而下分别称为**集电区**、**基区**、**发射区**。由三个区引出的电极分别称为**集电极**、**基极**、**发射极**，它们分别用 C,B,E 来表示。从图中可以看出每个管有两个 PN 结，它们分别称为**集电结**、**发射结**。

三极管的结构在工艺上有如下两个主要特点。

(1) 位于中间的基区必须很薄，约 1μm 至几个微米，并且掺入杂质浓度最低。

(2) 发射区和集电区半导体类型虽然相同，但发射区中杂质浓度远远大于集电区的杂质浓度。

正是这两个特点使三极管产生了电流控制和放大作用。

图 7-31 为两种不同类型的三极管符号。注意其中发射极的箭头方向正好代表了正常工作时发射结的电流方向。

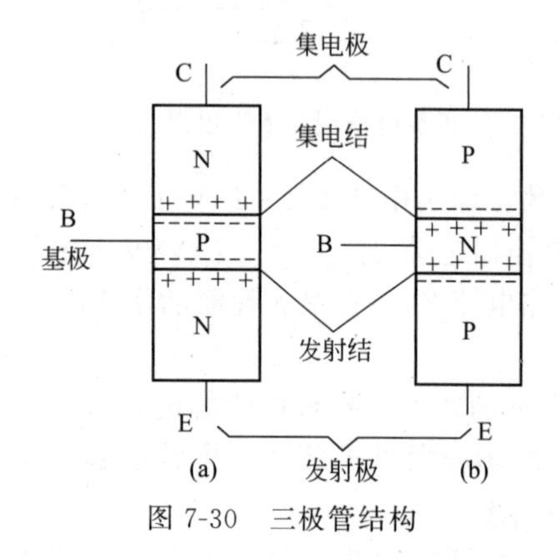


图 7-30　三极管结构

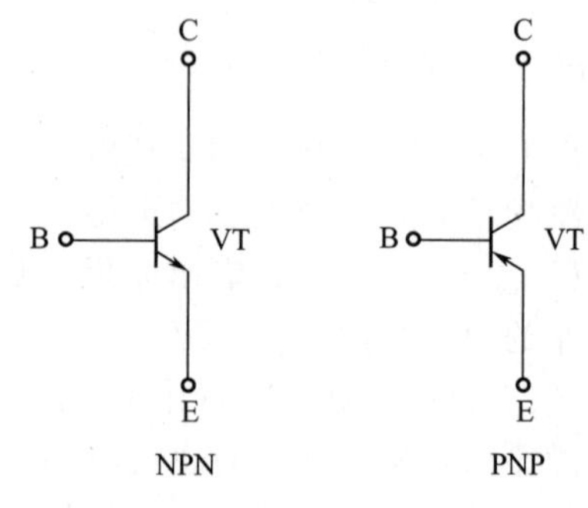


图 7-31　三极管符号

国产三极管的命名方法说明如下：

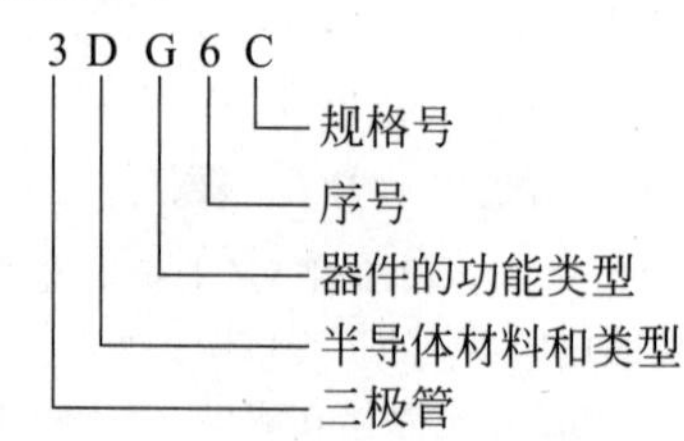

其中半导体材料和类型分为A,B,C,D四种，其含义如下：

A——锗材料的PNP；　　C——硅材料的PNP；

B——锗材料的NPN；　　D——硅材料的NPN。

三极管常用的功能类型有以下几种：

X——低频小功率；　　A——高频大功率；

G——高频小功率；　　K——开关管。

D——低频大功率；

2. 三极管的电流放大原理

现以NPN型三极管为例来说明三极管的电流放大原理。在图7-32所示的电路中，3DG6C接成了共发射极电路。其中发射结处于正偏（$V_B>V_E$），集电结处于反偏（$V_B<V_C$）。当使$R_B$的大小由大变小时基极电流$I_B$、集电极电流$I_C$、发射极电流$I_E$都将发生变化。电流的变化如表7-3所示。

**表7-3　电流变化一览表**

| $I_B$/mA | 0 | 0.02 | 0.04 | 0.06 | 0.08 |
|---|---|---|---|---|---|
| $I_C$/mA | <0.001 | 0.70 | 1.50 | 2.30 | 3.10 |
| $I_E$/mA | <0.001 | 0.72 | 1.54 | 2.36 | 3.18 |

从表7-3中可以看出：

(1) $I_E=I_B+I_C$；

(2) $I_C \gg I_B$；

(3) $\Delta I_C \gg \Delta I_B$，$\dfrac{\Delta I_C}{\Delta I_B} \gg 1$；

(4) $I_B=0$时，$I_C \approx 0$，称此时$I_C$为$I_{CEO}$。

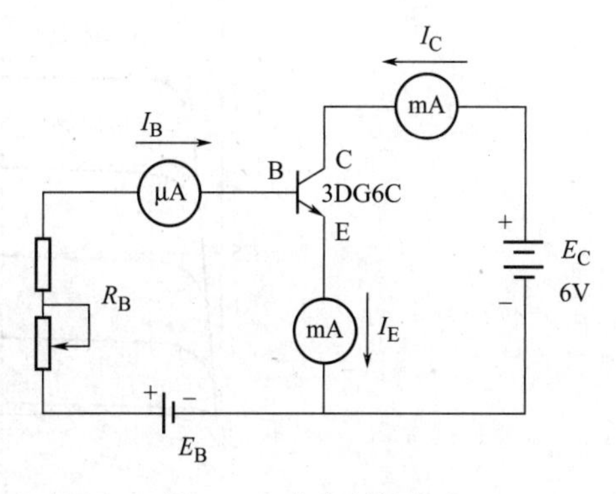


图7-32　共发射极电路

表中数据表明：三极管基极电流的微小变化会引起集电极电流较大的变化，这就是通常所讲的晶体三极管的**电流放大作用**。其内部的物理过程是：发射结的正向偏置使发射区向基区注入大量多子。由于基区较薄，杂质浓度低，因此发射区中只有少量的多子可以和基区中的多子复合形成$I_B$，集电结的反向偏置使集电区能收集来自发射区的通过基区扩散过来的绝大部分多子形成$I_C$。在基区中复合和扩散是成固定比例的，因此对于每个三极管来讲$I_B$和$I_C$是成固定比例的。由此看来保证发射结正偏和集电结反偏是晶体三极管处在电流放大状态的必要条件。

## 二、三极管的特性曲线及主要参数

三极管的特性曲线同样以最常用的NPN型三极管为例来分析。

1. 输入特性

**输入特性**是指

$$I_B=f(U_{BE})|U_{CE}=常数$$

从图7-33可以看出三极管的输入特性类似二极管的特性曲线。$U_{CE}=0$时的三极管并非正常的三极管工作状态，相当于两个二极管并联，如图7-34所示。当$U_{CE} \geqslant 1$V时，进入了$V_C>V_B$状态，保证集电结反偏，此后，三极管均处在正常工作状态，输入特性基本重合。

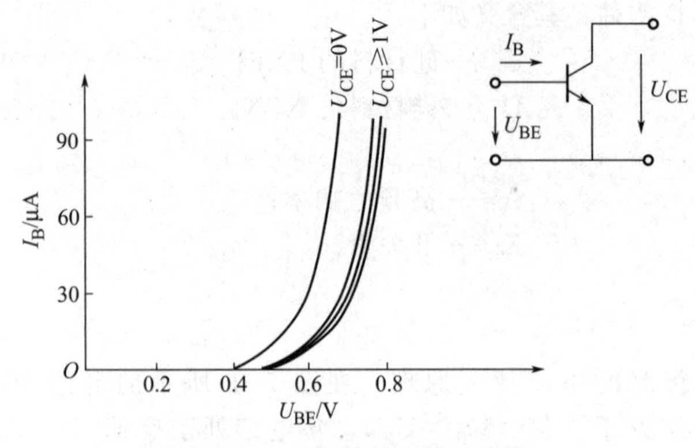


图 7-33　三极管输入特性曲线

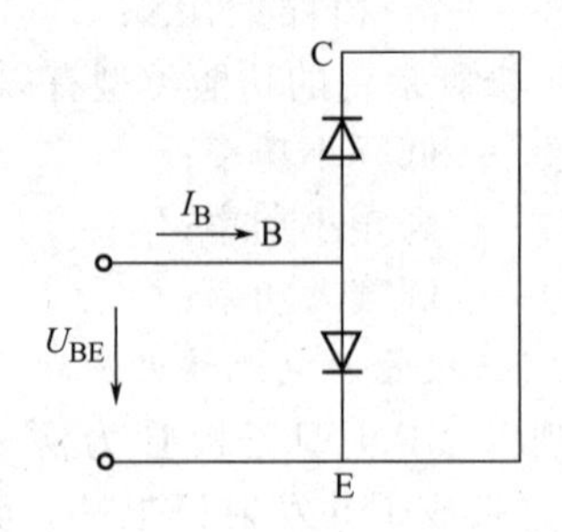


图 7-34　$U_{CE}=0$ 时三极管等效电路

2. 输出特性

**输出特性**是指：

$$I_C=f(U_{CE})|I_B=常数$$

图 7-35 就是以 3DG6C 为例的输出特性曲线。显见输出特性曲线是一簇以 $I_B$ 为参变量的曲线。共分三个区域：放大区、截止区和饱和区。

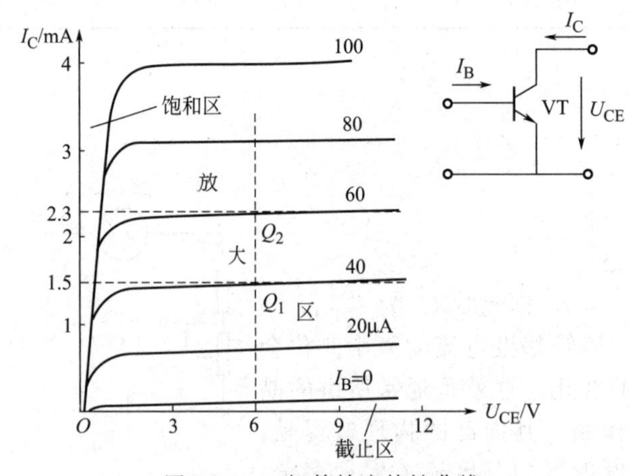


图 7-35　三极管输出特性曲线

(1) 放大区。进入**放大区**的条件是发射结正偏、集电结反偏。该区为三极管的**正常工作区**，$I_C$ 受 $I_B$ 的控制。也就是说在放大区，当 $I_B$ 不变时 $I_C$ 亦基本不变，它不随 $U_{CE}$ 的变化而变化，$I_C$ 具有恒流特性。

(2) 截止区。$I_B=0$ 以下的区域被称为**截止区**，发射结和集电结均处于反向偏置。三极管相当于一个断开的开关，$I_C$ 很小。称此时的 $I_C$ 为穿透电流 $I_{CEO}$。

(3) 饱和区。当 $I_B>0$，$U_{CE}<U_{BE}$ 时，发射结和集电结都处在正向偏置状态，管子进入**饱和区**。由于集电结的正向偏置使集电区吸收电子的能力大大下降，所以 $I_C$ 不再随着 $I_B$ 的增大而成比例地增大，即 $I_C$ 处于饱和状态。这时的 $I_C$ 受 $U_{CE}$ 影响很大，不再具有恒流特性。

3. 三极管的主要参数

(1) 电流放大系数 $\beta$。放大区中 $\frac{\Delta I_C}{\Delta I_B}$ 的比值被定义为三极管的**电流放大系数** $\beta$。$\beta$ 一般为 20～200。在一般情况下可以用 $\frac{I_C}{I_B}$ 代替。

（2）穿透电流 $I_{CEO}$。当基极开路时（$I_B=0$）流过集电极和发射极的电流称为**穿透电流** $I_{CEO}$。硅管的 $I_{CEO}$ 一般为几微安。$I_{CEO}$ 受温度影响大，它的值越小管子工作温度稳定性越好。

（3）集电极最大允许电流 $I_{CM}$。随着集电极电流的上升，$\beta$ 会下降。当 $\beta$ 下降到 2/3 的额定值时的集电极电流称为**集电极最大允许电流** $I_{CM}$。

（4）集-射极反向击穿电压 $U_{CEO}$。基极开路时集电极和发射极之间允许加的最大电压称为**集-射极反向击穿电压** $U_{CEO}$。

（5）集电极最大允许耗散功率 $P_{CM}$。集电极电流和电压乘积允许的最大值为**集电极最大允许耗散功率** $P_{CM}$。若工作时 $I_C U_{CE} > P_{CM}$，会使管子性能变坏，甚至烧毁。

**三、三极管组成的基本交流放大电路**

具有电流放大作用的三极管是如何通过一些外部元件组成交流放大电路的呢？下面以低频电压放大器为例来认识交流放大电路的工作原理。

图 7-36 是一常用**共射极交流放大电路**。$E_C$ 为直流电源提供整个放大电路的能量。$e_S$ 为信号源，$R_S$ 是其内阻，$e_S$ 提供输入放大电路的信号电压 $u_i$。

1. 直流偏置电路

当 $u_i=0$ 时，图 7-36 电路中各处的电压、电流均为直流。此时称放大器处于**静态**。电容 $C$ 隔直通交，对直流来讲 $C$ 均相当于开路，所以图 7-36 所示电路的直流通道如图 7-37 所示。

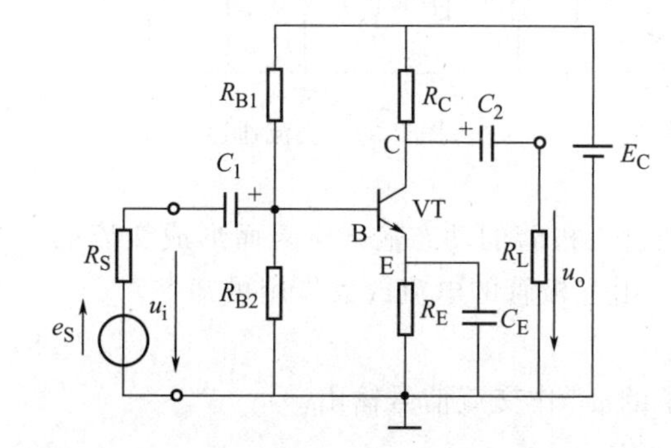


图 7-36　共射极交流放大电路

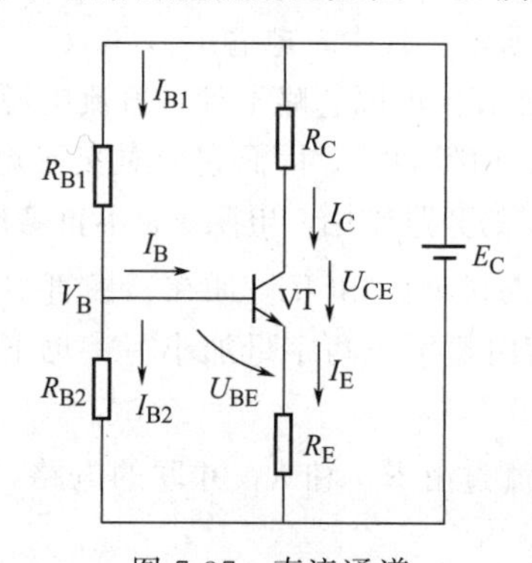


图 7-37　直流通道

通过元件参数的选择，当使 $I_{B2}=(5\sim10)I_B$ 时，由基尔霍夫定律可知

$$V_B=\frac{E_C}{R_{B1}+R_{B2}}R_{B2} \tag{7-24}$$

$$I_E=\frac{V_B-U_{BE}}{R_E}\approx I_C \tag{7-25}$$

由此可得 $I_B$ 和 $U_{CE}$ 值为

$$I_B=\frac{I_E}{\beta+1} \tag{7-26}$$

$$U_{CE}=E_C-I_C(R_C+R_E) \tag{7-27}$$

由直流电源 $E_C$ 为电路供电，各处形成了保证三极管正常工作的直流电压和电流。电子技术中规定用大写的字母加大写的下标表示直流量，如 $U_{CE}$，$I_C$，$I_B$ 等。

**【例 7-4】** 如图 7-38 所示的基本放大电路中，$R_{B1}=33\text{k}\Omega$，$R_{B2}=10\text{k}\Omega$，$R_E=1\text{k}\Omega$，$R_C=2\text{k}\Omega$，$U_{CC}=12\text{V}$，求该电路的静态值 $U_{CE}$，$I_C$，$I_B$（$\beta=50$）。

图 7-38 和图 7-36 结构完全一样，只是将电源 $E_C$ 用对“地”电位 $U_{CC}$ 表示，忽略电源内阻时，$E_C=U_{CC}$。

**解**　由式(7-24) 知

$$V_B = \frac{U_{CC}}{R_{B1}+R_{B2}} R_{B2} = \frac{12}{33+10} \times 10 = 2.79\text{V}$$

由式(7-25) 得

$$I_C \approx I_E = \frac{V_B - U_{BE}}{R_E} = \frac{2.79-0.7}{1} = 2.09\text{mA}$$

由式(7-26) 得

$$I_B = \frac{I_E}{\beta+1} = \frac{2.09}{51} = 40\mu\text{A}$$

由式(7-27) 得

$$U_{CE} = U_{CC} - I_C(R_C+R_E) = 12 - 2.09 \times (2+1) = 5.73\text{V}$$

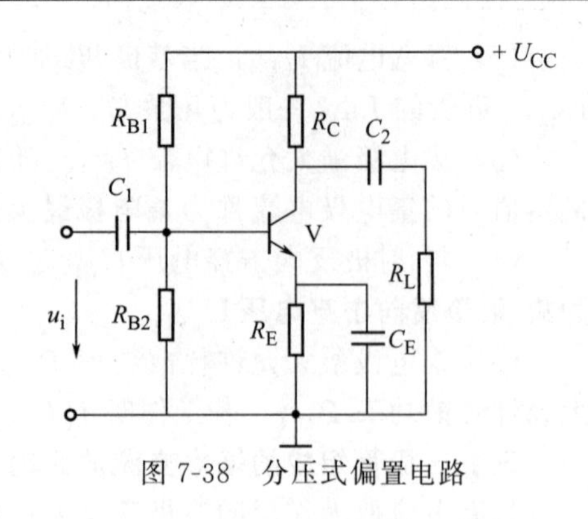

图 7-38　分压式偏置电路

2. 交流通道及放大原理

(1) **交流通道**。当 $u_i \neq 0$ 时，图 7-36 电路中各处的电压、电路在原来静态值的基础上驮载一个交流量，均为交直流共存的状态，电路处在**动态**。由于电容的存在，交流和直流通道不同，交流通道如图 7-39 所示。其中，电容 $C_1, C_2, C_E$ 只要取得足够大，交流容抗可以忽略不计，直流电源 $E_C$ 若看成是理想时，内阻为零，因而它们对交流短路而被短接。由于 $C_E$ 的旁路作用，电阻 $R_E$ 不再考虑。

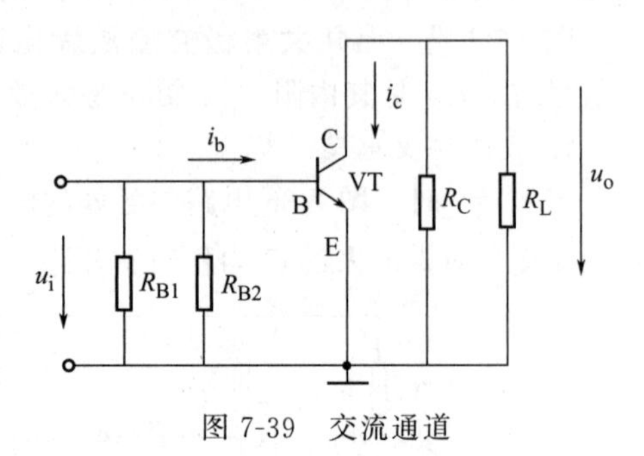

图 7-39　交流通道

$u_i$ 通过 $R_{B1}$ 和 $R_{B2}$ 加在三极管 B,E 之间，能过三极管的动态输入电阻而形成交流的 $i_b$(交流瞬时值用小写字母加小写字母下标来表示)。由三极管的电流放大作用可知

$$i_c = \beta i_b \tag{7-28}$$

$i_c$ 流过由 $R_C$ 和 $R_L$ 并联的电路，形成放大了的 $u_o$ 作交流信号输出。

$$u_o = -i_c R_C // R_L \tag{7-29}$$

(2) **交流信号的放大**。下面具体结合图 7-40，研究一下图 7-36 分压式偏置电路中交流

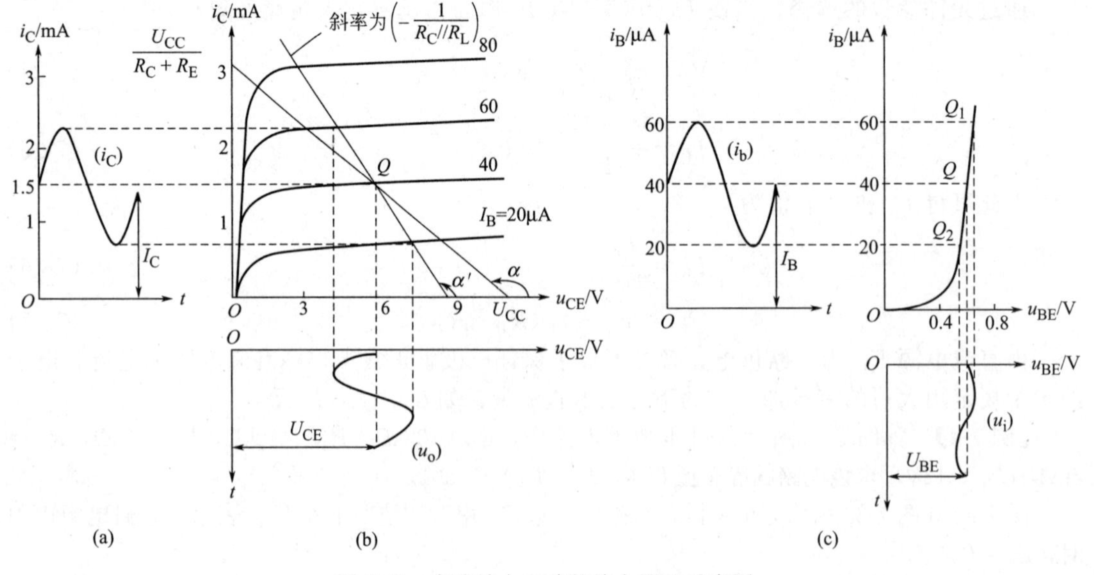

图 7-40　交流放大电路的放大原理示意图

信号究竟是如何被放大的。

设 $u_i = U_{im}\sin\omega t V$，$u_i$ 被加到 VT 的 B,E 之间，使三极管的 B,E 之间在原有的 $U_{BE}$ 基础上叠加了一个信号 $u_i$。

$$u_{BE} = U_{BE} + u_i \tag{7-30}$$

注意，此时 B、E 之间的电压和电流是直流量和交流量共同存在的。该类物理量的瞬时值用小写的字母加大写字母的下标来表示，如 $u_{BE}$，以下相同。

当 $u_i$ 足够小时，$u_{BE}$ 的变化不大，在此范围内输入特性曲线可以被近似地看成直线。因此与 $u_{BE}$ 对应的 $i_B$ 也将是在静态值基础上随时间做正弦变化，见图 7-40(c)。其中 $U_{im}$ 和 $I_{bm}$ 的关系决定于输入特性曲线 $Q$ 点的斜率，$Q$ 点位置由静态值 $I_B$ 决定。

$$i_B = I_B + i_b = I_B + I_{bm}\sin\omega t \tag{7-31}$$

$i_B$ 的变化引起 $i_C$ 变化，见图 7-40(a)，$I_{cm}$ 和 $I_{bm}$ 的关系由 $\beta$ 值决定

$$i_C = \beta i_B = I_C + i_c = I_C + I_{cm}\sin\omega t \tag{7-32}$$

$i_C$ 变化使 $u_{CE}$ 也将在原静态值的基础上作相应变化，所以

$$u_{CE} = E_C - (I_C + i_c)R_C /\!/ R_L = (E_C - I_C R_C /\!/ R_L) - i_c R_C /\!/ R_L = U_{CE} - i_c R_C /\!/ R_L \tag{7-33}$$

具体见图 7-40(b)。式(7-33) 在图中反映为一直线，表示了 $i_C$ 和 $u_{CE}$ 的关系，该直线的斜率为 $\tan\alpha' = \dfrac{-1}{R_C /\!/ R_L}$，直线中的 $Q$ 点对应的电流、电压值为静态时的 $I_C$，$I_B$ 和 $U_{CE}$。

$u_{CE}$ 中的交流分量 $-i_c R_C /\!/ R_L$ 就是交流输出电压 $u_o$，即

$$u_o = -i_c R_C /\!/ R_L = I_{cm} R_C /\!/ R_L \sin(\omega t + \pi) \tag{7-34}$$

显然，交流分量中 $u_i$，$i_b$，$i_c$ 均为同相，而 $u_o$ 则与它们反相。三极管组成的基本交流放大电路放大电压的基本原理就是通过三极管对电流的放大作用，将微小变化的 $i_b$ 放大为 $i_c$，再通过电阻 $R_C$ 和 $R_L$ 将电流放大变换为电压放大。$u_o$ 幅值的大小显然和负载电阻 $R_L$ 有关，当负载 $R_L$ 值变小时，交流输出电压要下降。

注意，由静态值和交流分量组成的 $i_B$，$i_C$，$u_{BE}$，$u_{CE}$ 各量只是在数值上随输入信号的大小作相应变化，在极性上却始终是正值，因为在 $E_C$ 的作用下它们只有一个方向。也正因为这样才能保证三极管正常放大。

最后要提醒的是交流放大电路应实现线性放大，也即输出信号在波形上应按比例地放大输入信号。当各处静态电压、电流合适，三极管工作在线性放大区时，交流放大电路可以满足这一要求。但当静态电压、电流不合适时，动态输出波形由于进入饱和区或截止区，就会引起失真。

## 思　考　题

7-5-1　判断图 7-41 中三极管处于何种状态？(放大、饱和、截止)

7-5-2　仿照晶体管的电路结构用两个二极管反向串联如图 7-42 所示，并提供必要的偏置条件，能否获得与三极管同样的电流控制和放大作用？

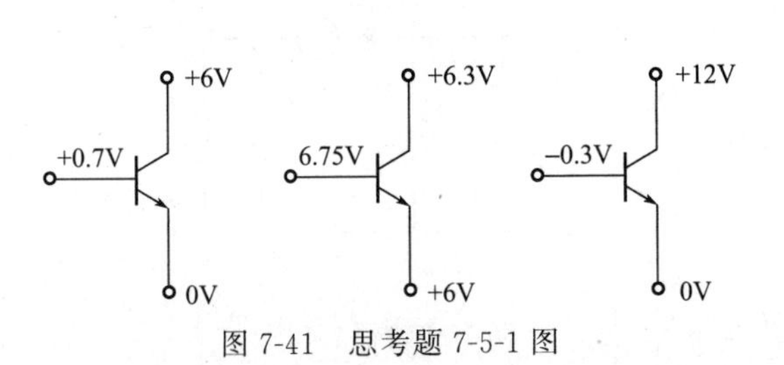


图 7-41　思考题 7-5-1 图

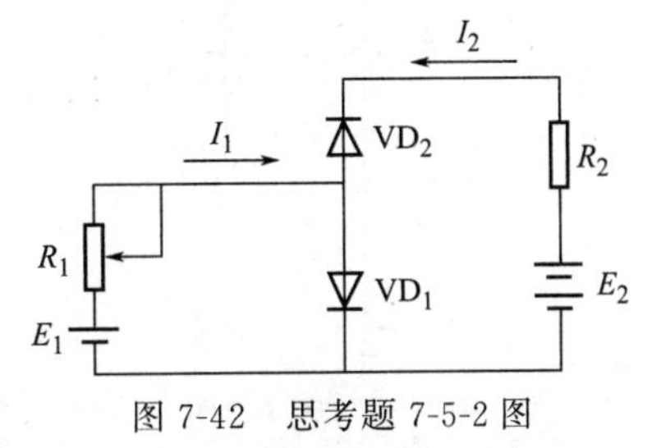


图 7-42　思考题 7-5-2 图

7-5-3 若用 PNP 型的硅三极管组成共发射极电路，为保证正常工作，电源应如何接？

7-5-4 在图 7-36 路中若取掉 $R_C$ 电路，还能否正常输出放大的电压波形？

## 复习提示

1. 半导体二极管和半导体三极管的基础结构是什么？外加正向电压时 PN 结呈什么状态？外加反向电压时 PN 结又呈什么状态？

2. 了解单相整流电路的工作原理及各种整流电路输出电压的波形。

3. 为了获得尽可能平直的输出电压，在整流电路后应该采取什么样的措施？

4. 稳压管组成的简单稳压电路稳压原理是什么？限流电阻起什么作用？

5. 学会正确使用 W7800 和 W7900 系列的集成稳压器。

6. 掌握三极管的电流放大原理，为什么说三极管有电流控制作用？熟练掌握三极管输出特性中三个区域的工作特点。

7. 基本交流放大电路是如何放大信号的？

## 习　题

7-1 在图 7-43 所示电路中，已知 $U_i=30\sin100\pi t(V)$，二极管为理想二极管，画出 $u_o$ 的波形。

7-2 在图 7-44 所示电路中，假设 VD 为硅二极管，画出 $u_o$ 的波形。

7-3 求图 7-45 电路的电流 $I_1$ 和 $I_2$，图中二极管为理想二极管。

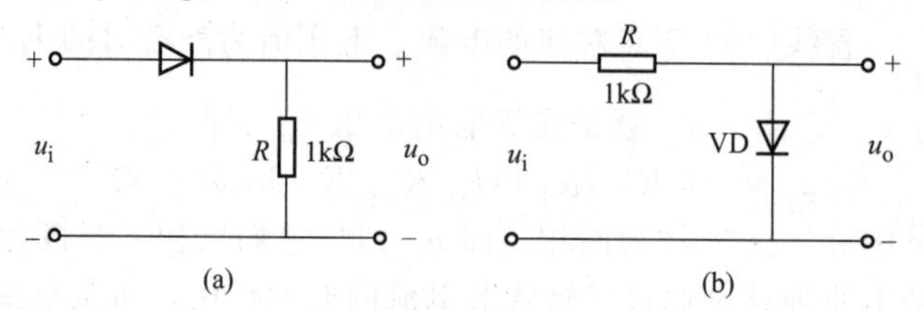


图 7-43 题 7-1 图

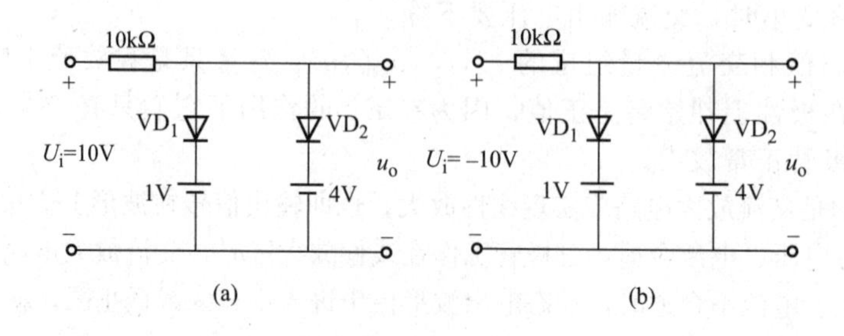


图 7-44 题 7-2 图

7-4 图 7-46 所示单相半波整流电路中，已知 $R_L=80\Omega$，直流电压表的读数为 110V，求：(1) 直流电流表的读数；(2) 整流电流最大值；(3) 变压器副边电压和电流有效值。忽略二极管压降。

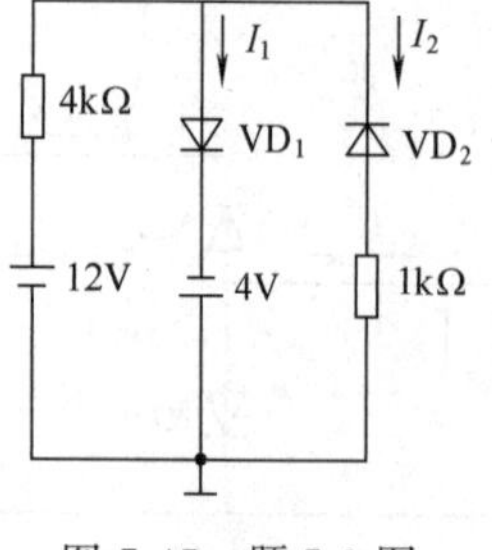


图 7-45 题 7-3 图

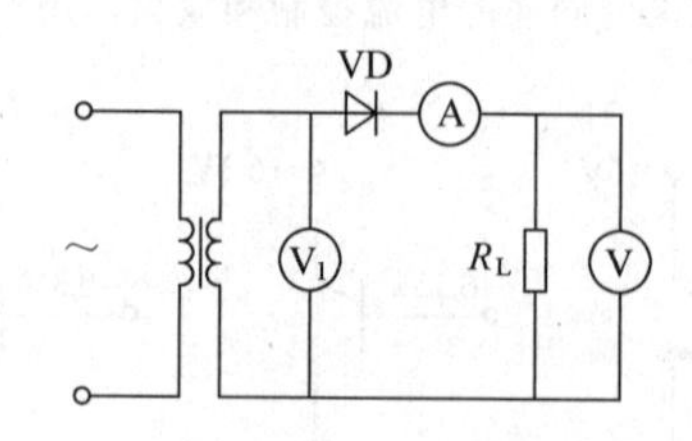


图 7-46 题 7-4 图

7-5　在图 7-13 所示单相桥式整流电路中，若 $U_2=300\text{V}$，$R_L=300\Omega$，(1) 求整流电压平均值 $U_O$，整流电流平均值 $I_O$，每个整流元件的平均电流 $I_D$ 和所承受的最大反向电压 $U_{DRM}$；(2) 若二极管 $VD_1$ 电极引线与电路连接处焊接不良，造成接触电阻 $R_D=100\Omega$，则整流 $i_O$ 的波形将如何？并计算平均值 $I_O=$？

7-6　图 7-47 为单相全波整流电路，由带有中心抽头的变压器 T 及两个二极管 $VD_1$，$VD_2$ 构成，试分析它的工作原理。如果变压器副边电压有效值为 $U_1=U_2=250\text{V}$，$I_O=1\text{A}$，求 (1) $U_O$；(2) $R_L$ 和二极管的平均电流值 $I_D$ 及其承受的最大反向电压 $U_{DRM}$。

7-7　图 7-48 为单相桥式整流电容滤波电路，已知变压器副边电压 $U_2=20\text{V}$，试求下列几种情况下的输出电压 $U_O$。

(1) 电路正常工作时；　(2) 负载 $R_L$ 开路时；

(3) 电容 $C$ 开路时；　(4) $VD_1$，$VD_2$ 中有一个开路时；

(5) 四个二极管 $VD_1 \sim VD_4$ 中有一个断开，且 $C$ 也断开时。

7-8　有一电解电源，采用三相桥式整流，如要求负载直流电压 $U_O=20\text{V}$，负载电流 $I_O=200\text{A}$：

(1) 试求变压器容量为多少千伏安；

(2) 选用整流元件。(考虑到变压器副边绕阻及管子上的压降，变压器的副边电压要加大 10%)

7-9　如图 7-49(a)、(b)、(c)、(d) 所示，已知稳压二极管 $VZ_1$ 的稳压值为 10V，$VZ_2$ 的稳压值为 6V，求电路输出电压 $U_O$，设稳压管正向压降为 0.7V，其中 $U_i$ 满足稳压工作条件。

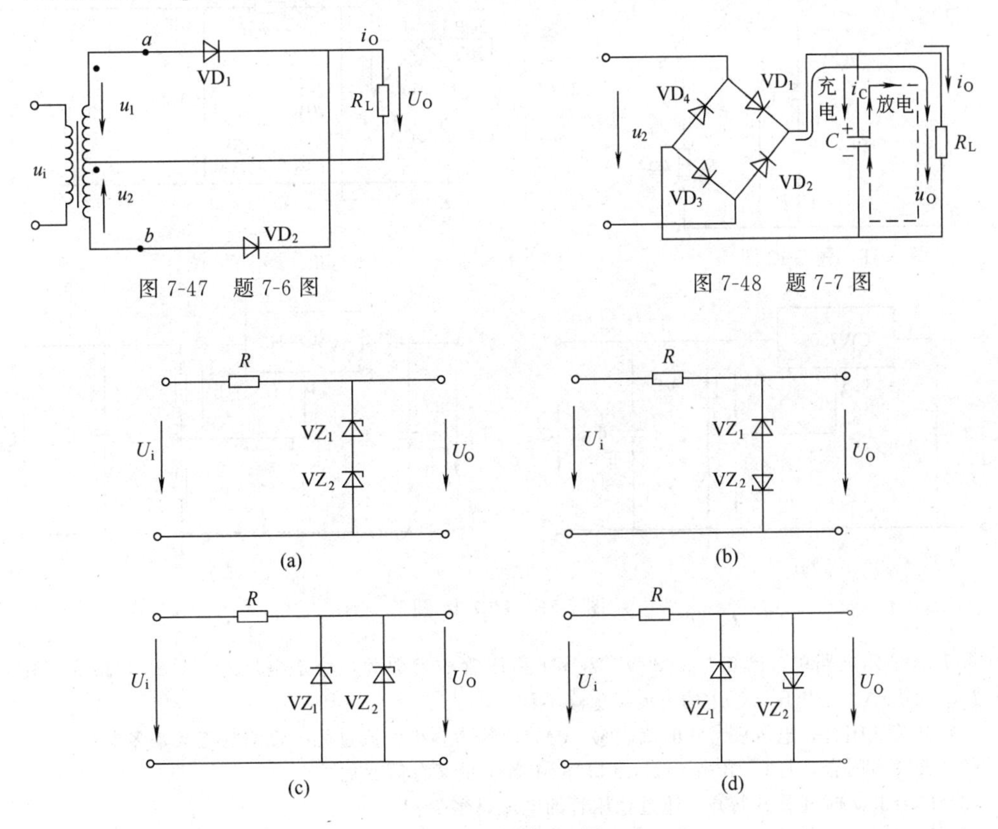


图 7-47　题 7-6 图

图 7-48　题 7-7 图

图 7-49　题 7-9 图

*7-10　如图 7-24 稳压管稳压电路，已知 $U_O=10\text{V}$，$I_O=0\sim10\text{mA}$，输入电压波动范围为 ±10%，试选择稳压二极管和限流电阻 $R$。

*7-11　三相半波整流电路的原理图如图 7-50(a) 所示，电源变压器副边相电压的波形如图 7-50(b) 所示，且已知其有效值为 220V，电阻负载 $R_L=100\Omega$。

(1) 在整流电路图中标出整流电压 $U_O$ 和电流 $i_O$ 的实际方向；

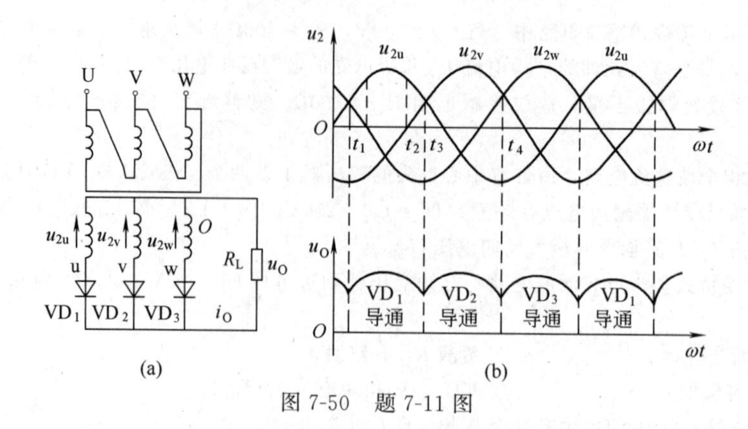


图 7-50 题 7-11 图

(2) 解释图 7-50(b) 中的下半部绘出的 $u_O$ 波形，指出导通角 $\theta$ 为多少；

(3) 求整流电压平均值 $U_O$。整流电流平均值 $I_O$ 和整流元件的正向电流平均值及其最大值。

(4) 求整流元件所要承受的反向电压最大值。

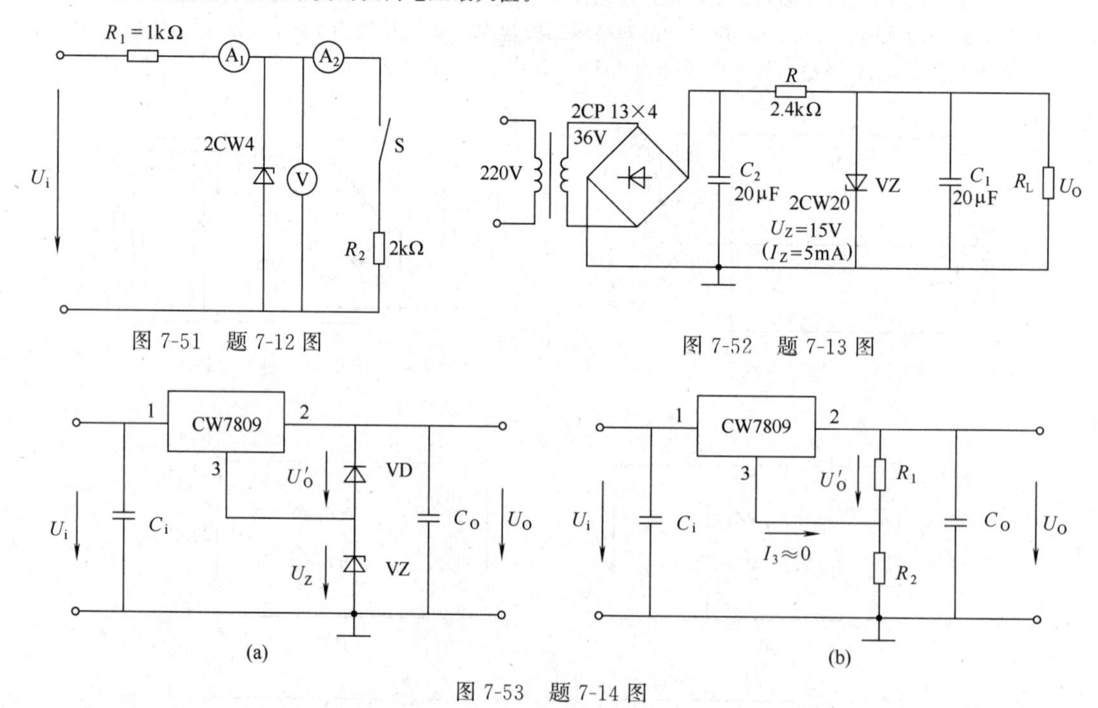


图 7-51 题 7-12 图

图 7-52 题 7-13 图

图 7-53 题 7-14 图

7-12 图 7-51 所示电路中，已知 $U_i=30V$，2CW4 稳压管的参数为：稳定电压 $U_Z=12V$，最大稳定电流 $I_{ZM}=20mA$。若电压表Ⓥ中的电流可忽略不计，求

(1) 开关 S 闭合，电压表Ⓥ和电流表$A_1$、$A_2$的读数为多少？流过稳压管的电流又是多少？

(2) 开关 S 闭合，且 $U_i$ 升高 10%，(1) 问中各个量又有何变化。

(3) $U_i=30V$ 时开关 S 断开，流过稳压管的电流是多少？

(4) $U_i$ 升高 10%时将开关 S 断开，稳压管工作状态是否正常？

7-13 某电源如图 7-52 所示，试问：(1) 输出电压 $U_O$ 的极性和大小如何？(2) 电容器 $C_1$，$C_2$ 的极性如何？它们的耐压应选多高？(3) 负载电阻 $R_L$ 的最小值约为多少？(4) 将稳压管 VZ 接反，后果如何？(5) 如 $R=0$，又将如何？

7-14 图 7-53 所示二电路可使输出电压 $U_O$ 高于集成稳压器的固定输出电压。已知：稳压器型号均为 CW7809，$U_Z=6V$，$R_1=3k\Omega$，$R_2=4k\Omega$，试分别求输出电压 $U_O$ 的大小。

7-15 CW78××稳压器是固定输出类型，接成图 7-54 所示电路，可以改变其输出电压值。试证明图中

$$U_O=\left(1+\frac{R_2}{R_1}\right)\frac{R_3}{R_3+R_4}U_{XX}$$

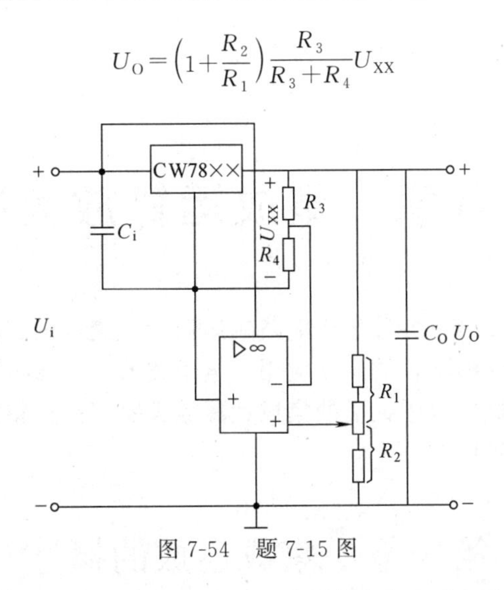


图 7-54 题 7-15 图

7-16 在电路中测得三极管对参考点的直流电压如下，试判断它们各为何电极？三极管的类型是 PNP 还是 NPN？

(1) $U_x=12V$，$U_y=0V$，$U_z=0.7V$；

(2) $U_x=12V$，$U_y=11.3V$，$U_z=6V$；

(3) $U_x=12V$，$U_y=2.8V$，$U_z=3.5V$。

7-17 晶体管的输出特性如图 7-55 所示。试从图中确定该管的主要参数：$I_{CEO}$，$P_{CM}$，$U_{CEO}$ 和 $\beta$（在$U_{CE}=15V$、$I_C=2mA$ 处）。

7-18 三极管放大电路如图 7-56 所示。已知 $U_{CC}=12V$，$R_{B1}=33k\Omega$，$R_{B2}=12k\Omega$，$R_E=1k\Omega$，$R_C=2k\Omega$，$\beta=50$。(1) 计算静态工作点 $Q$。(2) 若要求 $I_C=2mA$，则 $R_E$ 应为多大？($R_{B1}$，$R_{B2}$ 保持不变)

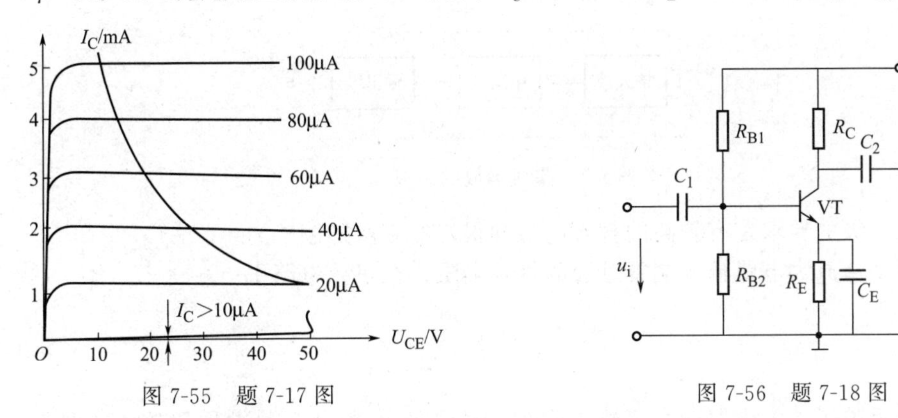


图 7-55 题 7-17 图　　图 7-56 题 7-18 图

7-19 按题 7-18 的电路做实验。在实验中 $u_i=0$ 时，五组同学用直流电压表分别测出各极对“地”的电压如表 7-4 所示。试说明各组的电路工作状态是否合适？若不合适，分析一下可能出现的问题（如某个元件开路、短路等）。

**表 7-4 题 7-19 所测数据**

| 组号 | $U_B$ | $U_E$ | $U_C$ | 组号 | $U_B$ | $U_E$ | $U_C$ |
|---|---|---|---|---|---|---|---|
| 1 | 0V | 0V | 0V | 4 | 3.2V | 0V | 12V |
| 2 | 0.75V | 0V | 0.3V | 5 | 4.5V | 3.8V | 4.3V |
| 3 | 3.2V | 2.5V | 7V | | | | |

# 第八章　集成运算放大器

随着集成工艺的飞速发展，各种集成电路应运而生。集成电路可靠性高，体积小，使用方便，逐渐取代了分立元件电路，被广泛应用于电子技术、计算技术、自动控制、测量技术等领域。本章介绍性能良好、应用灵活的**集成运算放大器**（简称**集成运放**）的主要参数、电路特点、分析方法及典型应用。

## 第一节　集成运放的概述

**“运算放大器”**是一直接耦合的高放大倍数的多级放大电路，因早先被用于模拟计算机中信号运算而得名。集成化给“运算放大器”注入了新的生机。集成运放对称性、匹配性、温度性能好；集成运放内繁外简、使用方便；集成运放体积小、重量轻、耗电少；集成运放的应用领域日益扩展。集成运放已成为目前各种线路中最常见的集成器件。

**一、集成运放的组成**

集成运放按其技术指标可分为通用型、高速型、高阻型、低功耗型、大功率型、高精度型等，但其主要部分均由图 8-1 中三大部分组成。

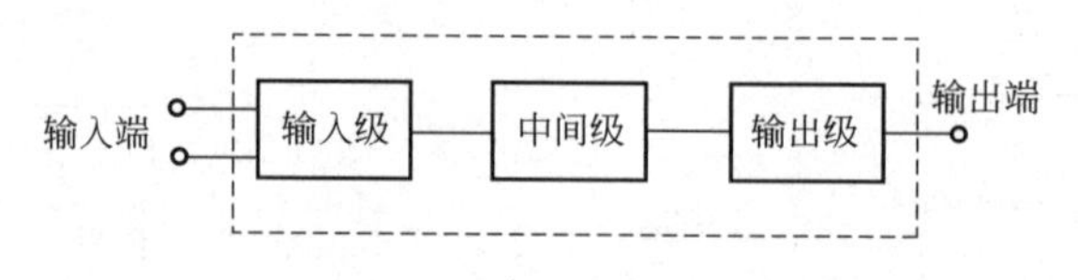


图 8-1　集成运放的组成

（1）对输入级的要求是有较高的输入电阻和很好的零漂抑制能力。

**输入电阻**是从放大电路输入端看进去的等效电阻，在正弦电路中

$$r_i=\frac{\dot{U}_i}{\dot{I}_i} \tag{8-1}$$

$r_i$ 的大小反映了放大电路的交流输入阻抗。较小的 $r_i$ 将从信号源取用较大的电流，加大了信号源的负担；同时由于信号源（电压源）内阻 $R_S$ 的影响，较小的 $r_i$ 会使输入到放大电路的 $U_i$ 减小。因此一般情况下希望 $r_i$ 大一些好。

在输入信号等于零时，输出信号不为一个恒定值（或为零），而是缓慢地、无规则地变化着。这种现象就称为**零点漂移**。零点漂移严重时会将输入信号淹没，因此一定要提高电路零漂的抑制能力，特别是输入信号第一级的零点漂移。

（2）中间级主要作用是提供足够的电压放大倍数，多为多级放大器所构成。

（3）输出级要求有一定的输出功率和较强的带负载能力。

任何一个线性放大电路对于负载 $R_L$ 来讲相当于一个带内阻的电源，该电源内阻就是**输出电阻** $r_o$。放大器输出电阻越小，输出电压随负载的变化就越小，电源带负载的能力就越

强，因此一般情况下希望 $r_o$ 小一些好。

此外集成运放还有一些偏置电路，电平搬移、补偿、保护电路等。

集成运放从外形上看，有圆壳形的，也有双直列形的，如图 8-2 所示。图 8-2(a) 为 F007 型（通用型），图 8-2(b) 为 $\mu$A741 型。引出的管脚主要是输入端、输出端、正负电源端、调零端和电容补偿端等。具体使用时必须参照产品手册按规定正确接线使用。

在电路原理图中，集成运放的图形符号如图 8-3 所示。为了突出集成运放作为一个完整的独立器件在电路中和前后信号的联系，其中只画出了两个输入端和一个输出端。电源端（含共用的零电位“地线”）和其余端一般全部略去。

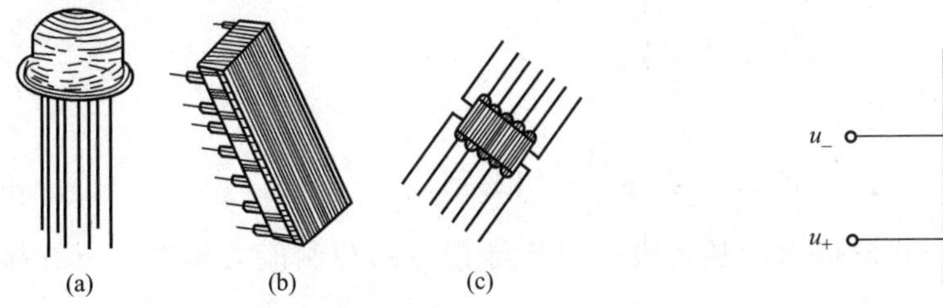


图 8-2　集成运放的外形图

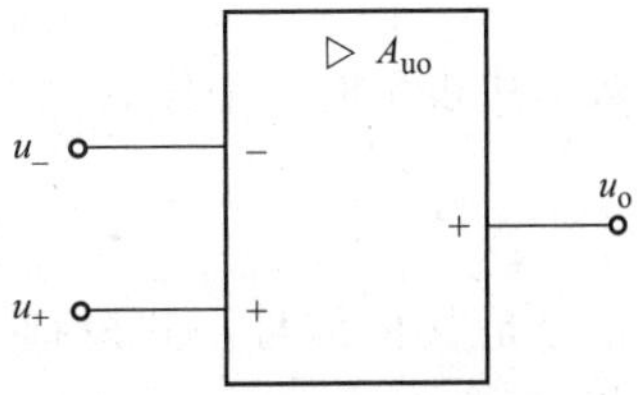

图 8-3　集成运放符号图

两个输入端分别被标上“+”和“−”。当信号从“+”端和“地”之间输入时，输出信号与之同相，故称“+”输入端为同相输入端（简称同相端）。当信号从“−”端和“地”之间输入时，输出信号与之反相，故称“−”输入端为反相输入端（简称反相端）。图中分别用 $u_+$、$u_-$、$u_o$ 来表示它的同相输入端、反相输入端和输出端对“地”的电压（即各端的电位）。

输入和输出之间符合如下关系式

$$u_o=A_{uo}(u_+-u_-)=-A_{uo}(u_--u_+) \tag{8-2}$$

其中，$A_{uo}$ 为集成运放开环电压放大倍数。

## 二、集成运放的主要参数

集成运算放大器的性能是由各参数来描述的。下面通过介绍几个最基本最主要的参数，进一步了解集成运放的性能。

（1）最大输出电压 $U_{OPP}$。集成运放工作在线性区的最大不失真输出电压称为**最大输出电压 $U_{OPP}$**。一般略小于电源电压。

（2）开环电压放大倍数 $A_{uo}$。输入和输出之间无任何反馈联系时的差模电压放大倍数，称为**开环电压放大倍数** $A_{uo}$。放大倍数一般用分贝表示

$$A_{uo}=20\lg\frac{U_o}{U_i}\ (\text{dB}) \tag{8-3}$$

一般均在 100dB $\left(\frac{U_o}{U_i}=10^5\right)$以上。

（3）输入失调电压 $U_{io}$。当输入信号为零时为使输出电压为零需要在输入端所加的补偿电压，称为**输入失调电压**。$U_{io}$ 是由电路元件的不对称性而引起的，一般为几个毫伏量级。

（4）输入失调电流 $I_{io}$。同相和反相两个输入端管子的基极静态电流之差，称为**输入失调电流**。$I_{io}$ 一般是零点零几的微安量级。

（5）最大差模输入电压 $U_{idm}$。集成运放同相和反相两个输入端所加电压大小相同、相位相反时被称为**差模输入**。$U_{idm}$ 是允许所加差模输入电压的最大值，差模电压高于 $U_{idm}$ 时，会击穿运放内部的 PN 结。

（6）最大共模输入电压 $U_{icm}$。集成运放同相和反相两个输入端所加电压大小和相位均

相同时被称为**共模输入**。$U_{icm}$ 是允许所加共模输入电压的最大值，当所加共模电压超过 $U_{icm}$ 时，集成运放性能下降，严重时同样会损坏内部元件。

(7) 差模输入电阻 $r_{id}$。差模信号作用时集成运放的输入电阻，称为**差模输入电阻**。$r_{id}$ 一般在 3MΩ 左右，性能好的运放可达 1000MΩ 以上，它表征了输入级从信号源取用电流的大小。

(8) 开环输出电阻 $r_o$。集成运放开环情况下的输出电阻称**开环输出电阻**。$r_o$ 一般是几百至几千欧姆量级，它表征了运放带负载的能力。

(9) 共模抑制比 $K_{CMR}$。集成运放对差模信号的电压放大倍数 $A_{ud}$ 和对共模信号的电压放大倍数 $A_{uc}$ 之比称**共模抑制比** $K_{CMRR}$。

$$K_{CMRR}=\frac{A_{ud}}{A_{uc}} \tag{8-4}$$

用对数形式表示时，记作 $K_{CMR}$。

$$K_{CMR}=20\lg\frac{A_{ud}}{A_{uc}}(\text{dB}) \tag{8-5}$$

零漂信号是共模信号，共模抑制比越大表示对零漂信号的抑制能力越强，一般都在 100dB 以上。

**三、理想集成运算放大器**

在电路分析中为简化起见，常将集成运放理想化。理想化的条件是：

(1) 开环电压放大倍数 $A_{uo}\to\infty$；

(2) 差模输入电阻 $r_{id}\to\infty$；

(3) 开环输出电阻 $r_o\to 0$；

(4) 共模抑制比 $K_{CMR}\to\infty$；

(5) 输入失调电流 $I_{io}\to 0$；

(6) 输入失调电压 $U_{io}\to 0$。

一般集成运放参数都接近理想化条件，在分析时用**理想集成运放**来代替，其误差在工程上是完全允许的。后面如不加说明，集成运放都当成理想集成运放来处理。

图 8-4 是理想集成运放的图形符号。符号中的∞表示开环电压放大倍数符合理想化的条件。

从特性参数上已经很明显地看到了集成运放的特点。下面用传输特性来进一步阐述它的特点。所谓**传输特性**就是表示输出电压和输入电压之间关系的特性曲线。

图 8-5 中虚线表示了实际运放的传输特性。在靠近纵轴的部分为线性区，在线性区中集成运放的 $u_o$ 和 $u_+-u_-$ 呈线性关系，符合式 (8-2)。当 $|u_+-u_-|$ 稍大时，集成运放即进入饱和区，饱和区中输出电压 $u_o$ 只有两个值，或为正饱和值 ($+U_{o(sat)}$) 或为负饱和值

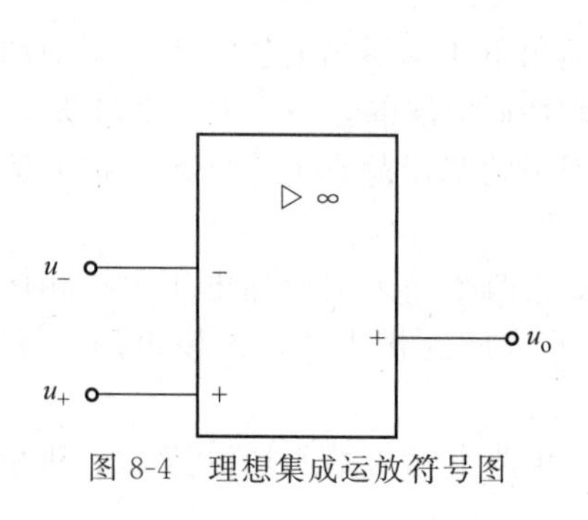

图 8-4 理想集成运放符号图

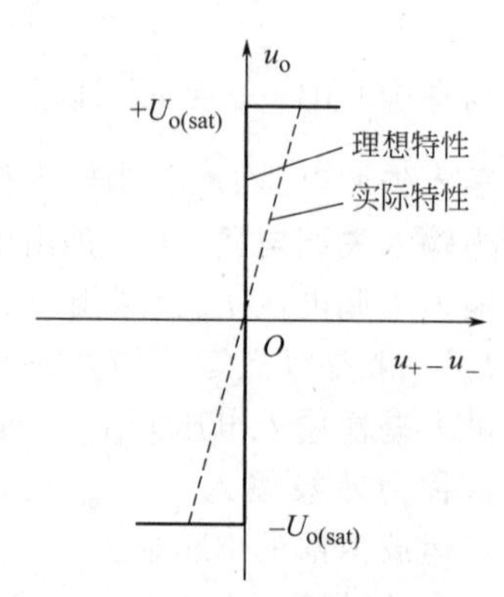

图 8-5 集成运放传输特性

$-U_{o(sat)}$。正负饱和值略低于正负电源电压值。

图 8-5 中的实线表示了理想运放的传输特性。在理想集成运放中线性区近似为和纵轴重合的一直线，表明理想集成运放在线性区中 $u_+ \approx u_-$。同样从式(8-2) 也可得知，在 $A_{uo} \rightarrow \infty$ 时，$u_+ \approx u_-$。这表明理想集成运放在线性区工作时，有以下两个基本结论。

(1) 理想集成运放两个输入端的电位基本相等，通常称作**“虚短”**。

$$u_+ \approx u_- (v_+ \approx v_-) \tag{8-6}$$

(2) 由于理想集成运放 $r_{id} \rightarrow \infty$，$(u_+ - u_-) \rightarrow 0$，所以理想集成运放输入端输入电流可以忽略不计，通常称作**“虚断”**。

$$i_+ \approx 0, \ i_- \approx 0 \tag{8-7}$$

注意，理想集成运放工作在饱和区时，式(8-2) 不再成立，这时 $u_o = \pm U_{o(sat)}$。

当 $u_+ > u_-$ 时

$$u_o = +U_{o(sat)} \tag{8-8}$$

当 $u_+ < u_-$ 时

$$u_o = -U_{o(sat)} \tag{8-9}$$

### 思　考　题

8-1-1　按理想运放在线性区工作时的基本结论式(8-6)，在实际电路中可否将两个输入端短路？

8-1-2　若设输入信号 $u_i = u_- - u_+$，则电压传输特性和图 8-5 有何不同？

## 第二节　集成运放的输入方式

图 8-5 传输特性表明，集成运放的线性区很窄，说明实际的集成运放 $A_{uo}$ 大到输入端只要有微弱的信号就足以使输出电压饱和。因此在实际集成运放线性应用中都要加入深度的**负反馈**，以扩大它的线性区范围。

### 一、放大电路中的负反馈

1. 负反馈的基本概念

反馈就是：将放大电路输出端电压（或电流）的部分或全部通过某一个电路（反馈电路）返回输入端，和输入信号共同控制放大电路。如图 8-6 所示。

在正弦电路中，图中，$\dot{X}_i, \dot{X}_f, \dot{X}_d, \dot{X}_o$ 分别表示反馈放大电路中的输入信号、反馈信号、净输入信号和输出信号的相量。它们代表电压或电流。⊗表示 $\dot{X}_i$ 和 $\dot{X}_f$ 在此处合成。按图所标“+”和“−”输入基本放大电路的净输入信号为

$$\dot{X}_d = \dot{X}_i - \dot{X}_f \tag{8-10}$$

若由于反馈信号 $\dot{X}_f$ 的引入使净输入信号小于输入信号，则称**负反馈**。图 8-6 中基本放大电路的放大倍数称**开环放大倍数**

$$A_o = \frac{\dot{X}_o}{\dot{X}_d} \tag{8-11}$$

反馈电路的**反馈系数**

$$F = \frac{\dot{X}_f}{\dot{X}_o} \tag{8-12}$$

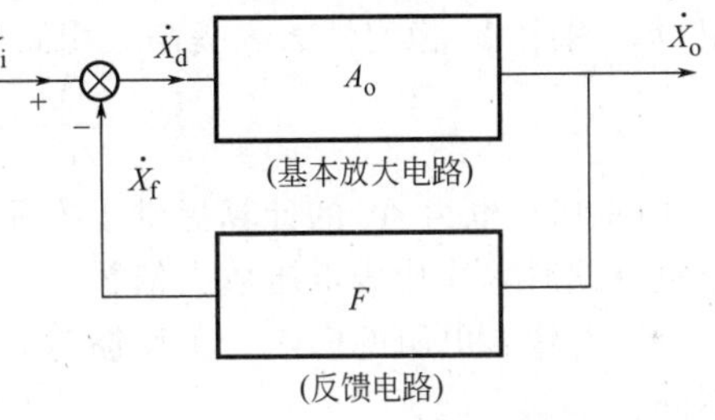


图 8-6　负反馈放大电路方框图

输出信号和输入信号的比值叫作**闭环放大**

倍数

$$A_f=\frac{\dot{X}_o}{\dot{X}_i} \tag{8-13}$$

2. 负反馈类型

从输出端分，反馈信号 $x_f$ 取自输出端的输出电压，称**电压反馈**（在电压反馈时 $x_o$ 代表的是输出电压）；反馈信号 $x_f$ 取自输出端的输出电流称**电流反馈**（在电流反馈时 $x_o$ 代表的是输出电流）。

从输入端分，反馈信号 $x_f$ 和输入信号 $x_i$ 在输入回路中相串联，称**串联反馈**；反馈信号 $x_f$ 和输入信号 $x_i$ 在输入回路中并联，称**并联反馈**。串联反馈时 $x_i, x_f, x_d$ 均表示为电压；并联反馈时 $x_i, x_f, x_d$ 均表示为电流。

由此可见，式(8-10)～式(8-13) 表达式的具体量纲对于四种不同负反馈类型是不同的。以闭环放大倍数 $A_f$ 而言，$x_i, x_o$ 只有在电压串联负反馈时都表示电压，故这时的 $A_f$ 就表示电压放大倍数。其余三种反馈类型读者可自行分析，它们分别代表转移阻抗、转移导纳和电流放大倍数。

3. 负反馈对放大电路工作性能的影响

电路采用负反馈后会对放大电路工作性能带来较大的改善，下面着重从对放大倍数、输入电阻、输出电阻的影响来研究一下它的普遍规律。

(1) 对放大倍数的影响。在图 8-6 中

$$A_f=\frac{\dot{X}_o}{\dot{X}_i}=\frac{\dfrac{\dot{X}_o}{\dot{X}_d}}{\dfrac{\dot{X}_i}{\dot{X}_d}}=\frac{A_o}{\dfrac{\dot{X}_d+\dot{X}_f}{\dot{X}_d}}=\frac{A_o}{1+A_oF} \tag{8-14}$$

式中，$A_oF=\dfrac{\dot{X}_o}{\dot{X}_d}\times\dfrac{\dot{X}_f}{\dot{X}_o}=\dfrac{\dot{X}_f}{\dot{X}_d}$。负反馈时，由图 8-6 所标的极性可知 $\dot{X}_d, \dot{X}_f$ 同相，且同为电压或电流，故 $A_oF$ 为正实数，表示了反馈深度的大小。当负反馈深度较深时，一般都能满足 $A_oF \gg 1$，所以从式(8-14) 可以看出以下两点。

① 负反馈降低了放大倍数。$|A_f|$ 是 $|A_o|$ 的 $\dfrac{1}{|1+A_oF|}$。集成运放在线性运用时，正是利用深度的负反馈降低放大倍数，扩大它的线性区范围。

② 负反馈稳定了放大倍数。式(8-14) 可以近似为

$$A_f\approx\frac{A_o}{A_oF}=\frac{1}{F} \tag{8-15}$$

从式(8-15) 可以看出闭环放大倍数基本上取决于反馈网络，而反馈网络一般由无源器件组成，因此 $A_f$ 稳定性大大提高。由式(8-14) 计算可得

$$\frac{dA_f}{A_f}=\frac{dA_o}{A_o}\times\frac{1}{1+A_oF} \tag{8-16}$$

式(8-15) 也为 $A_f$ 的计算提供了方便。但要注意的是 $A_f$ 是闭环放大倍数，只有在串联电压负反馈时它才代表电压放大倍数。

(2) 对输入电阻的影响。负反馈对放大电路的输入、输出电阻的影响视反馈类型的不同而不同。

串联负反馈时由于 $x_i, x_f, x_d$ 均表示为电压，负反馈的引入使 $U_d$ 比 $U_i$ 减小，因此

$r_{if}=\frac{U_i}{I_i}$会比无反馈时 $r_i=\frac{U_d}{I_i}$增大。经计算可得

$$r_{if}=r_i(1+A_oF) \tag{8-17}$$

并联负反馈时由于 $x_i,x_f,x_d$ 均表示为电流，负反馈的引入使 $I_d$ 比 $I_i$ 减小，因此 $r_{if}=\frac{U_i}{I_i}$会比无反馈时 $r_i=\frac{U_i}{I_d}$减小。经计算可得

$$r_{if}=r_i\frac{1}{1+A_oF} \tag{8-18}$$

(3) 对输出电阻的影响。电压负反馈时 $x_f$ 取自输出电压，因此稳定的是输出电压，使放大器接近恒压输出。显然电压负反馈时输出电阻会减小。电流负反馈时 $x_f$ 取自输出电流，因此稳定的是输出电流，使放大器接近恒流输出。显然电流负反馈将使输出电阻增大。

负反馈的引入还可以改善放大电路的非线性失真等其他功能，在实际应用中究竟采用何种负反馈类型要根据具体情况和需求来选择。

## 二、集成运放的输入方式

集成运放有两个输入端，信号输入方式有以下三种。

### 1. 反相输入

信号通过 $R_1$ 从反相端输入，同相端通过 $R_2$ 接“地”。输出信号通过电阻 $R_F$ 反馈至反相端，连接方式如图 8-7 所示。

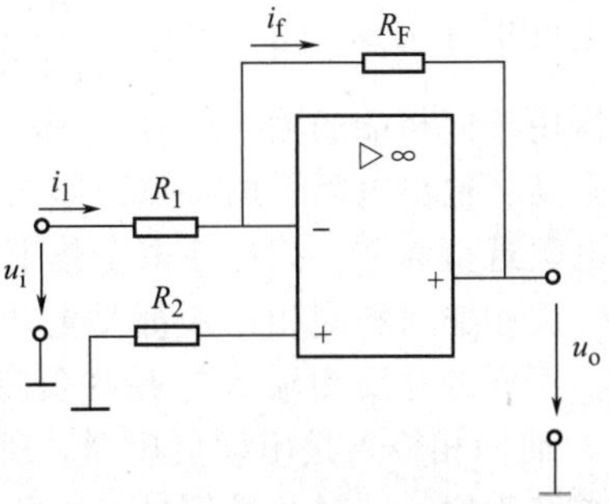

由式(8-6) 可知

$$u_+=u_-=0 \tag{8-19}$$

由式(8-7) 可知

$$i_-=0，故\ i_1=i_f$$

所以

$$\frac{u_i-u_-}{R_1}=\frac{u_--u_o}{R_F} \tag{8-20}$$

图 8-7　反相输入方式

式(8-19) 代入式(8-20)，经整理得

$$u_o=-\frac{R_F}{R_1}u_i \tag{8-21}$$

式(8-21) 表明以下几点。

(1) 反相输入时 $u_i$ 和 $u_o$ 成反相比例关系，比值是$\frac{R_F}{R_1}$。比值仅和 $R_1,R_F$ 的值有关，稳定可靠，方便可调。

(2) 反相输入时 $u_-=0$，反相端为**“虚地”**。

(3) 运算放大器反相输入时输出信号通过 $R_F$ 形成电流 $i_f$ 和输入信号电流 $i_i$ 共同作用于反相端，而且 $i_f$ 正比于 $u_o$，因此是电压并联负反馈。因为是电压负反馈，所以输出电阻 $r_o$ 很小，输出电压稳定，带负载能力强。

(4) 图 8-7 中的电阻 $R_2$ 是一平衡电阻。作用为使运放输入级差动电路静态时两个输入端有对“地”的等效电阻。取值

$$R_2=R_1//R_F \tag{8-22}$$

### 2. 同相输入

信号通过电阻 $R_2$ 从同相端输入。反相端通过电阻 $R_1$ 接“地”。输出信号通过电阻 $R_F$ 反馈至反相端，接线如图 8-8 所示。

由式(8-7) 可知 $i_+=0$，所以 $R_2$ 上无压降，

$$u_+=u_i$$

又由式(8-6) 可知

$$u_{+}=u_{-}=u_{i} \tag{8-23}$$

同样因为 $i_{-}=0$，故

$$i_{1}=i_{f}$$

即
$$\frac{0-u_{-}}{R_{1}}=\frac{u_{-}-u_{o}}{R_{F}} \tag{8-24}$$

将式(8-23) 代入式(8-24) 经整理得

$$u_{o}=\left(\frac{R_{F}}{R_{1}}+1\right)u_{i} \tag{8-25}$$

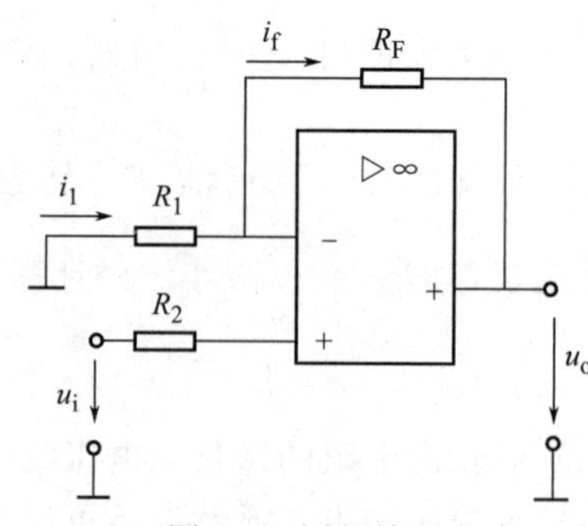

图 8-8 同相输入方式

由以上分析可知以下几点。

(1) 同相输入时 $u_o$ 和 $u_i$ 是同相关系，比值是 $\frac{R_F}{R_1}+1\geqslant 1$。改变 $R_F$ 和 $R_1$ 的值，比值方便可调。

(2) 同相输入时，$u_{-}\neq 0$，即反相端不再“虚地”。

(3) 电路如图 8-9 所示时，根据式(8-25) 可知 $u_i=u_o$，称为**电压跟随器**。

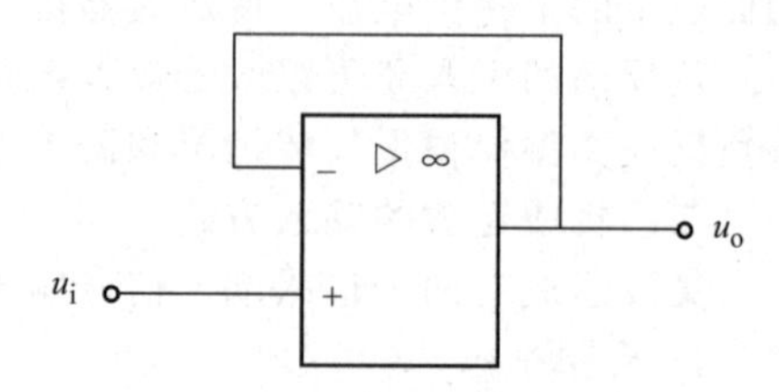

图 8-9 电压跟随器

(4) 同相输入时输出电压经 $R_F$ 反馈和 $R_1$ 分压产生反馈信号 $u_f$ $\left(u_f=u_o\frac{R_1}{R_1+R_F}\right)$作用于反相端，和作用于同相端的输入信号 $u_i$ 串联连接，故是电压串联负反馈。电压串联负反馈具有输入电阻高、输出电阻低的特点。图 8-9 的电压跟随器性能良好，输入电阻高达 10MΩ 以上，输出电阻近似为零。因此在电子技术中广泛用作输入级、输出级和中间隔离级。

反相输入和同相输入都是电压负反馈，因此都具有输出电压稳定、带负载能力强的优点。不同的是反相输入是并联负反馈，从图 8-7 来看反相端“虚地”，因此输入电阻 $r_{if}=R_1$，而同相输入是串联负反馈，所以输入电阻 $r_{if}\rightarrow\infty$。同相输入中 $u_{+}=u_{-}=u_{i}$，两个输入端实为输入一对共模信号，因此输入信号的值受集成运放最大共模输入电压 $U_{icm}$ 的限制。同相输入时对集成运放的共模抑制比要求较高。

3. *差动输入*

信号从同相端和反相端同时输入称为差动输入，典型电路如图 8-10 所示。由式(8-6) 可知

$$u_{-}=u_{+}=u_{i2}\frac{R_3}{R_2+R_3} \tag{8-26}$$

由式(8-7) 可知

$$i_1=i_f\Rightarrow\frac{u_{i1}-u_{-}}{R_1}=\frac{u_{-}-u_{o}}{R_F} \tag{8-27}$$

将式(8-26) 代入式(8-27)，经整理得

$$u_o=-\frac{R_F}{R_1}u_{i1}+\left(1+\frac{R_F}{R_1}\right)\frac{R_3}{R_2+R_3}u_{i2} \tag{8-28}$$

根据差动电路输入端对称性的要求，电阻取值时应满足 $R_2//R_3=R_1//R_f$。

在 $R_1=R_2$、$R_3=R_F$ 时，式(8-28) 可简化为

$$u_o=-\frac{R_F}{R_1}(u_{i1}-u_{i2})=\frac{R_F}{R_1}(u_{i2}-u_{i1}) \tag{8-29}$$

式(8-28) 也可采用叠加原理让 $u_{i1}$ 和 $u_{i2}$ 分别单独作用，直接用式(8-21) 和式(8-25) 的关系式推得，读者可自行分析。

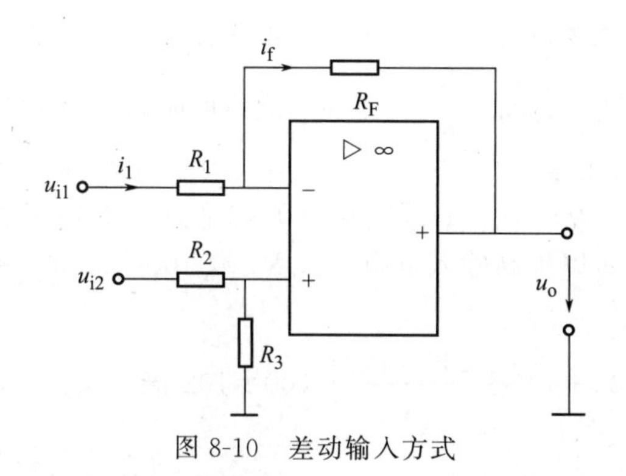


图 8-10　差动输入方式

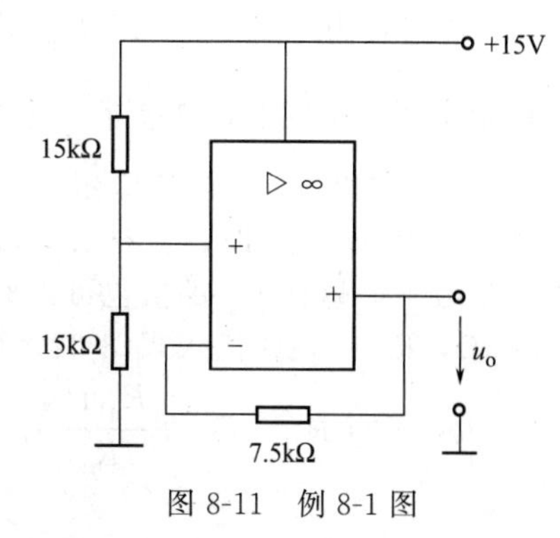


图 8-11　例 8-1 图

从以上三种输入方式的分析中不难看出，集成运放在线性区工作时两个基本结论是分析理想集成运放在线性区工作的基本依据，一定要学会熟练地正确运用。

**【例 8-1】** 求图 8-11 所示电路中 $u_o$ 的值。

**解**　图示电路为一电压跟随器，$u_+=u_o$。

因为 $i_+=0$，所以

$$u_+=15\times\frac{15}{15+15}=7.5\text{V}$$

所以 $u_o=7.5\text{V}$。

该电路中输出电压和电源电压及分压电阻有关，精度和稳定度较高，可作基准电源用。

**【例 8-2】** 求图 8-12 所示电路中 $u_o$ 和 $u_i$ 的关系表达式。

**解**　图示电路是一反相输入电路，反相端“虚地”，所以 $u_-=0$。

由式(8-7) 可知

$$i_1=i_{f1}=\frac{u_i-u_-}{R_1}=\frac{u_i}{R_1} \tag{8-30}$$

A 点电位

$$V_A=-R_{f1}i_{f1}=-\frac{R_{f1}}{R_1}u_i$$

$R_{f2}$ 上电流

$$i_{f2}=\frac{V_A}{R_{f2}}=-\frac{R_{f1}}{R_1R_{f2}}u_i \tag{8-31}$$

对于 A 点由 KCL 可知

$$i_{f1}=i_{f2}+i_{f3}$$

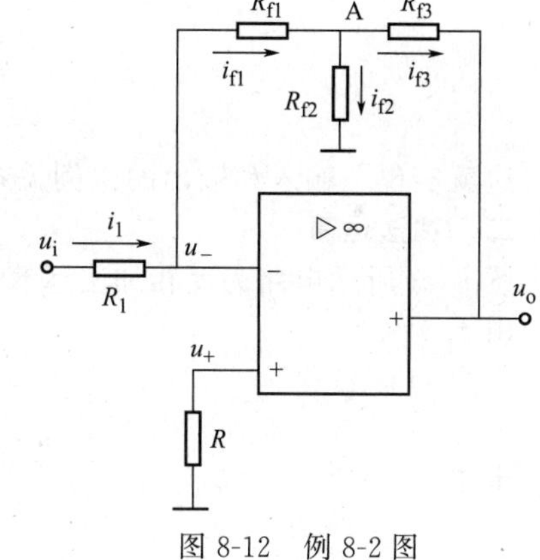


图 8-12　例 8-2 图

将式(8-30)、式(8-31) 代入上式

$$i_{f3}=i_{f1}-i_{f2}=\frac{u_i}{R_1}+\frac{R_{f1}}{R_1R_{f2}}u_i=\frac{u_i}{R_1}\left(1+\frac{R_{f1}}{R_{f2}}\right)$$

按 KVL 定律，输出电压

$$u_o=-(R_{f1}i_{f1}+R_{f3}i_{f3})=-\left[\frac{R_{f1}}{R_1}u_i+\frac{R_{f3}}{R_1}\left(1+\frac{R_{f1}}{R_{f2}}\right)u_i\right]$$

$$=-\frac{u_i}{R_1}\left(R_{f1}+R_{f3}+\frac{R_{f1}R_{f3}}{R_{f2}}\right) \tag{8-32}$$

对照式(8-21) 和式(8-32)，图 8-12 中$\left(R_{f1}+R_{f3}+\frac{R_{f1}R_{f3}}{R_{f2}}\right)$取代了图 8-7 中的 $R_F$。图 8-7

中的 $R_F$ 取值一般为 1kΩ～1MΩ。$R_F$ 不能取得太大的原因是 1MΩ 以上的电阻阻值不很稳定。这就带来了一个问题，在要求一定的放大倍数$\left(|A_u|=\frac{R_F}{R_1}\right)$下，$R_1$ 值不可能太大（一般为几千欧到几十千欧），这就使反相输入的输入电阻较小。当采用 $R_{f1}$，$R_{f2}$，$R_{f3}$ 组成的 T 形网络代替图 8-7 中的 $R_F$ 时，只要 $R_{f2}$ 取得较小，$R_{f1}$，$R_{f3}$ 不用取得很大就足以具有较大的电压放大倍数了，这样 $R_1$ 的值也可以取得大一些以提高输入电阻。如 $R_1$ 取 100kΩ，$R_{f1}=R_{f3}=100\text{k}\Omega$，$R_{f2}=1\text{k}\Omega$ 代入式(8-32) 可知

$$|A_u|=\left(R_{f1}+R_{f3}+\frac{R_{f1}R_{f3}}{R_{f2}}\right)/R_1=\left(100+100+\frac{100\times100}{1}\right)/100=102\text{ 倍}$$

### 思 考 题

8-2-1　试画一下图 8-7 和图 8-8 两个电路的电压传输特性并理解为什么要加深度负反馈。

8-2-2　反相输入时反相端既然“虚地”，能否将反相端直接接“地”呢？

## 第三节　集成运放的基本运算电路

集成运放以它高输入电阻和开环高电压放大倍数的特点，加上各种负反馈网络，在信号运算方面获得了广泛应用。

### 一、比例运算

上节中所讲的集成运放为反相输入和同相输入时，其输出电压和输入电压的关系式分别为式(8-21) 和式(8-25)

$$u_o=-\frac{R_F}{R_1}u_i$$

$$u_o=\left(\frac{R_F}{R_i}+1\right)u_i$$

这就实现了输入和输出的比例关系。比值方便可调。

### 二、加法运算

图 8-13 所示电路为反相加法运算电路，电路分析如下。

由于　$$u_+=u_-=0$$

故　$$i_1=\frac{u_{i1}}{R_1},\ i_2=\frac{u_{i2}}{R_2}$$

由于　$$i_-=0$$

故　$$i_f=i_1+i_2=\frac{u_{i1}}{R_1}+\frac{u_{i2}}{R_2}$$

因为　$$i_f=\frac{u_--u_o}{R_F}=-\frac{u_o}{R_F}$$

所以　$$-\frac{u_o}{R_F}=\frac{u_{i1}}{R_1}+\frac{u_{i2}}{R_2}$$

$$u_o=-\left(\frac{R_F}{R_1}u_{i1}+\frac{R_F}{R_2}u_{i2}\right) \tag{8-33}$$

电阻取值　$$R_3=R_1//R_2//R_F$$

若取 $R_1=R_2=R$，则

$$u_o=-\frac{R_F}{R}(u_{i1}+u_{i2}) \tag{8-34}$$

由式(8-34) 可以看出，$u_o$ 和 $u_{i1}$ 及 $u_{i2}$ 的和成正比关系，但因信号从反相端输入，故极性与输入相反。若信号从同相端输入，同样可以构成同相加法电路，读者可自行分析。

**三、减法运算**

在上节中，图 8-10 所示电路的信号为差动输入方式。当 $R_2=R_1$，$R_3=R_F$ 时

$$u_o=\frac{R_F}{R_1}(u_{i2}-u_{i1})$$

从上式可以看出 $u_o$ 和 $u_{i2}$ 及 $u_{i1}$ 的差成正比，从而实现了减法运算，其电路如图 8-14 所示。若其中 $R_1=R_F$，则式(8-29) 可进一步化作

$$u_o=u_{i2}-u_{i1} \tag{8-35}$$

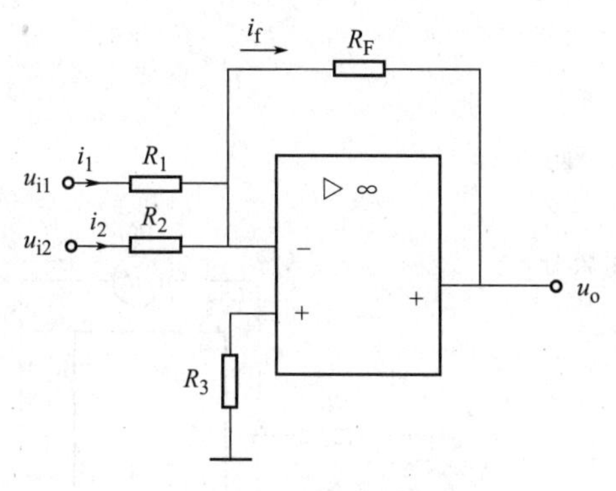


图 8-13 反相加法运算电路

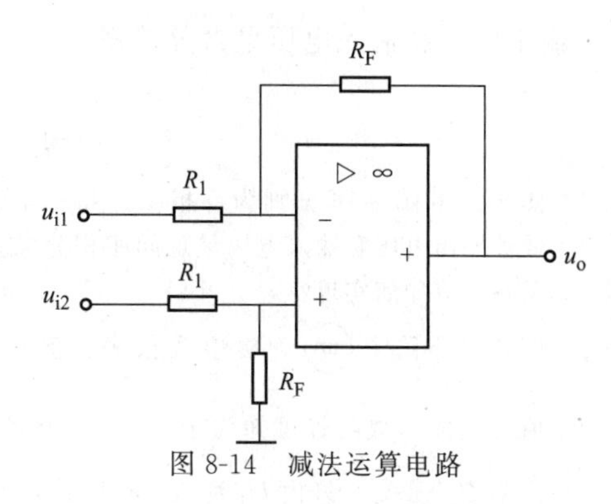


图 8-14 减法运算电路

**四、积分运算**

图 8-15 所示电路为积分运算电路，分析如下。

由理想运放的特性可知

$$u_+=u_-=0,\quad i_f=i_1=\frac{u_i}{R}$$

由电容元件的特征方程可得

$$u_C=\frac{1}{C}\int i_f\mathrm{d}t=\frac{1}{RC}\int u_i\mathrm{d}t$$

而 $u_- - u_o=u_C$，所以

$$u_o=-u_C=-\frac{1}{RC}\int u_i\mathrm{d}t \tag{8-36}$$

输出电压和输入电压呈积分关系。

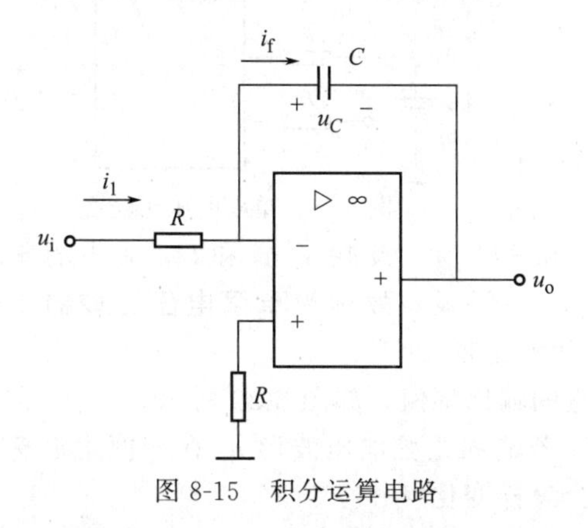


图 8-15 积分运算电路

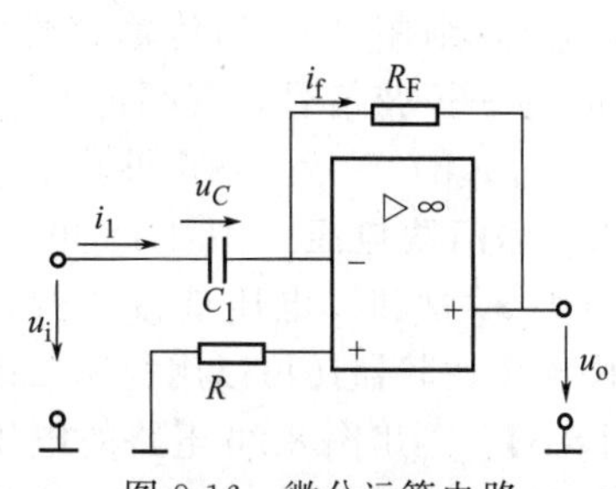


图 8-16 微分运算电路

### 五、微分运算

图 8-16 所示电路为微分运算电路，分析如下。

由理想运放的特性可知

$$u_{+}=u_{-}=0,\quad i_{1}=i_{f}=-\frac{u_{o}}{R_{F}}$$

即

$$u_{o}=-R_{F}i_{1}$$

由电容的特征方程可知 $i_{1}=C\dfrac{du_{i}}{dt}$，所以

$$u_{o}=-R_{F}C\frac{du_{i}}{dt} \tag{8-37}$$

输出电压和输入电压呈微分关系。

## 思 考 题

8-3-1 图 8-15 和图 8-16 分别为反相积分和反相微分电路，若要让输出电压和输入电压呈现同相积分关系和同相微分关系，应如何实现？

8-3-2 图 8-17 电路中 (mA) 为磁电式仪表。流过该表头的 $I_{g}$ 值由集成运放特性可知为 $I_{g}=\dfrac{U_{i}}{R_{1}}$，表明 $I_{g}$ 值和表头内阻 $R_{g}$ 无关，只由 $U_{i}$ 和 $R_{1}$ 的比值决定。在 $R_{1}$ 不变的情况下 $I_{g}$ 的大小反映了 $U_{i}$ 的大小，思考图 8-17 电路实现了何种测量？图 8-17 电路为何种负反馈？有何性能特点？

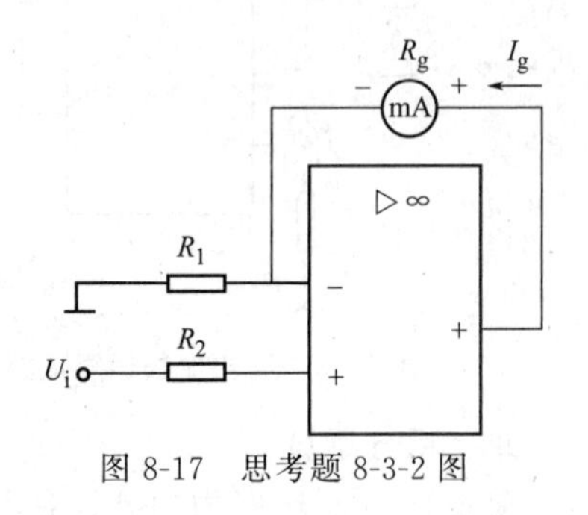

图 8-17 思考题 8-3-2 图

# 第四节 集成运放的非线性应用

当集成运放开环运用时一般都工作在它的非线性区，电压比较器是集成运放非线性的典型应用。

### 一、单限电压比较器

图 8-18 所示电路中集成运放处于**开环工作状态**。由理想运放的传输特性可知，当集成运放开环工作时输出处于饱和区（非线性区）。由式(8-8)、式(8-9) 可知

当 $u_{+}>u_{-}$ 时，$u_{o}=+U_{o(sat)}$

$u_{+}<u_{-}$ 时，$u_{o}=-U_{o(sat)}$

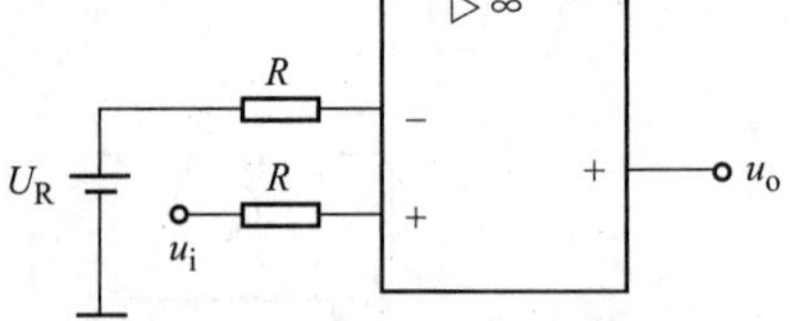

图 8-18 单限电压比较器

设 $U_{R}>0$ 则图 8-18 的传输特性如图 8-19(a) 所示。若 $u_{i}$ 为一正弦信号，其幅值 $U_{im}>U_{R}$，则 $u_{o}$ 的波形如图 8-19(b) 所示。输出波形 $u_{o}$ 用 $+U_{o(sat)}$ 和 $-U_{o(sat)}$ 反映了 $u_{i}$ 和 $U_{R}$ 大小的比较结果。$U_{R}$ 称**门限电压**。图 8-18 电路只有 $U_{R}$ 这单一门限，故称为**单限电压比较器**。若 $U_{R}=0$，则 $u_{i}$ 就和零电压进行比较，称为零限电压比较。

单限电压比较器还可以用稳压二极管来限制它的输出幅值，如图 8-20 所示。

**【例 8-3】** 画出图 8-20 电路的电压传输特性。若输入正弦电压波形 $u_{i}$ 在零值附近有干扰信号出现，如图 8-21(a) 所示，则输出波形将会怎样变化？

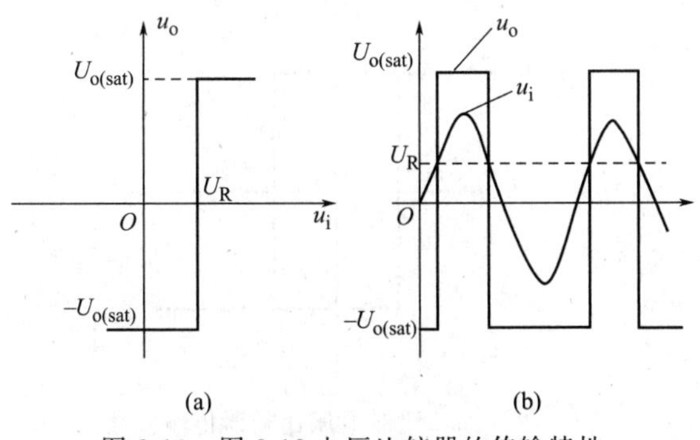

图 8-19　图 8-18 电压比较器的传输特性

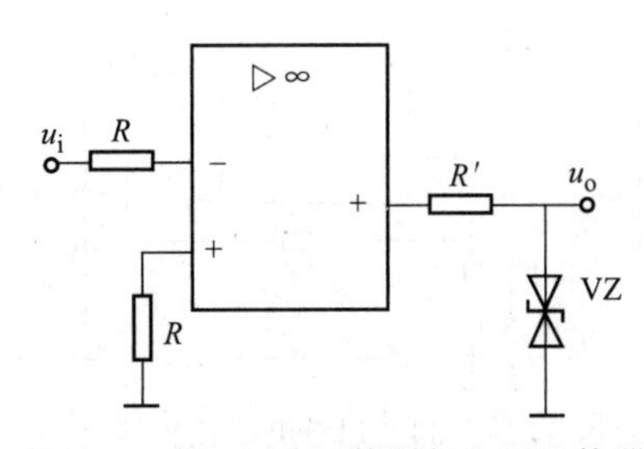

图 8-20　例 8-3 稳压管限幅电压比较器

**解**　图 8-20 是一过零比较器，所对应的电压传输特性如图 8-22 所示。对应于图 8-21(a) 输入波形的输出 $u_o$ 如图 8-22(b) 所示。由此可以看出单限电压比较器电路结构简单，但它的抗干扰能力较差。

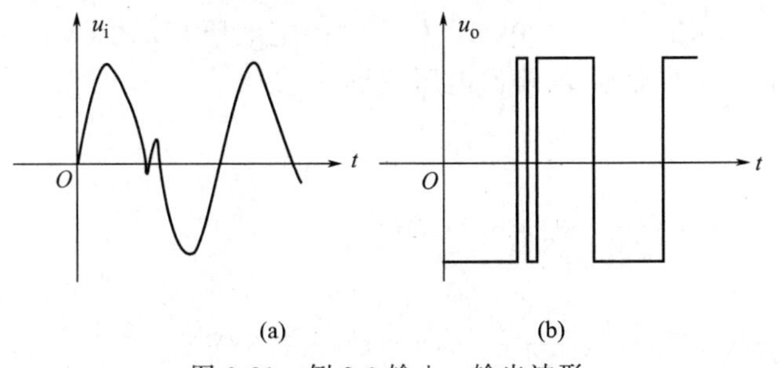

图 8-21　例 8-3 输入、输出波形

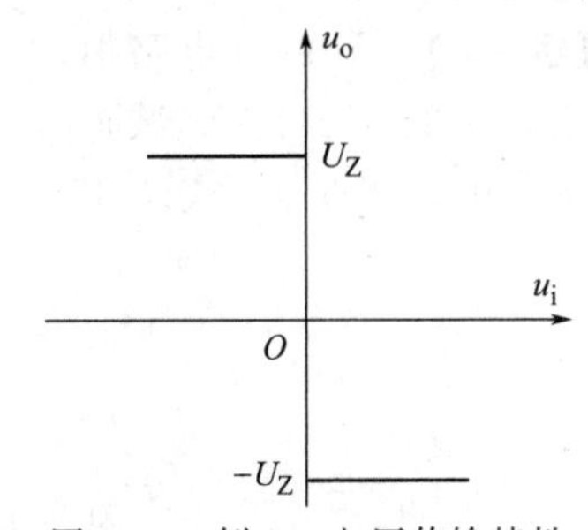

图 8-22　例 8-3 电压传输特性

## 二、迟滞电压比较器

为了提高电压比较器的抗干扰能力，通常将电压比较器的输出信号反馈回同相端形成**正反馈**，组成**迟滞电压比较器**。正反馈和集成运放线性运用时引入的负反馈相反，它是由于反馈信号 $x_f$ 的引入使净输入信号 $x_d$ 大于输入信号 $x_i$ 的这种情况。图 8-23 就是一个迟滞电压比较器，下面分析它的工作原理。

图 8-23 中，$R_2$ 和 $R_f$ 构成正反馈电路作用于同相端。反馈电压

$$u_+=u_f=\frac{R_2}{R_2+R_f}u_o \tag{8-38}$$

其中 $u_o=\pm U_Z$。

若设 $u_o$ 为 $+U_Z$，则

$$u_+=\frac{R_2}{R_2+R_f}U_Z \triangleq U_{RH} \tag{8-39}$$

在 $u_i$ 的变化过程中，只有当 $u_i \geqslant u_+=\dfrac{R_2}{R_2+R_f}U_Z$ 时，$u_o$ 才会从 $+U_Z$ 翻转到 $-U_Z$。

当 $u_o=-U_Z$ 时

$$u_+=-\frac{R_2}{R_2+R_f}U_Z \triangleq U_{RL} \tag{8-40}$$

同样，在 $u_i$ 的变化过程中，只有当 $u_i \leqslant U_{RL}$ 时，$u_o$ 才会从 $-U_Z$ 再次翻转到 $+U_Z$。

$U_{RH}$ 和 $U_{RL}$ 分别为输出端为不同值时所对应的同相端电位，称作**上门限电压**和**下门限电压**。图 8-23 电路所对应的传输特性如图 8-24 所示。

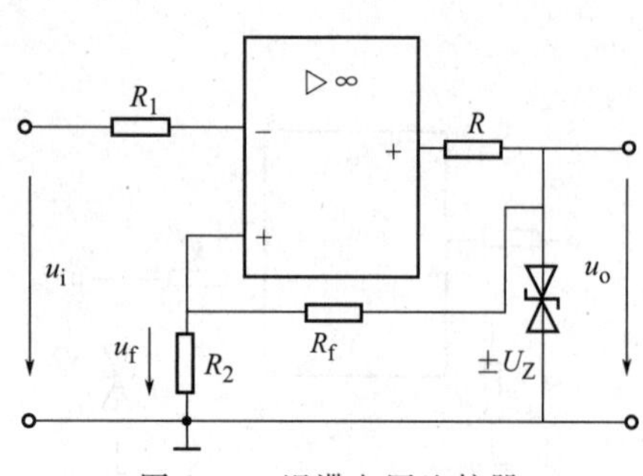

图 8-23 迟滞电压比较器

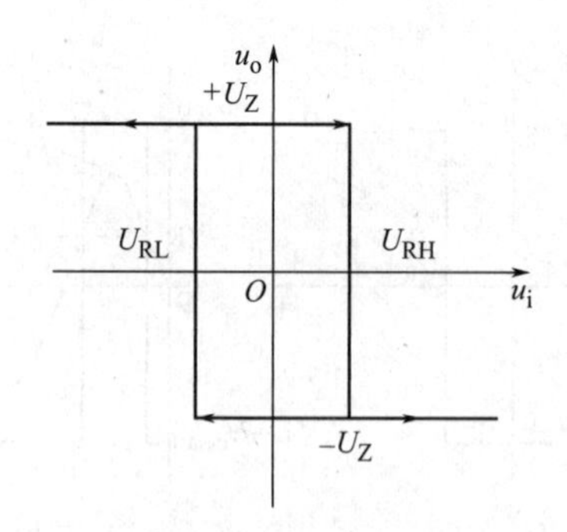


图 8-24 迟滞电压比较器传输特性

显然它和单限电压比较器的传输特性不同。由于通过正反馈使 $u_o$ 影响了同相端电位的大小，因此在 $u_i$ 从大到小变化和 $u_i$ 从小到大变化时，分别对应两个不同的门限电压，传输特性形成了迟滞回线。另外，由于正反馈加速了翻转过程，使传输特性更加接近理想化。

**【例 8-4】** 图 8-23 电路中，若 $R_2=30\text{k}\Omega$、$R_f=100\text{k}\Omega$，稳压管稳定电压 $U_Z$ 为 6V，输入电压 $u_i=3\sin 314t$ V。试画出相应于输入波形 $u_i$ 的输出电压波形 $u_o$。

**解** 由式(8-39)、式(8-40) 可知

$$U_{RH}=\frac{R_2}{R_f+R_2}U_Z=\frac{30}{100+30}\times 6=1.38\text{V}$$

$$U_{RL}=\frac{R_2}{R_f+R_2}(-U_Z)=\frac{30}{100+30}\times(-6)=-1.38\text{V}$$

电压传输特性如图 8-25 所示。按图 8-25 即可画出对应于 $u_i$ 的 $u_o$ 波形，如图 8-26 所示。

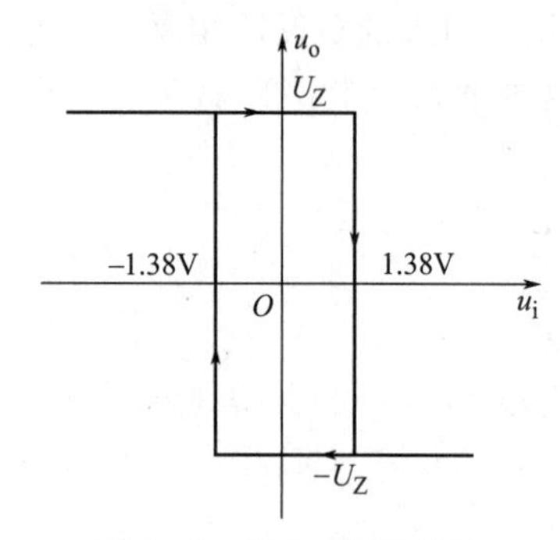


图 8-25 例 8-4 传输特性

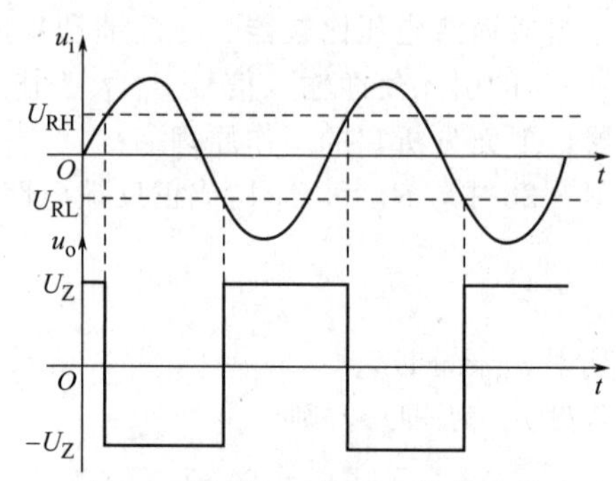


图 8-26 例 8-4 输入、输出波形

由例 8-4 可以看出，迟滞比较器相比于单限电压比较器抗干扰能力明显提高。在 $u_i$ 零值附近，干扰电压的幅值变化只要在 $U_{RH}$ 和 $U_{RL}$ 之间就不会影响输出波形。

实际应用中有专门做成的各种型号的集成电压比较器。如 CJ0710 为一高速集成电压比较器，其信号传输速度 $t_R\leqslant 40\text{ns}$，输出的高低电平分别为+3V 和+0.3V。它可以直接和数字电路匹配，而且集成电压比较器的翻转特性也更为陡直。

## 思 考 题

8-4-1 请思考一下，比较器中 $u_i$ 接在同相端和反相端时，电压传输特性有何不同？是否有规律？

# 第五节　集成运放的信号发生电路

在检测、通信、控制、计算机等领域中需要各种类型的信号源。这些正弦或非正弦的信号源不同于前面所提及的放大或其他处理电路，它是不需要外界输入信号就有稳定输出信号的电路。

## 一、正弦信号发生器

在输入端没有外接信号的情况下，输出端仍能维持一定频率、一定幅值正弦波输出的电路称为**正弦信号发生器**。这种现象称为放大电路的**自激振荡**。

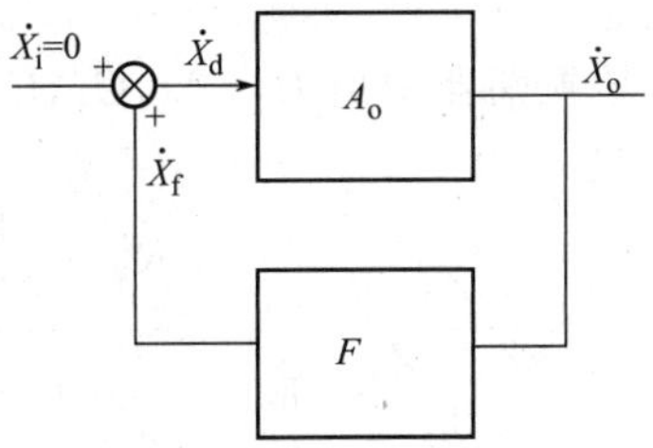

在图8-27所示的反馈放大电路中，要想在 $\dot{X}_i=0$ 时仍有稳定的输出信号 $\dot{X}_o$，必须满足

$$\dot{X}_f=\dot{X}_d \tag{8-41}$$

因为是正弦信号，因此用相量表示。



图8-27　产生自激振荡的条件

### 1. 自激振荡的建立

图8-27中

$$\dot{X}_f=\dot{X}_oF,\quad \dot{X}_d=\frac{\dot{X}_o}{A_o}$$

将它们代入式(8-41)得

$$A_oF=1 \tag{8-42}$$

式(8-42)是电路产生稳定自激振荡的条件。由于 $A_o=|A_o|\angle\varphi_A$，$F=|F|\angle\varphi_F$，所以式(8-42)实质上包含两个条件。

(1) 幅值平衡条件

$$|A_oF|=1 \tag{8-43}$$

(2) 相位平衡条件

$$\varphi_A+\varphi_F=2n\pi\quad(n=0,1,2,3,\cdots) \tag{8-44}$$

自激振荡的建立需要一个过程。一开始由于某个外部干扰信号使电路放大器产生一个输出信号，该输出信号通过反馈网络反馈回输入端再放大。每次反馈电压应大于前一次的输入电压，这样振荡幅度才能逐步增大，这时 $|A_oF|>1$。当输出信号的幅值增大到一定程度后，放大器的放大倍数 $|A_o|$ 会由于内部器件的非线性等因素逐步减小，直至 $|A_oF|=1$。自激振荡的幅值不再增大而达到稳定。

### 2. 正弦信号发生器的组成

由上述分析可知正弦信号发生器必须具有以下几个环节：

(1) 放大环节；

(2) 正反馈环节；

(3) 稳幅环节；

(4) 选频环节。

其中选频网络是为使放大器确保只对某一个频率满足振荡条件，从而保证正弦信号发生器产生的波形为单一频率的正弦波。一般由 $RC$ 电路或 $LC$ 电路构成。

3. 文氏电桥振荡电路

文氏电桥振荡电路是 RC 振荡器的一个典型运用。它的电路如图 8-28 所示。其中运算放大器是振荡器的放大环节。$R_1$,$R_2$,$C_1$,$C_2$ 组成正反馈选频网络。$R_2$,$C_2$ 两端电压为反馈电压 $u_f$。$u_f$ 是运算放大器的输入电压。运算放大器接成同相比例放大，放大倍数是

$$A_u=1+\frac{R_F}{R_3} \tag{8-45}$$

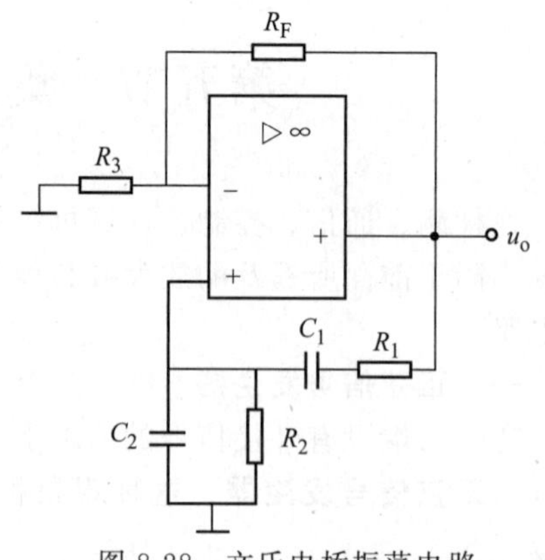

图 8-28 文氏电桥振荡电路

下面来具体分析一下文氏电桥振荡电路的工作参数。

该振荡器中由 $R_1$,$R_2$,$C_1$,$C_2$ 组成的反馈网络反馈系数 $F$ 为

$$F=\frac{Z_2}{Z_2+Z_1}=\frac{R_2//\frac{1}{j\omega C_2}}{R_2//\frac{1}{j\omega C_2}+R_1+\frac{1}{j\omega C_1}}=\frac{\frac{R_2}{1+j\omega R_2C_2}}{\frac{R_2}{1+j\omega R_2C_2}+R_1+\frac{1}{j\omega C_1}}$$

$$=\frac{1}{1+\frac{R_1}{R_2}+j\omega R_1C_2+\frac{1}{j\omega C_1R_2}+\frac{C_2}{C_1}}=\frac{1}{\left(1+\frac{R_1}{R_2}+\frac{C_2}{C_1}\right)+j\left(\omega R_1C_2-\frac{1}{\omega C_1R_2}\right)} \tag{8-46}$$

从式(8-45) 可知 $A_u$ 为一实数，由振荡器建立的相位平衡条件可知 $F$ 也必须为一实数，即式(8-46) 中分母部分的虚部必须为零。即

$$\omega R_1C_2=\frac{1}{\omega R_2C_1} \tag{8-47}$$

若取 $R_1=R_2=R$，$C_1=C_2=C$，则

$$\omega=\frac{1}{RC},\quad f=\frac{1}{2\pi RC} \tag{8-48}$$

式(8-48) 表示文氏电桥振荡器产生的正弦波频率为 $f=\frac{1}{2\pi RC}$。也就是说只有 $f=\frac{1}{2\pi RC}$的正弦波才能满足振荡器相位平衡的条件。当 $f=\frac{1}{2\pi RC}$时，由式（8-46）知 $F=\frac{1}{3}$。由振荡器幅值平衡条件式(8-42) 可知振荡器在稳幅振荡时放大倍数 $A_u$ 应为 3。说明：若 $R_F$ 用热敏电阻，在振荡过程中$\frac{R_F}{R_3}$的比值完成了从大于 2 到等于 2 的转变。

当 $R_F$ 采用热敏电阻时，文氏电桥振荡器是由负反馈网络自动调节 $A_u$，因此波形失真度较小。文氏电桥振荡电路的频率范围从几赫兹到 1MHz，一般实验室中用的低频信号发生器内部就采用该电路。当频率较高时一般需由 LC 组成选频网络。

## 二、方波信号发生器

图 8-23 的迟滞比较器与 $R_FC$ 充放电回路构成了图 8-29 的**方波信号发生器**。下面分析它的工作原理。

由迟滞比较器的特性可知 $u_o$ 的输出为$\pm U_Z$。设 $u_o=U_Z$，这时运放同相端电位

$$v_+=U_{RH}=\frac{R_2}{R_1+R_2}U_Z$$

同时，$u_o$ 的输出电压 $U_Z$ 通过 $R_F$ 对 $C$ 进行充电，设初始值 $u_C=0$ 则 $u_C$ 将逐渐增大。在 $u_C<v_+$时，$u_o$ 一直保持 $U_Z$ 值，一旦 $u_C\geqslant v_+(=U_{RH})$，$u_o$ 就从$+U_Z$ 翻转到$-U_Z$ 值。

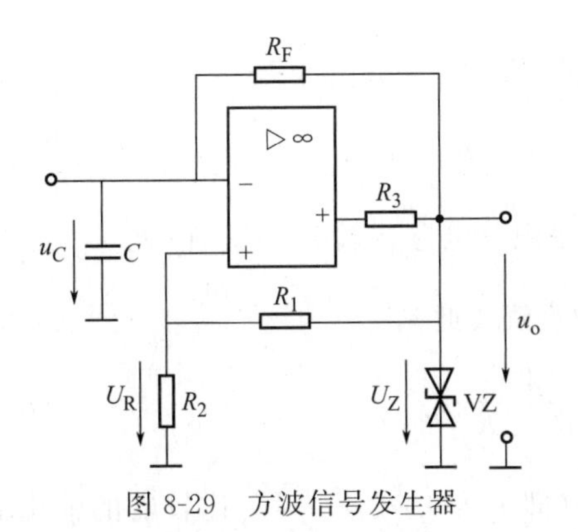

图 8-29　方波信号发生器

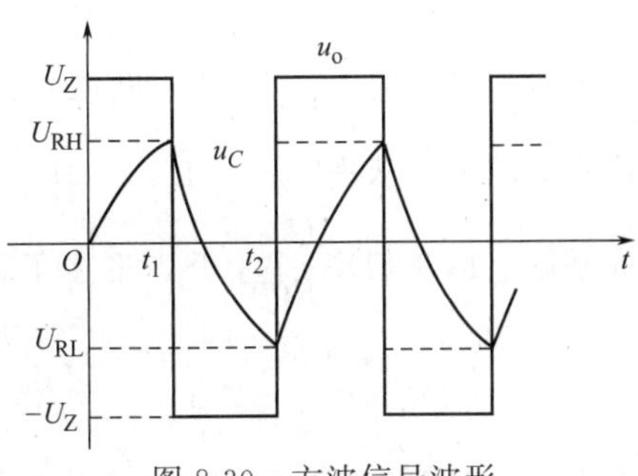

图 8-30　方波信号波形

此刻，运放同相端的电位也发生了变化

$$v_+=U_{RL}=-\frac{R_2}{R_1+R_2}U_Z$$

这时输出端的电压$-U_Z$将通过$R_F$对$C$进行反方向充电，使$u_C$电压下降。当$u_C$下降到$u_C \leqslant v_+(=U_{RL})$时，运放输出电压又从$-U_Z$翻转到$+U_Z$值。如此往复，电容器上的电压$u_C$则在$U_{RH}$和$U_{RL}$之间变化，运放输出电压则在$+U_Z$到$-U_Z$之间跳变，形成方波输出。具体波形见图 8-30。

方波的幅值由稳压管稳压值决定，方波的频率由充电电路中电阻和电容决定。

$$T=2R_FC\ln\left(1+\frac{2R_2}{R_1}\right) \tag{8-49}$$

## 三、三角波信号发生器

方波信号输入积分电路组成了图 8-31 的**三角波信号发生器**。比较器（运放 $A_1$）的输出$u_{o1}$是积分电路（运放 $A_2$）的输入信号。在该输入信号作用下，运放 $A_2$ 的输出随时间呈直线上升或下降，形成三角波。具体原理分析如下。

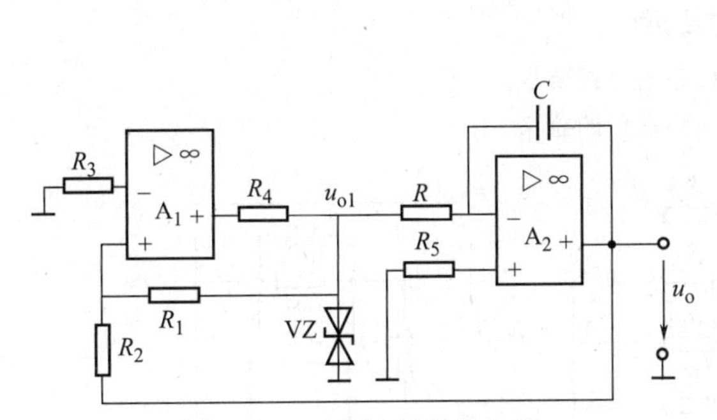

图 8-31　三角波信号发生器

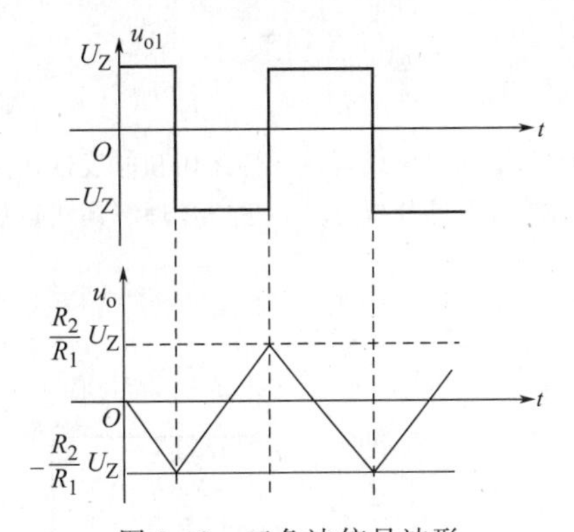

图 8-32　三角波信号波形

由比较器特性可知，运放 $A_1$ 的输出电压$u_{o1}=\pm U_Z$。设$u_{o1}$为$+U_Z$，则由积分电路的特性可知运放 $A_2$ 的输出为

$$u_o=-\frac{1}{RC}\int u_{o1}\mathrm{d}t=-\frac{U_Z}{RC}t \tag{8-50}$$

其中，设积分电路中$u_C$的初始值为 0V。

式(8-50) 表明$u_o$轨迹为过原点，斜率为负的一直线。$u_o$通过$R_2$反馈回比较器的同相端和$u_{o1}$共同控制同相端电位$v_+$。$v_+$之值为

$$v_{+}=\frac{R_2}{R_2+R_1}u_{o1}+\frac{R_1}{R_2+R_1}u_o=\frac{R_2}{R_2+R_1}U_Z+\frac{R_1}{R_2+R_1}u_o \tag{8-51}$$

随着时间的增长，$u_o$ 的值不断减小，$v_+$ 的值由正变负。当 $v_+ \leqslant 0$（即 $u_o \leqslant -\frac{R_2}{R_1}U_Z$）时，比较器的 $u_{o1}$ 从 $+U_Z \to -U_Z$。$-U_Z$ 的电压加在积分电路的输入端使 $A_2$ 的 $u_o$ 在原来负值的基础上以正斜率 $\frac{U_Z}{RC}$ 上升，形成了斜率为正的直线。此刻

$$v_{+}=-\frac{R_2}{R_2+R_1}U_Z+\frac{R_1}{R_2+R_1}u_o \tag{8-52}$$

它将随着 $u_o$ 的增加从负值向正值变化。当 $v_+ \geqslant 0$（即 $u_o \geqslant \frac{R_2}{R_1}U_Z$）时，比较器的输出 $u_{o1}$ 从 $-U_Z \to +U_Z$。如此往复，$u_{o1}$ 的 $\pm U_Z$ 分别使 $u_o$ 的斜率做正负不同变化，形成了三角波。具体如图 8-32 所示。

三角波的变化范围由图 8-32 可知为

$$\frac{R_2}{R_1}U_Z \geqslant u_o \geqslant -\frac{R_2}{R_1}U_Z \tag{8-53}$$

三角波的峰峰值为 $2\frac{R_2}{R_1}U_Z$。

三角波的周期为

$$T=\frac{4R_2RC}{R_1}$$

当三角波的上升斜率小于下降斜率时，三角波就变成了示波器中扫描用的锯齿波。

## 思考题

8-5-1 思考如何改动图 8-31 电路，使输出波形为锯齿波？

8-5-2 图 8-29 电路中电容两端的电压 $u_C$ 和图 8-31 电路中的输出 $u_o$ 波形是否相同？为什么？

## 复习提示

1. 总结理想集成运放线性运用和非线性运用工作状态的分析要点。
2. 结合上述分析特点，进一步理解集成运放主要性能指标的意义。

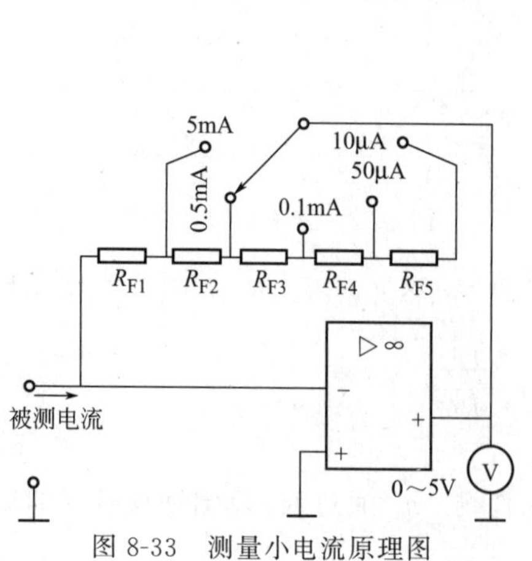


图 8-33 测量小电流原理图

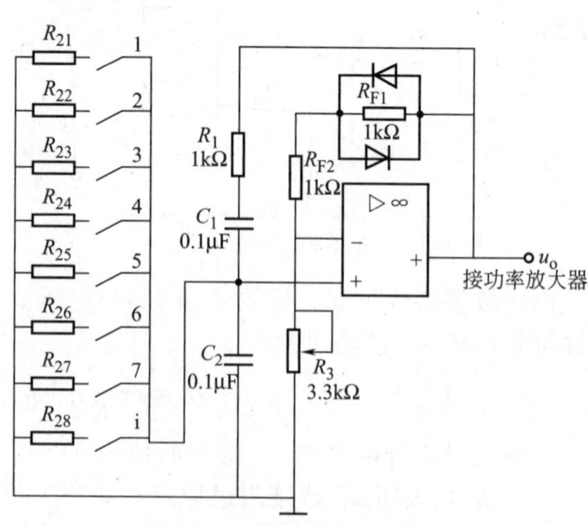


图 8-34 简易电子琴原理图

3. 结合负反馈对放大器性能的影响，理解集成运放典型运用的反馈类型。

4. 熟练掌握集成运放在信号运算方面应用的基本电路。

5. 学会利用电压传输特性分析比较器的输入、输出波形。

6. 在复习集成运放各种应用的基础上试分析以下这些简单电路的工作原理。

① 图 8-33 为应用运算放大器测量小电流的原理电路。输出端的电压表为满量程 5V，500$\mu$A。

② 图 8-34 为一简易电子琴的原理图，图中各个开关代表琴键。

## 习　题

8-1　图 8-7 所示反相输入电路中，若要求 $A_u=75$，输入电阻 $r_i>20\text{k}\Omega$，试选配外接电阻 $R_1$，$R_2$，$R_F$ 的值。

8-2　在图 8-35 中，已知 $R_F=2R_1$，$u_i=-2\text{V}$，求输出电压 $u_o$。

8-3　在图 8-36 所示电路中，求 $u_o$ 和各输入电压之间的运算关系。

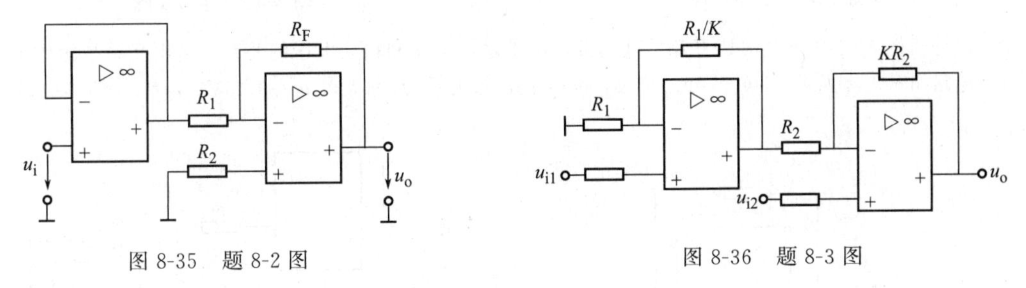


图 8-35　题 8-2 图　　图 8-36　题 8-3 图

8-4　求图 8-37 电路的输出电压 $u_o$ 和输入电压的运算关系。

8-5　反相比例积分运算电路如图 8-38 所示。求 $u_o$ 和输入电压之间的运算关系。

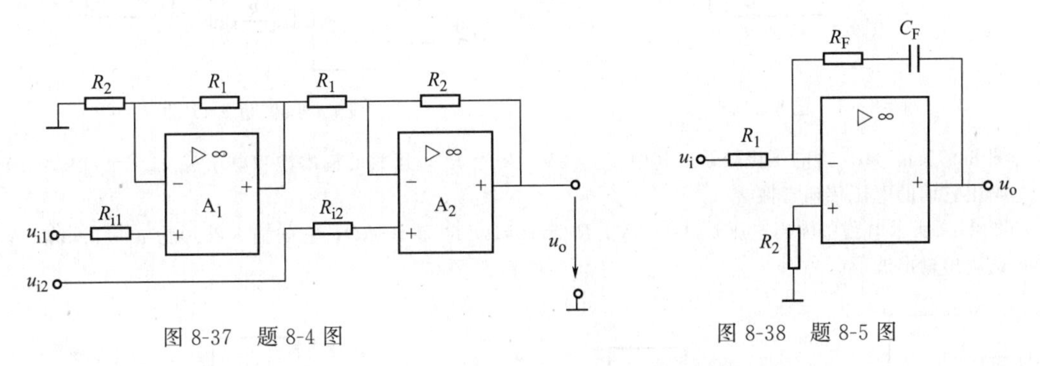


图 8-37　题 8-4 图　　图 8-38　题 8-5 图

8-6　电路如图 8-39 所示，已知 $R_1=R_2$，$R_3=R_4$，求 $u_o$ 和 $u_{i1}$，$u_{i2}$ 的关系。

8-7　推导图 8-40 所示电路的输出电压 $u_o$ 和输入电压 $u_{i1}$，$u_{i2}$ 之间的关系。

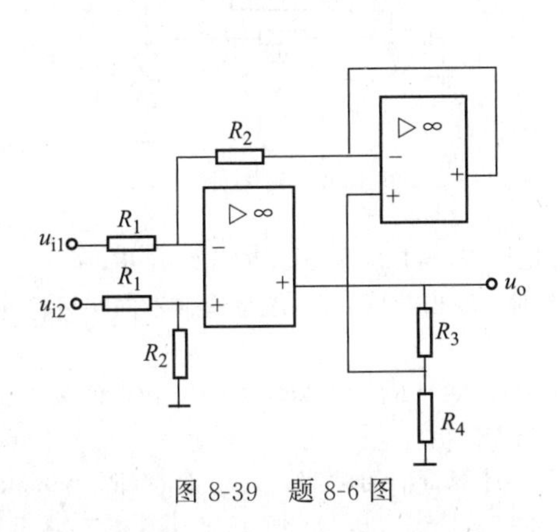


图 8-39　题 8-6 图

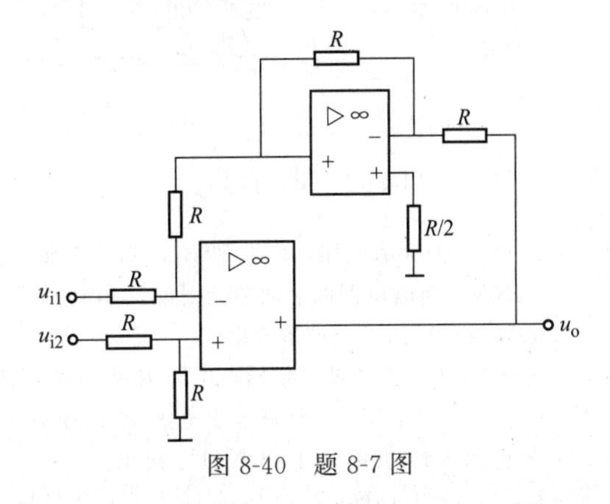


图 8-40　题 8-7 图

8-8 图 8-41 为一基准电压源。试计算 $u_o$ 的可调范围。

8-9 图 8-42 所示电路中，已知 $u_i=\sqrt{2}\sin(314t+30°)$V，$R_F=10\text{k}\Omega$，$X_C=10\text{k}\Omega$，求输出电压 $u_o$。

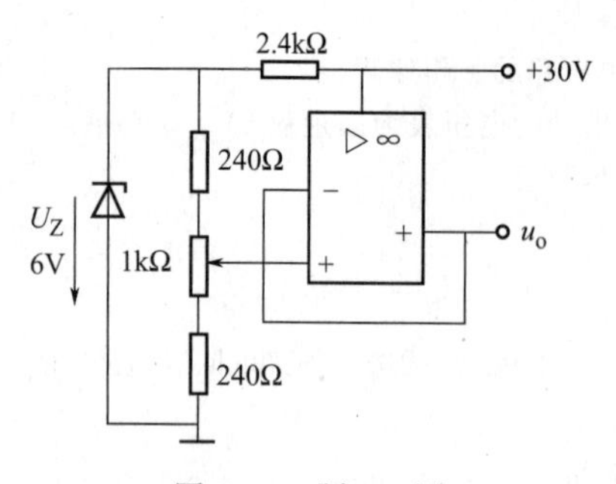


图 8-41 题 8-8 图

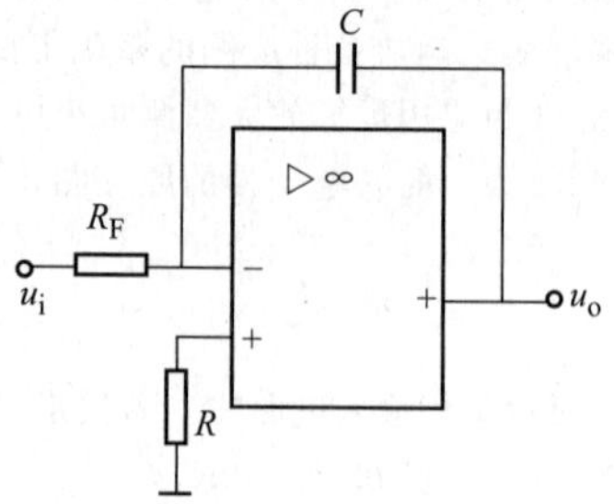

图 8-42 题 8-9 图

8-10 试分析图 8-43 中开关 S 断开和接通两种情况下输出电压和输入电压的关系，指出开关 S 的作用。

8-11 电路如图 8-44 所示。(1) 写出 $u_o$ 与 $u_1$ 和 $u_2$ 的函数关系式。(2) 若 $u_1=1.25$V，$u_2=-0.5$V，求 $u_o=$?

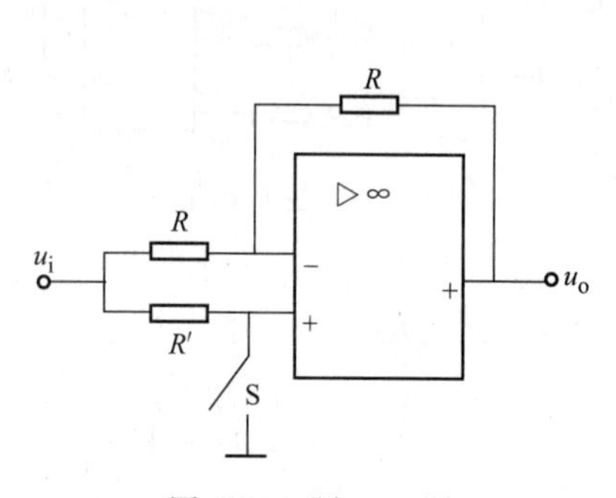


图 8-43 题 8-10 图

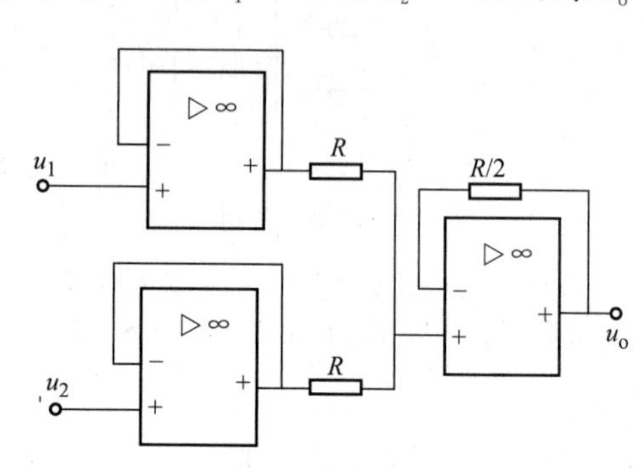

图 8-44 题 8-11 图

8-12 图 8-45(a)、(b) 为电压比较器。其中 $U_R=2$V，$R_1=R_f$，运放的输出饱和电压 $U_{o(sat)}=12$V，分别画出它们的电压传输特性。

8-13 图 8-46 所示电路中输出电压 $U_Z=\pm6$V，$R_2=20\text{k}\Omega$，$R_3=100\text{k}\Omega$，它的输入波形为 $u_i=5\sin\omega t$ V，试画出输出波形。

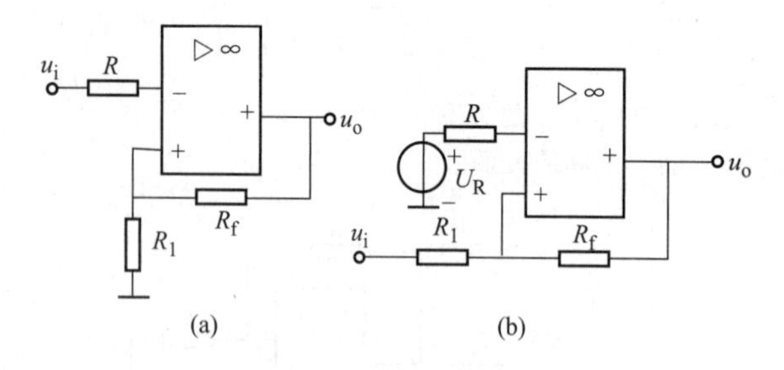


图 8-45 题 8-12 图

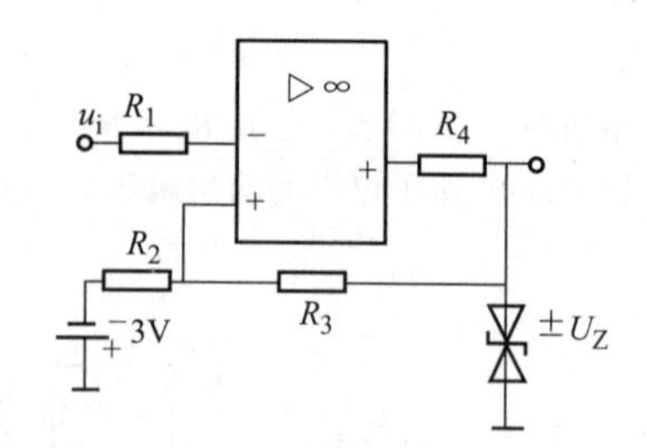


图 8-46 题 8-13 图

8-14 如图 8-47 所示电路，$R_f=12\text{k}\Omega$，$R_F=14\text{k}\Omega$，$R=10\text{k}\Omega$，$R_1=R_2=50\text{k}\Omega$，$C=0.01\mu$F，$U_{o(sat)}=\pm15$V，当电位器的活动端分别置 a,b,c 三个不同位置时，输出电压 $u_o$ 的波形有何不同？请将这三种情况的输出电压波形画出。

8-15 图 8-48 为一三角波发生器，电阻 $R=10\text{k}\Omega$，$R_1=100\text{k}\Omega$，$R_f=R_F=10\text{k}\Omega$，$C_1=1\mu$F，$C_2=10\mu$F，$U_{o(sat)}=\pm10$V。试计算输出电压 $u_o$ 的频率 $f$ 和峰峰值 $U_{P-P}$。

8-16 分析图 8-49 电路的工作原理并画出 $u_{o1}$、$u_{o2}$ 的波形，计算 $u_{o1}$ 的频率。其中 $R_1=R_2=0.5\text{k}\Omega$，$C_1=C_2=0.1\mu$F，$R_F=2R_f$，$U_{o(sat)}=\pm12$V。

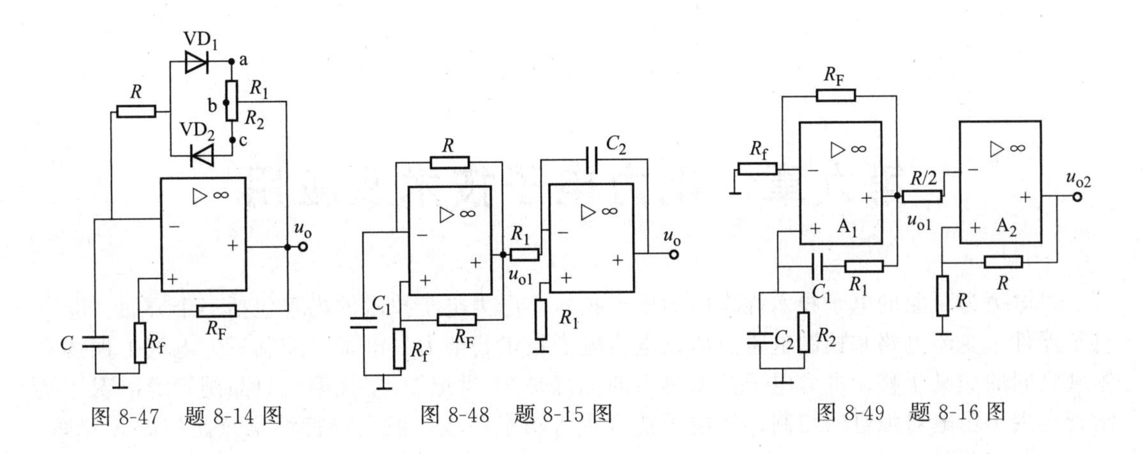


图 8-47　题 8-14 图　　图 8-48　题 8-15 图　　图 8-49　题 8-16 图

# 第九章　电力电子技术及应用

以电力为对象的电子技术称作电力电子技术。电力电子技术的内容包括三个方面：电力电子器件、变流电路和控制电路。所以电力电子技术是电力、电子、控制三大电气工程技术领域之间的交叉学科。电力电子技术诞生的标志是20世纪50年代第一只晶闸管的出现。晶闸管实现了弱电对强电的控制，使电子技术步入功率领域，但主要特性是只能控制其开通，不能控制其关断。20世纪80年代以来，微电子技术与电力电子技术在各自发展的基础上互相结合产生了新一代高频化、全控型的功率集成器件，使电力电子技术由传统的电力电子技术跨入现代电力电子技术的新时代。

本章将对传统电力电子器件晶闸管、可关断晶闸管及新型电力电子器件功率场效应晶体管（VDMOSFET）、绝缘栅双极晶体管（IGBT）的特点及应用电路进行简要介绍。

## 第一节　晶闸管的工作原理及参数

**晶闸管**（全称晶体闸流管）是一种大功率半导体器件。它也像半导体二极管那样具有单向导电性，但开始导通的时间是可控的，主要用于整流、逆变、变频、调压、及开关等方面。

### 一、普通晶闸管的结构与工作原理

晶闸管的种类很广，有普通型、双向型、可关断型和快速型等，这里主要介绍应用广泛的普通型。

1. 基本结构

晶闸管是在晶体管基础上发展起来的一种大功率半导体器件，是一种三端四层器件，外形有两种形式：螺栓型和平板型，如图9-1(a)所示。无论哪种形式的晶闸管除具有一个阳极（A）、一个阴极（K）外，还有一个门极（G）。晶闸管的图形符号见图9-1(b)，螺栓形晶闸管使用时用螺栓固定在散热器上；平板形晶闸管使用时夹在两个散热器中间。一般小电流（<100A）用螺栓式，200A以上的晶闸管用平板式，以利散热。

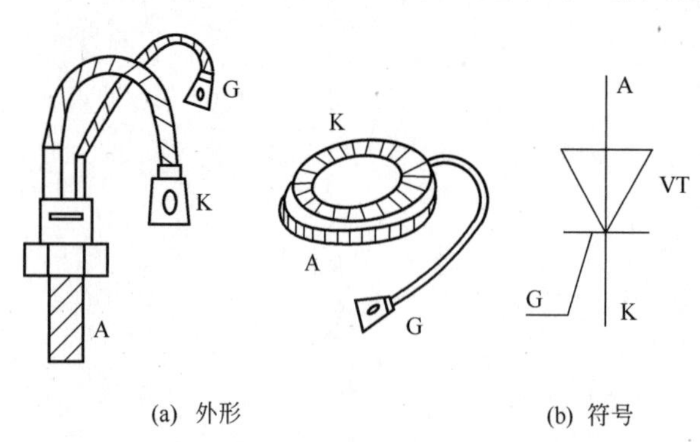

(a) 外形　　(b) 符号

图9-1　晶闸外形与符号

晶闸管内部由四层半导体形成了三个PN结，如图9-2所示，阳极（A）接$P_1$层，阴极（K）接$N_2$层，门极（G）接$P_2$层。

2. 工作原理

PNPN四层结构的晶闸管可以看做由PNP型（$P_1N_1P_2$）和NPN型（$N_1P_2N_2$）两个晶体管互连而成（如图9-3所示），理解晶闸管工作原理的关键是了解门极的作用。

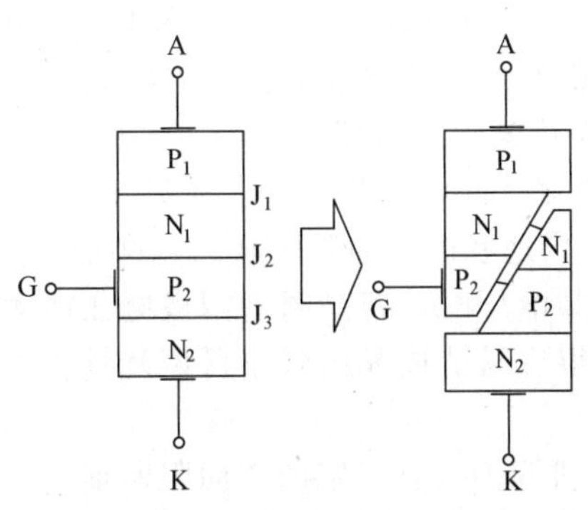

图 9-2 晶闸管结构剖面图

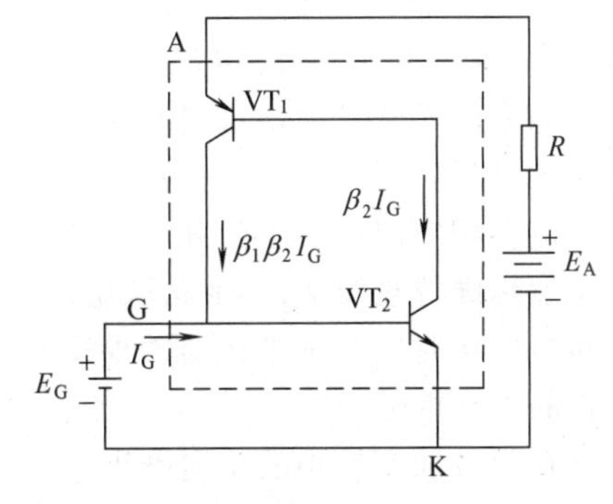

图 9-3 晶闸管工作原理

(1) 晶闸管门极不加电压。这时若在晶闸管的阳极与阴极之间加上正向电压，$J_1$ 和 $J_3$ 将处于正向偏置状态，而 $J_2$ 处于反向偏置状态，在晶闸管中有很小的漏电流流过，这种状态称为晶闸管**正向阻断状态**。若在晶闸管阳极与阴极之间加上反向电压时，$J_2$ 将处于正向偏置，$J_1$ 和 $J_3$ 处于反向偏置，晶闸管中也只有很小的漏电流流过，这种状态称为晶闸管的**反向阻断状态**。由此可见，当晶闸管门极不加电压时，晶闸管具有正、反向阻断能力。即晶闸管处于截止状态。

(2) 门极加正向电压。此时若在晶闸管阳极与阴极间加正向电压，则 $J_3$ 对门极与阴极而言处于正向偏置，应有门极电流 $I_G$ 流过门极进入 $N_1P_2N_2$ 管的基极。$N_1P_2N_2$ 管导通后，其集电极电流 $I_{C2}$ 流入 $P_1N_1P_2$ 管的基极，并使其导通。该管的集电极电流 $I_{C1}$ 又流入 $N_1P_2N_2$ 管的基极，这样循环下去，形成了强烈的正反馈过程，使两个晶体管很快达到饱和导通，晶闸管迅速由阻断状态转为导通状态。导通后其管压降很小，电源电压几乎全部加在负载上，晶闸管中流过负载电流。

晶闸管导通之后，它的导通状态完全依靠管子本身的正反馈来维持，即使门极电压消失，晶闸管仍处于导通状态。所以，门极的作用仅仅是触发晶闸管，使其导通，导通之后，门极就失去控制作用了。若要关断晶闸管，须将阳极电流减小到使之不能维持正反馈，为此可将阳极电源断开，或在阳极阴极之间加反向电压。

有时，虽然未加门极电压，如果阳极正向电压过高或上升速率过快，晶闸管也可能导通，造成误动作。必须在实际使用过程中避免出现这种情况。

由此可知，晶闸管是一个可控单向导电开关，欲使晶闸管导通除了要在阳极与阴极之间加上正向电压，还要在门极与阴极之间也加上正向电压。晶闸管一旦导通，门极即失去控制作用，所以晶闸管是半控型器件。

## 二、普通晶闸管的特性与参数

### 1. 晶闸管的伏安特性

晶闸管的导通和阻断两种工作状态是由阳极电压 $U$、阳极电流 $I$ 及门极电流 $I_G$ 等条件决定的，图 9-4 中的曲线所反应的就是这些量之间的相互关系，称这组曲线为晶闸管的伏安特性曲线。

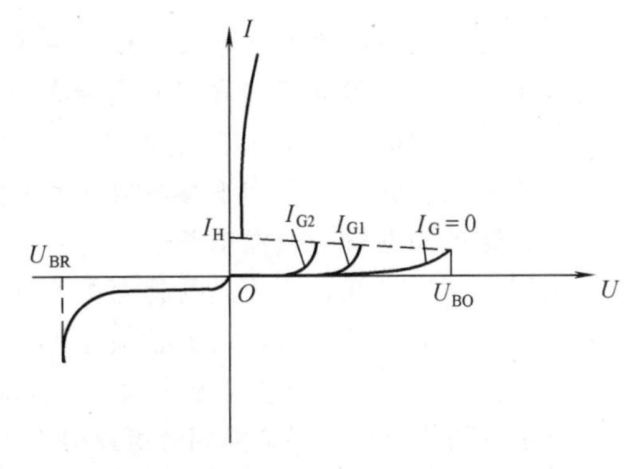

图 9-4 晶闸管的伏安特性曲线

由图可以看出，若 $I_G=0$，当阳极（A）与阴极（K）间所加电压小于某一数值时，由于 PN 结 $J_2$ 处于反向偏置，从阳极流向阴极的电流很小，这个电流称为正向漏电流。此时晶闸管处于正向阻断状态。当正向电压上升到某一数值后，PN 结 $J_2$ 被击穿，虽然这时门极电流依然为零，晶闸管也会由阻断状态突然导通，正向电流显著增大，这时所对应的阳极电压称为**正向转折电压 $U_{BO}$**。晶闸管一旦导通，其本身的管压降很小（1V 左右），可以通过很大的电流。晶闸管导通后，若减小正向电压，阳极电流会相应减小。小到某一数值后，晶闸管又从导通状态转为阻断状态，这时对应的阳极电流值称**维持电流 $I_H$**。由此可见，当门极不加控制电压时，若晶闸管阳极电压增大超过正向转折电压时，晶闸管也会“导通”，但这种情况很容易造成晶闸管不可恢复性损坏，正常工作时不允许使用。

当在门极加有较小的正向电流（$I_G>0$）时，晶闸管仍具有一定的正向阻断能力，但正向转折电压降低，特性曲线左移。控制极电流越大，正向转折电压越低。

若在晶闸管的阳极和阴极之间加反向电压（$I_G=0$），其伏安特性与二极管类似，晶闸管中只有很小的漏电流。当反向电压增大到某一数值时，反向电流急剧增大，使晶闸管反向击穿，这时所对应的电压称为**反向转折电压 $U_{BR}$**。

综合以上分析可以得到晶闸管导电应具备的条件：阳极与阴极间加正向电压；门极加适当的正向电压；阳极电流不小于维持电流，否则晶闸管将处于阻断状态。

2. 晶闸管的主要参数

为了正确地选择和使用晶闸管，还必须了解它的电压、电流与主要参数的意义，晶闸管的主要参数有以下几个。

(1) 正向重复峰值电压 $U_{FRM}$。在门极开路，晶闸管的结温为额定值（100℃）和正向阻断的条件下，允许重复加在晶闸管阳极和阴极间的正向峰值电压，称为**正向重复峰值电压**，用符号 $U_{FRM}$ 表示。按规定此电压为正向转折电压 $U_{BO}$ 的 80%。

(2) 反向重复峰值电压 $U_{RRM}$。在门极断开和额定结温的条件下，允许重复加在晶闸管阳极和阴极之间的**反向最大峰值电压**，用 $U_{RRM}$ 表示，按规定此电压为反向转折电压 $U_{BR}$ 的 80%。

(3) 正向平均电流 $I_F$。在环境温度不超过 40℃和规定的散热条件下，晶闸管全导通时允许连续通过的工频正弦半波电流的平均值，称为**正向平均电流 $I_F$**，简称正向电流。通常所说晶闸管的电流数，即指这个电流。

(4) 维持电流 $I_H$。在规定的环境温度下，门极开路时维持晶闸管继续导通所需要的最小正向电流称为维持电流 $I_H$。当晶闸管的正向电流小于此值时，晶闸管将自动关断。

(5) 门极触发电压 $U_{GT}$。在规定的环境温度和阳极与阴极间加一定正向电压的条件下，使晶闸管从阻断状态转为导通状态时所需要的最小门极直流电压，即为**门极触发电压**。一般为 1～5V。

(6) 通态电流临界上升率 $du/dt$。在规定条件下，晶闸管用门极触发信号开通时，晶闸管能够承受不会导致损坏的通态电流最大上升率。

(7) 浪涌电流 $I_{PSM}$。在规定条件下，工频正弦半周期内所允许的最大过载峰值电流。

有关晶闸管的型号及详细参数可参阅有关资料和手册。

### 三、普通晶闸管的触发电路

由以上讨论可知，要使晶闸管由关断转为导通，必须具备一定的外界条件，即在晶闸管的阳极加正向电压的同时，门极必须施加正控制信号。门极控制电路通常称为**触发电路**。

触发信号可以是直流、交流或脉冲。为减小门极损耗，触发信号常采用脉冲形式。触发脉冲应有足够的功率，以保证晶闸管可靠触发。此外，触发脉冲还必须与主回路电源电压保持同步，使晶闸管在每一周期都能重复地在相同的相位上触发，以保证变流装置的性能和可靠性。

晶闸管的门极触发电路，最常用的是**移相控制**。移相控制就是通过改变控制脉冲产生的时间，来改变晶闸管的导通角。

触发电路可分为模拟式和数字式两种。阻容移相桥、单结晶体管触发电路以及利用锯齿波移相电路或利用正弦波移相电路均为模拟式触发电路，用数字逻辑电路及微处理器控制的移相电路则属于数字式触发电路。

根据触发电路组成来分，又可分为分立元件触发电路、集成电路触发电路、专用集成触发电路及微机触发电路几种。最常采用的是单结晶体管触发电路。采用集成电路工艺制造的集成化晶闸管移相触发电路移相线性度好、性能稳定、体积小、温漂小，已形成系列化产品。目前，在国内由集成电路KJ004、KJ041和KJ042等器件组成的三相桥式全控触发电路用的较普遍（有的生产厂家命名为KC004、KC041和KC042）。其中KJ004为双路脉冲移相触发电路，输出的两路移相脉冲相差180°，同时具有输出带负载能力强，移相性能好，移相范围宽，对同步电压要求低等特点。KJ041为六路双脉冲形成电路，备有提供保护用的脉冲封锁控制端。KJ042为脉冲列调制形成电路，具有脉冲占空比可调性好、频率调节范围宽及触发脉冲上升沿与同步调制信号同步等优点。在实际应用当中可根据不同的需要和要求选用不同的触发电路。进一步的讨论请参阅有关资料。

**四、可关断晶闸管**（GTO）

**可关断晶闸管**也称可关断可控硅（简称GTO）。普通晶闸管应用在直流电路时，只能用正门极信号触发导通而不能用负门极信号使它关断，要想关断晶闸管必须设置专门的换流电路，这使得整机线路复杂，体积庞大，重量增加，效率降低，能量消耗增加。可关断晶闸管是一种电流注入型自关断器件，是晶闸管的一种派生器件。它除具有晶闸管的全部优点，如耐压高、电流大、抗浪涌能力强，造价便宜等外，还具有自关断能力，所以不再是半控型器件而成为全控型器件。目前广泛应用于大功率的斩波逆变器中。

可关断晶闸管由门极正脉冲控制导通，负脉冲控制关断，导通工作机理与晶闸管基本一致，关断机理则完全不同。GTO的关断控制是靠门极驱动电路从门极抽出$P_2$基区的存储电荷。为了加快这一过程，阴极的$N_2$射区和$J_3$结被分割成无数个小元胞，采用并联结构。门极负电压也比较大，一般应达到或接近门—阴极间雪崩击穿电压值，并要长时间保持。通常对关断控制电流波形的要求是前沿较陡，宽度足够，幅度较高，后沿平缓。被关断的阳极电流和门极反向关断电流绝对值之比反映了GTO的关断能力，一般该值为3～8。

### 思　考　题

9-1-1　在晶闸管中，控制极电流是小的，阳极电流是大的，在晶体管中，基极电流是小的，集电极电流是大的。两者有何不同，晶闸管是否也能放大电流？

9-1-2　为什么晶闸管的触发信号通常不使用直流信号？

## 第二节　晶闸管的应用举例

### 一、相控整流电路

由晶闸管实现各种变流都是基于同一个工作原理——移相控制技术，单相半波可控整流电路是各种可控整流电路的基础，现在就以此为例说明移相控制的工作原理。图9-5所示是一个纯电阻负载的单相半波可控整流电路，变压器副边电压为标准的正弦交流电压。由图可见，在输入交流电压$u_2$的正半周，晶闸管VT承受正向电压，但只有当$\omega t_1$时刻给门极加上触发脉冲［图 9-5(b)］后，晶闸管才被触发导通。假设晶闸管是理想开关元件，其导通管压降为零，则 $u_o$ 与 $u_2$ 相等，也呈正弦规律变化。当交变电压 $u_2$ 下降到接近零值时，晶闸管因正向电流小于维持电流而自然关断，$u_o$ 变为零，在 $u_2$ 的负半周内，晶闸管承受反向电压，不能导通。负载电压和电流始终为零。直到下一个正半周的同一时刻再加入触发脉冲，晶闸管才再一次导通，负载上才有电压出现，负载电阻上的电压 $u_o$ 的波形如图 9-5(b) 所示。在所有加电时间内晶闸管所承受的最大电压为输入交流电压的幅值。通过以上分析可知，在晶闸管承受正向电压的时间内，改变控制极触发脉冲的输入时刻（移相），负载上得到的电压波形就会随之改变，如图 9-5(c) 所示。以此就可以控制负载上输出电压的大小。

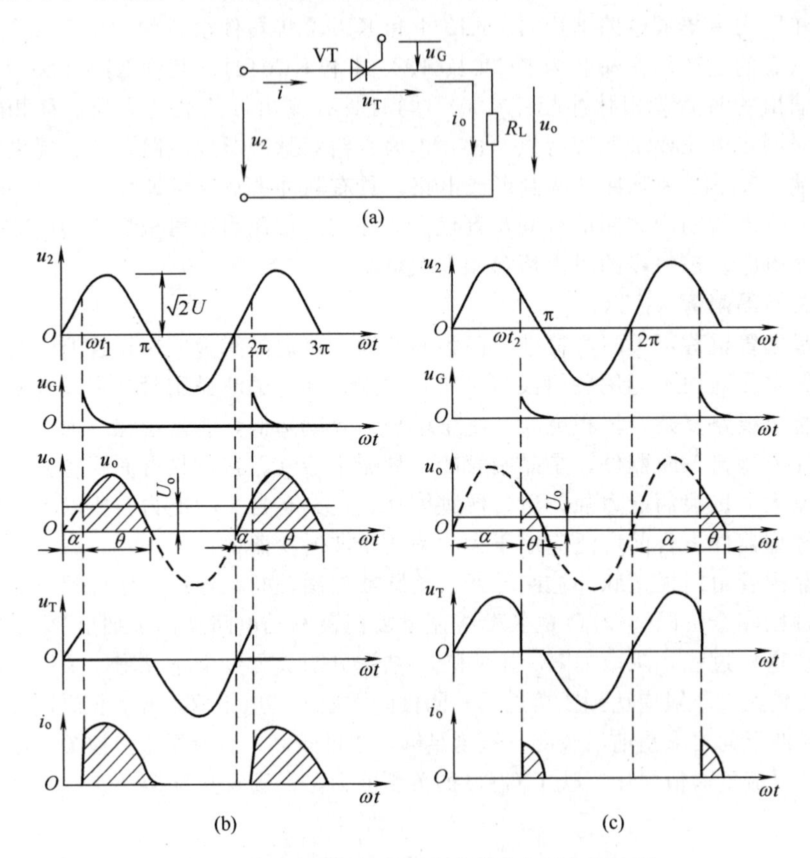


图 9-5 单相半波可控整流电路及其电压电流波形

一般定义从晶闸管承受正向电压起到加触发脉冲使其开始导通为止的这一期间所对应的角度为**控制角**（又称**移相角**），用 $\alpha$ 表示。晶闸管在一个周期内导通的时间所对应的角度称为**导通角**或**导电角**，用 $\theta$ 来表示。在图 9-5(b) 中，$\theta=\pi-\alpha$。改变触发脉冲出现的时刻，即改变控制角的大小，称为移相。通过控制 $\alpha$ 的大小，以改变输出整流电平均值的大小，即是移相控制。为了使每一周期中的 $\alpha$ 角或 $\theta$ 角保持不变，必须使触发脉冲与整流电路电源电压之间保持频率和相位的同步。

晶闸管虽有许多优点，但也有不少缺点。最主要的缺点是过载能力差，短时间的过电压或过电流都可能将其损坏，所以在各种晶闸管装置中必须采取适当的保护措施。

对晶闸管过电流常采用的保护措施是在电路中的适当位置串入快速熔断器。快速熔断器由银质熔丝埋于石英砂内，熔断时间极短，可以在晶闸管损坏之前熔断。快速熔断器的接入方式有三种，如图 9-6 所示。其一是接在输出端，对输出回路的过载或短路起保护作用，但对器件本身引起的过电流不起保护作用。其二是与元件串联，以对元件本身的故障进行保护。其三是接在输入端用来切断交流电源。通常三者一同采用。

对晶闸管过电压的保护措施主要是阻容保护。阻容保护的实质是将造成过电压的能量变成电场能量储存到电容器中，然后释放到电阻中去消耗掉。这是过电压保护的基本方法。阻容吸收元件可以并联在整流装置的交流侧（输入端）、直流侧（输出端）或元件侧，如图 9-7 所示。

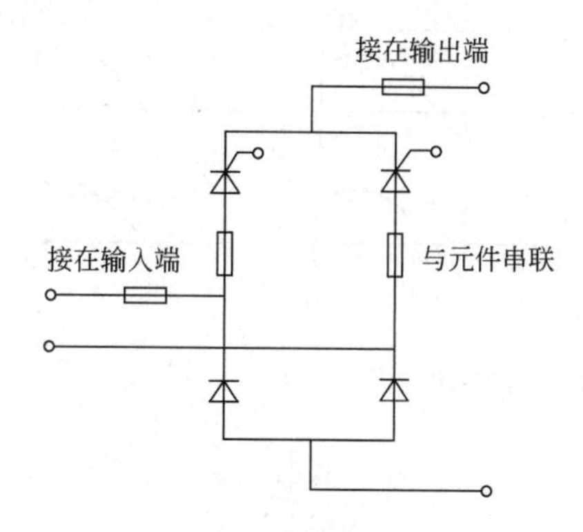


图 9-6 快速熔断器的接入方式

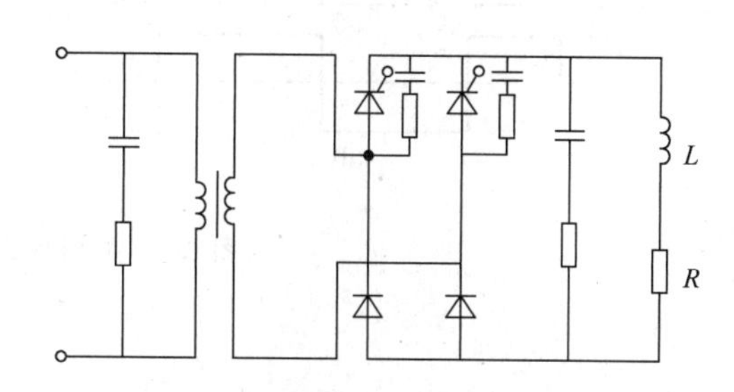


图 9-7 阻容吸收元件保护电路

## 二、单相桥式逆变器

整流器是将交流电转换为所需要的直流电。而**逆变器**则是将直流电转换为所要求的不同频率和电压值的交流电的变流电路。当直流电经过逆变把能量供给负载使用时称为**无源逆变**，而直流电经逆变向交流电源供电时则称为**有源逆变**，逆变技术在科研、国防、生产和生活领域中应用广泛，因负载对其要求的不同，使得电路形式复杂繁多。此处介绍一种由晶闸管组成的单相桥式无源逆变电路，目的是对逆变这一概念有一基本的了解。

在许多实际应用中，负载感应线圈 $Q$ 值很高，$\cos\phi$ 很低，若用**串联逆变器**，晶闸管中会流过非常大的电流。这时常用如图 9-8(a) 所示谐振电容并联电感线圈来做负载并产生负载换相条件。为分析方便，将图 9-8(a) 变换为图 9-8(b) 构成**并联逆变器**如图 9-8(c) 所示。根据电路中的有关知识，并联谐振电路对输入到电路的电流中仅对等于电路谐振频率的基波电流呈现很高的阻抗。因此当图 9-8(c) 所示逆变器电路采用由整流电路加大电感（$L_F$）组成的直流电流源 $I_d$ 供电时，负载电流 $i_o$ 为方波，而负载电压 $u_o$ 近似为正弦波。负载品质因数越高，近似程度越高。电路各部分电压、电流波形如图 9-9 所示。

该电路为保证可靠换流，负载必须呈容性，负载电流超前负载电压一个逆变角 $\phi$。当电流为零换流时，电压尚未到零值，电路为原来导通的晶闸管提供反向电压迫使其关断。此种

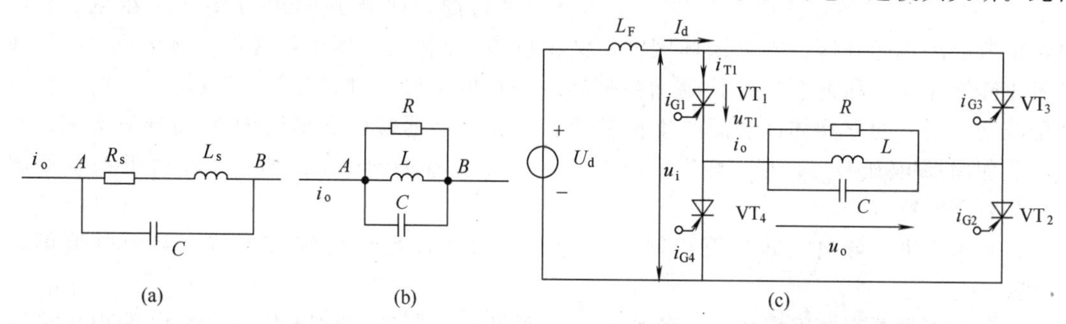


图 9-8 单相桥式逆变电路

电路工作时负载必须满足规定的振荡条件、频率较低、装置体积较大、控制电路较复杂。

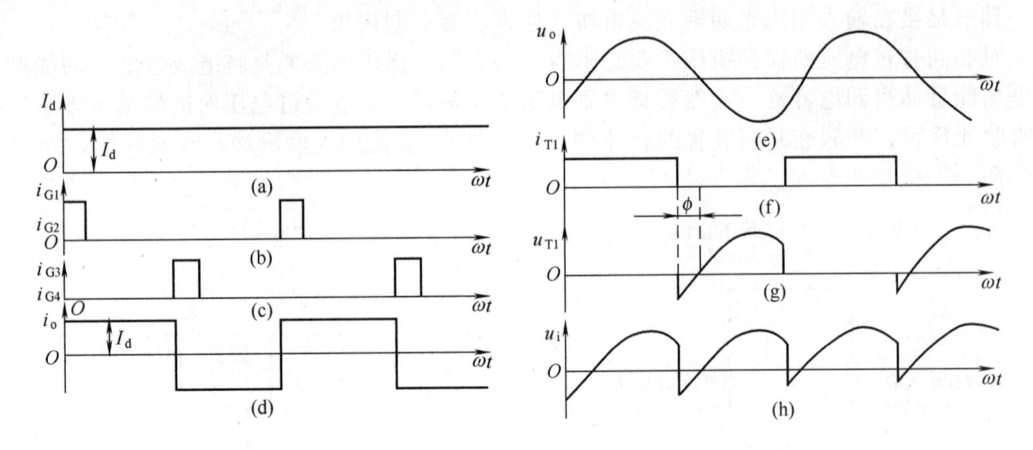


图 9-9　单相桥式逆变电路工作波形

# *第三节　新型电力电子开关器件

## 一、功率 MOSFET

### 1. 特点

从第十章所讲的绝缘栅场效应管的结构上看，栅极 G、源极 S 和漏极 D 三个电极均安置在硅芯片的一侧表面。这种结构的缺点是：硅片的利用率低；电流完全沿表面流动，导通电阻较大；电流容量小，性能较差。这种结构形式通常其漏源电压不超过 20V，漏极电流只有几十毫安，属小功率器件。图 9-10 为 VDMOSFET 的结构示意图与符号为了提高芯片利用率和耐压水平，其中采用了**垂直导电**（即把漏极安置到和源极与栅极相反的一侧）和**双扩散**的结构。

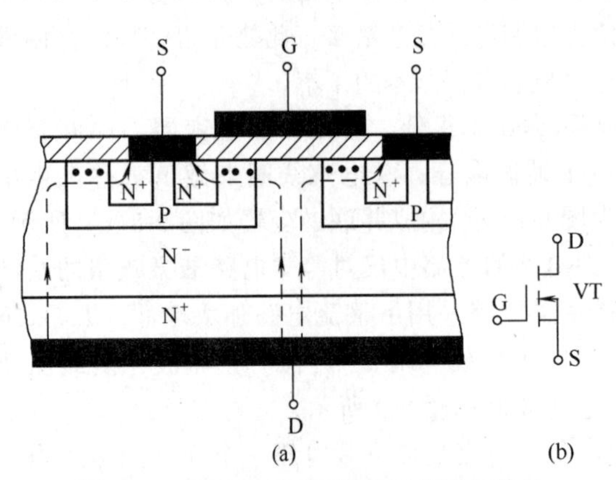


图 9-10　VDMOSFET 结构示意图与符号

具体结构如图 9-10 所示，用一块高掺杂的 $N^+$ 型硅片作为衬底，外延生长 $N^-$ 型高阻层，两者共同组成漏区。在 $N^-$ 型区内，扩散 P 型沟道体区。在 P 型体区内，又扩散 $N^+$ 型源区。图中斜线部分是生成的一层薄二氧化硅绝缘层。和第十章 N 沟道增强型绝缘栅场效应管一样，当 $U_{GS}>U_{GS(th)}$ 时，在二氧化硅绝缘层下的 P 型体区表面产生反型层，它就是沟通源区和漏区的 N 型导电沟道。此时，若加漏-源电压 $U_{DS}$，则将产生漏极电流 $I_D$，其路径如图中虚线所示。它属于 N 沟增强型，具有下列特点。

（1）由于垂直导电，硅片面积得以充分利用，而且可获得较大电流，漏极电流可达几百安。

（2）由于设置高电阻率的 $N^-$ 型区，一方面提高了器件的耐压水平，使漏-源电压可达几百伏；另一方面降低了极间电容，这有利于提高工作效率和开关速度。

(3) 采用双重扩散技术可以实现精确的短沟道制作，从而降低了沟道电阻使得器件的特性接近理想化。

(4) 采用了多元结构，即一个元件由许多小元胞并联组成（图 9-10 示出了两个小元胞的相邻部分）。多元的集成结构在降低通态电阻、缩短沟道长度，提高工作频率、增大电流容量等诸方面使器件的性能得以进一步的提高。

2. VDMOSFET 应用举例

以往的荧光灯都用镇流器限制灯管电流，镇流器不仅笨重，消耗硅钢片和铜，而且其功耗约占灯具总功耗的 30%。若用图 9-11 所示的 30kHz 以上的高频电源供给高发光效能的节能型荧光灯管，可以大大提高气体电离的效率，因而在同样的发光强度下，灯管电流比低频供电时小，并且发光没有闪烁感，同时还可即时启动。

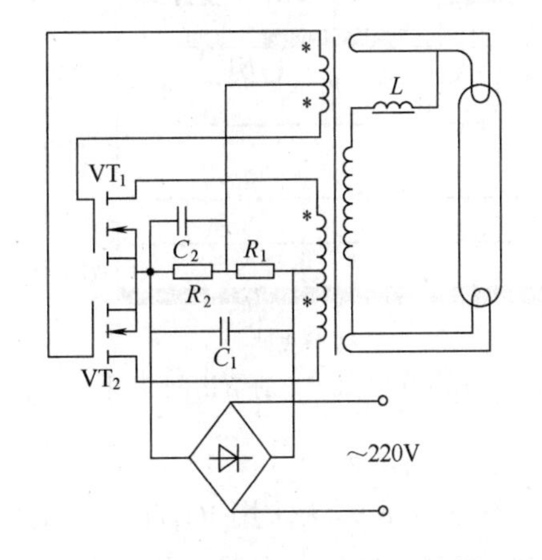

图 9-11 VDMOSFET 高频自激振荡电源

此外，带镇流器的常规荧光灯功率因数很低，在大量使用荧光灯照明的公共场所都要用体积很大的电容器做无功补偿，而图 9-11 所示电路则不需加补偿电容。

交流电源输入经整流和电容器 $C_1$ 滤波后的直流电压，在 $R_1$,$R_2$ 和 $C_2$ 上分压，$R_2$,$C_2$ 两端电压同时加到两只 VDMOSFET 的栅极，其值略大于器件的开启电压 $U_{GS(th)}$ 值，这样可使 $VT_1$,$VT_2$ 在启动时同时出现电流，再利用电路的自然不对称和正反馈作用引起振荡。

当 220V 交流电源接通时，$VT_1$ 和 $VT_2$ 两个 VDMOSFET 的导通延迟时间（$t_{don}$）和上升时间（$t_r$）不可能完全一致，其中导通时间（$t_{don}+t_r$）短一点的管子（假设是 $VT_2$）电流上升快些，则变压器星号端感应高电位。通过磁耦合，使 $VT_2$ 栅极电位上升，$VT_2$ 漏极电流进一步增大，变压器磁路趋向饱和，磁通变化率 $d\Phi/dt$ 急剧减小，因而 $VT_2$ 栅极电压随之迅速降低，而 $VT_1$ 栅极电位上升，使 $VT_2$ 漏极电流减小，于是变压器原边绕组感应电动势反向，通过耦合，$VT_2$ 栅极电压也反向，迫使 $VT_2$ 截止，$VT_1$ 栅极电压上升而导通，完成一次换相。由此可以看出利用变压器磁路饱和，电路可以连续振荡，振荡频率由变压器副边侧负载电阻，高频扼流圈 $L$ 和变压器漏感决定。

这类高频振荡电源摆脱了笨重的变压器和滤波器，十分轻便，制造也简单。缺点是高频振荡会干扰电网，也会通过空间电磁辐射干扰通信，使用时要注意屏蔽和交流电源输入端的滤波。

此外，由 VDMOSFET 组成的小功率逆变器可使逆变频率超过 100kHz，极适合于小型高速电动机的调速。由于 VDMOSFET 电压电流参数的限制，它更适合于低压特种电动机的调速。根据加工工艺要求所需的高频感应加热电源，用 VDMOSFET 来实现，不但频率高，而且与由电子管组成的高频电源相比效率大大提高，并提高了负载的功率因数。

## 二、绝缘栅双极晶体管

1. 特点

**绝缘栅双极晶体管**（简称 IGBT），是由 MOSFET 和晶体管技术结合而成的复合型器件。图 9-12 为 IGBT 的结构剖面图。从图中可以看到，IGBT 的结构与 MOSFET 十分类似，不同之处是 IGBT 多一个 $P^+$ 层发射极，形成有 PN 结 $J_1$,$J_2$,$J_3$ 的四层结构，由此引出的电极称为集电极（C）；栅极（G）与 VDMOSFET 相类似；原来 VDMOSFET 的源极成为发射极（E）。在电路中应用时，C 接电源正端，E 接电源负端。

从结构图上看，IGBT 相当于一个由 MOSFET 驱动的厚基区晶体管，其简化等效电路如图 9-13(a) 所示。图中电阻 $R_{dr}$ 是厚基区晶体管基区内的扩展电阻。N 沟 IGBT 的图形符号如图 9-13(b) 所示。IGBT 是以晶体管为主导元件，MOSFET 为驱动元件的达林顿结构，它既有 VDMOSFET 的电压驱动和高速开关特性，又有双极型晶体管的大电流开关特性。因此，绝缘栅双极晶体管（IGBT）在高频、高电压和大电流应用领域是一种比较理想的器件。

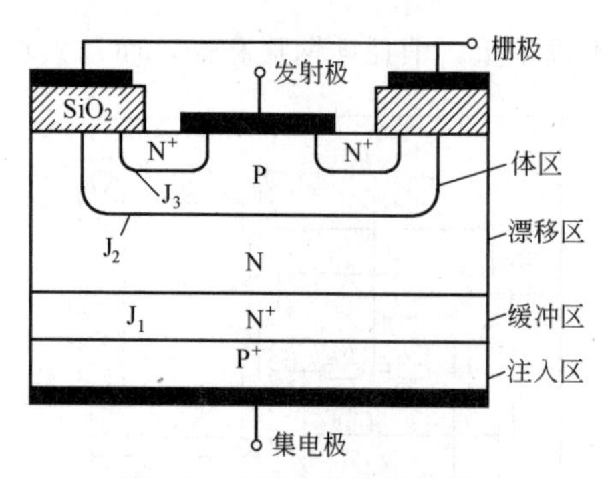


图 9-12　IGBT 的结构剖面图

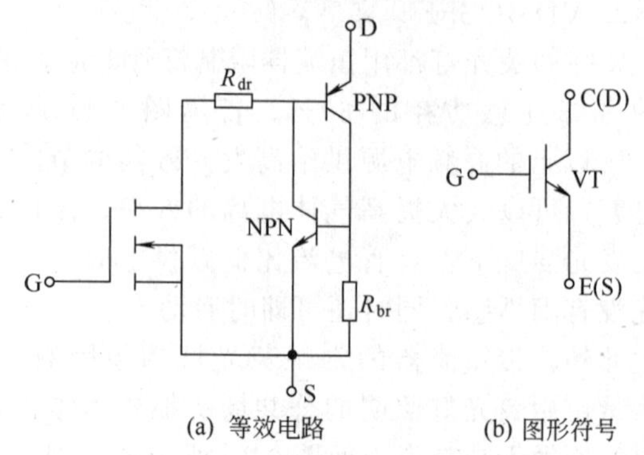


图 9-13　IGBT 的简化等效电路及符号

2. 应用举例

图 9-14 所示为采用 IGBT 组成的电流型并联谐振式逆变电路，图中 $VT_1 \sim VT_4$ 是四个 IGBT 器件。利用该电路，使 $VT_1VT_4$ 与 $VT_2VT_3$ 轮流工作半个逆变周期，就会在并联谐振槽路端口获得交流高频电流。

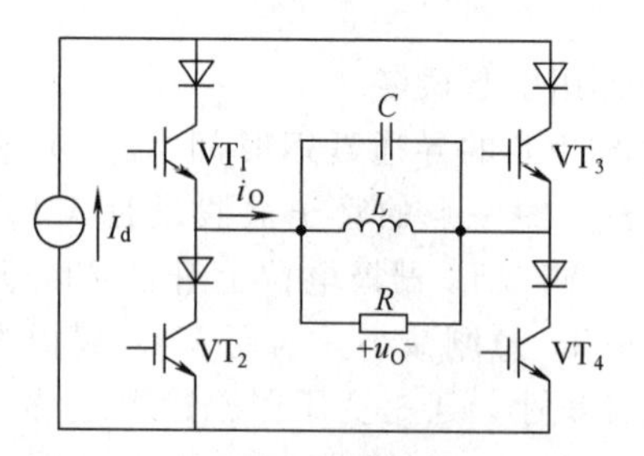


图 9-14　电流型并联谐振式逆变电路

由于图 9-14 电路采用了全控型、开关速率快、损耗小的新型电力电子器件 IGBT 组成谐振式逆变电路，因而性能较之图 9-8 电路大大提高。当逆变电路工作在谐振槽路的谐振频率附近时，逆变器有接近于 1 的功率因数，最小的开关损耗和理想的输出电压、电流波形。此种电路工作频率高、电路体积小、电磁干扰小，是较为理想的轻型高效电源装置。

逆变器的应用很广泛，常用的不间断电源（UPS）就是主要由可控整流装置、蓄电池组、逆变器三部分组成。正常供电时，由 50Hz 交流电经可控整流装置对蓄电池进行浮充电；同时该直流电经逆变器变换成电压与频率均保持稳定的 50Hz 的交流电供负载用。一旦电网电压停电，蓄电池组起作用，逆变器保持稳定的交流输出不间断。

随着电力半导体技术，尤其是 IGBT 大功率全控型的电力电子器件的出现，近些年直流输电系统得以快速发展。

直流输电系统虽不如交流输电系统那样方便地升压、降压，但在输送相同功率时，直流线路造价低，直流输电能力高、损耗少，对外界干扰小等诸多优点，被广泛应用于远距离大功率输电，海底电缆输电和两个非同步运行的交流系统之间的联络等方面。

图 9-15 是直流输电结构原理图。

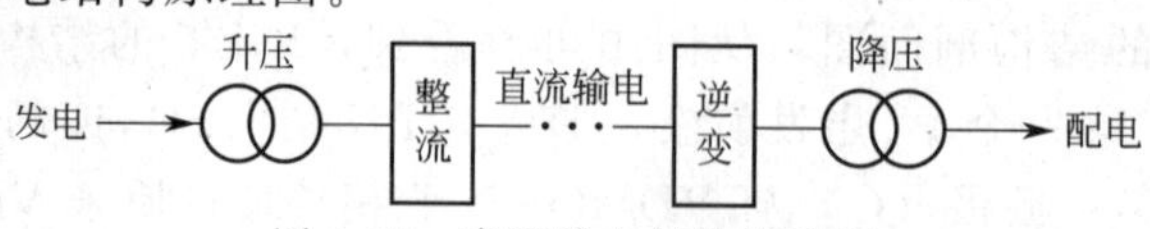


图 9-15　直流输电结构原理图

## 思　考　题

9-2-1　与半控开关相比，全控型开关器件在性能和使用上有哪些优缺点？

## 本章复习提示

（1）为什么晶闸管又称为可控硅？它具有什么样的导电特性？晶闸管在正常条件下由截止到导通，必须具备什么样的条件？晶闸管的主要用途有哪些？

（2）VDMOS器件是一种什么类型的器件？与半控型器件相比具有哪些突出的优点？缺点是什么？使用时VDMOS器件时应注意哪些问题？VDMOS器件的主要应用场合有哪些？

（3）可关断晶闸管与普通晶闸管相比有哪些异同点？

（4）IGBT是一种什么类型的器件？它有哪些优缺点？

## 习　　题

9-1　有一单相半波可控整流电路，负载电阻 $R_L=10\Omega$，直接由220V电网供电，控制角 $\alpha=60°$，试计算整流电压的平均值、整流电流的平均值和电流的有效值。

9-2　如图9-16所示，当晶闸管未导通时，两只晶闸管按什么原则分配电压？在开通过后又是按什么原则分配电压？

9-3　单相半波可控整流电路带电阻负载时，如交流电源电压有效值为440V，负载电阻 $R_L=10\Omega$，调压范围为99～0V。求控制角 $\alpha$ 最小应为多少度？此时流过整流元件的电流最大值 $I_{TM}$ 和有效值 $I_T$ 各为多少安？

9-4　上题中，如交流电源电压有效值为236V，控制角 $\alpha$ 最小应为多少度？此时流过整流元件的电流最大值 $I_{TM}$ 和有效值 $I_T$ 各为多少安？与上题求得的结果进行比较，说明哪种情况更合理？

9-5　试问图9-17所示的IGBT单相全控桥式整流电路能否正常工作？为什么？并说明，若使其正常工作应采取什么措施？

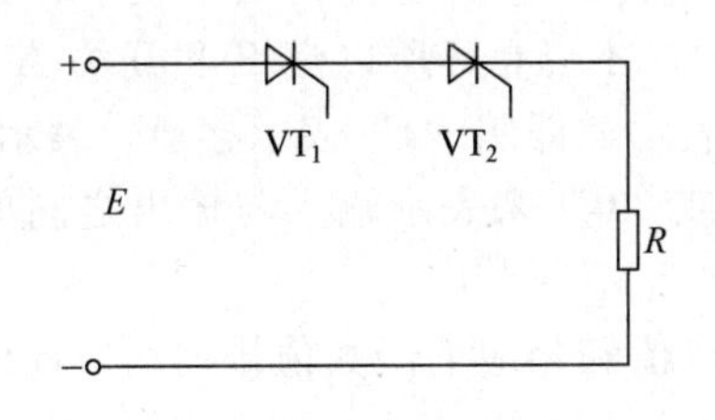

图9-16　题9-2图

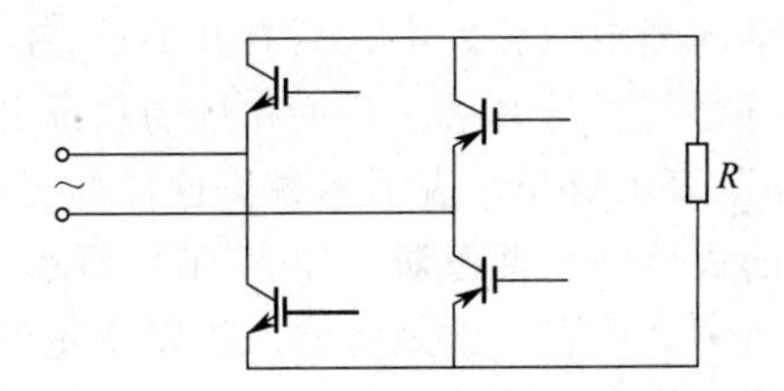

图9-17　题9-5图

9-6　试分析图9-18(a)、(b)两电路的工作情况。画出输出电压的波形，并指出输出电压波形的频率和幅值各由何值决定？图9-18(a)、(b)电路均由直流电压源 $U_d$ 供电，图9-18(b)中 $C_1$ 和 $C_2$ 为滤波电容。

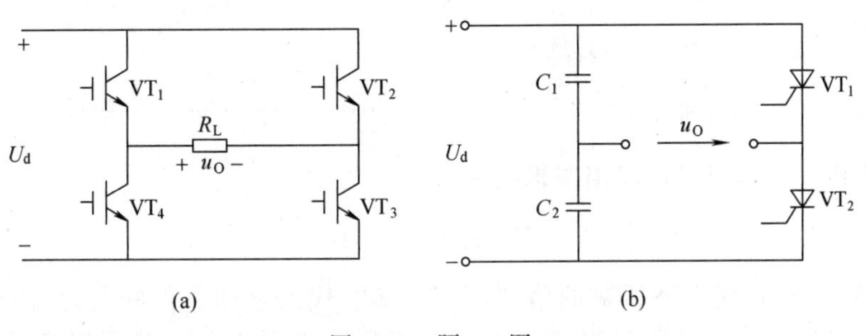

图9-18　题9-6图

# 第十章　逻辑门和常用组合逻辑电路

数字电路是电子电路中的一类，它所处理的信号和工作方式与模拟电路不同。数字电路中的信号是脉冲信号。数字电路中的晶体管经常工作在饱和和截止区。数字电路是一个逻辑控制电路，输出结果与输入信号之间具有特定的逻辑关系。它可以实现算术运算和逻辑运算。

数字电路的分析方法也不同于模拟电路。分析数字电路的数学工具是逻辑代数，表达数字电路逻辑功能的方法主要是真值表、逻辑表达式和波形图等。

逻辑门是组成一切数字电路的基本单元，是一种二值电路。每个输入信号只有两种取值，且每个输出也只有两种结果，即高电位和低电位，它们是两个截然不同、不易混淆的电压值，是通过具有开关元件（如二极管、三极管）的电路得到的。

## 第一节　数字电路的基本单元——逻辑门

最基本的逻辑关系有与、或、非逻辑，与之对应的逻辑门为与门、或门和非门。

**一、与运算和与门**

当决定一件事情的所有条件都具备时，这件事情才会发生，这样的因果关系称为**与逻辑**关系。图 10-1(a) 中，只有开关 A,B 全闭合时，灯 F 才会亮，所以灯 F 和开关 A，B 的状态符合与逻辑关系。开关和灯的状况分别用二值量表示，即用“**1**”表示接通，表示灯亮；用“**0**”表示断开，表示不亮。这样即可得到用“**1**”或“**0**”来表示输入与输出之间的逻辑关系的表格——**真值表**，如表 10-1 所示。

所谓真值表，就是将输入逻辑变量的各种可能的取值和相应的函数值排列在一起而组成的表格。用它表达数字电路的逻辑功能醒目直观。

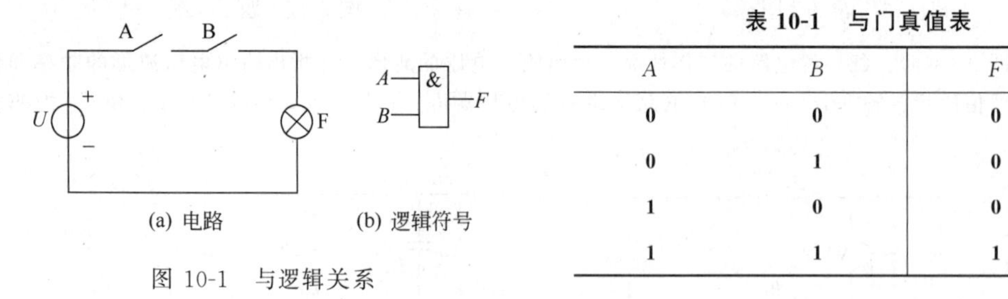


(a) 电路　　(b) 逻辑符号

图 10-1　与逻辑关系

**表 10-1　与门真值表**

| $A$ | $B$ | $F$ |
|---|---|---|
| **0** | **0** | **0** |
| **0** | **1** | **0** |
| **1** | **0** | **0** |
| **1** | **1** | **1** |

与逻辑关系——与运算可以用逻辑乘表示：

$$F=A\cdot B=AB$$

如果将 $A$,$B$ 分别用上述所赋的值“**1**”或“**0**”代入，则所得的与运算结果 $F$ 值与表 10-1 所示的内容一样。实现与逻辑关系的电路称为**与门**电路，其逻辑符号如图 10-1(b) 所示。

## 二、或运算和或门

在决定一件事情的全部条件中，只要具备一个或一个以上的条件，这件事情就会发生，这样的因果关系称为**或逻辑**关系。图 10-2(a) 中，开关 A,B 中至少有一个闭合，灯 F 就会亮，所以灯 F 和开关 A,B 的状态符合或逻辑关系。其真值表见表 10-2 所示。

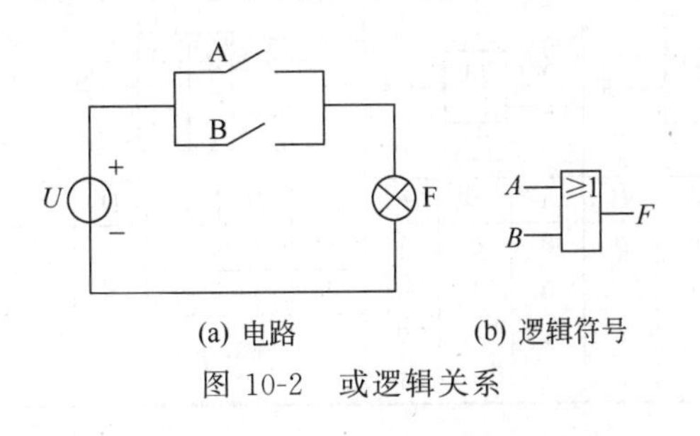


(a) 电路　(b) 逻辑符号

图 10-2　或逻辑关系

**表 10-2　或门真值表**

| $A$ | $B$ | $F$ |
|---|---|---|
| 0 | 0 | 0 |
| 0 | 1 | 1 |
| 1 | 0 | 1 |
| 1 | 1 | 1 |

或逻辑关系——或运算可以用逻辑加表示

$$F=A+B$$

实现或逻辑关系的电路称为**或门**电路，其逻辑符号如图 10-2(b) 所示。

## 三、非运算和非门

非运算即为“否定”运算，或称为求“反”。图 10-3(a) 中，当开关 A 接通时，灯 F 不亮；当开关 A 断开时，灯 F 亮。开关 A 和灯 F 的逻辑关系即为**非逻辑**。

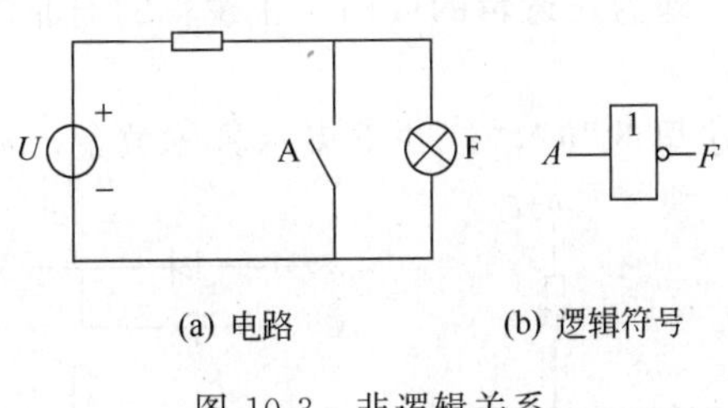


(a) 电路　(b) 逻辑符号

图 10-3　非逻辑关系

**表 10-3　非门真值表**

| $A$ | $F$ |
|---|---|
| 0 | 1 |
| 1 | 0 |

非运算表示为

$$F=\overline{A}$$

非逻辑的真值表如表 10-3 所示。$\overline{A}$ 读作 $A$ 非。实现非逻辑关系的电路称为**非门**电路，其逻辑符号见图 10-3(b)。非门只有一个输入变量，而与门、或门可以有几个输入变量。

三种基本逻辑运算除了用逻辑符号、真值表来表示以外，还可用波形图来描述。

**【例 10-1】** 已知与门、或门的两个变量的输入波形如图 10-4 所示，试画出与门输出 $F_1$ 和或门输出 $F_2$ 的波形。

**解** 由 $F_1=A\cdot B$ 和 $F_2=A+B$，可得到 $F_1$,$F_2$ 的波形如图 10-4 所示。

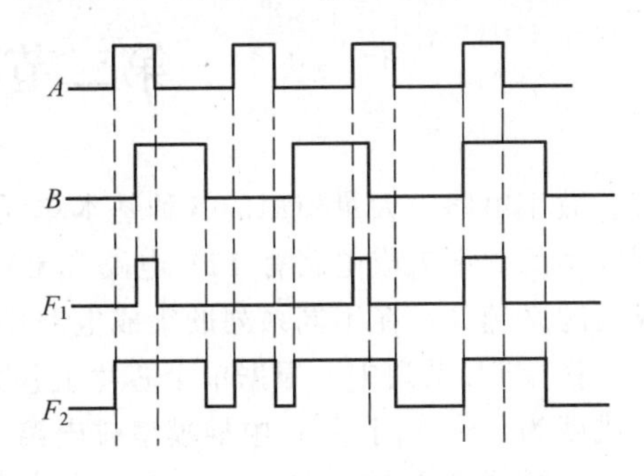


图 10-4　例 10-1 的波形图

## 四、其他逻辑运算和复合门

在逻辑代数中，除了与、或、非三种基本逻辑运算外，还有与非、或非、与或非、异或等**复合运算**，实现这些运算的门电路称为**复合门**电路。复合门的逻辑函数式和符号如表 10-4 所示。

表 10-4 复合门的逻辑函数式、符号和真值表

<table>
<tr><td>逻辑种类</td><td colspan="3">与非门</td><td colspan="3">或非门</td><td colspan="3">异或门</td><td colspan="3">同或门</td><td colspan="5">与或非门</td></tr>
<tr><td>逻辑函数式</td><td colspan="3">$F=\overline{AB}$</td><td colspan="3">$F=\overline{A+B}$</td><td colspan="3">$F=A\oplus B$<br>$=\overline{A}B+A\overline{B}$</td><td colspan="3">$F=\overline{A\oplus B}$<br>$=AB+\overline{A}\,\overline{B}$</td><td colspan="5">$F=\overline{AB+CD}$</td></tr>
<tr><td>逻辑符号</td><td colspan="3"> 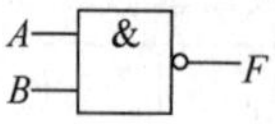A, B — & — F</td><td colspan="3"> 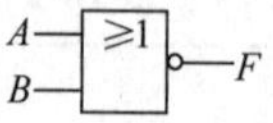A, B — ≥1 — F</td><td colspan="3"> 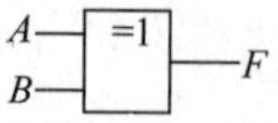A, B — =1 — F</td><td colspan="3"> 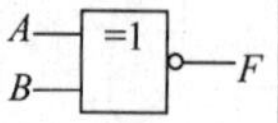A, B — =1 — F</td><td colspan="5"> 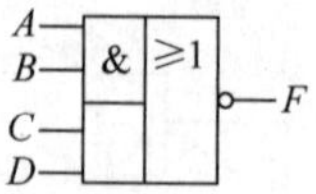A, B, C, D — & ≥1 — F</td></tr>
<tr><td rowspan="5">真值表</td><td>A</td><td>B</td><td>F</td><td>A</td><td>B</td><td>F</td><td>A</td><td>B</td><td>F</td><td>A</td><td>B</td><td>F</td><td>A</td><td>B</td><td>C</td><td>D</td><td>F</td></tr>
<tr><td>0</td><td>0</td><td>1</td><td>0</td><td>0</td><td>1</td><td>0</td><td>0</td><td>0</td><td>0</td><td>0</td><td>1</td><td>×</td><td>×</td><td>1</td><td>1</td><td>0</td></tr>
<tr><td>0</td><td>1</td><td>1</td><td>0</td><td>1</td><td>0</td><td>0</td><td>1</td><td>1</td><td>0</td><td>1</td><td>0</td><td>1</td><td>1</td><td>×</td><td>×</td><td>0</td></tr>
<tr><td>1</td><td>0</td><td>1</td><td>1</td><td>0</td><td>0</td><td>1</td><td>0</td><td>1</td><td>1</td><td>0</td><td>0</td><td colspan="4" rowspan="2">其余状态</td><td rowspan="2">1</td></tr>
<tr><td>1</td><td>1</td><td>0</td><td>1</td><td>1</td><td>0</td><td>1</td><td>1</td><td>0</td><td>1</td><td>1</td><td>1</td></tr>
</table>

注：其中×表示任意值，其值不影响输出。

这里还必须指出两点。

（1）同一命题中，对逻辑变量给予不同定义时，则会表示出不同的逻辑关系。当逻辑电路中的高电平用逻辑“1”来表示，低电平用逻辑“0”来表示，称之为**正逻辑**；若高电平用逻辑“0”表示，低电平用逻辑“1”表示，则称之为**负逻辑**。例如对于图 10-1 所示的电路，如果定义 A，B 闭合为“1”，灯 F 亮为“1”，则 $F=A\cdot B$。但若定义 A,B 闭合为“0”，灯 F 亮为“0”，则 $F=A+B$。所以，一个具体的门电路实现的是何种逻辑功能与采用的是正逻辑还是负逻辑有关。同时也不难证明负逻辑的与门即为正逻辑的或门，正逻辑的与非门即为负逻辑的或非门。通常人们采用的是正逻辑。

（2）逻辑变量只能取“0”,“1”这两个逻辑值。这里的“0”,“1”并不表示具体数量，只代表两种互相对立的状态。如正确与错误，开关的闭合与断开，电位的高与低，事情的发生与不发生等。

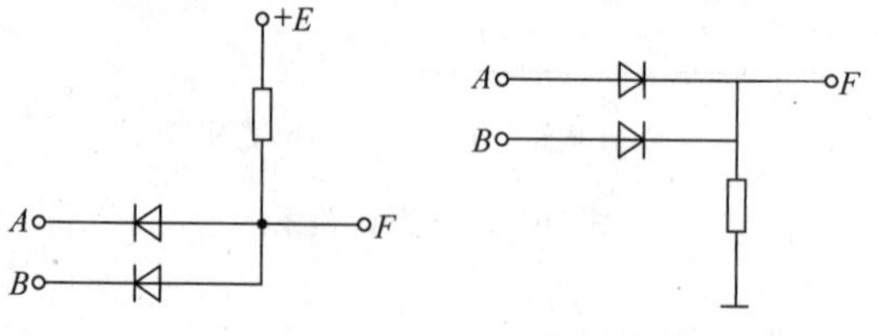

### 思考题

10-1-1 试分析如图 10-5 所示由二极管组成的与门和或门电路。

图 10-5 思考题 10-1-1 的电路图

## 第二节 集成门电路

数字电路中大量使用的各种基本单元电路（逻辑门、触发器等）都是集成电路。目前应用较多的数字集成电路有 **TTL** 电路和 **CMOS** 电路。随着微电子技术的发展，单个芯片的集成度越来越高，在不同系列的集成电路中，集成规模的划分标准不同。

在 TTL 系列中，根据单个芯片上包含基本门数量的多少划分为**小规模集成电路**（SSI）集成度为 1～10 门/片；**中规模集成电路**（MSI）集成度为 10～100 门/片；**大规模集成电路**（LSI）集成度为 100～1000 门/片；**超大规模集成电路**（VLSI）集成度大于 1000 门/片。

在 CMOS 系列中，以单个芯片所包含的元、器件数目来划分。SSI 含元、器件数目为 10～100 个/片；MSI 含元、器件数目为 100～1000 个/片；LSI 含元、器件数目为 1000～10000 个/片；VLSI 含元、器件数目大于 10 万个/片。

## 一、TTL与非门电路

### 1. 电路结构

图10-6是TTL与非门的典型电路，它是由多发射极晶体管$VT_1$、电阻$R_1$构成的输入级；$VT_2$,$R_2$,$R_3$组成的倒相级（即从$VT_2$的集电极$C_2$和发射极$E_2$输出两个相反的信号，去控制$VT_3$,$VT_4$和$VT_5$的工作，使$VT_3$,$VT_4$截止时，$VT_5$饱和导通，$VT_3$,$VT_4$饱和导通时，$VT_5$则截止）和$VT_3$，$R_5$,$VT_4$,$R_4$,$VT_5$构成了推拉式的输出级组成。

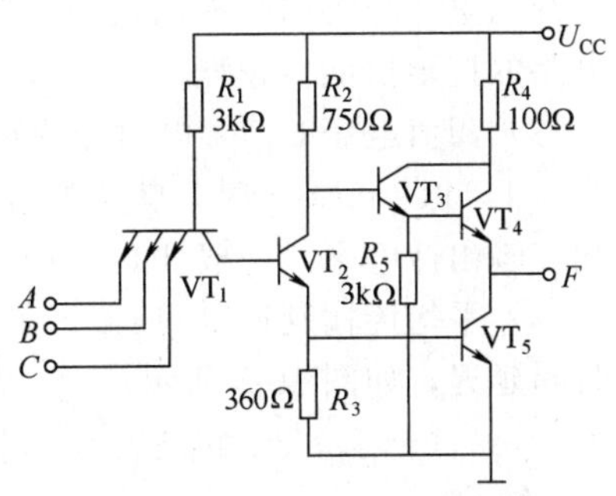


图10-6　典型的TTL与非门电路

### 2. 工作原理

（1）输入端不全为“**1**”。当输入端有一个或几个为“**0**”（约为0.3V）时，则对应的发射结处于正偏而导通。此时$VT_1$的基极电位约为$0.3+0.7=1V$，如果要使$VT_2$，$VT_5$导通，$VT_1$的基极电平至少要有2.1V（包括集电结正向压降在内），因此$VT_2$，$VT_5$处于截止状态。由于$VT_2$截止，其集电极电位接近$+U_{CC}$，使得$VT_3$，$VT_4$饱和导通，所以输出端的电压为

$$U_F=U_{CC}-I_{B3}R_2-U_{BE3}-U_{BE4}$$

因为$I_{B3}$很小可忽略不计，则$U_F=5-0.7-0.7=3.6V$，即输出为$F=\mathbf{1}$。由于$VT_5$截止，当接负载后，电流从$U_{CC}$经$R_4$，$VT_4$流向每个负载门，这种电流称为**拉电流**。这时的与非门处于“**关门**”状态。

（2）输入端全为“**1**”。当输入端全为“**1**”（约为3.6V）时，$VT_1$的几个发射结都处于正偏置，$VT_1$的基极电位将升高，当它上升到2.1V时，$VT_1$的集电结、$VT_2$和$VT_5$的发射结便处于正向偏置，电源$U_{CC}$经$R_1$和$VT_1$管的集电极向$VT_2$，$VT_5$管提供足够大的基极电流，使$VT_2$，$VT_5$迅速进入饱和状态，故$U_F\approx0.3V$，即$F=\mathbf{0}$。当$VT_2$，$VT_5$饱和导通后，$VT_2$的集电极电位被箝位在$0.7+0.3=1V$，它能使$VT_3$导通，而$VT_4$基极只有$1-0.7=0.3V$，所以$VT_4$截止。当输出端接负载后，外接负载的电流经$VT_5$灌入至地，这种电流称为**灌电流**。这时的与非门处于“**开门**”状态。

### 3. 电压传输特性与主要参数

与非门输入电压与输出电压之间的对应关系称为**电压传输特性**，如图10-7所示。如果把与非门的一个输入端接上可变的直流电源，其余的输入端接高电平：当输入电压$U_i$从零逐渐增大时，输出电压$U_o$保持为$U_{OH}$；当$U_i$增加到某一数值后，$U_o$将要线性下降；当$U_i$继续增大时，$U_o$又将急剧下降到某一低电平$U_{OL}$；以后，$U_i$再增大，输出仍保持低电平$U_{OL}$。在图10-7中的$ab$段，$U_o=U_{OH}$，对应于$VT_5$的截止情况，因而称为截止段；$de$段，$U_o=U_{OL}$，对应于$VT_5$的饱和情况，称为饱和段；而$bc$段和$cd$段则分别称为线性段和转折段。

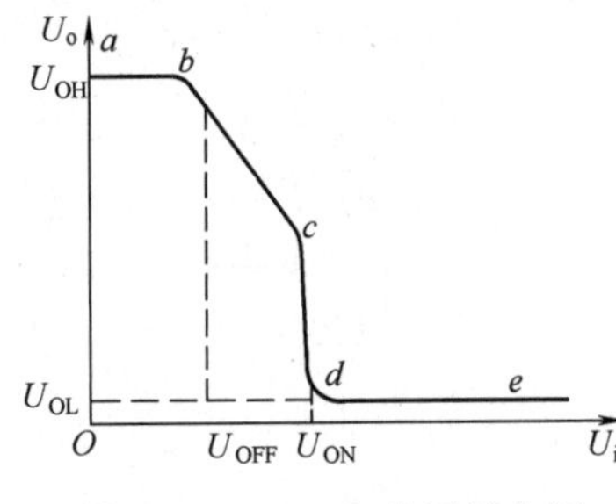


图10-7　TTL与非门的电压传输特性

TTL与非门的主要参数如下。

（1）开门电平$U_{ON}$和关门电平$U_{OFF}$。当输出端接有额定负载时，使输出电平达到额定低电平$U_{OL}$时所允许的最小的高电平输入值，称为**开门电平**$U_{ON}$，典型产品规定$U_{ON}\leqslant1.8V$。显然，只要输入的高电平不低于$U_{ON}$，输出端就能保持低电平输出，即与非门处于“开门”状态。

在空载条件下，使输出电平为 $0.9U_{OH}$ 时所对应的输入电平，称为**关门电平** $U_{OFF}$。一般要求不小于 0.8V。显然，只要输入的低电平不大于 $U_{OFF}$，输出端就能保持高电平输出，即与非门处于“关门”状态。

开门电平与关门电平的大小反映了与非门电路的抗干扰能力。$U_{ON}$ 越小，$U_{OFF}$ 越大，则电路的抗干扰能力越强。

（2）阈值电压 $U_{TH}$。电压传输特性曲线的转折区中点所对应的输入电压值，称为**阈值电压** $U_{TH}$，当 $U_i < U_{TH}$ 时，就认为与非门截止，输出高电平；当 $U_i \geqslant U_{TH}$ 时，就认为与非门饱和，输出低电平。一般 TTL 与非门 $U_{TH} \approx 1.4V$。

（3）平均传输延迟时间 $t_{pd}$。在与非门输入端加上一矩形电压信号时，则输出将有一定的时间延迟，如图 10-8 所示。$t_{pd1}$ 为导通延迟时间，$t_{pd2}$ 为截止延迟时间，则**平均延迟时间**为 $t_{pd}=(t_{pd1}+t_{pd2})/2$，它是表示与非门开关速度的一个参数，$t_{pd}$ 愈小愈好，一般要求 $t_{pd} \leqslant$ 40ns（纳秒）。

（4）扇出系数 $N_O$。**扇出系数**是指一个与非门能够带同类门的最大数目，它表示与非门的带载能力。一般 $N_O \geqslant 8$。

值得指出：TTL 与非门有多个输入端，如果使用时有多余的输入端，可以采用以下几种方法处理，见图 10-9 所示。图 10-9(a) 为将多余端接电源，让它保持高电平状态；图 10-9(b) 为将多余端与有用输入端并联；图 10-9(c) 为将多余端悬空。一般采用多余端与有用输入端并联使用。

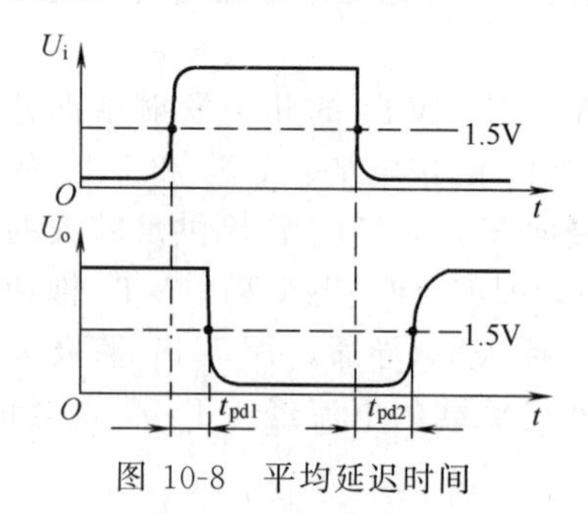

图 10-8　平均延迟时间

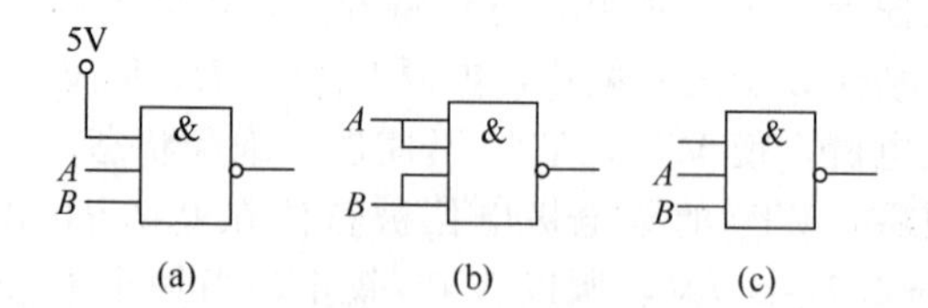

图 10-9　TTL 与非门多余输入端的处理

## 二、三态输出门电路

图 10-10 是 TTL 三态输出与非门电路和逻辑符号。其中 $A$,$B$ 为输入端，$E$ 为控制端。

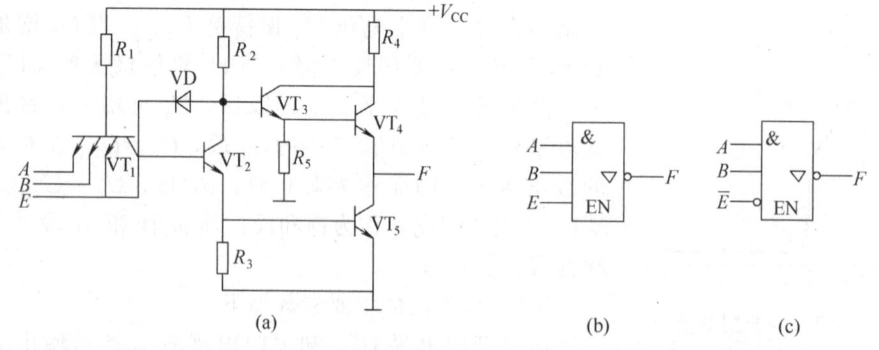

图 10-10　TTL 三态输出与非门电路和逻辑符号

当 $E$=**0** 时，$VT_1$ 的发射结和 VD 同时导通。$VT_1$ 发射结的导通使 $VT_2$,$VT_5$ 截止，VD 的导通使 $VT_3$,$VT_4$ 截止，此时的输出 $F$ 处于高阻状态和输入 $A$,$B$ 之间无任何关系。

当 $E$=**1** 时，二极管 VD 截止。此时的电路即为普通的与非门处于工作状态，输出 $F$ 和

输入 $A$，$B$ 之间为与非逻辑关系，可输出“**0**”或者“**1**”。

图 10-10(a) 所示电路表示当 $E=1$ 时，为正常的与非门工作状态，故称为高电平有效的三态与非门，其符号如图 10-10(b) 所示。同样也有低电平有效的三态与非门，符号如图 10-10(c) 所示。表示当 $E=0$ 时，为正常的与非门工作状态，$E=1$ 时，$F$ 处于高阻状态。

三态门可作为输入设备与数据总线之间的接口。可将输入设备的多组数据分时传递到同一数据总线上，并且任何时刻只允许有一个三态门处于工作状态占用数据总线，而其余的三态门均处于高阻状态，脱离数据总线。

常用的三态门还有三态输出缓冲器和三态非门，此处不再一一列举。

**三、CMOS 集成逻辑门**

1. MOS 管的基本结构及工作原理

**MOS** 管是金属—氧化物—半导体场效应管的简称。

图 10-11 是 MOS 管的结构示意图和符号。MOS 管的三个电极分别为源极 S、栅极 G 和漏极 D。在 P 型半导体衬底上，有两个高掺杂浓度的 N 型区、栅极 G 和衬底之间被二氧化硅绝缘层隔开。

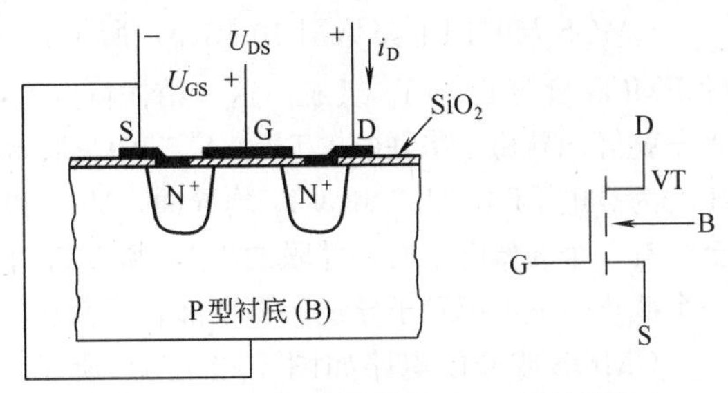

图 10-11　N 沟道增强型 MOS 管的结构示意图和符号

当栅极 G 和源极 S 之间加正电压 $U_{GS}$ 时，由于栅极 G 和衬底之间的电场作用，使衬底中的电子聚集到衬底表面。当 $U_{GS}$ 大于临界值以后，便可聚集大量的电子，形成一个 N 型的反型层，从而把源极 S 和漏极 D 连接起来，于是则有 $I_D$ 流通。这个反型层称为导电沟道，把形成导电沟道所需的 $U_{GS}$ 临界值称为**开启电压**，并用 $\boldsymbol{U}_{GS(th)}$ 表示。由于导电沟道是 N 型的，并且随着 $U_{GS}$ 的增加而加宽，所以把这类 MOS 管称为 **N 沟道增强型 MOS 管**，简记为 **N MOS** 管。

由此可见，可以把 MOS 管的漏极 D 和源极 S 当做一个受栅极电压控制的开关使用，即当 $U_{GS}>U_{GS(th)}$ 时，漏极 D 和源极 S 之间只有几百欧姆的电阻，相当于开关闭合；而 $U_{GS}<U_{GS(th)}$ 时，漏极 D 和源极 S 之间因无导电沟道而隔开，如同开关断开一样。

当 **MOS** 管以 N 型半导体为衬底，源极 S 和漏极 D 是分别连接在两个 P 型区的，可形成 P 型的导电沟道，简记为 **P MOS** 管。**P MOS** 管的工作原理与 **N MOS** 管的一样，只是二者的电源极性、电流方向相反。

因为在直流状态下栅极几乎不取电流，因此 MOS 管为电压控制器件。

2. CMOS 反相器

图 10-12 所示为 CMOS 反相器，它是由一个 NMOS 管 $VT_1$ 和一个 PMOS 管 $VT_2$ 构成的上下互补型 MOS 逻辑门，简称 **CMOS** 门。两个互补管的参数尽量做得一致，且两个管的栅极连在一起作为输入端，两个管的漏极连在一起作为输出端。$U_{DD}$ 需大于 $VT_1$ 管开启电压 $U_{GS(th)N}$ 和 $VT_2$ 管开启电压 $U_{GS(th)P}$ 绝对值的和，即

$$U_{DD}>U_{GS(th)N}+|U_{GS(th)P}|$$

当输入 $U_i$ 为低电平 0V 时，$U_{GS1}=0V$，$VT_1$ 截止，而此时 $|U_{GS2}|>|U_{GS(th)P}|$，$VT_2$ 导通，使输出端与电源接通，与地断开，输出 $U_o$ 为高电平，$U_{OH}=U_{DD}$。

当输入 $U_i$ 为高电平（$>U_{DD}-|U_{GS(th)P}|$）时，$U_{GS1}>U_{GS(th)N}$，$VT_1$ 导通，$|U_{GS2}|<|U_{GS(th)P}|$，$VT_2$ 截止，则输出端接地，与电源断开，输出 $U_o$ 为低电平 0V，因此，实现了逻辑非的功能。

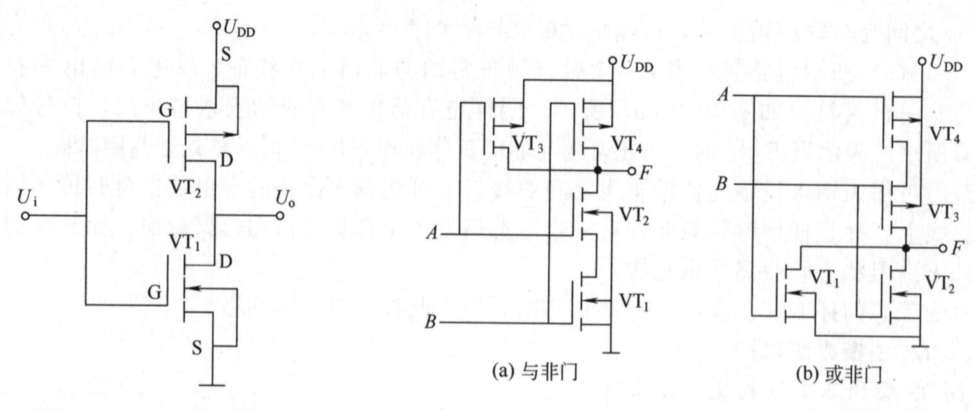


图 10-12 CMOS 反相器

图 10-13 CMOS 与非门和或非门

3. CMOS 与非门和或非门

CMOS 与非门电路见图 10-13(a) 所示，它由两个串联的 NMOS 管 $VT_1$,$VT_2$ 和两个并联的 PMOS 管 $VT_3$,$VT_4$ 组成。这一结构特点是：并联的 $VT_3$ 和 $VT_4$ 中只要有一个导通，上半部管子就等同导通；串联的 $VT_1$ 和 $VT_2$ 中只要有一个截止，下半部管子就等同截止。当输入 $A$ 和 $B$ 均为高电平时，$VT_1$ 和 $VT_2$ 均导通，$VT_3$ 和 $VT_4$ 均截止，输出 $F$ 为低电平。当输入 $A$,$B$ 中至少有一个为低电平时，并联的 $VT_3$ 和 $VT_4$ 中至少有一个导通，串联的 $VT_1$ 和 $VT_2$ 中至少有一个截止，上半部管子导通，下半部管子截止，输出 $F$ 为高电平。因此，实现与非逻辑。

CMOS 或非门电路如图 10-13(b) 所示。它由两个并联的 NMOS 管 $VT_1$,$VT_2$ 和两个串联的 PMOS 管 $VT_3$,$VT_4$ 组成。和与非门电路一样，串联的两个管子中只要有一个截止，就等同截止；并联的两个管子只要有一个导通，就等同导通。当输入 $A$ 和 $B$ 均为低电平时，$VT_1$ 和 $VT_2$ 均截止，$VT_3$ 和 $VT_4$ 均导通，输出 $F$ 为高电平。当 $A$,$B$ 中至少有一个为高电平时，串联的 $VT_3$,$VT_4$ 至少有一个截止，并联的 $VT_1$ 和 $VT_2$ 中至少有一个导通，上半部管子截止，下半部管子导通，输出 $F$ 为低电平。因此，实现或非逻辑。

CMOS 集成电路的性能与 TTL 集成电路相比：静态耗能低，电源电压范围宽，输入阻抗高，扇出能力强，抗干扰能力强，逻辑摆幅大，温度稳定性好，但工作速度低于 TTL 电路，功耗随频率的升高显著增大。

表 10-5 对 CMOS 与非门电路和 TTL 与非门电路性能的具体参数作了比较。

**表 10-5 TTL 与非门和 CMOS 与非门的性能比较**

| 门类型 | 工作电源 | 输入高电平 | 输入低电平 | 扇出系数 | 平均延迟时间 | 静态功耗 |
|---|---|---|---|---|---|---|
| CMOS | 3～18V | $U_{DD}$ | 0V | >50 | 40ns | 1～10μW |
| TTL | 5V | 3.6V | 0.3V | 15 | 10～40ns | 12～22mW |

## 思考题

10-2-1 在 CMOS 与非门电路中，根据 MOS 管的工作原理，思考对于多余的输入端的处理能否像 TTL 与非门电路那样悬空。

# 第三节 逻辑代数及其化简

利用上节所讨论的基本逻辑门电路可以组成具有各种逻辑功能的逻辑电路。但如何使组合后的逻辑电路不但能满足预定逻辑功能的要求，而且又使电路的连线尽量的少，即做到合理又经济，这就需要对逻辑电路的组合规律进行分析，对每一个给定的逻辑函数进行化简与变换。

## 一、逻辑代数的基本定律

根据逻辑与、或、非三种最基本的运算法则，可导出布尔代数运算的一些基本定律和公式，见表10-6所示。这些基本定律在实际逻辑电路分析和设计中非常有用。

**表 10-6　布尔代数定律**

| | | |
|---|---|---|
| 基本定律 | $A+\mathbf{0}=A$<br>$A+\mathbf{1}=\mathbf{1}$<br>$A+A=A$<br>$A+\overline{A}=\mathbf{1}$ | $A\cdot\mathbf{0}=\mathbf{0}$<br>$A\cdot\mathbf{1}=A$<br>$A\cdot A=A$<br>$A\cdot\overline{A}=\mathbf{0}$ |
| 结合律 | $(A+B)+C=A+(B+C)$ | $(AB)C=A(BC)$ |
| 交换律 | $A+B=B+A$ | $AB=BA$ |
| 分配律 | $A(B+C)=AB+AC$ | $A+BC=(A+B)(A+C)$ |
| 反演律 | $\overline{A\cdot B\cdot C}=\overline{A}+\overline{B}+\overline{C}$ | $\overline{A+B+C}=\overline{A}\cdot\overline{B}\cdot\overline{C}$ |
| 吸收律 | $A+AB=A$<br>$A+\overline{A}B=A+B$<br>$AB+\overline{A}C+BC=AB+\overline{A}C$ | $A(A+B)=A$ |

表10-6中所列的定律中，有些恒等关系不明显，对此可通过检验恒等式两边的真值表来加以证明。如对于反演律 $\overline{AB}=\overline{A}+\overline{B}$，$\overline{A+B}=\overline{A}\cdot\overline{B}$，因为

| $A$ | $B$ | $\overline{A}$ | $\overline{B}$ | $\overline{AB}$ | $\overline{A}+\overline{B}$ | $\overline{A+B}$ | $\overline{A}\cdot\overline{B}$ |
|---|---|---|---|---|---|---|---|
| **0** | **0** | **1** | **1** | **1** | **1** | **1** | **1** |
| **0** | **1** | **1** | **0** | **1** | **1** | **0** | **0** |
| **1** | **0** | **0** | **1** | **1** | **1** | **0** | **0** |
| **1** | **1** | **1** | **0** | **0** | **0** | **0** | **0** |

所以 $\overline{AB}=\overline{A}+\overline{B}$，$\overline{A+B}=\overline{A}\cdot\overline{B}$。

**【例 10-2】** 试证明表10-6中的分配律 $A+BC=(A+B)(A+C)$。

**证**　等式的右边，利用分配律 $A(B+C)=AB+AC$ 可得

$$(A+B)(A+C)=A(A+C)+B(A+C)=AA+AC+BA+BC$$
$$=A\cdot 1+AC+AB+BC=A(1+C+B)+BC$$

由基本定律知 $(1+B+C)=1$，因此上式为

$$(A+B)(A+C)=A+BC$$

右边等于左边，等式证毕。

需要注意的是，上述基本公式只反映逻辑关系，而不是数量之间的关系，因此普通代数中的运算规则是不适用的。

## 二、利用布尔代数化简逻辑函数

根据简化的逻辑函数表达式，可以画出相应的简化的逻辑图。

同一个逻辑函数的表达式可以有多种形式。由于与或表达式最为常见，所以一般所说的化简，是指要求化为**最简与或表达式**，即要求乘积项的数目是最少，且在满足乘积项的数目为最少的条件下，每个乘积项中所含变量的个数也最少。

利用布尔代数的基本定律和恒等式进行化简，常用下列方法。

(1) **并项法。**利用 $A+\overline{A}=\mathbf{1}$ 的公式，将两项合并为一项，并消去一个变量。例如

$$ABC+AB\overline{C}=AB(C+\overline{C})=AB$$

(2) **吸收法。**利用 $A+AB=A$ 的公式，消去多余的项。例如

$$\overline{A}B+\overline{A}BCD(E+F)=\overline{A}B$$

(3) **消去法**。利用 $A+\bar{A}B=A+B$ 的公式，消去多余的因子。例如

$$AB+\bar{A}C+\bar{B}C=AB+(\bar{A}+\bar{B})C=AB+\overline{AB}C=AB+C$$

(4) **配项法**。利用 $A=A(B+\bar{B})$ 进行配项，以便消去多余的项。例如

$$\begin{aligned}AB+\bar{A}\bar{C}+B\bar{C}&=AB+\bar{A}\bar{C}+(A+\bar{A})B\bar{C}=AB+\bar{A}\bar{C}+AB\bar{C}+\bar{A}B\bar{C}\\&=(AB+AB\bar{C})+(\bar{A}\bar{C}+\bar{A}B\bar{C})=AB+\bar{A}\bar{C}\end{aligned}$$

**【例 10-3】** 已知：逻辑函数 $F=\overline{AB+\bar{C}}+A\bar{C}+B$。

试求：(1) 画出原逻辑函数的逻辑图；

(2) 用布尔代数简化逻辑表达式；

(3) 画出简化逻辑函数的逻辑图。

**解** (1) 画出原表达式的逻辑图，见图 10-14(a)。

(2) 简化

$$\begin{aligned}F&=\overline{AB+\bar{C}}+A\bar{C}+B=\overline{AB}\cdot C+A\bar{C}+B=(\bar{A}+\bar{B})C+A\bar{C}+B\\&=\bar{A}C+\bar{B}C+A\bar{C}+B=B+\bar{B}C+\bar{A}C+A\bar{C}=B+C+\bar{C}A+\bar{A}C\\&=B+C+A+\bar{A}C=B+C+A+C=A+B+C\end{aligned}$$

(3) 画出简化逻辑表达式的逻辑图，见图 10-14(b)。

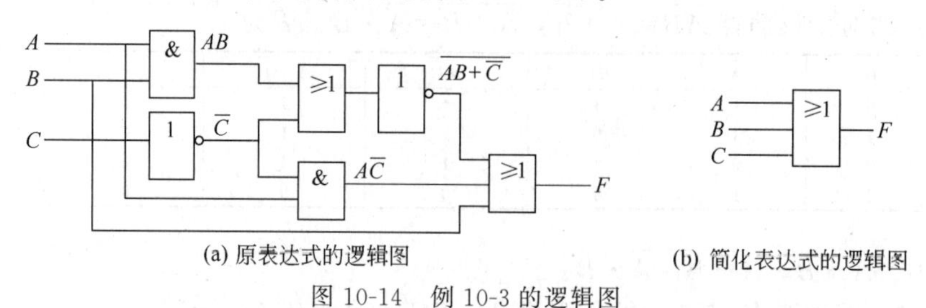


(a) 原表达式的逻辑图　　(b) 简化表达式的逻辑图

图 10-14 例 10-3 的逻辑图

**【例 10-4】** 已知：逻辑函数表达式 $F=AB\bar{C}+\bar{A}BC+A\bar{B}\bar{C}+\bar{A}\bar{C}$。

(1) 简化表达式；

(2) 仅用与非门实现简化表达式的逻辑图。

**解** 

$$\begin{aligned}F&=AB\bar{C}+\bar{A}BC+A\bar{B}\bar{C}+\bar{A}\bar{C}=A\bar{C}(B+\bar{B})+\bar{A}(\bar{C}+CB)\\&=A\bar{C}(1)+\bar{A}(\bar{C}+B)=A\bar{C}+\bar{A}\bar{C}+\bar{A}B=\bar{C}(A+\bar{A})+\bar{A}B=\bar{C}+\bar{A}B\end{aligned}$$

简化的与或表达式的逻辑图由图 10-15(a) 所示。但题目要求仅采用与非门，为此需要将简化的逻辑表达式变换成与非形式。

$$F=\bar{C}+\bar{A}B=\overline{\overline{\bar{C}+\bar{A}B}}=\overline{C\cdot\overline{\bar{A}B}}$$

在此基础上画出逻辑图，见图 10-15(b) 所示。

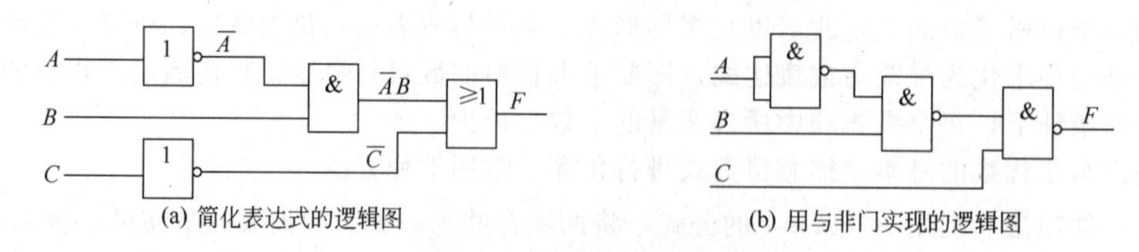


(a) 简化表达式的逻辑图　　(b) 用与非门实现的逻辑图

图 10-15 例 10-4 的逻辑图

由此可见，将简化的与或逻辑表达式变换成与非形式的方法是：对简化的与或表达式二次求非，再运用反演律即可。

## 思　考　题

10-3-1　能否由 $AB=AC$，$A+B=A+C$ 这两个逻辑式推理出 $B=C$，为什么？

# 第四节　组合逻辑

数字系统中的各种功能的逻辑部件可分为**组合逻辑电路**和**时序逻辑电路**两大类。在组合逻辑电路中，任何时刻的输出信号仅取决于该时刻的输入信号，与此信号作用前的电路状态无关 。本节介绍组合逻辑的分析方法和设计方法，并介绍常用的中规模组合逻辑器件。

### 一、组合逻辑的分析

**组合逻辑电路的分析**是根据已知的逻辑电路图，推理并确定其电路的逻辑功能。

组合逻辑电路分析的一般步骤如下。

(1) 写出电路输出函数的逻辑表达式，并用布尔代数化简；

(2) 列出真值表；

(3) 指出电路的逻辑功能；

(4) 对逻辑电路的评价。

**【例 10-5】** 分析图 10-16 所示电路的逻辑功能。

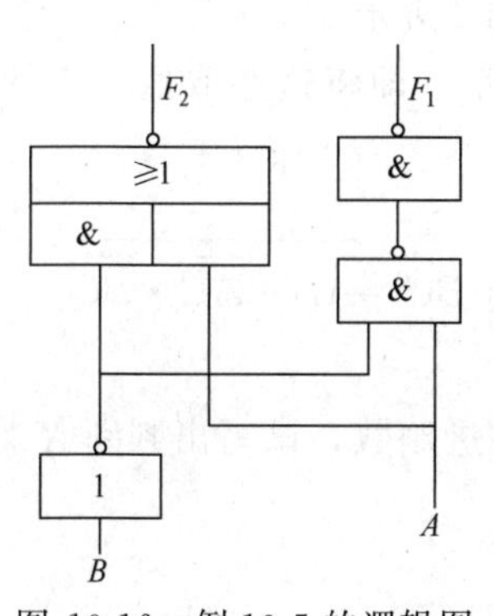

图 10-16　例 10-5 的逻辑图

表 10-7　例 10-5 的真值表

| $A$ | $B$ | $F_1$ | $F_2$ |
|---|---|---|---|
| 0 | 0 | 0 | 0 |
| 0 | 1 | 0 | 1 |
| 1 | 0 | 1 | 0 |
| 1 | 1 | 0 | 0 |

**解**　(1) 采用逐级写表达式的方法得到

$$F_1=\overline{\overline{A\overline{B}}}=A\overline{B},\quad F_2=\overline{A+\overline{B}}=\overline{A}B$$

(2) 列出真值表 10-7；

(3) 经观察归纳可知此逻辑电路是一位二进制数的比较电路。它可判断 $A$，$B$ 之间的关系是大于、小于或等于。

### 二、组合逻辑的设计

**组合逻辑电路的设计**是将逻辑命题变成实际的逻辑电路图。

组合逻辑电路的设计步骤如下。

(1) 根据文字命题中的因果关系，确定输入、输出变量，列出符合因果关系的真值表；

(2) 由真值表写出逻辑函数表达式，并根据给定的逻辑器件，用布尔代数化简与变形；

(3) 画出完整的逻辑电路图。

**【例 10-6】** 用与非门设计一个多数表决电路，以判别 $A,B,C$ 三人中是否为多数赞成。

**解** （1）该电路的输入是 $A,B,C$ 三人的“赞成”或“反对”，输出 $F$ 是“多数赞成”或“多数反对”。用“**1**”和“**0**”来分别表示“赞成”“通过”和“反对”“否决”，则可得其真值表，见表 10-8 。

**表 10-8 例 10-6 的真值表**

| $A$ | $B$ | $C$ | $F$ | $A$ | $B$ | $C$ | $F$ |
|---|---|---|---|---|---|---|---|
| 0 | 0 | 0 | 0 | 1 | 0 | 0 | 0 |
| 0 | 0 | 1 | 0 | 1 | 0 | 1 | 1 |
| 0 | 1 | 0 | 0 | 1 | 1 | 0 | 1 |
| 0 | 1 | 1 | 1 | 1 | 1 | 1 | 1 |

（2）列逻辑表达式、化简及变形。由真值表写逻辑函数表达式一般采用**积和法**。所谓积和法就是用与或表达式来写逻辑函数。步骤如下。

（ⅰ）找出真值表中函数输出为 1 的那些输入变量取值的组合。

如表 10-8 中第四、六、七、八组组合。

（ⅱ）每组输入变量取值的组合对应函数输出值 1 的唯一确定关系是一个乘积项（逻辑与）。其中取值为 1 的写输入原变量；取值为 0 的写输入反变量。

例如，第四组组合：当 $ABC$ 为 011 时 $F$ 为 1，则应由 $\overline{A}BC$ 这一乘积项来表示这一对应关系。同理 101,110,111 分别由乘积项 $A\overline{B}C,AB\overline{C},ABC$ 表示。

（ⅲ）各组组合之间，对函数输出值 1 而言是或的关系。即将这些取值为 1 的与式相加（逻辑或），得函数的与或表达式

因此由表 10-8 可得

$$F=\overline{A}BC+A\overline{B}C+AB\overline{C}+ABC=AB+AC+BC=\overline{\overline{AB}\cdot\overline{AC}\cdot\overline{BC}}$$

（3）画出逻辑电路图如图 10-17 所示。

**【例 10-7】** 已知 $X=x_1x_2$ 和 $Y=y_1y_2$ 均是两位的二进制数，试写出判别 $X>Y$ 的简化的逻辑表达式。

**解** （1）由题意设：当 $x_1x_2>y_1y_2$ 时 $F=1$

其真值表为表 10-9。

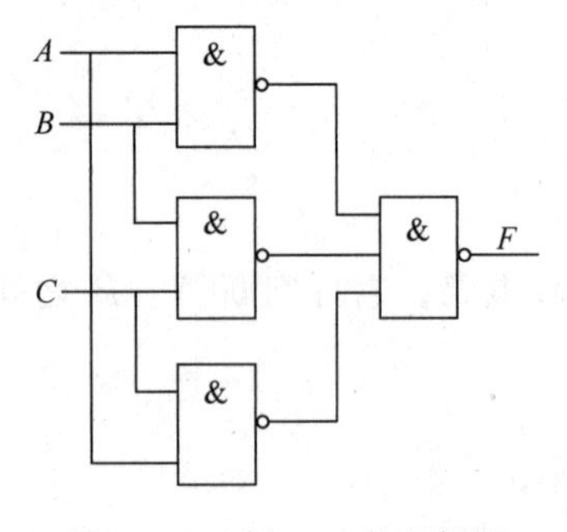

图 10-17 例 10-6 的逻辑图

**表 10-9 例 10-7 的简约真值表**

| $x_1$ | $x_2$ | $y_1$ | $y_2$ | $F$ |
|---|---|---|---|---|
| 1 | × | 0 | × | 1 |
| 0 | 1 | 0 | 0 | 1 |
| 1 | 1 | 1 | 0 | 1 |

注：表中“×”表示为任意值，其值不影响输出值。

（2）列逻辑表达式并化简

$$\begin{aligned}F&=x_1\overline{y}_1+\overline{x}_1x_2\overline{y}_1\overline{y}_2+x_1x_2y_1\overline{y}_2=\overline{y}_1(x_1+\overline{x}_1x_2\overline{y}_2)+x_1(\overline{y}_1+x_2y_1\overline{y}_2)\\&=x_1\overline{y}_1+x_2\overline{y}_1\overline{y}_2+x_1x_2\overline{y}_2\end{aligned}$$

**【例 10-8】** 设计一个监测信号灯工作状态的逻辑电路。电路正常工作时，红、黄、绿

三盏灯中只能是红、绿或黄加绿当中的一种。而当出现其他五种点亮状态时，表明发生了故障，要求监测电路发出故障信号，以提醒维护人员前去维修。

**解**　(1) 以红、黄、绿三盏灯的状态为输入变量，分别用 $R,Y,G$ 表示，并规定灯亮时为“1”，不亮时为“0”。取故障信号为输出变量，以 $F$ 表示，并规定正常工作状态下 $F$ 为“0”，发生故障时 $F$ 为“1”。按题意可列出真值表 10-10。

**表 10-10　例 10-8 的真值表**

| $R$ | $Y$ | $G$ | $F$ | $R$ | $Y$ | $G$ | $F$ |
|---|---|---|---|---|---|---|---|
| 0 | 0 | 0 | 1 | 1 | 0 | 0 | 0 |
| 0 | 0 | 1 | 0 | 1 | 0 | 1 | 1 |
| 0 | 1 | 0 | 1 | 1 | 1 | 0 | 1 |
| 0 | 1 | 1 | 0 | 1 | 1 | 1 | 1 |

(2) 由真值表列逻辑表达式并化简

$$F=\bar{R}\,\bar{Y}\,\bar{G}+\bar{R}Y\bar{G}+R\bar{Y}G+RY\bar{G}+RYG$$
$$=\bar{R}\,\bar{G}(\bar{Y}+Y)+RG(\bar{Y}+Y)+RY(\bar{G}+G)=\bar{R}\,\bar{G}+RG+RY$$

(3) 画出逻辑电路图如图 10-18 所示。

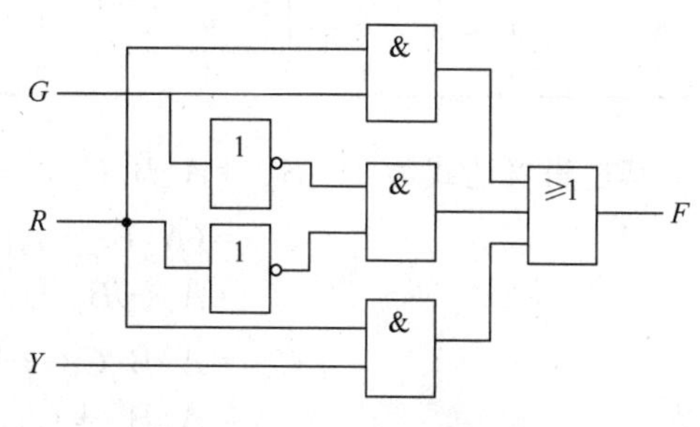


图 10-18　例 10-8 的逻辑图

**三、常用组合逻辑电路**

由于一些电路在各类数字系统中经常大量出现，为了使用方便，目前已将这些电路的设计标准化，并且制成了中、小规模单片集成电路的产品，其中包括编码器、译码器、数据选择器、运算器和比较器等等。下面介绍它们的工作原理和使用方法。

1. 加法器

两个二进制数之间的算术运算无论是加、减、乘、除，最终都可化作若干步加法运算进行的。因此加法器是算术运算器的基本单元。

(1) 一位加法器。如果不考虑来自低位的进位，只将两个一位二进制数 $A$ 和 $B$ 相加，称为半加。实现半加运算的电路称为**半加器**，其逻辑电路图如图 10-19 所示。按照二进制加法运算规则可列出半加器的真值表，如表 10-11 所示，其中 $A,B$ 是两个加数，$S$ 为半加和，$C$ 为向高位的进位。

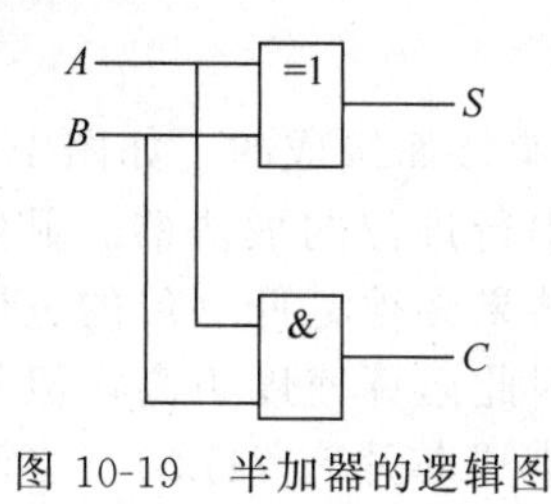


图 10-19　半加器的逻辑图

**表 10-11　半加器的真值表**

| $A$ | $B$ | $C$ | $S$ | $A$ | $B$ | $C$ | $S$ |
|---|---|---|---|---|---|---|---|
| 0 | 0 | 0 | 0 | 1 | 0 | 0 | 1 |
| 0 | 1 | 0 | 1 | 1 | 1 | 1 | 0 |

从真值表中可清楚地看到：当 $A,B$ 输入不同时，$S$ 输出为“1”；$A,B$ 输入相同时，$S$ 输出为“0”。这种逻辑关系由表 10-4 可知称为**异或逻辑**，异或运算符为⊕，对应的门电路为**异或门**。

半加运算的逻辑表达式为

$$S=\bar{A}B+A\bar{B}=A\oplus B \qquad (10\text{-}1)$$
$$C=AB$$

如果相加时考虑来自低位的进位以及向高位的进位，则称为全加。相应的电路称为**全加器**，其逻辑电路图和符号图如图 10-20 所示。

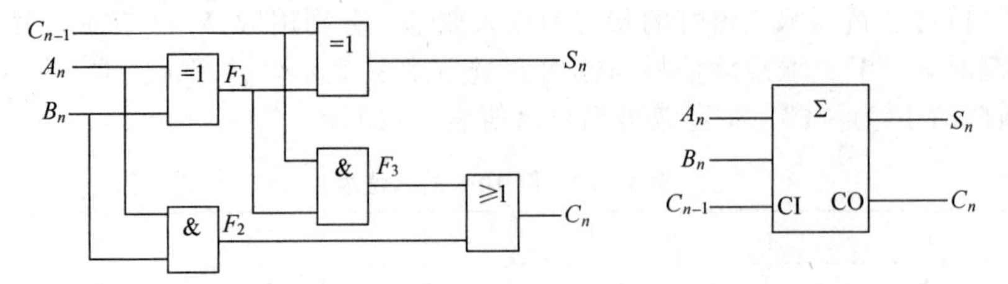


图 10-20 一位全加器的逻辑电路图、符号图

表 10-12 为全加器的真值表，其中 $A_n, B_n$ 表示两个加数，$S_n$ 表示本位和，$C_{n-1}$ 表示来自低位的进位，$C_n$ 表示向高位的进位。

**表 10-12 一位全加器的真值表**

| $A_n$ | $B_n$ | $C_{n-1}$ | $C_n$ | $S_n$ | $A_n$ | $B_n$ | $C_{n-1}$ | $C_n$ | $S_n$ |
|---|---|---|---|---|---|---|---|---|---|
| 0 | 0 | 0 | 0 | 0 | 1 | 0 | 0 | 0 | 1 |
| 0 | 0 | 1 | 0 | 1 | 1 | 0 | 1 | 1 | 0 |
| 0 | 1 | 0 | 0 | 1 | 1 | 1 | 0 | 1 | 0 |
| 0 | 1 | 1 | 1 | 0 | 1 | 1 | 1 | 1 | 1 |

其逻辑表达式为

$$S_n=\overline{A}_n\overline{B}_nC_{n-1}+\overline{A}_nB_n\overline{C}_{n-1}+A_n\overline{B}_n\overline{C}_{n-1}+A_nB_nC_{n-1}$$
$$=(\overline{A}_nB_n+A_n\overline{B}_n)\overline{C}_{n-1}+(\overline{A}_n\overline{B}_n+A_nB_n)C_{n-1}$$
$$=A_n\oplus B_n\oplus C_{n-1} \tag{10-2}$$
$$C_n=\overline{A}_nB_nC_{n-1}+A_n\overline{B}_nC_{n-1}+A_nB_n\overline{C}_{n-1}+A_nB_nC_{n-1}$$
$$=A_nB_n+(A_n\oplus B_n)C_{n-1} \tag{10-3}$$

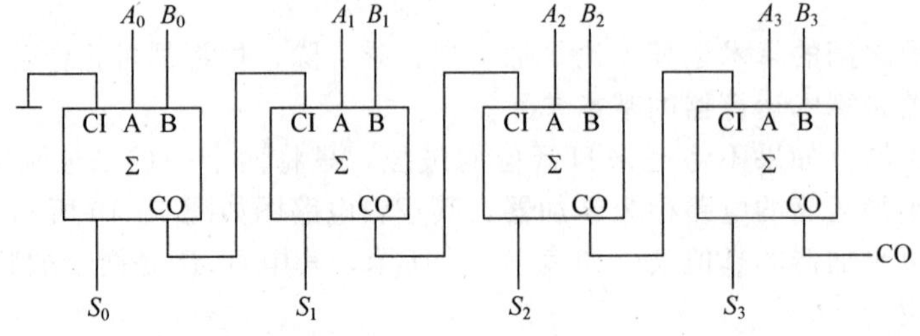


图 10-21 四位串行进位的加法器

（2）多位加法器。多位加法器是由多个一位全加器的进位串接而组成的，如图 10-21 所示的就是一个四位串行进位的加法器。显然，由于它的每位相加的结果必须等低一位的进位信号产生后才能确定，因此运算速度不高，但其电路结构简单。常用的集成芯片有 74LS183（双全加器）。为了提高运算速度，已研制出多种超前进位加法器，如中规模集成电路 74LS283。图 10-22 为 74LS183，74LS283 的图形符号。

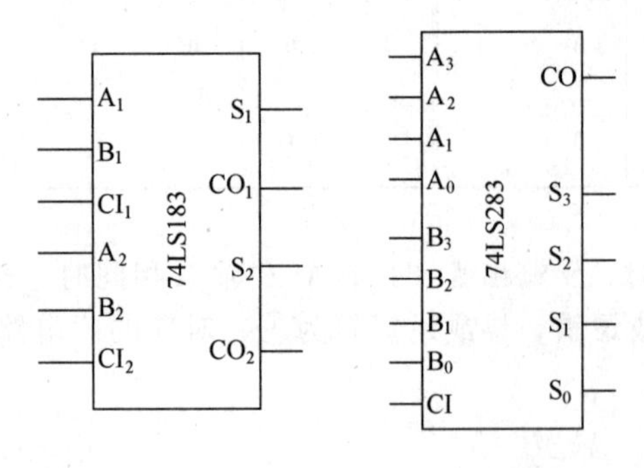


图 10-22 74LS183、74LS283 的图形符号

2. 编码器

数字系统是用二进制数来表示信号的，如计算机中的数据、指令和地址都是用二进制数来表

示的。多位二进制数的排列组合，可称之为代码。如果给一组代码分别赋以一定的含义，称为**编码**。如二-十进制编码是将十进制的十个数码编成二进制代码，这组代码称为二-十进制码，简称为**BCD**码（Binary Coded Decimal）。注意：同一代码在不同编码方案中可以赋以不同的含义，如代码**1001**在**8421BCD**码中表示十进制数9，在**余3BCD**码中表示十进制数6。执行编码功能的电路称为**编码器**。一般编码器有$n$个输入端和$m$个输出端，它们之间应满足$n \leqslant 2^m$的关系。表10-13为常用BCD编码表。

**表10-13　常用BCD编码表**

| 十进制数 | 8421码 | 余3码 | 格雷码 | 十进制数 | 8421码 | 余3码 | 格雷码 |
|---|---|---|---|---|---|---|---|
| 0 | **0000** | **0011** | **0000** | 5 | **0101** | **1000** | **1110** |
| 1 | **0001** | **0100** | **0001** | 6 | **0110** | **1001** | **1010** |
| 2 | **0010** | **0101** | **0011** | 7 | **0111** | **1010** | **1011** |
| 3 | **0011** | **0110** | **0010** | 8 | **1000** | **1011** | **1001** |
| 4 | **0100** | **0111** | **0110** | 9 | **1001** | **1100** | **1000** |

当然，编码器的用途绝不仅仅限于将十进制数编成二进制代码，也可以把任意$n$个开关量编为$2^m$个不同的$m$位二值代码（$n \leqslant 2^m$）。

**表10-14　3位二进制编码器的真值表**

| 输入 | | | | | | | | 输出 | | |
|---|---|---|---|---|---|---|---|---|---|---|
| $I_0$ | $I_1$ | $I_2$ | $I_3$ | $I_4$ | $I_5$ | $I_6$ | $I_7$ | $Y_2$ | $Y_1$ | $Y_0$ |
| **1** | **0** | **0** | **0** | **0** | **0** | **0** | **0** | **0** | **0** | **0** |
| **0** | **1** | **0** | **0** | **0** | **0** | **0** | **0** | **0** | **0** | **1** |
| **0** | **0** | **1** | **0** | **0** | **0** | **0** | **0** | **0** | **1** | **0** |
| **0** | **0** | **0** | **1** | **0** | **0** | **0** | **0** | **0** | **1** | **1** |
| **0** | **0** | **0** | **0** | **1** | **0** | **0** | **0** | **1** | **0** | **0** |
| **0** | **0** | **0** | **0** | **0** | **1** | **0** | **0** | **1** | **0** | **1** |
| **0** | **0** | **0** | **0** | **0** | **0** | **1** | **0** | **1** | **1** | **0** |
| **0** | **0** | **0** | **0** | **0** | **0** | **0** | **1** | **1** | **1** | **1** |

（1）二进制编码器。表10-14是3位**二进制编码器**的真值表。对于每个输入信号都有一组不同的输出代码，显然可以把任意八个开关量编为不同的3位二值代码。3位二进制编码器的逻辑图如图10-23所示。

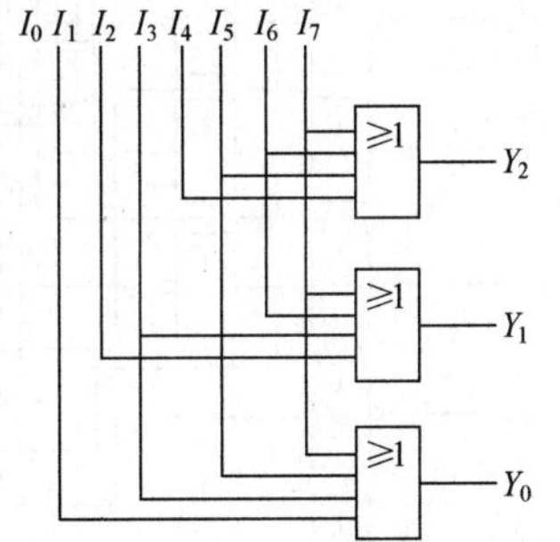


图10-23　3位二进制编码器的逻辑图

其输出表达式为

$$Y_2 = I_4 + I_5 + I_6 + I_7$$
$$Y_1 = I_2 + I_3 + I_6 + I_7$$
$$Y_0 = I_1 + I_3 + I_5 + I_7$$

（2）二-十进制编码器。表10-15是**二-十进制优先编码器**74LS147的真值表，优先权以$\bar{I}_9$为最高，以$\bar{I}_1$为最低。输出是8421BCD码的反码形式。由表10-14可知，同一时刻可有多个信号输入，但究竟哪个输入信号被编码，要由其优先权的高低来决定。例如：当$\bar{I}_1, \bar{I}_2, \cdots, \bar{I}_8, \bar{I}_9$多个信号同时输入时，此编码器则优先对$\bar{I}_9$信号进行编码。表中“×”为输入的任意值，既可为“**0**”，也可为“**1**”。此电路为低电平有效的电路。图10-24是二-十进制优先编码器74LS147的逻辑图。

**表 10-15 二-十进制优先编码器 74LS147 的真值表**

| 输 | | | | 入 | | | | | 输 | | 出 | |
|---|---|---|---|---|---|---|---|---|---|---|---|---|
| $\overline{I}_1$ | $\overline{I}_2$ | $\overline{I}_3$ | $\overline{I}_4$ | $\overline{I}_5$ | $\overline{I}_6$ | $\overline{I}_7$ | $\overline{I}_8$ | $\overline{I}_9$ | $\overline{Y}_3$ | $\overline{Y}_2$ | $\overline{Y}_1$ | $\overline{Y}_0$ |
| 1 | 1 | 1 | 1 | 1 | 1 | 1 | 1 | 1 | 1 | 1 | 1 | 1 |
| × | × | × | × | × | × | × | × | 0 | 0 | 1 | 1 | 0 |
| × | × | × | × | × | × | × | 0 | 1 | 0 | 1 | 1 | 1 |
| × | × | × | × | × | × | 0 | 1 | 1 | 1 | 0 | 0 | 0 |
| × | × | × | × | × | 0 | 1 | 1 | 1 | 1 | 0 | 0 | 1 |
| × | × | × | × | 0 | 1 | 1 | 1 | 1 | 1 | 0 | 1 | 0 |
| × | × | × | 0 | 1 | 1 | 1 | 1 | 1 | 1 | 0 | 1 | 1 |
| × | × | 0 | 1 | 1 | 1 | 1 | 1 | 1 | 1 | 1 | 0 | 0 |
| × | 0 | 1 | 1 | 1 | 1 | 1 | 1 | 1 | 1 | 1 | 0 | 1 |
| 0 | 1 | 1 | 1 | 1 | 1 | 1 | 1 | 1 | 1 | 1 | 1 | 0 |

其化简输出表达式为

$$\overline{Y}_3=\overline{I_8+I_9}$$

$$\overline{Y}_2=\overline{I_7\overline{I}_8\overline{I}_9+I_6\overline{I}_8\overline{I}_9+I_5\overline{I}_8\overline{I}_9+I_4\overline{I}_8\overline{I}_9}$$

$$\overline{Y}_1=\overline{I_7\overline{I}_8\overline{I}_9+I_6\overline{I}_8\overline{I}_9+I_3\overline{I}_4\overline{I}_5\overline{I}_8\overline{I}_9+I_2\overline{I}_4\overline{I}_5\overline{I}_8\overline{I}_9}$$

$$\overline{Y}_0=\overline{I_9+I_7\overline{I}_8\overline{I}_9+I_5\overline{I}_6\overline{I}_8\overline{I}_9+I_3\overline{I}_4\overline{I}_6\overline{I}_8\overline{I}_9+I_1\overline{I}_2\overline{I}_4\overline{I}_6\overline{I}_8\overline{I}_9}$$

现以其中的 $\overline{Y}_2$ 为例说明写上述表达式的思路。

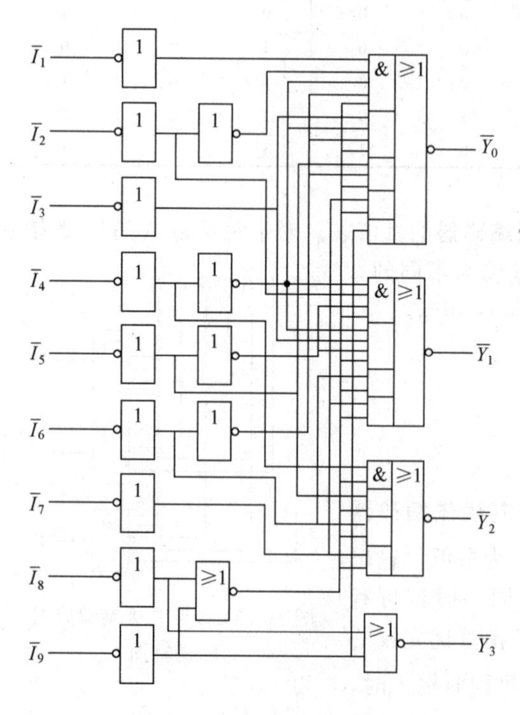


图 10-24 二-十进制优先编码器 74LS147 的逻辑图

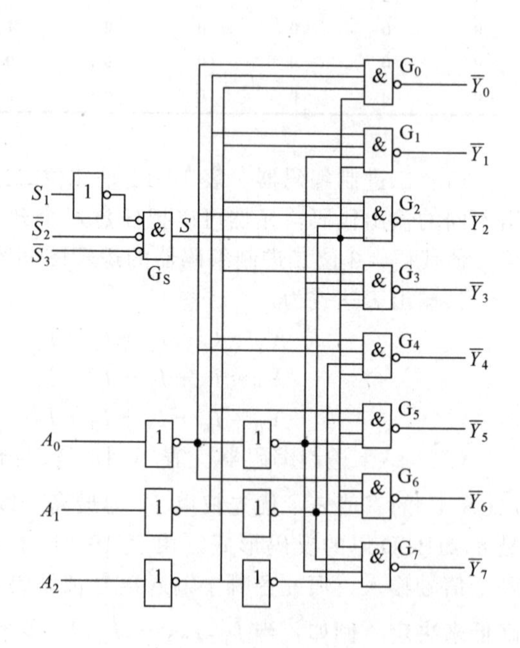


图 10-25 3 位二进制译码器 74LS138 的逻辑图

从表 10-15 看，$\overline{Y}_2$ 的函数值为“0”的是少数（只有四项），显然以真值表中函数输出为 0 的那些组合列 $\overline{F}$ 方程比较简便，故本例根据积和法列 $\overline{\overline{Y}}_2$ 的方程。由积和法得

$$\overline{\overline{Y}}_2 = I_7\overline{I}_8\overline{I}_9 + I_6\overline{I}_7\overline{I}_8\overline{I}_9 + I_5\overline{I}_6\overline{I}_7\overline{I}_8\overline{I}_9 + I_4\overline{I}_5\overline{I}_6\overline{I}_7\overline{I}_8\overline{I}_9$$
$$= \overline{I}_8\overline{I}_9(I_7 + I_6\overline{I}_7 + I_5\overline{I}_6\overline{I}_7 + I_4\overline{I}_5\overline{I}_6\overline{I}_7)$$

在遇到函数值中“0”是少数的情况时，均可采用此种方法，比直接用积和法要方便得多。此方法在本书中也多处被使用。

表 10-6 中吸收律 $A+\overline{A}B=A+B$，该式表明两个乘积项相加时，如果一项取反后是另一项的因子，则此因子是多余的，可以消去。根据这一原则，继续化简上式。上式中（$I_7+I_6\overline{I}_7+I_5\overline{I}_6\overline{I}_7+I_4\overline{I}_5\overline{I}_6\overline{I}_7$）的第一和第二乘积项之和可简化成（$I_7+I_6$），依次类推，第三项中的 $\overline{I}_6$ 和 $\overline{I}_7$ 均可消去，同理第四项中 $\overline{I}_5\overline{I}_6\overline{I}_7$ 可消去。因此

$$\overline{\overline{Y}}_2 = \overline{I}_8\overline{I}_9(I_7+I_6+I_5+I_4)$$

即

$$\overline{Y}_2 = \overline{I_7\overline{I}_8\overline{I}_9 + I_6\overline{I}_8\overline{I}_9 + I_5\overline{I}_8\overline{I}_9 + I_4\overline{I}_8\overline{I}_9}$$

其余各式读者可自行分析。

3. 译码器及显示

译码是编码的逆过程，即是将具有特定含义的一组代码“翻译”出它的原意。完成译码功能的电路称为**译码器**。常用译码器有二进制译码器、二-十进制译码器和 BCD-七段译码器。用于显示译码结果的**显示器件**有半导体数码管（发光二极管）、荧光数码管和液晶显示器等。

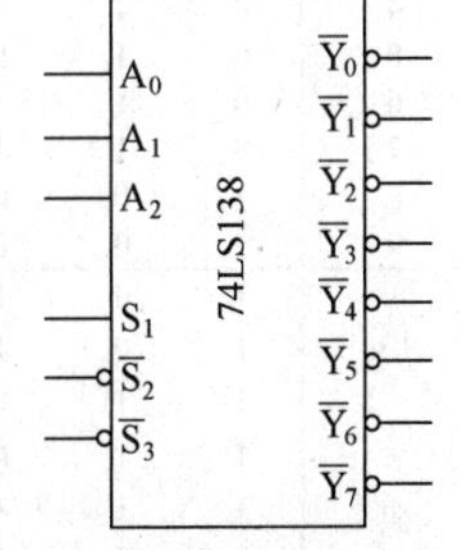

图 10-26　74LS138 的符号图

（1）二进制译码器。图 10-25 是 3 位**二进制译码器** 74LS138 的逻辑图，图 10-26 为 74LS138 的符号图。因为其输入 $A_2A_1A_0$ 为 3 位二进制代码，有 3 根输入线，而输出 $\overline{Y}_0 \sim \overline{Y}_7$ 线为 8 根，故称为 **3 线-8 线**译码器。其中 $S_1$，$\overline{S}_2$ 和 $\overline{S}_3$ 为控制端，当 $S_1=\mathbf{1}$，$\overline{S}_2+\overline{S}_3=\mathbf{0}$ 时，$S=\mathbf{1}$，译码器处于工作状态。否则译码器被禁止，所有输出被封锁在高电平。这 3 个控制端也称为**片选端**，利用它可将多片译码器连接起来，以扩展译码器的功能。该译码器的功能表如表 10-16 所示。

**表 10-16　3 线-8 线译码器 74LS138 的功能表**

| 输入 | | | | | 输出 | | | | | | | |
|---|---|---|---|---|---|---|---|---|---|---|---|---|
| $S_1$ | $\overline{S}_2+\overline{S}_3$ | $A_2$ | $A_1$ | $A_0$ | $\overline{Y}_0$ | $\overline{Y}_1$ | $\overline{Y}_2$ | $\overline{Y}_3$ | $\overline{Y}_4$ | $\overline{Y}_5$ | $\overline{Y}_6$ | $\overline{Y}_7$ |
| 0 | × | × | × | × | 1 | 1 | 1 | 1 | 1 | 1 | 1 | 1 |
| × | 1 | × | × | × | 1 | 1 | 1 | 1 | 1 | 1 | 1 | 1 |
| 1 | 0 | 0 | 0 | 0 | 0 | 1 | 1 | 1 | 1 | 1 | 1 | 1 |
| 1 | 0 | 0 | 0 | 1 | 1 | 0 | 1 | 1 | 1 | 1 | 1 | 1 |
| 1 | 0 | 0 | 1 | 0 | 1 | 1 | 0 | 1 | 1 | 1 | 1 | 1 |
| 1 | 0 | 0 | 1 | 1 | 1 | 1 | 1 | 0 | 1 | 1 | 1 | 1 |
| 1 | 0 | 1 | 0 | 0 | 1 | 1 | 1 | 1 | 0 | 1 | 1 | 1 |
| 1 | 0 | 1 | 0 | 1 | 1 | 1 | 1 | 1 | 1 | 0 | 1 | 1 |
| 1 | 0 | 1 | 1 | 0 | 1 | 1 | 1 | 1 | 1 | 1 | 0 | 1 |
| 1 | 0 | 1 | 1 | 1 | 1 | 1 | 1 | 1 | 1 | 1 | 1 | 0 |

译码器处于工作状态时，其输出表达式为

$$\begin{cases}\overline{Y}_0=\overline{\overline{A}_2\overline{A}_1\overline{A}_0}, & \overline{Y}_1=\overline{\overline{A}_2\overline{A}_1A_0}\\ \overline{Y}_2=\overline{\overline{A}_2A_1\overline{A}_0}, & \overline{Y}_3=\overline{\overline{A}_2A_1A_0}\\ \overline{Y}_4=\overline{A_2\overline{A}_1\overline{A}_0}, & \overline{Y}_5=\overline{A_2\overline{A}_1A_0}\\ \overline{Y}_6=\overline{A_2A_1\overline{A}_0}, & \overline{Y}_7=\overline{A_2A_1A_0}\end{cases}$$

当 $A_2A_1A_0=\mathbf{001}$，只有 $\overline{Y}_1=\mathbf{0}$，其余均为“**1**”，即将代码 **001** 译出。

（2）二-十进制译码器。**二-十进制译码器**的作用是将输入的 BCD 码的 10 个代码译成 10 个有特定含义的电平信号。表 10-17 是二-十进制译码器 74LS42 的真值表，表中表明，当输入 **1010～1111**（BCD 以外的伪码）时，$\overline{Y}_0$～$\overline{Y}_9$ 均无低电平产生，即此电路具有拒绝伪码的功能。图 10-27 是二-十进制译码器 74LS42 的逻辑图。

**表 10-17　二-十进制译码器 74LS42 的真值表**

| 序号 | 输入 | | | | 输出 | | | | | | | | | |
|---|---|---|---|---|---|---|---|---|---|---|---|---|---|---|
| | $A_3$ | $A_2$ | $A_1$ | $A_0$ | $\overline{Y}_0$ | $\overline{Y}_1$ | $\overline{Y}_2$ | $\overline{Y}_3$ | $\overline{Y}_4$ | $\overline{Y}_5$ | $\overline{Y}_6$ | $\overline{Y}_7$ | $\overline{Y}_8$ | $\overline{Y}_9$ |
| 0 | 0 | 0 | 0 | 0 | 0 | 1 | 1 | 1 | 1 | 1 | 1 | 1 | 1 | 1 |
| 1 | 0 | 0 | 0 | 1 | 1 | 0 | 1 | 1 | 1 | 1 | 1 | 1 | 1 | 1 |
| 2 | 0 | 0 | 1 | 0 | 1 | 1 | 0 | 1 | 1 | 1 | 1 | 1 | 1 | 1 |
| 3 | 0 | 0 | 1 | 1 | 1 | 1 | 1 | 0 | 1 | 1 | 1 | 1 | 1 | 1 |
| 4 | 0 | 1 | 0 | 0 | 1 | 1 | 1 | 1 | 0 | 1 | 1 | 1 | 1 | 1 |
| 5 | 0 | 1 | 0 | 1 | 1 | 1 | 1 | 1 | 1 | 0 | 1 | 1 | 1 | 1 |
| 6 | 0 | 1 | 1 | 0 | 1 | 1 | 1 | 1 | 1 | 1 | 0 | 1 | 1 | 1 |
| 7 | 0 | 1 | 1 | 1 | 1 | 1 | 1 | 1 | 1 | 1 | 1 | 0 | 1 | 1 |
| 8 | 1 | 0 | 0 | 0 | 1 | 1 | 1 | 1 | 1 | 1 | 1 | 1 | 0 | 1 |
| 9 | 1 | 0 | 0 | 1 | 1 | 1 | 1 | 1 | 1 | 1 | 1 | 1 | 1 | 0 |
| 伪 | 1 | 0 | 1 | 0 | 1 | 1 | 1 | 1 | 1 | 1 | 1 | 1 | 1 | 1 |
| | 1 | 0 | 1 | 1 | 1 | 1 | 1 | 1 | 1 | 1 | 1 | 1 | 1 | 1 |
| | 1 | 1 | 0 | 0 | 1 | 1 | 1 | 1 | 1 | 1 | 1 | 1 | 1 | 1 |
| | 1 | 1 | 0 | 1 | 1 | 1 | 1 | 1 | 1 | 1 | 1 | 1 | 1 | 1 |
| 码 | 1 | 1 | 1 | 0 | 1 | 1 | 1 | 1 | 1 | 1 | 1 | 1 | 1 | 1 |
| | 1 | 1 | 1 | 1 | 1 | 1 | 1 | 1 | 1 | 1 | 1 | 1 | 1 | 1 |

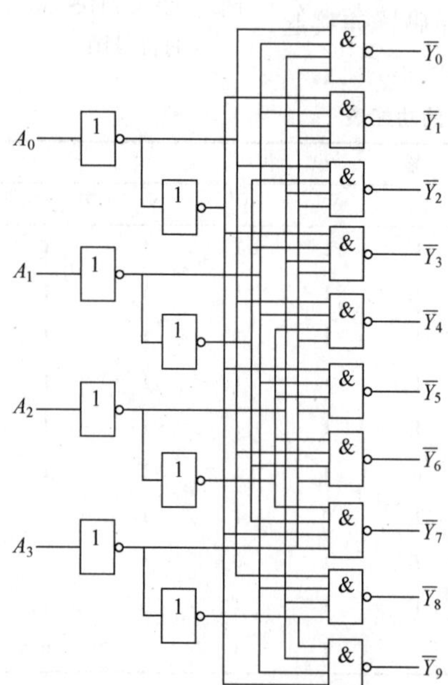

图 10-27　二-十进制译码器 74LS42 的逻辑图

其输出表达式为

$$\begin{cases}\overline{Y}_0=\overline{\overline{A}_3\overline{A}_2\overline{A}_1\overline{A}_0}, & \overline{Y}_1=\overline{\overline{A}_3\overline{A}_2\overline{A}_1A_0}\\ \overline{Y}_2=\overline{\overline{A}_3\overline{A}_2A_1\overline{A}_0}, & \overline{Y}_3=\overline{\overline{A}_3\overline{A}_2A_1A_0}\\ \overline{Y}_4=\overline{\overline{A}_3A_2\overline{A}_1\overline{A}_0}, & \overline{Y}_5=\overline{\overline{A}_3A_2\overline{A}_1A_0}\\ \overline{Y}_6=\overline{\overline{A}_3A_2A_1\overline{A}_0}, & \overline{Y}_7=\overline{\overline{A}_3A_2A_1A_0}\\ \overline{Y}_8=\overline{A_3\overline{A}_2\overline{A}_1\overline{A}_0}, & \overline{Y}_9=\overline{A_3\overline{A}_2\overline{A}_1A_0}\end{cases}$$

（3）显示器。目前**显示器**的种类很多，但常用的是**七段数码显示器**，下面简单介绍**半导体数码管**的组成和工作原理。

半导体数码管是由七个发光二极管（Light-Emitting Diode，简称 LED）组成的，如图 10-28(a) 所示。其中的发光二极管是用磷砷化镓等半导体材料制成的，且杂质浓度很高。当外加电压时，导带中大量的电子跃迁回价带与空穴复合，把多余的能量以光的形式释放出来，成为一定波长的可见光，清新悦目。图 10-28(b) 左、右分别为

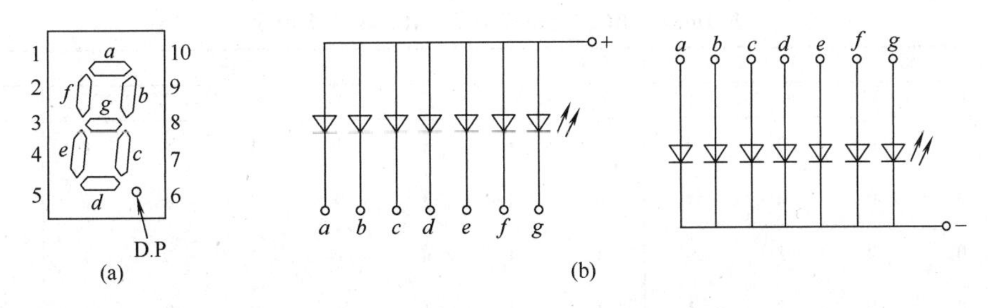


图 10-28　七段发光二极管数码显示器

共阳极和共阴极显示器的内部电路。当某段发光二极管的端压满足要求时，则导通发光。

（4）BCD-七段译码器。BCD-七段译码器是将输入的 BCD 码译为七段字形的控制信号，以控制七段显示器上的相应电极，将这些不同组合的段点亮，即可显示出 0～9 十个字形。图 10-29(a) 为 BCD-七段译码器 74LS48 的符号图。其中附加控制端：$\overline{\text{RBI}}$ 为灭零输入端（能把不希望显示的零熄灭）、$\overline{\text{LT}}$ 为灯测试输入端（能驱动数码管的七段同时点亮，以检查数码管各段能否正常发光）、$\overline{\text{BI}}/\overline{\text{RBO}}$ 为灭灯输入/灭零输出端（此端作输入端使用时，当 $\overline{\text{BI}}$=**0**，则所驱动的数码管的各段同时熄灭；此端当输出端使用时，在译码器译出是零，且有灭零输入 $\overline{\text{RBI}}$=**0** 时，其输出为 **“0”**）。

图 10-29(b) 是具有灭零控制的数码显示系统，在整数部分把高位的 $\overline{\text{RBO}}$ 与低位的 $\overline{\text{RBI}}$ 相连，这样当高位为零时，有灭零输出至下一位，以保证低位为零时也灭零；在小数部分将低位的 $\overline{\text{RBO}}$ 与高位的 $\overline{\text{RBI}}$ 相连，同样当低位为零时，有灭零输出至高一位，以保证高位为零时也灭零，这样便可将前后多余的零熄灭。

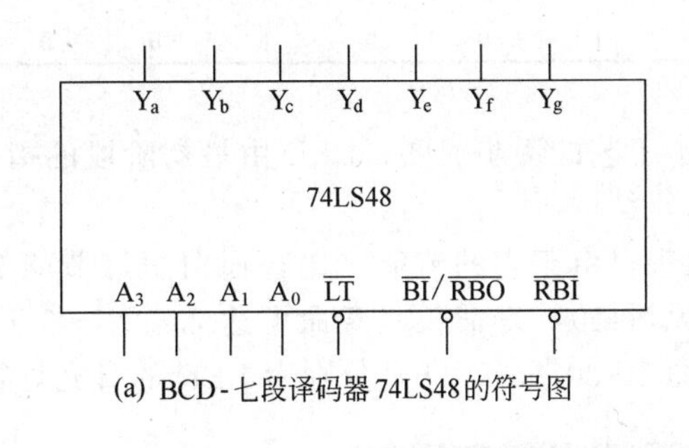


(a) BCD-七段译码器 74LS48的符号图

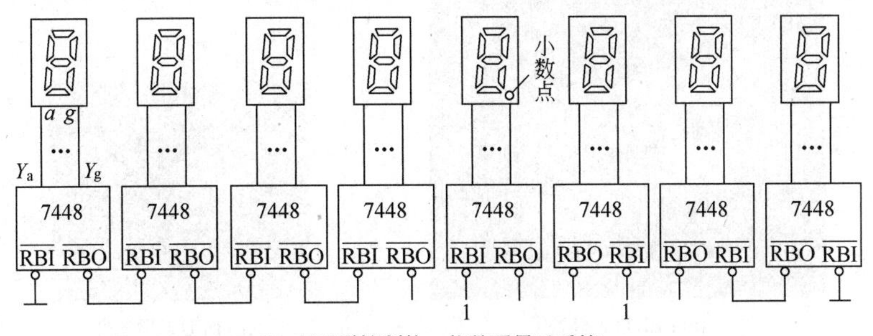


(b) 有灭零控制的 8 位数码显示系统

图 10-29　BCD-七段译码器 74LS48 的符号及应用

若不考虑 BCD-七段译码器 74LS48 中的附加控制电路的作用，则 BCD-七段译码器输出与输入之间的逻辑关系如表 10-18 所示。

表 10-18 BCD-七段译码器 74LS48 的真值表

| 输入 | | | | | 输出 | | | | | | | |
|---|---|---|---|---|---|---|---|---|---|---|---|---|
| 数字 | $A_3$ | $A_2$ | $A_1$ | $A_0$ | $Y_a$ | $Y_b$ | $Y_c$ | $Y_d$ | $Y_e$ | $Y_f$ | $Y_g$ | 字形 |
| 0 | 0 | 0 | 0 | 0 | 1 | 1 | 1 | 1 | 1 | 1 | 0 | |
| 1 | 0 | 0 | 0 | 1 | 0 | 1 | 1 | 0 | 0 | 0 | 0 | |
| 2 | 0 | 0 | 1 | 0 | 1 | 1 | 0 | 1 | 1 | 0 | 1 | |
| 3 | 0 | 0 | 1 | 1 | 1 | 1 | 1 | 1 | 0 | 0 | 1 | |
| 4 | 0 | 1 | 0 | 0 | 0 | 1 | 1 | 0 | 0 | 1 | 1 | |
| 5 | 0 | 1 | 0 | 1 | 1 | 0 | 1 | 1 | 0 | 1 | 1 | |
| 6 | 0 | 1 | 1 | 0 | 0 | 0 | 1 | 1 | 1 | 1 | 1 | |
| 7 | 0 | 1 | 1 | 1 | 1 | 1 | 1 | 0 | 0 | 0 | 0 | |
| 8 | 1 | 0 | 0 | 0 | 1 | 1 | 1 | 1 | 1 | 1 | 1 | |
| 9 | 1 | 0 | 0 | 1 | 1 | 1 | 1 | 0 | 0 | 1 | 1 | |
| 10 | 1 | 0 | 1 | 0 | 0 | 0 | 0 | 1 | 1 | 0 | 1 | |
| 11 | 1 | 0 | 1 | 1 | 0 | 0 | 1 | 1 | 0 | 0 | 1 | |
| 12 | 1 | 1 | 0 | 0 | 0 | 1 | 0 | 0 | 0 | 1 | 1 | |
| 13 | 1 | 1 | 0 | 1 | 1 | 0 | 0 | 1 | 0 | 1 | 1 | |
| 14 | 1 | 1 | 1 | 0 | 0 | 0 | 0 | 1 | 1 | 1 | 1 | |
| 15 | 1 | 1 | 1 | 1 | 0 | 0 | 0 | 0 | 0 | 0 | 0 | |

随着半导体制作和加工工艺的逐步成熟，LED 由最初阶段的指示灯早已发展到显示器、广告、装饰和照明等领域。

尤其是白光 LED 的出现，由于它的节能（比普通白炽灯节能 80%以上）、环保（眩光小、无辐射、不含汞元素无污染）、寿命长（寿命可达 2.5 万～5 万小时）等优点，普遍应用于家庭的照明系统中。图 10-30（a）、（b）分别为 LED 的日光灯管和球形灯泡。

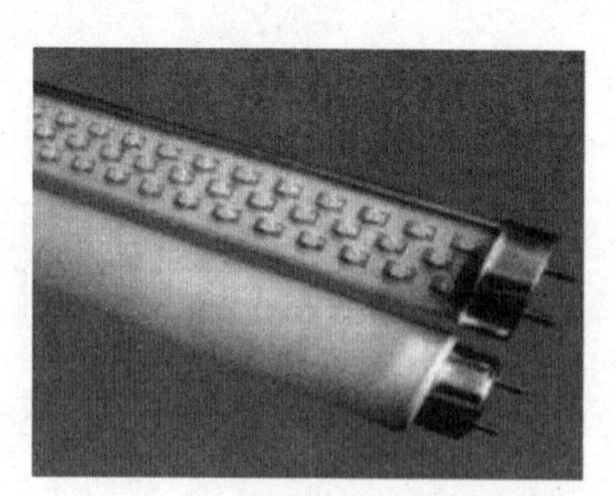
(a) LED日光灯管

(b) LED球形泡灯

图 10-30 LED 室内照明灯

## 思考题

10-4-1 试推导全加器的进位信号表达式（10-3）的成立。

10-4-2　试推导表 10-18 BCD-七段译码器的输出表达式。

## 本章复习提示

(1) 最基本的逻辑关系是什么？布尔代数的常用定律有哪些？

(2) 逻辑函数的描述方式有哪些？它们之间如何转换？

(3) 逻辑门是构成数字系统的最基本的单元电路，常用的逻辑门有哪些？

(4) TTL 门和 CMOS 门电路各有什么特点？

(5) 组合逻辑的分析与设计方法的步骤分别是什么？

(6) 常用的集成组合逻辑器件主要有哪些？

## 习　题

10-1　为了提高 TTL 与非门的带负载能力，可在其输出端接一个 NPN 三极管，组成如图 10-31 所示的开关电路。当与非门的输出 $u_o=U_{OH}=3.6V$ 时，三极管能为负载提供的最大电流是多少？

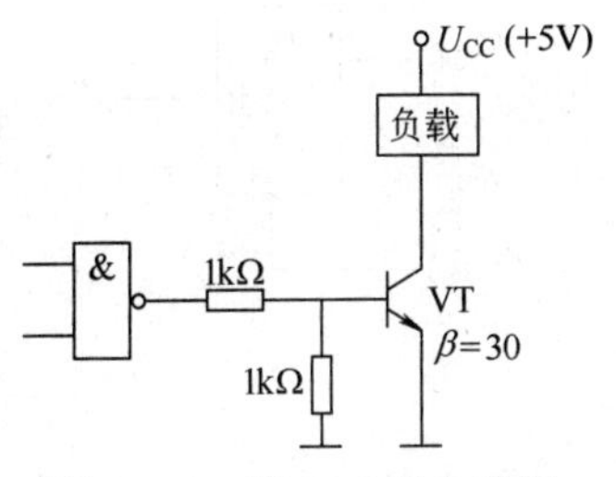


图 10-31　题 10-1 的电路图

10-2　作用于各门电路输入端的波形如图 10-32(a) 所示。画出图 10-32(b)～(g) 各输出端波形。

10-3　在 CMOS 门电路中，有时采用图 10-33 所示的方法来扩展输入端，试分析图 10-33 所示电路的逻辑功能，写出输出 $F_1$ 和 $F_2$ 的逻辑表达式。

10-4　画出图 10-34(a) 和图 10-34(b) 所示三态门电路的输出波形，输入端的信号波形如 10-34(c) 所示。

10-5　证明下列等式：

(1) $ABCD+\bar{A}+\bar{B}+\bar{C}+\bar{D}=1$；

(2) $ABC+\bar{A}D+\bar{B}D+\bar{C}D=ABC+D$；

(3) $\overline{A+B+C+D}\cdot(B+C)=0$；

(4) $\bar{A}\,\bar{B}+A\bar{B}\,\bar{C}+\bar{A}B\bar{C}=\bar{A}\,\bar{B}+\bar{A}\,\bar{C}+\bar{B}\,\bar{C}$。

10-6　用代数法化简逻辑函数：

(1) $F=A+A\bar{B}\,\bar{C}+ABC+BC+\bar{B}\,\bar{C}$；　(2) $F=(A+B+\bar{C})\cdot(A+B+C)$；

(3) $F=\overline{\overline{AC+A\bar{B}C}+\bar{B}C+AB\bar{C}}$；　(4) $F=\overline{AB+A\bar{B}+\bar{A}B}(\bar{A}\,\bar{B}+CD)$；

(5) $F=A\bar{B}+\bar{A}CD+B+\bar{C}+\bar{D}$；　(6) $F=\overline{AB\overline{BD}}\;\overline{\overline{\bar{C}D}}+\bar{A}\;\overline{\overline{\bar{B}\,\bar{D}}+\bar{A}}+\bar{C}D$。

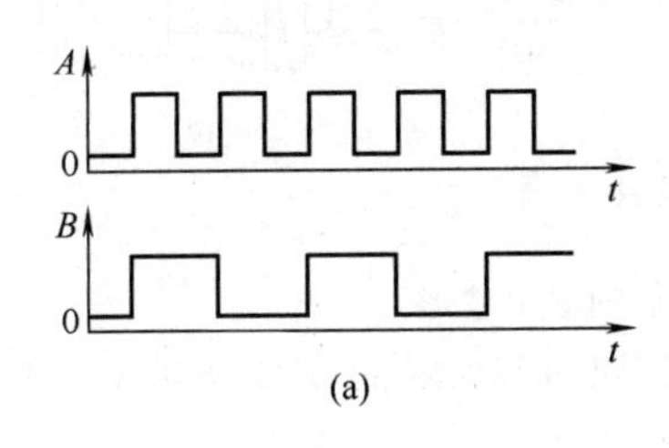


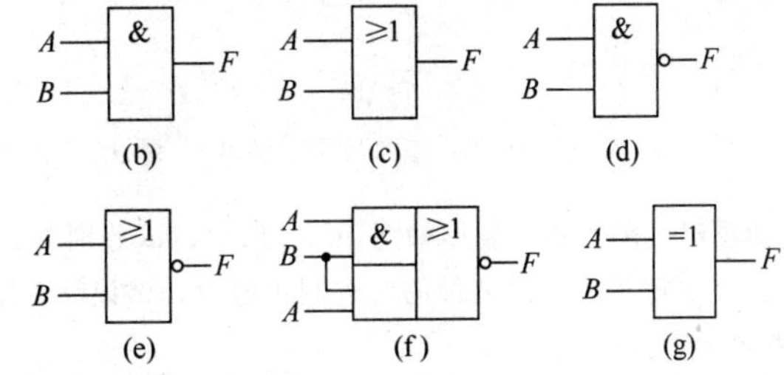


图 10-32　题 10-2 图

10-7　用最少的"与非"门实现下列逻辑函数，画出逻辑电路图。

(1) $F=(A+B)\cdot(A+C)$；　(2) $F=A\bar{B}D+BC\bar{D}+\bar{A}\,\bar{B}D+B\bar{C}\,\bar{D}+\bar{A}\,\bar{C}$；

(3) $F=\overline{AB+AC+\bar{A}BC}$；　(4) $\begin{cases}F_1=A\bar{C}+\bar{B}\,\bar{C}+\bar{A}BC\\F_2=AC+\bar{A}\,\bar{B}\,\bar{C}\\F_3=A+BC\end{cases}$。

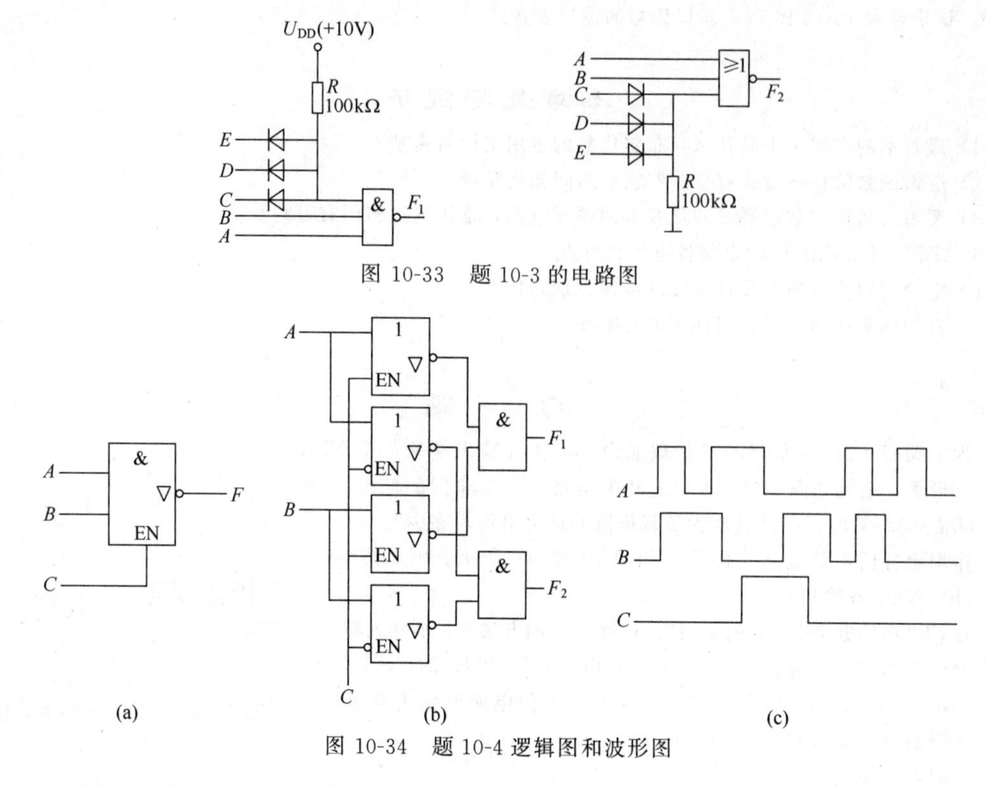


图 10-33　题 10-3 的电路图

图 10-34　题 10-4 逻辑图和波形图

10-8　已知逻辑电路如图 10-35 所示，试分别写出和化简它们的逻辑表达式。

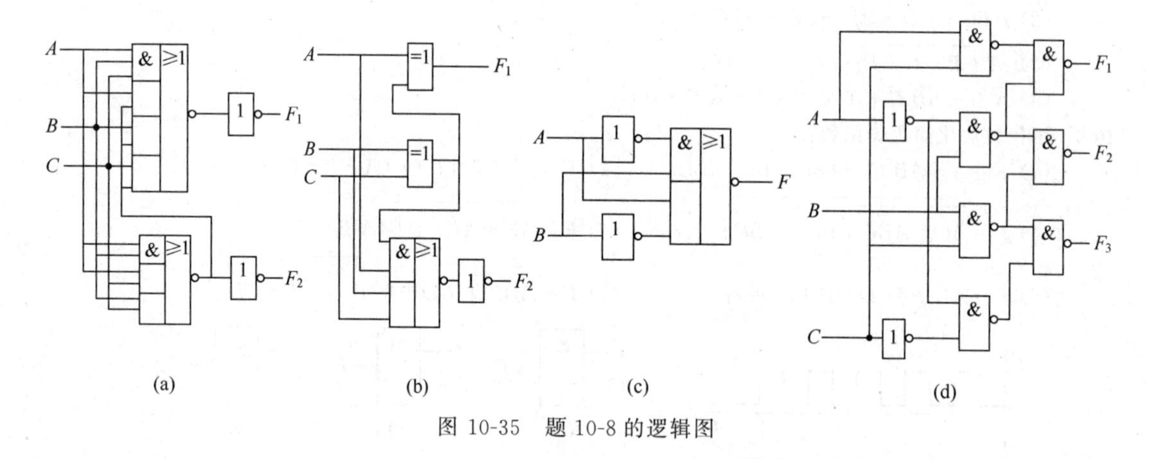


图 10-35　题 10-8 的逻辑图

10-9　已知逻辑电路及输入波形如图 10-36 所示，试分别画出它们的输出波形。

10-10　设 $x=AB$ 代表一个两位的二进制正整数，试设计一个逻辑电路以实现 $y=x^2$，要求 $y$ 也用二进制数表示。

10-11　试分别设计能实现如下功能的组合电路。

（1）输入是 8421BCD 码且能被 2 整除时输出为“**1**”，否则输出均为“**0**”（要求电路具有拒绝伪码的功能）；

（2）输入 $N$ 是余 3BCD 码，当 $3 \leqslant N \leqslant 8$ 时输出为“**1**”，否则为“**0**”。

10-12　已知有四台设备，每台设备用电均为 10kW。若这四台设备由 $F_1$，$F_2$ 两台发电机供电，其中 $F_1$ 的功率为 10kW，$F_2$ 的功率为 20kW。而四台设备的工作情况是：四台设备不可能同时工作，只可能其中的任意一台至三台同时工作，且至少有一台工作。试设计一个供电控制器。

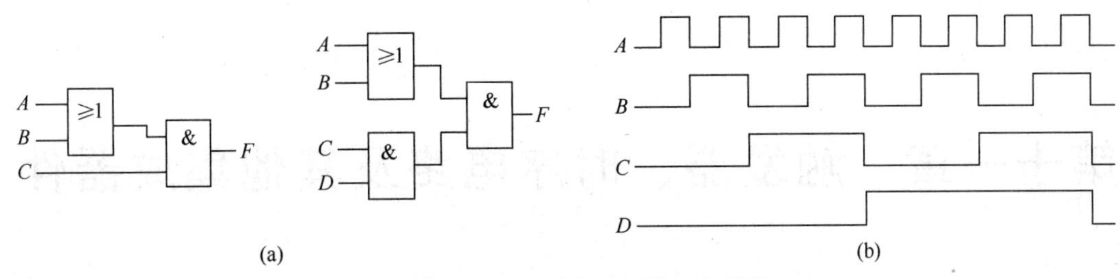


图 10-36　题 10-9 的逻辑图和波形图

10-13　当输入信号 $A,B,C,D$ 接入图 10-37 所示的选通电路时，若两个以上信号同时出现，则按一定的先后顺序，优先权高则被选通。试分析并确定该选通电路四个输入信号的优先顺序。

10-14　设计一个路灯的控制电路，要求在两个不同的地方都能控制路灯的亮灭。

10-15　试用两片 74LS183 组成 4 位二进制数的全加器。

* 10-16　试用两片四路数据选择器和若干门电路组成八路数据选择器。

（四路数据选择器即为从“四路数据中选择一路数据输出”的集成组合电路，简称为四选一。其输出表达式为：$F=\overline{A}_1\overline{A}_0D_0+\overline{A}_1A_0D_1+A_1\overline{A}_0D_2+A_1A_0D_3$。其中 $A_1A_0$ 为数据通道选择输入，$D_0\sim D_3$ 为四路数据输入，例如：当 $A_1A_0=\mathbf{00}$ 时，0 号通道的数据 $D_0$ 被传递到 $F$ 输出端，即 $F=D_0$，其逻辑示意图如图 10-38 所示。其中 $CS$ 为此器件的片选输入端，即当 $CS=\mathbf{1}$ 时，器件方可正常工作。）

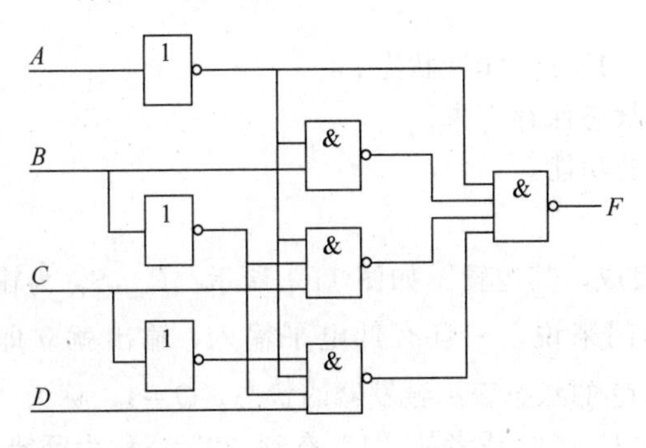


图 10-37　题 10-13 的逻辑图

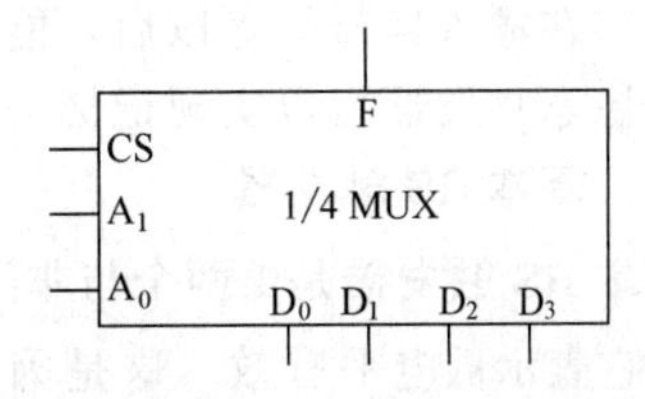


图 10-38　题 10-16 的逻辑示意图

# 第十一章　触发器、时序电路及其他集成器件

数字系统中另一类电路为时序逻辑电路。在时序逻辑电路中，任何时刻的输出信号不仅取决于当时的输入信号，还与此信号作用前的电路状态有关，也就是时序电路具有记忆功能。数字系统中最常用的时序逻辑器件有锁存器、寄存器、移位寄存器、计数器、序列信号发生器等，而组成这些逻辑器件的基本单元是具有记忆功能的**双稳态触发器**。

## 第一节　双稳态触发器

### 一、双稳态触发器的基本性能

（1）具有两个自行保持的稳定状态，用来表示逻辑状态的“**1**”和“**0**”，或二进制数的 **1** 和 **0**；

（2）根据不同的输入信号，输出可以变成“**1**”或“**0**”状态；

（3）在输入信号撤除以后，能将获得的新状态保存下来。

双稳态触发器可以实现记忆一位二值信号的功能。

### 二、基本 RS 触发器

**基本 RS 触发器**是由两个与非门交叉连接而成，其逻辑图如图 11-1 所示。$\overline{R}_D$,$\overline{S}_D$ 为输入信号，它表示低电平有效。这是因为对于与非门来说，一旦有低电平输入，输出就立即为“**1**”。触发器有两个互补的输出，即 $Q$ 和 $\overline{Q}$。以 $Q$ 的状态表示触发器的状态。$Q$=**1**，称为“**1**”态；$Q$=**0**，称为“**0**”态。触发器从“**0**”态到“**1**”态，或者从“**1**”态到“**0**”态称为**翻转**。

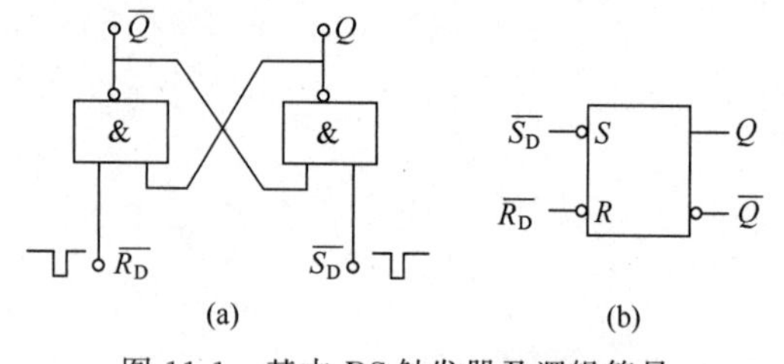


图 11-1　基本 RS 触发器及逻辑符号

表 11-1　基本 RS 触发器的特征表

| $Q^n$ | $\overline{R}_D$ | $\overline{S}_D$ | $Q^{n+1}$ | $Q^n$ | $\overline{R}_D$ | $\overline{S}_D$ | $Q^{n+1}$ |
|---|---|---|---|---|---|---|---|
| 0 | 0 | 0 | $\Phi$ | 1 | 0 | 0 | $\Phi$ |
| 0 | 0 | 1 | 0 | 1 | 0 | 1 | 0 |
| 0 | 1 | 0 | 1 | 1 | 1 | 0 | 1 |
| 0 | 1 | 1 | 0 | 1 | 1 | 1 | 1 |

表 11-1 为基本 RS 触发器的特征表，它描述了基本 RS 触发器的全部工作情况，其中 $Q^n$ 为触发之前的输出，$Q^{n+1}$ 为触发之后的输出。从表中看出如下几点。

（1）$\overline{R}_D=\mathbf{0}$，$\overline{S}_D=\mathbf{0}$，触发之后 $Q^{n+1}$ 的状态是不确定的。这是因为当 $\overline{R}_D=\mathbf{0}$，$\overline{S}_D=\mathbf{0}$ 时，$Q^{n+1}=\mathbf{1}$，$\overline{Q}^{n+1}=\mathbf{1}$，此时不再具有互补输出，当触发信号撤除后，输出 $Q^{n+1}$ 的状态则由两个与非门的延迟时间的快慢来决定，故而输出不能确定，用 $\Phi$ 来表示。显然，此组触发输入应加以限制。

（2）$\overline{R}_D=\mathbf{1}$，$\overline{S}_D=\mathbf{1}$ 时触发器保持原有状态，触发器输出仍为 $Q^n$。这是因为 $Q^{n+1}=$

$\overline{\overline{S}_D \cdot \overline{Q}^n}=\overline{1\overline{Q}^n}=Q^n$，$\overline{Q}^{n+1}=\overline{\overline{R}_D \cdot Q^n}=\overline{1Q^n}=\overline{Q}^n$。

（3）$\overline{R}_D=\mathbf{1}$，$\overline{S}_D=\mathbf{0}$ 时，触发器置“1”。这是因为 $\overline{S}_D=\mathbf{0}$ 立即使 $Q^{n+1}=\mathbf{1}$，$Q^{n+1}=\mathbf{1}$ 和 $\overline{R}_D=\mathbf{1}$ 使 $\overline{Q}^{n+1}=\mathbf{0}$，互补输出将使触发器稳定在“1”态。

（4）$\overline{R}_D=\mathbf{0}$，$\overline{S}_D=\mathbf{1}$ 时，触发器置“0”。这是因为 $\overline{R}_D=\mathbf{0}$ 立即使 $\overline{Q}^{n+1}=\mathbf{1}$，$\overline{Q}^{n+1}=\mathbf{1}$ 和 $\overline{S}_D=\mathbf{1}$ 使 $Q^{n+1}=\mathbf{0}$，互补输出将使触发器稳定在“0 态”。

总结基本 RS 触发器的逻辑功能如下。

（1）触发器具有两个稳定状态：$Q=\mathbf{1}$，$\overline{Q}=\mathbf{0}$；或者 $Q=\mathbf{0}$，$\overline{Q}=\mathbf{1}$。

（2）$\overline{R}_D=\mathbf{0}$，触发器置“0”，$\overline{R}_D$ 端称复位端；$\overline{S}_D=\mathbf{0}$，触发器置“1”，$\overline{S}_D$ 端称置位端。

（3）RS 触发器的翻转时刻对应信号的输入时刻。

（4）基本 RS 触发器工作时，应避免 $\overline{R}_D$ 和 $\overline{S}_D$ 同时为零。

可见，基本 RS 触发器具有上述提及的双稳态触发器的基本性能，可以接收并记忆一位二值信息。基本 RS 触发器是构成其他触发器的最基本的单元，其功能表如表 11-2 所示。

**表 11-2　基本 RS 触发器功能表**

| $\overline{R}_D$ | $\overline{S}_D$ | $Q^{n+1}$ | $\overline{R}_D$ | $\overline{S}_D$ | $Q^{n+1}$ |
|---|---|---|---|---|---|
| **0** | **0** | 不定 | **1** | **0** | 置 **1** |
| **0** | **1** | 置 **0** | **1** | **1** | 不变 |

**三、钟控 RS 触发器**

在数字系统中，常常要求一些触发器按统一的时间节拍来工作，这些触发器的翻转时刻要受到时钟脉冲的统一控制，当然翻转成什么状态，则仍由输入信号来决定，于是出现了**时钟控制触发器**。

图 11-2(a)、(b) 是钟控 RS 触发器的逻辑图和符号，它是由基本 RS 触发器和两个控制门组成。图中 $\overline{R}_D$，$\overline{S}_D$ 为**直接复位端和直接置位端**，即当 $\overline{R}_D=\mathbf{0}$，$\overline{S}_D=\mathbf{1}$ 时，不论 $CP$，$R$,$S$ 如何，触发器都将被复位：$Q=\mathbf{0}$；当 $\overline{R}_D=\mathbf{1}$，$\overline{S}_D=\mathbf{0}$ 时，则触发器被强迫置位：$Q=\mathbf{1}$。由于它们的作用优先于 $CP$，所以也称之为异步复位端和异步置位端。

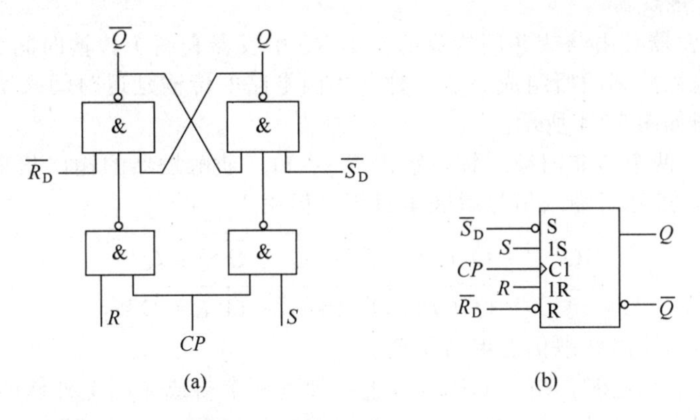


图 11-2　钟控 RS 触发器及符号

当 $CP=\mathbf{0}$ 时，封锁了两个控制门，输入信号 $R$,$S$ 不起作用，触发器的状态不变，即 $Q^{n+1}=Q^n$。

只有当 $CP=\mathbf{1}$ 时，$R$,$S$ 信号才能通过控制门作用于基本 RS 触发器上，使 $Q^{n+1}$ 和 $\overline{Q}^{n+1}$ 的状态随输入信号的变化而改变。其工作原理与基本 RS 触发器相同，所不同的是输入触发信号为高电平有效。表 11-3 是钟控 RS 触发器的特征表，并可归纳出功能表 11-4。

图 11-2(b) 是钟控 RS 触发器的国家标准符号。图 11-3 为钟控 RS 触发器的工作波形。注意，钟控 RS 触发器在 $RS=\mathbf{1}$ 时，$Q^{n+1}$ 为不定状态，使用时应避免出现这一状态。

**表 11-3 钟控 RS 触发器的特征表**

| $Q^n$ | $R$ | $S$ | $Q^{n+1}$ | $Q^n$ | $R$ | $S$ | $Q^{n+1}$ |
|---|---|---|---|---|---|---|---|
| **0** | **0** | **0** | **0** | **1** | **0** | **0** | **1** |
| **0** | **0** | **1** | **1** | **1** | **0** | **1** | **1** |
| **0** | **1** | **0** | **0** | **1** | **1** | **0** | **0** |
| **0** | **1** | **1** | $\Phi$ | **1** | **1** | **1** | $\Phi$ |

**表 11-4 钟控 RS 触发器的功能表**

| $R$ | $S$ | $Q^{n+1}$ |
|---|---|---|
| **0** | **0** | 不变 |
| **0** | **1** | 置 **1** |
| **1** | **0** | 置 **0** |
| **1** | **1** | 不定 |

钟控 RS 触发器由于在 $CP=\mathbf{1}$ 期间，输入信号均可通过控制门，所以，若在此期间内输入信号多次发生变化，则触发器的状态可以发生多次翻转。这一状况则降低了电路抵御干扰信号的能力，并且失去了时钟信号的意义。下面介绍的边沿触发器将克服多次翻转的现象。

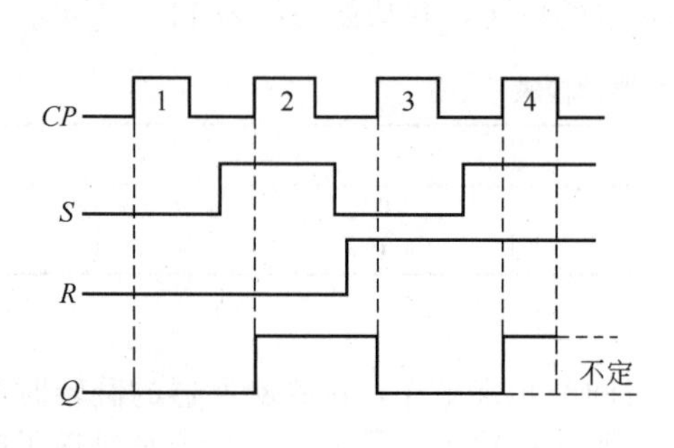


图 11-3 钟控 RS 触发器的工作波形

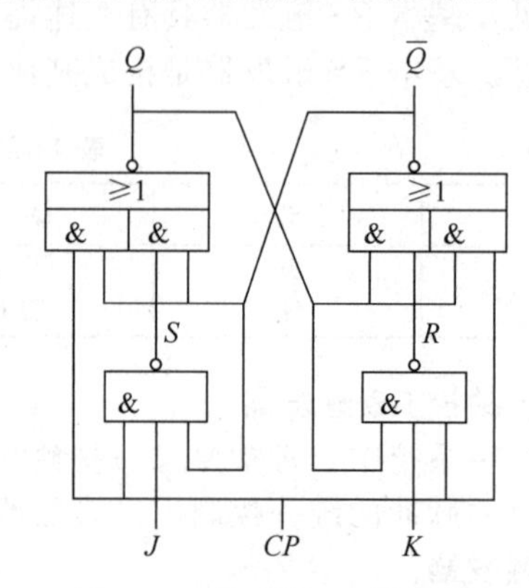


图 11-4 负边沿 JK 触发器

**四、边沿触发器**

**边沿触发器**是在时钟信号的某一边沿（上升沿或下降沿）才能响应输入信号引起状态翻转。因此，提高了触发器工作的可靠性，增强了抗干扰能力。

1. 负边沿 JK 触发器

**负边沿 JK 触发器**是由与或非门构成的基本 RS 触发器和两个传输时间大于基本 RS 触发器的翻转时间的输入控制门所组成。是一种利用门电路的传输延迟时间来实现可靠翻转的电路。其逻辑电路图如图 11-4 所示。

当 $CP=\mathbf{0}$ 时，两个与非门被封锁，输出 $RS=\mathbf{11}$，使触发器的输出状态保持不变。

当 $CP=\mathbf{1}$ 时，虽然对输入信号解除了封锁，但由于

$$Q^{n+1}=\overline{\overline{Q}^n CP+\overline{Q}^n S}=\overline{\overline{Q}^n+\overline{Q}^n S}=Q^n$$

$$\overline{Q}^{n+1}=\overline{Q^n CP+Q^n R}=\overline{Q^n+Q^n R}=\overline{Q}^n$$

所以，触发器的输出状态仍然保持不变。

当 $CP$ 的下降沿到达时，由于 $CP$ 信号直接加到两个与或非门上外侧的与门输入端，而其内侧与门输入端 $R$ 和 $S$ 则需经过一个与非门的延迟时间 $t_{pd}$，才随 $CP=\mathbf{0}$ 而变为“**1**”，因此在它们没有变成“**1**”之前，仍维持 $CP$ 下降前的值，即

$$S=\overline{J\overline{Q}^n},\ R=\overline{KQ^n},\ 且\ \overline{Q}^n=\overline{RQ^n}$$

使得

$$Q^{n+1}=\overline{\overline{Q}^n\cdot \mathbf{0}+\overline{Q}^n\cdot S}=\overline{\overline{Q}^n\cdot\overline{J\overline{Q}^n}}$$

$$=\overline{\overline{\overline{KQ}^n\cdot Q^n}\cdot\overline{J\overline{Q}^n}}=J\overline{Q}^n+\overline{K}Q^n \tag{11-1}$$

可见，JK 触发器则在 $CP$ 下降沿到来后的瞬间完成了一次触发的变化，也就是说，此触发器是在 $CP$ 负边沿到来之前接收 $JK$ 信号，在到来之时才响应 $JK$ 信号。与此同时，$CP$ 变为 **"0"** 也封锁了新的 $JK$ 信号通过与非门，使此次触发更可靠。也正是如此，JK 触发器有效地防止了多次翻转的现象。

式（11-1）为 JK 触发器的特征方程，JK 触发器的功能也可用特征表来加以描述，由表 11-5 可知：JK 触发器的输出状态为完全确定的，并且可归纳出其功能表（表 11-6）。图 11-5(a) 为正边沿触发的 JK 触发器，图 11-5(b) 为负边沿触发的 JK 触发器。图 11-6 为负边沿 JK 触发器的工作波形。

**表 11-5　JK 触发器的特征表**

| $Q^n$ | $J$ | $K$ | $Q^{n+1}$ | $Q^n$ | $J$ | $K$ | $Q^{n+1}$ |
|---|---|---|---|---|---|---|---|
| 0 | 0 | 0 | 0 | 1 | 0 | 0 | 1 |
| 0 | 0 | 1 | 0 | 1 | 0 | 1 | 0 |
| 0 | 1 | 0 | 1 | 1 | 1 | 0 | 1 |
| 0 | 1 | 1 | 1 | 1 | 1 | 1 | 0 |

**表 11-6　JK 触发器的功能表**

| $J$ | $K$ | $Q^{n+1}$ |
|---|---|---|
| 0 | 0 | 保持 |
| 0 | 1 | 置 0 |
| 1 | 0 | 置 1 |
| 1 | 1 | 翻转 |

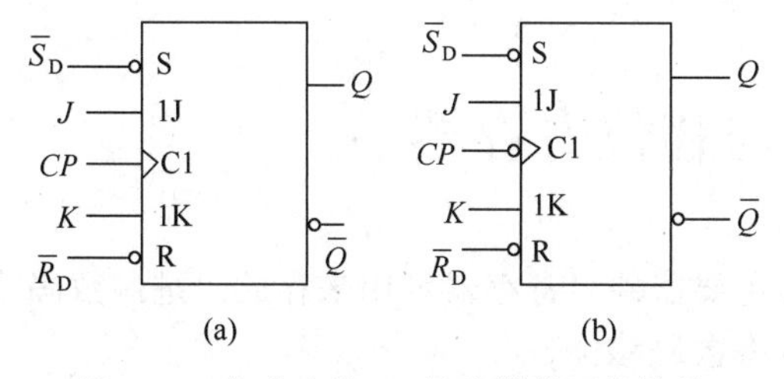


图 11-5　集成边沿 JK 触发器的逻辑符号

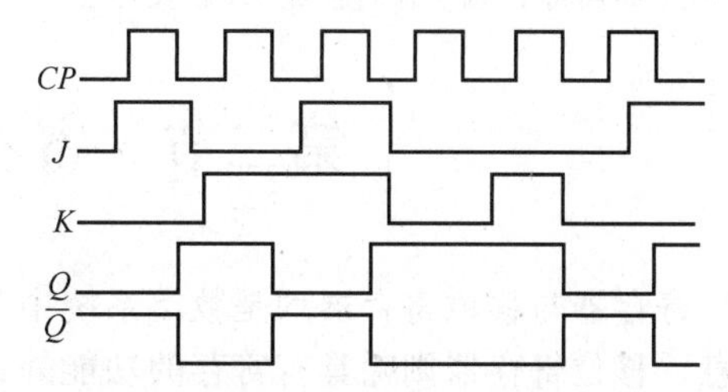


图 11-6　负边沿 JK 触发器的波形图

2. 正边沿 D 触发器

图 11-7(a) 是**正边沿 D 触发器**的符号图。D 触发器又称为数据寄存器，它可方便地存放一位数据。D 触发器的输出状态始终响应输入数据，其特征方程为

$$Q^{n+1}=D \tag{11-2}$$

表 11-7 为 D 触发器的功能表。图 11-7(b) 为正边沿 D 触发器的工作波形。D 触发器在 $CP$ 的上升沿时响应 $D$ 输入。

**表 11-7　D 触发器的功能表**

| $D$ | $Q^{n+1}$ |
|---|---|
| 0 | 置 0 |
| 1 | 置 1 |

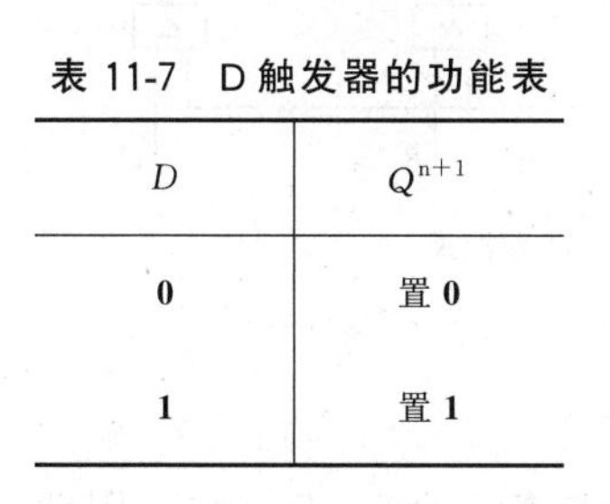

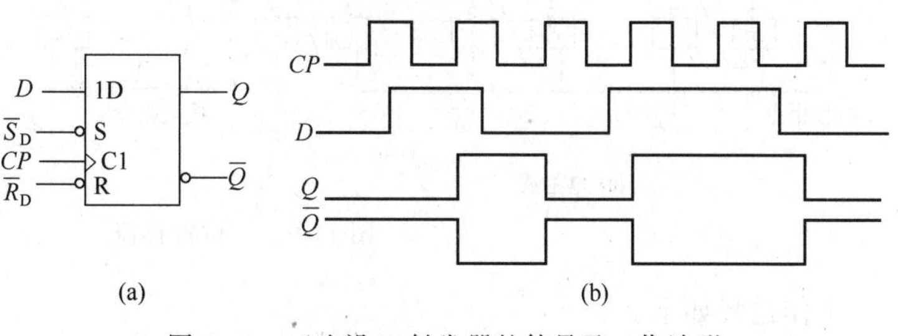


图 11-7　正边沿 D 触发器的符号及工作波形

**五、触发器逻辑功能的转换**

由于输入信号为双端的情况下，JK 触发器的逻辑功能最为完善，而输入信号为单端的情况下 D 触发器用起来最方便，所以目前市场上出售的集成触发器大多数都是 JK 或 D 触发器。

在必须使用其他逻辑功能的触发器时，可以通过逻辑功能转换的方法，把 JK 或 D 触发

器转换为所需要的逻辑功能的触发器。当然，此方法也可以用于任何两种逻辑功能触发器之间的互相转换。

例如，从JK到D的转换。

已知：JK触发器的特征方程式(11-1)为　$Q^{n+1}=J\overline{Q}^n+\overline{K}Q^n$

D触发器的特征方程（11-2）为　$Q^{n+1}=D$

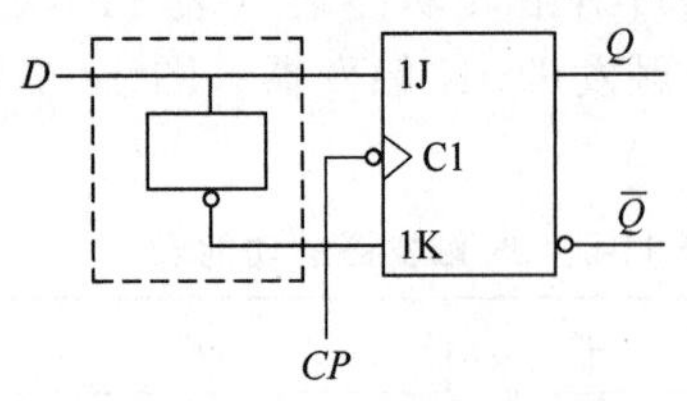


图11-8　JK触发器转换为D触发器

为了将$J$，$K$用$D$来表示，需要将D触发器的特征方程作一变换，即

$$Q^{n+1}=D(\overline{Q}^n+Q^n)=D\overline{Q}^n+DQ^n$$

并与JK触发器的特征方程对比后可知，若令

$$J=D,\ K=\overline{D}$$

便能得到D触发器。由一个非门实现的转换电路和给定的JK触发器就构成了D触发器。如图11-8所示。

**思　考　题**

11-1-1　如何将D触发器转换成JK触发器？

# 第二节　寄存器与移位寄存器

寄存器与移位寄存器均是数字系统中常见的主要器件。寄存器可用来存放二进制数码或信息，移位寄存器则除具有寄存的功能外，还可将数码移位。

## 一、寄存器

**寄存器**是由具有记忆功能的触发器组成的。每个触发器能存放一位二进制码。寄存器为了保证正常存数，还必须有适当的门电路组成控制电路。

寄存器接收数码或信息的方式有两种：单拍式和双拍式。图11-9表示了这两种方式。

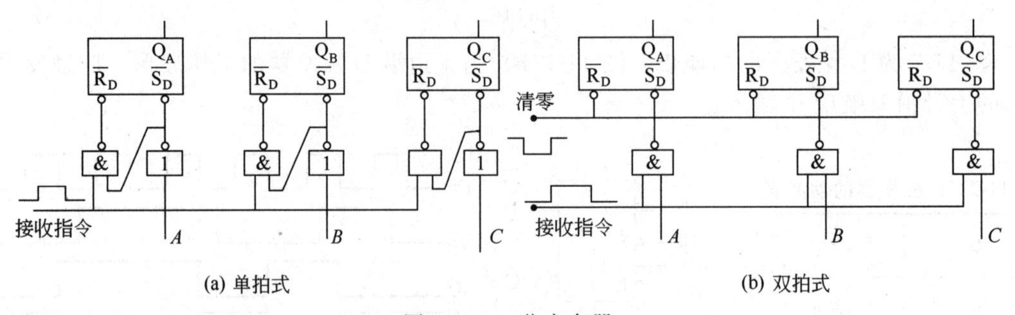


图11-9　三位寄存器

工作过程如下。

单拍式　接收指令将全部与非门打开，若输入数据是“1”，则使$\overline{S}_D=0$，$\overline{R}_D=1$，因此触发器无论原来是何态，均将被置“1”，即将数据“1”写入触发器。若输入数据是“0”，则使$\overline{S}_D=1$，$\overline{R}_D=0$，触发器被置“0”，将数据“0”写入触发器。

双拍式　第一拍，在接收数据前，先用清零负脉冲将所有触发器恢复为“0”态。第二拍，加入接收指令（正脉冲），将所有与非门打开，把输入端的数据写入相应的触发器中。

## 二、移位寄存器

**移位寄存器**具有数码的寄存和移位两种功能。根据数码在寄存器中的移动方向，可分为左移移位寄存器和右移移位寄存器。具有单向移位功能的称单向移位寄存器，既可左移又可右移的称双向移位寄存器。

图 11-10 是中规模集成四位数码单向移位寄存器 C4015 的逻辑电路图。表 11-8 为其功能表。注意，C4015 内部是由 CMOS 边沿 D 触发器组成的，因此其异步清零为高电平有效。

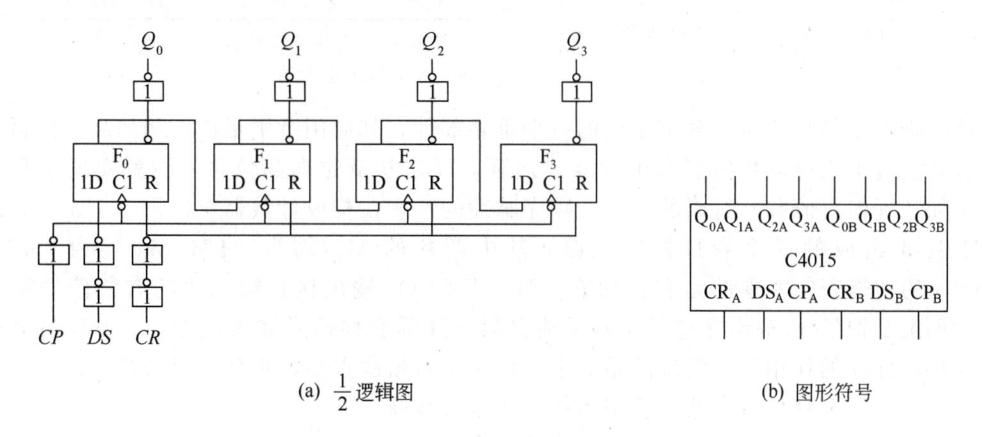


(a) $\frac{1}{2}$逻辑图　　(b) 图形符号

图 11-10　C4015 逻辑电路图和符号图

**表 11-8　C4015 的功能表**

| CP | DS | CR | $Q_0$ | $Q_1$ | $Q_2$ | $Q_3$ | 功能 | CP | DS | CR | $Q_0$ | $Q_1$ | $Q_2$ | $Q_3$ | 功能 |
|---|---|---|---|---|---|---|---|---|---|---|---|---|---|---|---|
| × | × | **1** | **0** | **0** | **0** | **0** | 清零 | ↑ | **0** | **0** | **0** | $Q_0$ | $Q_1$ | $Q_2$ | 右移 |
| ↓ | × | **0** | $Q_0$ | $Q_1$ | $Q_2$ | $Q_3$ | 保持 | ↑ | **1** | **0** | **1** | $Q_0$ | $Q_1$ | $Q_2$ | 右移 |

图 11-10 中 CR 为清零端，CP 为移位脉冲输入端，DS 为串行数码输入端。当$CR=0$，CP 脉冲的上升沿到来时，DS 端的数码移入 $F_0$，$Q_0$ 的状态移入 $F_1$，$Q_1$ 的状态移入 $F_2$，$Q_2$ 的状态移入 $F_3$。$F_0$ 自 $F_3$ 在芯片中几何位置从左至右，也即整个数码状态向右移了一位。例如在四个移位脉冲周期内将数码 **1010** 从高位起依次输入 $F_0$，四个脉冲过后寄存器的状态为 $Q_0Q_1Q_2Q_3=$**0101**。假设寄存器初始状态为零，整个右移的过程如图 11-11 和表 11-9 所示。

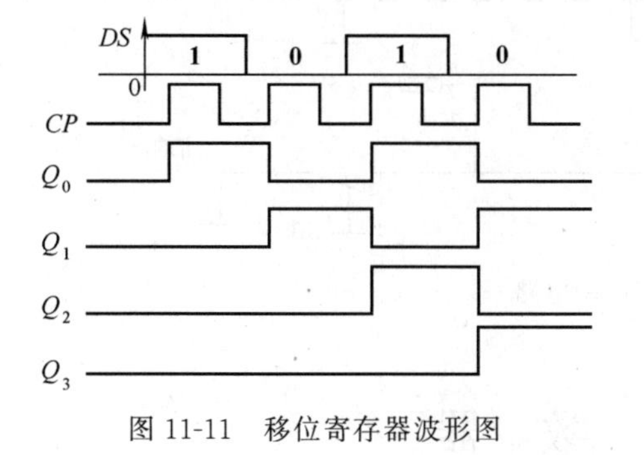


图 11-11　移位寄存器波形图

**表 11-9　移位状态表**

| CP | DS | $Q_0$ | $Q_1$ | $Q_2$ | $Q_3$ |
|---|---|---|---|---|---|
| 0 | **0** | **0** | **0** | **0** | **0** |
| 1 | **1** | **1** | **0** | **0** | **0** |
| 2 | **0** | **0** | **1** | **0** | **0** |
| 3 | **1** | **1** | **0** | **1** | **0** |
| 4 | **0** | **0** | **1** | **0** | **1** |

C4015 移位寄存器可以串行输出，也可以并行输出，因此可方便地实现数据的串行-并行转换。

74LS194 是常用的中规模集成四位双向移位寄存器，图 11-12 是其符号图。表 11-10 为其功能表。

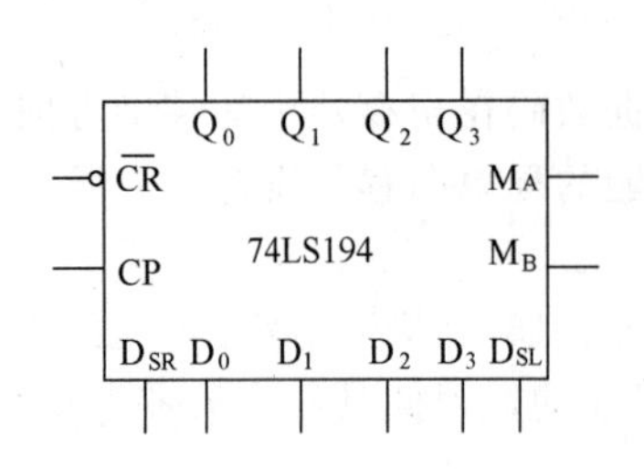


图 11-12 74LS194 符号图

表 11-10 74LS194 功能表

| $\overline{CR}$ | $M_B$ | $M_A$ | $CP$ | $Q_0$ $Q_1$ $Q_2$ $Q_3$ | 功能 |
|---|---|---|---|---|---|
| 0 | × | × | × | 0 0 0 0 | 清零 |
| 1 | 0 | 0 | ↑ | $Q_0$ $Q_1$ $Q_2$ $Q_3$ | 保持 |
| 1 | 0 | 1 | ↑ | $D_{SR}\to Q_0\to Q_1\to Q_2\to Q_3$ | 右移 |
| 1 | 1 | 0 | ↑ | $Q_0\leftarrow Q_1\leftarrow Q_2\leftarrow Q_3\leftarrow D_{SL}$ | 左移 |
| 1 | 1 | 1 | ↑ | $D_0$ $D_1$ $D_2$ $D_3$ | 并入 |

注：$D_{SR}$—右移时信号输入端；$D_{SL}$—左移时信号输入端；$M_A$，$M_B$—控制端。

移位寄存器是计算机及数字系统的一个重要部件，其应用范围很广。例如高位向低位移动一位就实现了二进制数值运算中的除 2 运算，反之从低位向高位移一位就实现了乘 2 运算。又如实现串行码和并行码的转换，顺序脉冲的产生，构成计数器等。图 11-13 是利用两片 74LS194 组成的 8 个彩灯控制电路。其中两片的 $M_A$ 均为“**1**”，$M_B$ 均为“**0**”，由 74LS194 的功能表知实现的是右移功能。第一片的 $Q_3$ 输出接自第二片的右移信号输入端 $D_{SR}$，而第二片的 $Q_3$ 输出通过反相器反馈自第一片的右移信号输入端 $D_{SR}$。很容易分析该电路在移位脉冲的作用下，实现的是 8 个灯从左至右依次点亮，再从左至右依次熄灭，反复循环。在需要更多移位寄存器时可用类似方法进行级联。

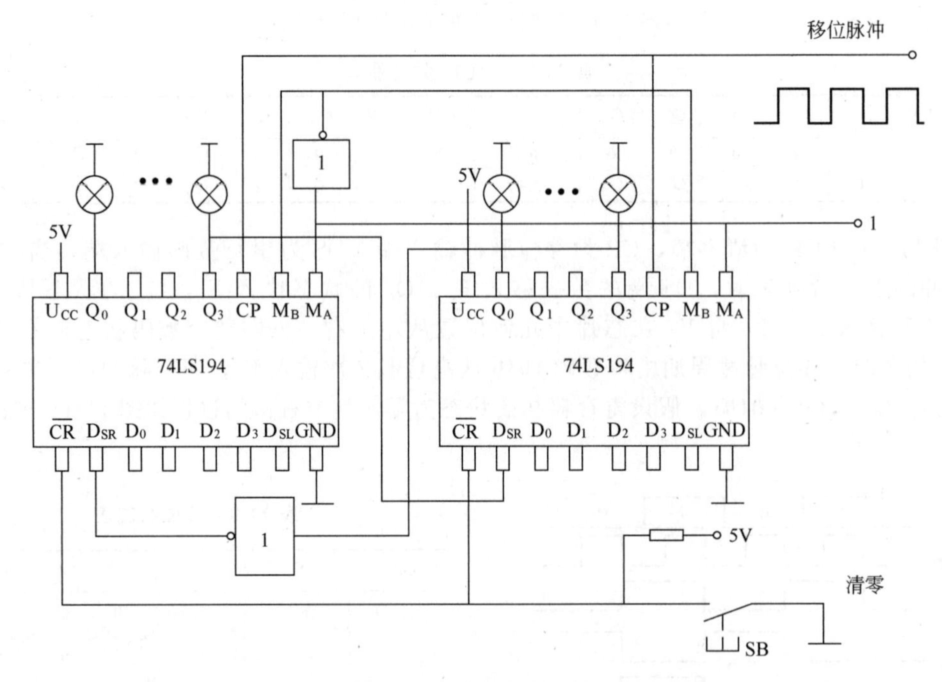


图 11-13 彩灯控制电路

# 第三节 计 数 器

**计数器**是数字系统中应用最广泛的逻辑器件，其功能是记录脉冲到来的个数。使计数器工作一个循环所需的脉冲数目称为该计数器的模或周期，用字母 $M$ 来表示。

计数器的种类繁多，可分为以下三类。

（1）按计数进制分，可分为二进制计数器（模为 $2^k$ 的计数器，$k$ 为整数）、十进制计数器和其他的任意进制计数器。

（2）按增减趋势分，在计数周期中状态编码顺序是递增的，称为加计数器；是递减的，称为减计数器；二者均可的，称为可逆计数器；若编码顺序不为自然态序，则为特别计数器。

（3）按时钟控制方式分，可分为同步计数器和异步计数器。

## 一、同步计数器

**同步计数器**电路中，所有触发器的时钟都与同一个时钟脉冲源连在一起，每个触发器的状态变化都与时钟脉冲同步。

计数器的一般分析步骤如下。

（1）根据已知的逻辑电路图，写出激励方程；

（2）由激励方程和触发器特征方程的模式，写出触发器的状态方程；

（3）作出状态转移表和状态图；

（4）得出电路的功能名称。

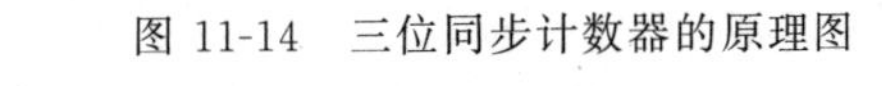

图 11-14　三位同步计数器的原理图

**【例 11-1】** 分析图 11-14 所示的同步计数器。

**解**　（1）由图 11-14 电路结构，写出 JK 触发器各输入端的激励方程

$$F_0:\quad J_0=K_0=\mathbf{1}$$

$$F_1:\quad J_1=K_1=Q_0^n$$

$$F_2:\quad J_2=K_2=Q_0^nQ_1^n$$

（2）由 JK 的特征方程式(11-1)，写出电路的状态方程

$$Q_0^{n+1}=\mathbf{1}\cdot\overline{Q}_1^n+\overline{\mathbf{1}}\cdot Q_0^n=\overline{Q}_0^n$$

$$Q_1^{n+1}=Q_0^n\overline{Q}_1^n+\overline{Q}_0^nQ_1^n$$

$$Q_2^{n+1}=Q_0^nQ_1^n\overline{Q}_2^n+\overline{Q_0^nQ_1^n}Q_2^n=Q_0^nQ_1^n\overline{Q}_2^n+\overline{Q}_0^nQ_2^n+\overline{Q}_1^nQ_2^n$$

（3）作状态转移表和状态图。作状态转移表的方法与组合逻辑中由函数表达式作真值表的方法类似，可由上述状态方程做出状态转移表，如表 11-11 所示。

**表 11-11　三位同步计数器的状态转移表**

| $Q_2^n$ | $Q_1^n$ | $Q_0^n$ | $Q_2^{n+1}$ | $Q_1^{n+1}$ | $Q_0^{n+1}$ | $Q_2^n$ | $Q_1^n$ | $Q_0^n$ | $Q_2^{n+1}$ | $Q_1^{n+1}$ | $Q_0^{n+1}$ |
|---|---|---|---|---|---|---|---|---|---|---|---|
| 0 | 0 | 0 | 0 | 0 | 1 | 1 | 0 | 0 | 1 | 0 | 1 |
| 0 | 0 | 1 | 0 | 1 | 0 | 1 | 0 | 1 | 1 | 1 | 0 |
| 0 | 1 | 0 | 0 | 1 | 1 | 1 | 1 | 0 | 1 | 1 | 1 |
| 0 | 1 | 1 | 1 | 0 | 0 | 1 | 1 | 1 | 0 | 0 | 0 |

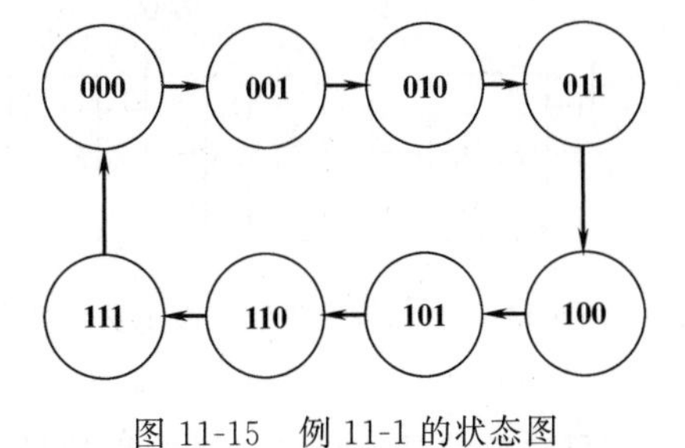


图 11-15　例 11-1 的状态图

由表 11-11 作出图 11-15 的状态图。状态图是一种有向图，每个状态用一个圆圈表示，状态转移用有向线段表示。若在某个状态时电路有输出，输出就写在表示状态的圆圈内。

（4）分析说明。由状态图可知图 11-14 是模 $M=8$ 二进制加法计数器。计数循环从 **000～111**，共 8 个状态。计数器中 $Q_2Q_1Q_0$ 三个输出端相对于时钟脉冲 $CP$ 的时序图如图 11-16 所示。

对于图 11-14 的计数器由于简单，也可直接分析接线图省去步骤（2）。由图 11-14 可知 $F_0$ 处于计数状态，$F_1$ 只由当 $Q_0=\mathbf{1}$ 时处于计数状态；同理 $F_2$ 只由当 $Q_0Q_1=\mathbf{1}$ 时，才处于计数状态；因此便可直接列出表 11-11。

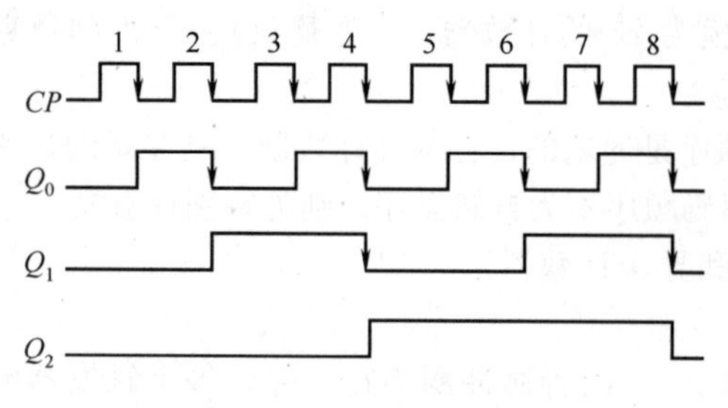

图 11-16 同步二进制加法计数器时序图

同步二进制加计数器的组成很有规律，若触发器的数目为 $k$，则模数 $M=2^k$，各级触发器之间的连接关系为

$$J_0=K_0=\mathbf{1}$$

$$\vdots$$

$$J_i=K_i=Q_1^nQ_2^n\cdots Q_{i-1}^n$$

若是同步二进制减法计数器，则连接关系为

$$J_0=K_0=\mathbf{1}$$

$$\vdots$$

$$J_i=K_i=\overline{Q}_1^n\overline{Q}_2^n\cdots\overline{Q}_{i-1}^n$$

## 二、异步计数器

除同步计数器外，还有**异步计数器**。异步计数器中各触发器的时钟脉冲 $CP$ 不是统一的。分析过程中在考虑触发器激励信号的同时，还要关注相应的各时钟脉冲 $CP$ 信号（有效边沿）是否具备。

**【例 11-2】** 分析图 11-17 所示的异步计数器。

**解** （1）写激励方程

$$F_0: \quad J_0=K_0=\mathbf{1},\ C_0=CP$$

$$F_1: \quad J_1=K_1=\mathbf{1},\ C_1=Q_0$$

$$F_2: \quad J_2=K_2=\mathbf{1},\ C_2=Q_1$$

由图 11-17 看出，计数器由下降沿 JK 触发器组成，$F_2\sim F_0$ 均处在计数状态，当 C 端时钟脉冲的下降沿到来时 $Q^{n+1}=\overline{Q}^n$。外部输入的计数脉冲 $CP$ 作 $F_0$ 的时钟脉冲，$Q_0$ 的输出作 $F_1$ 的时钟脉冲，$Q_1$ 的输出作 $F_2$ 的时钟脉冲。

（2）列状态转移表。由于图 11-17 电路比较简单，由上述分析，可以略去状态方程这一步，直接列出状态表 11-12。由状态表可得出图 11-17 所示为异步二进制加法计数器。

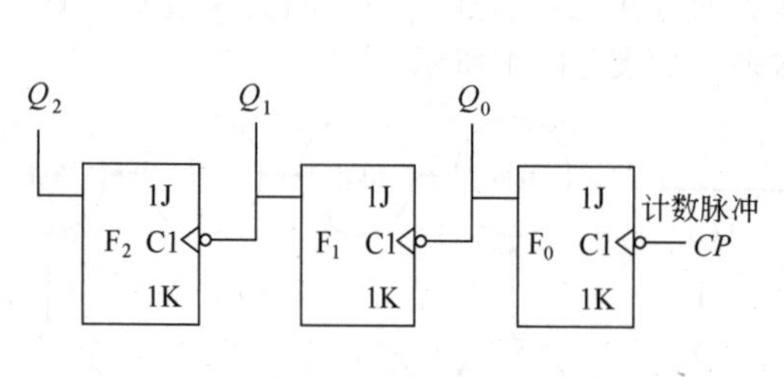

图 11-17 三位二进制异步加法计数器原理图

**表 11-12 状态表**

| $CP$ | 计数状态 | | |
|---|---|---|---|
| | $Q_2$ | $Q_1$ | $Q_0$ |
| 0 | **0** | **0** | **0** |
| 1 | **0** | **0** | **1** |
| 2 | **0** | **1** | **0** |
| 3 | **0** | **1** | **1** |
| 4 | **1** | **0** | **0** |
| 5 | **1** | **0** | **1** |
| 6 | **1** | **1** | **0** |
| 7 | **1** | **1** | **1** |
| 8 | **0** | **0** | **0** |

要注意的是：异步二进制加法计数器时序图画法和图 11-16 所示的同步二进制加法计数器时序图相同，但实际上各触发器的翻转时刻不同。图 11-14 同步计数器各触发器的翻转时刻都对应 $CP$ 计数脉冲的下降沿，而异步计数器各触发器的翻转时刻都对应着各自 C 脉冲的有效边沿，这正是“同步”“异步”名称的由来。也就是说在第八个 $CP$ 脉冲到来时，对于同步计数器来讲 $F_2\sim F_0$ 的翻转时刻都对应着 $CP$ 下降沿这同一时刻，而异步计数器则是：$F_0$ 对应着 $CP$ 下降沿先翻，$F_0$ 翻转后 $F_1$ 对应 $Q_0$ 的下降沿再翻，而 $F_2$ 则对应着 $Q_1$ 的下降沿再翻。也就是说 $F_2$ 完成翻转将比 $F_0$ 要延迟两个触发器的翻转时间，因此异步计数器电路结构虽然简单但翻转速度比同步则要慢。

注意，计数器的状态并非都是按二进制数的规律排序，只要计数器有 $N$ 个状态，通过编码就可以实现 $N$ 进制计数。

**【例 11-3】** 分析图 11-18 所示的计数器。

**解** 由图可见三个 D 触发器组成了带反馈的移位寄存器。连接方式为 $D_0=\overline{Q}_2$，$D_1=Q_0$，$D_2=Q_1$。

状态转移关系，可用列表方法求出。见表 11-13 所示，先写出初始状态 $Q_2^nQ_1^nQ_0^n=\mathbf{000}$，反馈信号使 $D_0=\mathbf{1}$。在第一个 $CP$ 脉冲的作用下，这些状态都向高位左移一位，得状态 **001**，以及新的 $D_0=\mathbf{1}$。用同样的方法继续求新状态，直到回到初始状态 000 结束。由表 11-13 可知该计数器为同步六进制计数器。对反馈移存器，都可用这种方法分析其状态变化。这种连接方式的计数器称扭环形计数器。

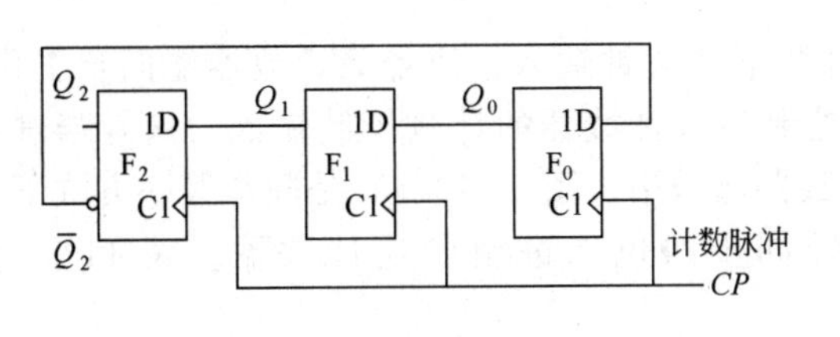


图 11-18　扭环形计数器原理图

**表 11-13　扭环形计数器的状态表**

| $CP$ | $Q_2$ | $Q_1$ | $Q_0$ |
|---|---|---|---|
| 0 | **0** | **0** | **0** |
| 1 | **0** | **0** | **1** |
| 2 | **0** | **1** | **1** |
| 3 | **1** | **1** | **1** |
| 4 | **1** | **1** | **0** |
| 5 | **1** | **0** | **0** |
| 6 | **0** | **0** | **0** |

## 三、中规模集成计数器

实际应用中，直接使用厂商生产的中规模集成电路计数器芯片。它有同步计数器和异步计数器两类，而且是多功能的。表 11-14 列出了几种中规模集成计数器。

**表 11-14　几种中规模集成计数器**

| 型　号 | 模 | 预置 | 清零 | 型　号 | 模 | 预置 | 清零 |
|---|---|---|---|---|---|---|---|
| 74LS160 | 十进制 | 同步 | 异步 | 74LS290 | 二-五-十进制 | 无 | 异步 |
| 74LS162 | 十进制 | 同步 | 同步 | 74LS293 | 四位二进制 | 无 | 异步 |
| 74LS169 | 四位二进制（可逆） | 同步 | 同步 | C4518 | 双十进制 | 无 | 异步 |

### 1. 中规模集成计数器的功能

（1）可逆计数。可逆计数也叫加减计数。实现可逆计数的方法有两种：加减控制方式和双时钟方式。

加减控制方式就是用一个控制信号 $\overline{\mathrm{U}}/\mathrm{D}$ 来控制计数。当 $\overline{\mathrm{U}}/\mathrm{D}=\mathbf{0}$，作加法计数；当 $\overline{\mathrm{U}}/\mathrm{D}=\mathbf{1}$，作减法计数。

在双时钟方式中，计数器有两个外部时钟输入端：$CP_{\mathrm{U}}$ 和 $CP_{\mathrm{D}}$，当外部时钟从 $CP_{\mathrm{U}}$ 端输入时，作加计数；当外部时钟从 $CP_{\mathrm{D}}$ 端输入时，作减计数。在使用时，对不加外部时钟的时钟端，应根据器件的要求接“**1**”或接“**0**”，使之不起作用。

（2）预置功能。计数器有一个预置控制端 $\overline{\mathrm{LD}}$，非号表示低电平有效，当 $\overline{\mathrm{LD}}=\mathbf{0}$ 时，可使计数器的状态等于预先设定的状态，即 $Q_{\mathrm{D}}Q_{\mathrm{C}}Q_{\mathrm{B}}Q_{\mathrm{A}}=DCBA$ 为预置的输入数据。预置功能分为同步预置与异步预置。同步预置即为预置信号必须在 $CP$ 的控制下去实现置数的功能，否则为异步预置。

（3）复位功能。大多数中规模同步计数器都有复位功能。复位功能也分为同步复位和异步复位，同步复位即为复位信号必须在 $CP$ 的控制下去实现复位的功能。异步复位则只要复位信号到，立即清零。

（4）时钟有效边沿的选择。一般而言，中规模的同步计数器都是上升沿触发，而异步计数器则是下降沿触发。但有的同步计数器有两个专用时钟输入端 $CP$ 和 $EN$。当 $CP=\mathbf{0}$ 时，

从 $EN$ 端口送入的时钟脉冲的下降沿有效，使用下降沿触发系统；当 $EN=1$ 时，从 $CP$ 端口送入的时钟脉冲的上升沿有效，使用上升沿触发系统。

(5) 进位（借位）功能。同步计数器还有进位（借位）输出功能，当计数器进位（借位）时，进位（借位）输出端 CO 输出一脉冲。

(6) 计数控制端。计数器中附加的 $ET$ 和 $EP$ 为计数控制端。根据 $ET$ 和 $EP$ 的不同取值控制计数器是否处于计数状态。计数控制端常用在多片同步计数器级联时，控制各级计数器的工作。注意控制端 $ET$ 和 $EP$ 是有差别的，$ET$ 还控制进位（借位）信号的产生，而 $EP$ 和进位（借位）信号的产生没有关系。

2. 中规模计数器的级联方式

中规模计数器的计数范围总是有限的。当需要位数更多的计数器时，可用计数器的级联来实现。实现级联的基本方法有两种。

(1) 同步级联。外加时钟同时接到各片计数器的时钟输入，使各级计数器能同步工作，此时，用前级计数器的进位（借位）输出来控制后级计数器的计数控制输入。只有当进位（借位）信号有效时，时钟输入才能对后级计数器起作用。图 11-19(a) 是同步级联方式下的模为 256 的计数器。图中 74LS169 是单时钟同步四位二进制可逆计数器。表 11-15 为 74LS169 的功能表。

表 11-15　74LS169 功能表

| $CP$ | $\overline{U}/D$ | $\overline{ET}$ | $\overline{EP}$ | $\overline{LD}$ | $D$ | $C$ | $B$ | $A$ | $Q_D$　$Q_C$　$Q_B$　$Q_A$ |
|---|---|---|---|---|---|---|---|---|---|
| × | × | × | × | 0 | $D$ | $C$ | $B$ | $A$ | $D$　$C$　$B$　$A$ |
| ↑ | 0 | 0 | 0 | 1 | × | × | × | × | 加计数 |
| ↑ | 1 | 0 | 0 | 1 | × | × | × | × | 减计数 |
| × | × | × | 1 | 1 | × | × | × | × | 保持 |
| × | × | 1 | × | 1 | × | × | × | × | 保持 |

注：74LS169 的进位（借位）信号端 $\overline{CO}$ 在进位（借位）时输出一负脉冲。

(2) 异步级联。用前一级计数器的输出作为后一级计数器的时钟信号。图 11-19(b) 所示为采用 74LS169 通过异步级联方式构成的模值为 256 的计数器。

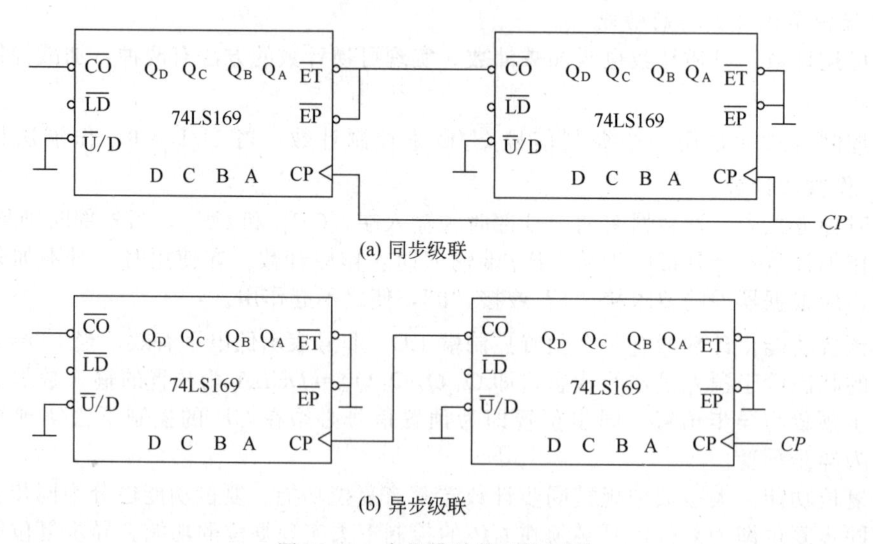


(a) 同步级联

(b) 异步级联

图 11-19　中规模计数器的级联

3. 中规模计数器构成任意进制计数器的方法

常用的中规模计数器集成芯片多为十进制和二进制。当需要任意进制计数器时，基本方法有以下两种。

(1) **复位法**。通过施加不同的复位信号来构成任意进制计数器。其原理是：当原有的 $M$ 进制计数器从全“**0**”状态开始计数并接收了 $N$ 个脉冲以后，电路进入 $S_N$ 状态时，利用 $S_N$ 状态产生一个复位脉冲将计数器复位，即可完成一个计数周期 ($N<M$)。

例如，若要把模 10 的计数器要改接为 $N=6$ 的计数器，对于异步复位的计数器来说，复位信号=6，计数过程为 0→1→2→3→4→5→(6)0。

图 11-20 为异步二-五-十进制计数器 74LS290 的逻辑图，表 11-16 为 74LS290 的功能表。

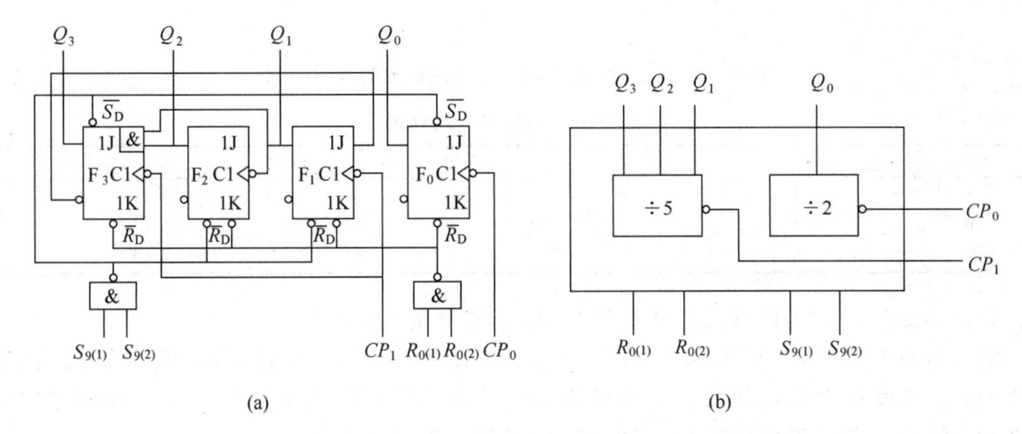


图 11-20　异步二-五-十进制计数器 74LS290 的逻辑图

**表 11-16　74LS290 功能表**

| $CP_0$ | $CP_1$ | $R_{0(1)}$ | $R_{0(2)}$ | $S_{9(1)}$ | $S_{9(2)}$ | $Q_3$ | $Q_2$ | $Q_1$ | $Q_0$ |
|---|---|---|---|---|---|---|---|---|---|
| × | × | 1 | 1 | 0 | × | 0 | 0 | 0 | 0 |
| × | × | 1 | 1 | × | 0 | 0 | 0 | 0 | 0 |
| × | × | 0 | × | 1 | 1 | 1 | 0 | 0 | 1 |
| × | × | × | 0 | 1 | 1 | 1 | 0 | 0 | 1 |
| ↓ | 0 | × | 0 | × | 0 | 二进制计数 | | | |
| 0 | ↓ | × | 0 | 0 | × | 五进制计数 | | | |
| ↓ | $Q_0$ | 0 | × | × | 0 | 8421 十进制计数 | | | |

对照图 11-20(a)、(b) 可以清楚地看出，74LS290 内部是由二进制和五进制计数器两部分组成。第一个触发器有独立的时钟输入端 $CP_0$，和 $Q_0$ 构成了二进制计数器。另外三个触发器以五进制方式连接，时钟输入端为 $CP_1$。显然若将 $Q_0$ 和 $CP_1$ 相连，时钟脉冲从 $CP_0$ 端输入，就构成了十进制计数器。

图 11-21(a) 所示为采用复位法将 74LS290 构成的六进制加法计数器连接图，图 11-21(b) 为复位法计数器的工作时序图。从图 12-21(a) 中可以看到当计数计到 **0110** 时，电路自动产生一个复位信号，反馈至清零端，迅速将计数器清零。因此，复位法又称**反馈归零法**。从图 12-21(b) 中看到 **0110** 状态十分短暂，因此实际出现的状态就是 **0000** 到 **0101** 六种，为六进制。

由于产生复位信号的 **0110** 状态十分短暂，各触发器的归零速度又不完全一致，所以在工作中可能导致工作速度慢的触发器还没归零，复位信号就消失了，致使计数器不能可靠归零。为可靠归零，要对电路加以改进。改进电路此处不再赘述，请查阅有关资料。

**【例 11-4】** 74LS293 为四位二进制计数器。图 11-22 为其逻辑图，表 11-17 为其功能

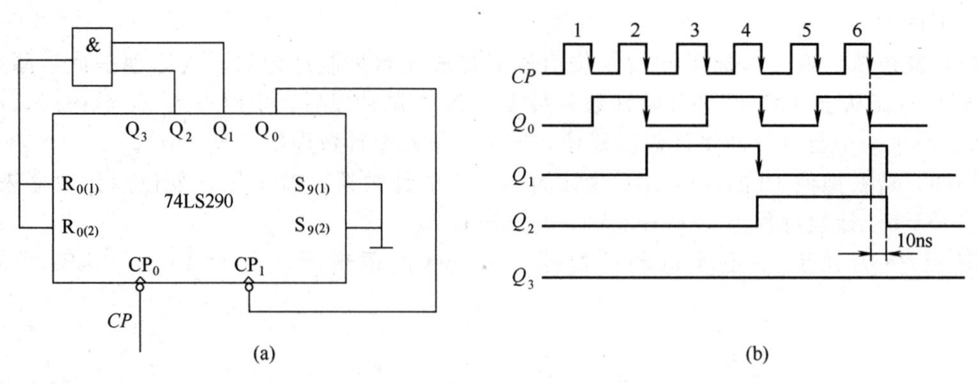


图 11-21　用复位法实现的六进制计数器及时序图

**表 11-17　74LS293 功能表**

| $R_{0(1)}$ | $R_{0(2)}$ | $Q_3$ | $Q_2$ | $Q_1$ | $Q_0$ |
|---|---|---|---|---|---|
| 1 | 1 | 0 | 0 | 0 | 0 |
| 0 | × | 计　数 | | | |
| × | 0 | 计　数 | | | |

表。分析 74LS293 的工作特点并判断图 11-23 为几进制计数器？

**解**　从图 11-22(a) 可以看出 74LS293 有四个触发器，第一个触发器和时钟输入端 $CP_0$ 构成一位二进制计数器，其余三个触发器和时钟输入端 $CP_1$ 构成三位异步二进制计数器。若将 $Q_0$ 和 $CP_1$ 相连就组成了 $M=16$ 的四位异步二进制计数器。

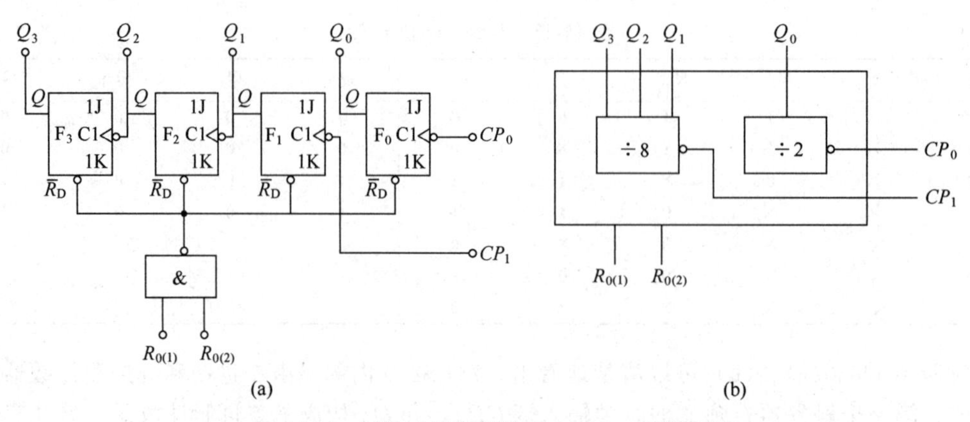


图 11-22　四位二进制计数器 74LS293 逻辑图

图 11-23 所示电路由两片 74LS293 级联而成。每一片 74LS293 都各自接成了 $M=16$ 的二进制计数器，电路中第一片的 $Q_3$ 输出，作为第二片的时钟脉冲 $CP_0$，因此该电路首先将

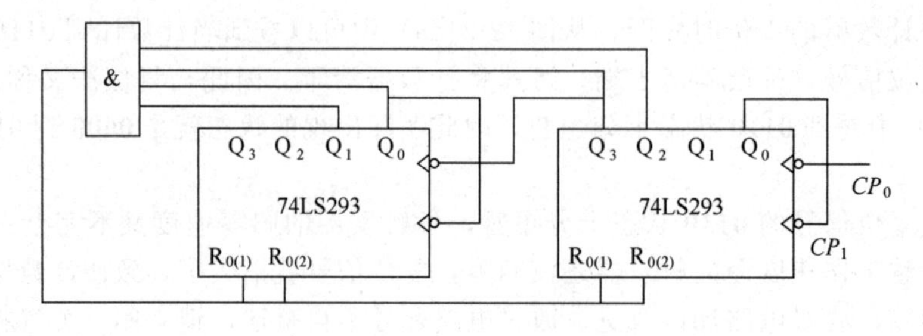


图 11-23　例 11-4 电路图

两片 293 异步级联成了模为 256 的二进制计数器。电路又通过与门采用了复位法提前归零，由分析可知归零信号由 **00111100** 状态产生。显知，该计数器的工作状态以二进制数的规律由 **00000000～00111011**，60 种状态，为六十进制。

（2）**置位法**。通过设置不同的预置值来构成任意进制计数器。其基本思想是：使计数器从某个预置状态开始计数，当到达满足进制为 $N$ 的终止状态时，产生预置控制信号，反馈加到预置控制端 $LD$，重复初始预置，周而复始，实现进制为 $N$ 的计数（$N<M$）。

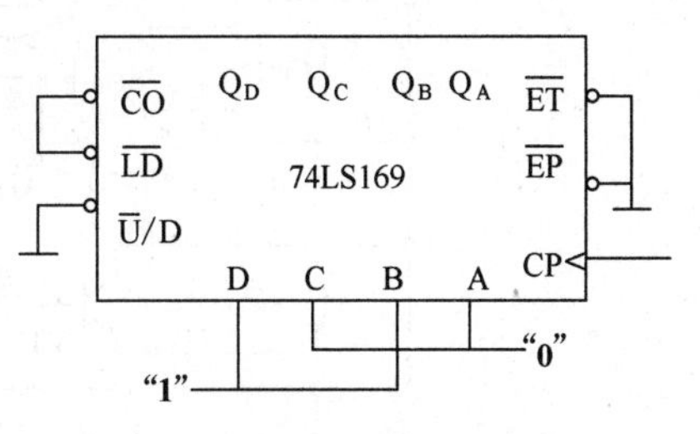


图 11-24　用置位法实现的六进制计数器

例如，若要把模 16 的计数器改接为 $N=6$ 的计数器时，对于同步预置的计数器来说：若实现加计数器，则预置值＝16－6＝10，计数过程为 10→11→12→13→14→15→10。当到达状态 15 时，利用进位输出作为预置控制信号，且等到下一个时钟有效边沿到来时，完成预置功能。对于异步预置的计数器来说，由于预置功能的完成与时钟脉冲无关，所以预置值不为计数循环中的第一个有效状态。为此，若要实现 $N=6$ 的加计数器时，其预置值为 9。图 11-24 所示是采用具有同步预置功能的 74LS169 构成六进制加计数器的连接图。其中预置数输入端 DCBA＝**1010**，即等值为十进制数 10。

显然，置位法仅适合于带有预置数功能的计数器。

### 思　考　题

11-3-1　思考如何用 74LS290 芯片构成 60 进制计数器，比较它和图 11-23 的区别，体会十进制和二进制计数的不同之处。

## 第四节　集成 555 定时器的原理及应用

555 定时器是一种中规模集成电路，只要在其外部配上几个适当的阻容元件，就可方便地构成施密特触发器、单稳态触发器以及多谐振荡器。以实现波形的变换、延时和脉冲的产生。它在工业自动控制、定时、仿声、电子乐器、防盗报警等方面有广泛的应用，该器件的电源电压为 5～18V，驱动电流比较大，并能提供与 TTL，MOS 电路相兼容的逻辑电平。

### 一、集成 555 定时器

1. 电路组成

图 11-25 为集成 CB555 定时器的内部结构图。它是由比较器 $C_1$ 和 $C_2$、等值电阻分压器、基本 RS 触发器以及集电极开路输出的放电三极管所组成。为提高比较器参考电压的稳定性，通常在 CO 端接有 0.01$\mu$F 的滤波电容。图中标出的阿拉伯数字为器件外部引脚的编号，并标出各引脚的作用名称。表 11-18 为集成 CB555 定时器的功能表。

**表 11-18　集成 CB555 定时器的功能表**

| $TH$ | $\overline{TR}$ | $\overline{R}_D$ | $U_O$ | $TH$ | $\overline{TR}$ | $\overline{R}_D$ | $U_O$ |
|---|---|---|---|---|---|---|---|
| × | × | 低(L) | 低(L) | $<2U_{CC}/3$ | $<U_{CC}/3$ | 高(H) | 高(H) |
| $>2U_{CC}/3$ | $>U_{CC}/3$ | 高(H) | 低(L) | $>2U_{CC}/3$ | $<U_{CC}/3$ | 高(H) | 高(H) |
| $<2U_{CC}/3$ | $>U_{CC}/3$ | 高(H) | 原状态 | | | | |

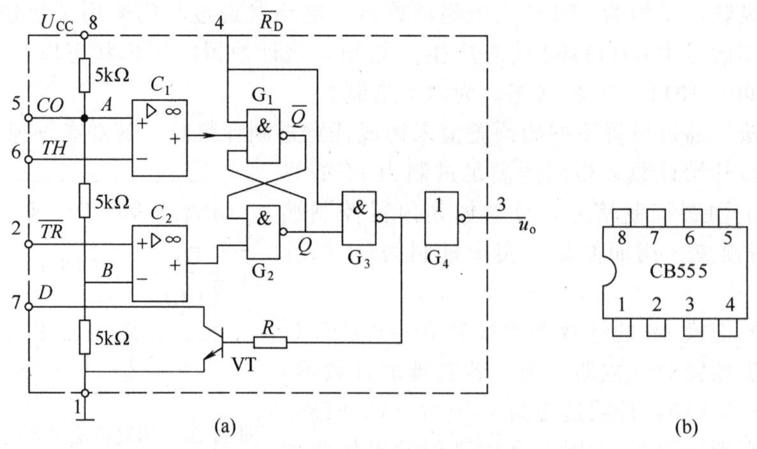


图 11-25　集成 CB555 定时器的内部结构图及管脚排列图

2. 工作原理

集成 555 定时器中比较器的参考电压由分压器提供，当控制电压 $\boldsymbol{U_{CO}}$ 悬空时，比较器 $C_1$ 的参考电压为$\frac{2}{3}U_{CC}$，比较器 $C_2$ 的参考电压为$\frac{1}{3}U_{CC}$。若 $U_{CO}$ 外接固定电压时，则比较器 $C_1$,$C_2$ 的参考电压分别为 $U_{CO}$ 和$\frac{1}{2}U_{CO}$。若触发端 $\overline{\boldsymbol{TR}}$ 输入电压小于$\frac{1}{3}U_{CC}$ 时，比较器 $C_2$ 的输出为 **“0”**，可使基本 RS 触发器置 **“1”**，使输出端 $Q$ 为 **“1”**。阈值端 ***TH*** 输入电压大于$\frac{2}{3}U_{CC}$ 时，比较器 $C_1$ 输出为 **“0”**，可使基本 RS 触发器置 **“0”**，使输出端 $Q$ 为 **“0”**。若复位端$\overline{R}_D$ 加低电平或接地，则可将基本 RS 触发器强制复位，使触发器输出 $Q$ 为 **“0”**。当基本 RS 触发器置 **“1”** 时，三极管 VT 截止；基本 RS 触发器置 **“0”** 时，VT 导通。

## 二、用 555 定时器构成施密特触发器

1. 电路形式

将 555 定时器的触发端 $\overline{\boldsymbol{TR}}$ 和阈值端 ***TH*** 连在一起作为信号输入端，如图 11-26(a) 所示，即可得到**施密特触发器**。

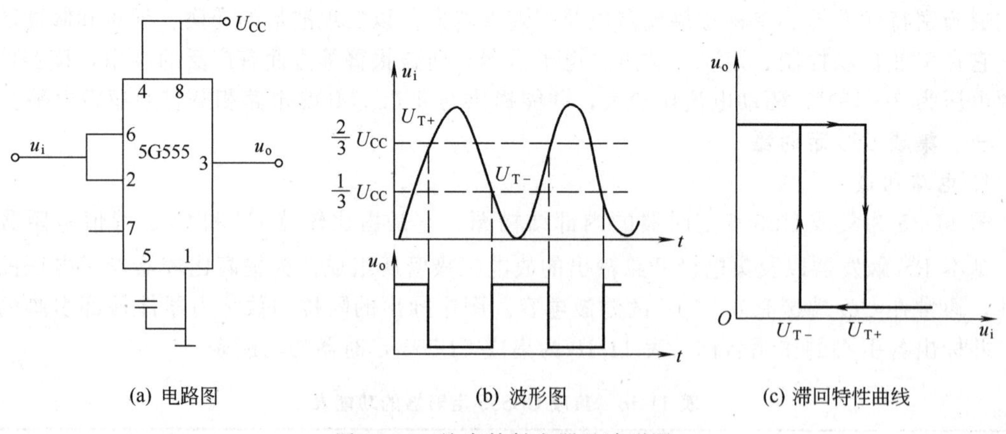


图 11-26　施密特触发器及波形图

2. 工作原理

由于比较器 $C_1$ 和 $C_2$ 的参考电压不同，因而基本 RS 触发器的置 **“0”** 信号和置 **“1”** 信

号必然发生在输入信号的不同电平上。因此输出电压 $u_o$ 由高变低和由低变高所对应的输入电压 $u_i$ 值亦不相同。

（1）$u_i$ 从 0V 开始升高的过程。

当 $u_i<\frac{1}{3}U_{CC}$ 时，比较器 $C_1$ 和 $C_2$ 的输出分别为"**1**","**0**"，故 $u_o=U_{OH}$；

当 $\frac{1}{3}U_{CC}<u_i<\frac{2}{3}U_{CC}$ 时，比较器 $C_1$ 和 $C_2$ 的输出均为"**1**"，故 $u_o=U_{OH}$；

当 $u_i>\frac{2}{3}U_{CC}$ 时，比较器 $C_1$ 和 $C_2$ 的输出分别为"**0**","**1**"，则 $u_o=U_{OL}$。

因此，$U_{T+}=\frac{2}{3}U_{CC}$。

（2）$u_i$ 从高于 $\frac{2}{3}U_{CC}$ 开始下降的过程。

当 $\frac{1}{3}U_{CC}<u_i<\frac{2}{3}U_{CC}$，比较器 $C_1$ 和 $C_2$ 的输出均为"**1**"，$u_o=U_{OL}$；

当 $u_i<\frac{1}{3}U_{CC}$，比较器 $C_1$ 和 $C_2$ 的输出分别为"**1**","**0**"，则 $u_o=U_{OH}$。

因此，$U_{T-}=\frac{1}{3}U_{CC}$。

由此可得回差电压　　$\Delta U_T=U_{T+}-U_{T-}=\frac{1}{3}U_{CC}$

根据上面的分析结果即可画出其电压传输曲线，也称其为滞回特性曲线，如图 11-26(c) 所示。

## 三、用 555 定时器构成单稳态触发器

**单稳态触发器**与双稳态触发器不同之处在于只有一个稳态，而另一个是暂稳态。

在外加触发信号的作用下，单稳态触发器能够从稳态翻转到暂稳态，经过一段时间又能自动返回，电路处于暂稳态的时间等于单稳态触发器输出脉冲的宽度 $t_w$。

### 1. 电路形式

电路如图 11-27(a) 所示，$R$,$C$ 为单稳态触发器的定时元件。

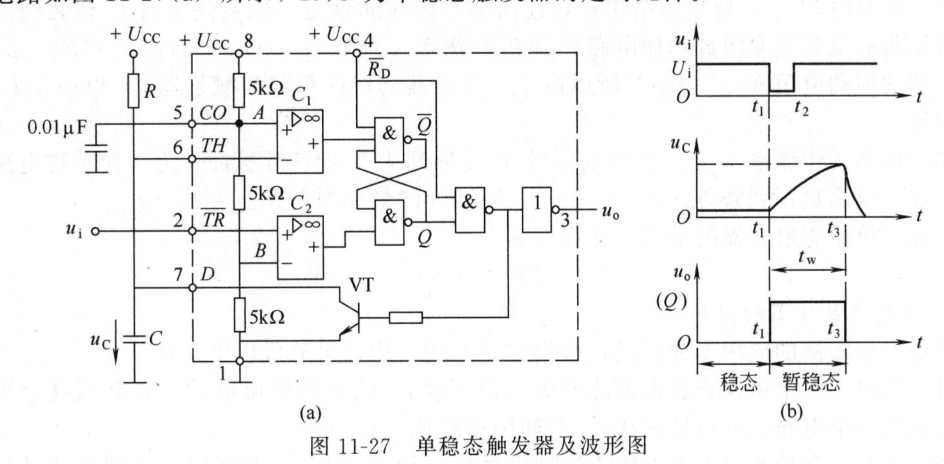


图 11-27　单稳态触发器及波形图

### 2. 工作原理

当电源接通后，在 $u_i$ 为高电平输入时，电路可自动处在稳态 $Q=\mathbf{0}$。这是因为：如果触发器先是处在 $Q=\mathbf{0}$，则放电管 VT 导通，使电容电压 $u_C$ 约为 **0**V，比较器 $C_1$ 的输出为

"1"；且 $u_i$ 为高电平输入，使比较器 $C_2$ 的输出也为"1"，则 $u_o$ 维持低电平，使电路仍处于稳态；如果触发器先是处在 $Q=1$，则放电管 VT 截止，电容 $C$ 充电到 $\frac{2}{3}U_{CC}$ 时，比较器 $C_1$ 的输出为"0"，使触发器置"0"，$u_o$ 输出低电平，且放电管 VT 开始导通，电容 $C$ 迅速放电，使电路返到稳态。

在 $u_i$ 负脉冲作用下，触发端 $\overline{TR}$ 得到低于 $\frac{1}{3}U_{CC}$ 的触发电平，比较器 $C_2$ 输出由"1"变为"0"，使触发器置"1"，输出 $u_o$ 为高电平；同时，放电管 VT 截止，电路进入暂稳态。电源对定时电容 $C$ 充电，充电时间常数 $\tau_1=RC$。当电容上电压 $U_C \geqslant \frac{2}{3}U_C$ 时，比较器 $C_1$ 输出变为"0"，触发器置"0"，$u_o$ 输出低电平，电路返回稳态。放电管 VT 由截止变为饱和，定时电容 $C$ 通过 VT 迅速放电。

当下一个触发信号到来时，将重复上述过程，其工作波形如图 11-27(b) 所示。

3. 主要参数

(1) 输出脉冲宽度 $t_w$。输出脉冲宽度为定时电容上电压 $u_C$ 由零充到 $\frac{2}{3}U_{CC}$ 所需的时间。

根据描述 $RC$ 过渡过程公式，结合图 11-27(b) 所示的波形可求得 $t_w$。

$$u_C(t)=U_C(\infty)+[U_C(0_+)-U_C(\infty)]e^{-t/\tau}$$

$$t_w=\tau\ln\{[U_C(\infty)-U_C(0_+)]/[U_C(\infty)-U_C(t_w)]\}$$

其中

$$\tau=RC,\quad U_C(\infty)=U_{CC},\quad U_C(0_+)\approx 0,\quad U_C(t_w)=\frac{2}{3}U_{CC}$$

因此

$$t_w=RC\ln[(U_{CC}-0)\Big/(U_{CC}-\frac{2}{3}U_{CC})]=RC\ln 3=1.1RC \tag{11-3}$$

由上式可见，脉冲宽度 $t_w$ 的大小与定时元件 $R$,$C$ 的大小有关，调节定时元件，可以改变输出脉冲宽度。但需要指出的是：输入负脉冲 $u_i$ 的宽度要求小于单稳态输出脉冲宽度；否则会影响其正常工作。必要时可在输入端加接微分电路，将宽脉冲转换为窄脉冲后再去触发单稳态触发器。

(2) 恢复时间 $t_{re}$。暂稳态结束后，还需要一段时间恢复，以便使电容 $C$ 在暂稳态充电期间所聚集的电荷完全泄放，使电路回到初始状态。一般 $t_{re}=(4\sim5)\tau_2(\tau_2=R_{CES}C)$。由于 VT 管的饱和电阻 $R_{CES}$ 很小，所以由 555 定时器构成的单稳态触发器 $t_{re}$ 很小，$u_C$ 的下降沿很陡。

(3) 最高工作频率 $f_{max}$。若触发信号 $u_i$ 是周期为 $T$ 的连续脉冲，为了使单稳电路能正常地工作，应满足下列条件：$T>t_w+t_{re}$，即脉冲的最小周期 $T_{min}=t_w+t_{re}$。

因此，单稳态触发器的最高工作频率为

$$f_{max}=1/T_{min}=1/(t_w+t_{re})$$

4. 单稳态触发器的应用

单稳态触发器的应用十分广泛，根据它所起的作用，可分成以下几种。

(1) 定时。由于单稳态触发器能产生一定宽度 $t_w$ 的矩形输出脉冲，若利用这个矩形脉冲去控制某一个电路，就可使它在 $t_w$ 时间内动作或不动作。

(2) 延时。单稳态触发器的输出脉冲可将输入脉冲延长 $t_w$ 时间段。可用于信号传输间的时间配合上。

**四、用 555 定时器构成多谐振荡器**

**多谐振荡器**是能产生矩形脉冲的自激振荡器，由于矩形波中除基波外，还包括许多高次谐波，因此这类振荡器被称为多谐振荡器。

多谐振荡器只有两个暂稳态，它们作交替变化，输出连续的矩形波脉冲信号，因此它又被称作无稳态电路。它常用来作为脉冲信号源。

1. 电路形式

如图 11-28(a) 所示，定时元件除电容 $C$ 外，有两个电阻 $R_1$ 和 $R_2$，它们串联在一起，$u_C$ 同时加到 ***TH*** 端（6 端）和 $\overline{\boldsymbol{TR}}$ 端（2 端），$R_1$ 和 $R_2$ 的连接点接到放电管 VT 的输出端（7 脚）。

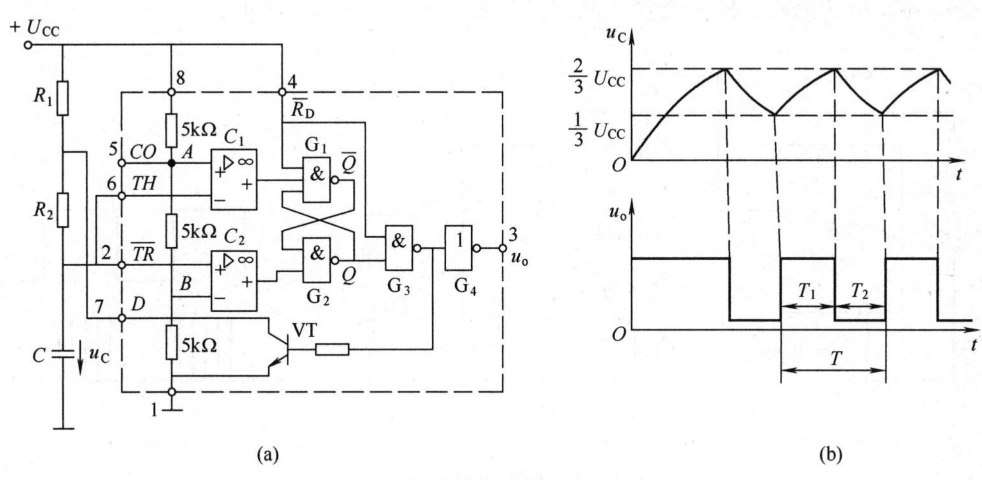


图 11-28　多谐振荡器及波形图

2. 工作原理

接通电源瞬间，电容 $C$ 来不及充电，$u_C$ 为低电平，此时 $u_C<\frac{1}{3}U_{CC}$，比较器 $C_1$ 和 $C_2$ 的输出分别为“1”,“0”，触发器置“1”，$Q=1$，$u_o$ 输出高电平。同时，由于$\overline{Q}=0$，放电管 VT 截止，电容 $C$ 开始充电，充电时间常数 $\tau_1=(R_1+R_2)C$。

电容电压 $u_C$ 上升略高于$\frac{2}{3}U_{CC}$ 时，比较器 $C_1$ 输出为“0”，将触发器置“0”，$u_o$ 输出低电平。同时放电管 VT 饱和导通，电容 $C$ 通过 VT 放电，忽略放电管 VT 的饱和电阻 $R_{CES}$，放电时间常数 $\tau_2=R_2C$。

当电容电压 $u_C$ 下降到略小于$\frac{1}{3}U_{CC}$ 时，比较器 $C_2$ 输出“0”，将触发器置“1”，$u_o$ 输出高电平。此时放电管 VT 截止，电容 $C$ 又开始充电。之后，电路重复上述过程，产生振荡，其工作波形如图 11-28(b) 所示。

3. 特性参数

两个暂稳态维持时间 $T_1$ 和 $T_2$ 可分别通过 $RC$ 过渡过程的公式来计算

$$\begin{aligned}T_1&=\tau_1\ln\{[U_C(\infty)-U_C(0_+)]/[U_C(\infty)-U_C(T_1)]\}\\&=\tau_1\ln\left[\left(U_{CC}-\frac{1}{3}U_{CC}\right)\Big/\left(U_{CC}-\frac{2}{3}U_{CC}\right)\right]\\&=\tau_1\ln 2=0.7(R_1+R_2)C\end{aligned}$$

同理　　$T_2=\tau_2\ln 2=0.7R_2C$

振荡周期　　$T=T_1+T_2=0.7(R_1+2R_2)C$

振荡频率　　$f=1/T$

占空比　　$q=T_2/(T_1+T_2)=0.7R_2C/[0.7(R_1+2R_2)C]=R_2/(R_1+2R_2)$　(11-4)

## 五、555 定时器的应用举例

### 1. 模拟声响电路

图 11-29(a) 所示为由两个振荡器构成的模拟声响发生器，若调节定时元件 $R_{A1}$, $R_{B1}$, $C_1$，使第一个振荡器的振荡频率为 1Hz，调节定时元件 $R_{A2}$, $R_{B2}$, $C_2$，使第二个振荡器的振荡频率为 1kHz，由于低频振荡器的输出接到高频振荡器的复位端 $R_D$（4 脚），因此，在 $u_{o1}$ 输出高电平时，允许第二个振荡器振荡；$u_{o1}$ 输出低电平时，第二个振荡器复位，停止振荡，扬声器发出“呜呜”间隙响声，其工作波形如图 11-29(b) 所示。

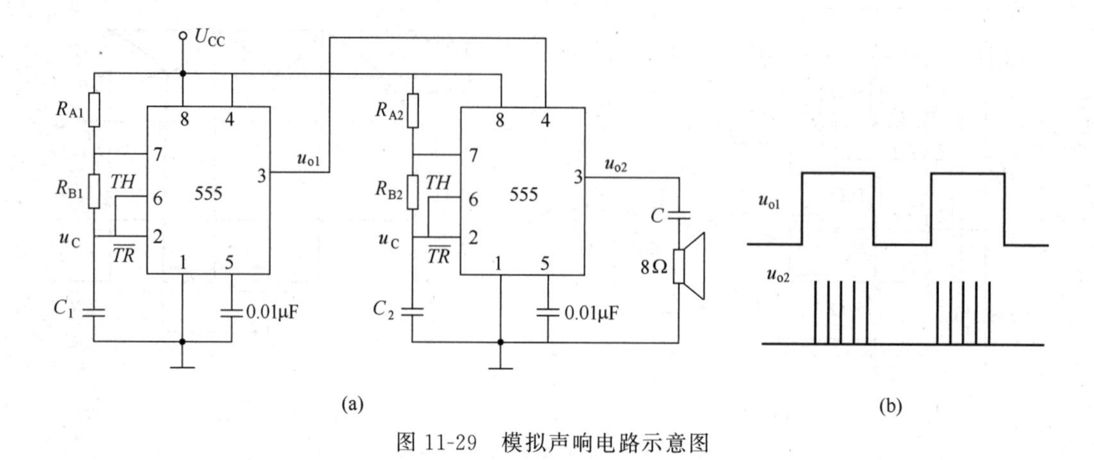


图 11-29 模拟声响电路示意图

### 2. 电压频率变换器

由 555 定时器构成的多谐振荡器中，若控制端 $CO$ 不再通过电容接地，而是加上一个可变电压 $U_{CO}$，则 $U_{CO}$ 电压的大小可以改变比较器 $C_1$, $C_2$ 的参考电压。比较器 $C_1$ 的参考电压为 $U_{CO}$，比较器 $C_2$ 的参考电压为 $\frac{1}{2}U_{CO}$，$U_{CO}$ 电压越大，参考电压值越大，输出脉冲周期越大，输出频率越低：反之，$U_{CO}$ 越小输出频率越高。由此可见，只要改变控制端电压，就可以改变其输出频率，此时 555 振荡器可认为是一个电压频率变换器。

## 思 考 题

11-4-1 图 11-30(a)、(b)、(c) 所示 555 电路各工作在何种状态？

11-4-2 分析图 11-31 所示 555 电路的工作原理，和图 11-28 所示的多谐振荡器比较有何不同工作特点？

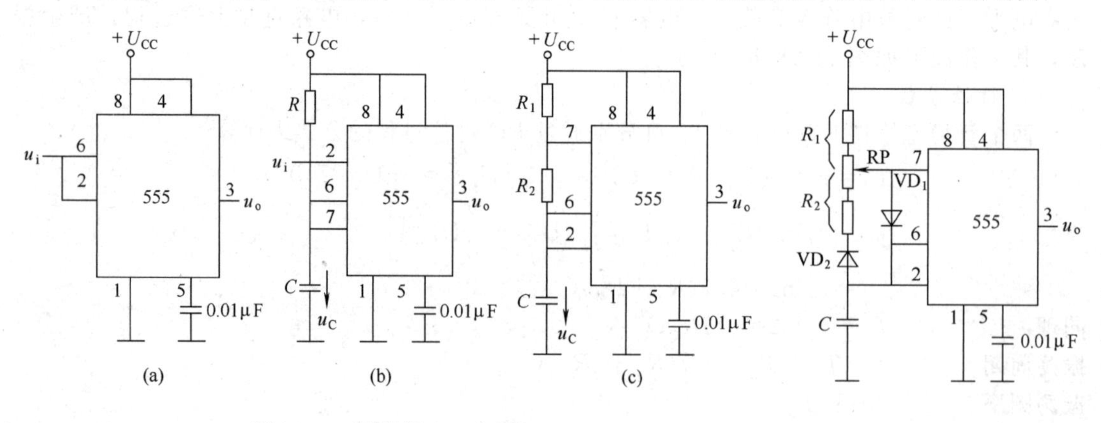


图 11-30 思考题 11-4-1 图

图 11-31 思考题 11-4-2 图

# *第五节　可编程逻辑器件（PLD）

## 一、概述

**可编程逻辑器件**（Programmable Logic Device，**PLD**）是20世纪70年代发展起来的一种新型的大规模集成逻辑器件，它的逻辑功能是由用户通过对器件的编程来设定的。PLD器件包括可编程只读存储器（PROM）、可编程阵列逻辑（Programmable Array Logic，**PAL**）和通用阵列逻辑（Generic Array Logic，**GAL**）等类型。

PLD编程的开发系统包括编程软件和编程器。

利用PLD器件设计数字系统，具有以下优点。

（1）减小系统的硬件规模。单片PLD器件所能实现的逻辑功能大约是SSI/MSI逻辑器件的4～20倍。因此，使用PLD器件能大大节省空间，减小系统规模，降低功耗，提高系统可靠性。

（2）增强逻辑设计的灵活性。使用PLD器件，可不受标准系列器件在逻辑功能上的限制。而且修改逻辑可在系统设计和使用过程的任一阶段中进行，并且只需通过对所用的某些PLD器件进行重新编辑即可完成，给系统设计者提供了很大的灵活性。

（3）缩短系统设计的周期。由于PLD的用户可编程特性和灵活性，用它来设计一个系统所需时间比传统方法大大缩短。同时，在样机设计过程中，对其逻辑功能修改也十分简便迅速，无需重新布线和生产印制板。

（4）简化系统设计提高系统速度。利用PLD的“与-或”两级结构及“输出模式”来实现任何逻辑功能，比用SSI/MSI器件所需逻辑级数少，这不仅简化了系统设计，而且减少了级延迟，提高了系统速度。

（5）降低系统成本。使用PLD器件设计系统，由于所用器件少，系统规模小，器件的测试及装配工作量大大减少，加上避免了修改逻辑带来的重新设计和生产等一系列问题，所以有效地降低了系统的成本。

为便于画图，常用图11-32所示的逻辑图形符号来描述PLD的内部逻辑结构。

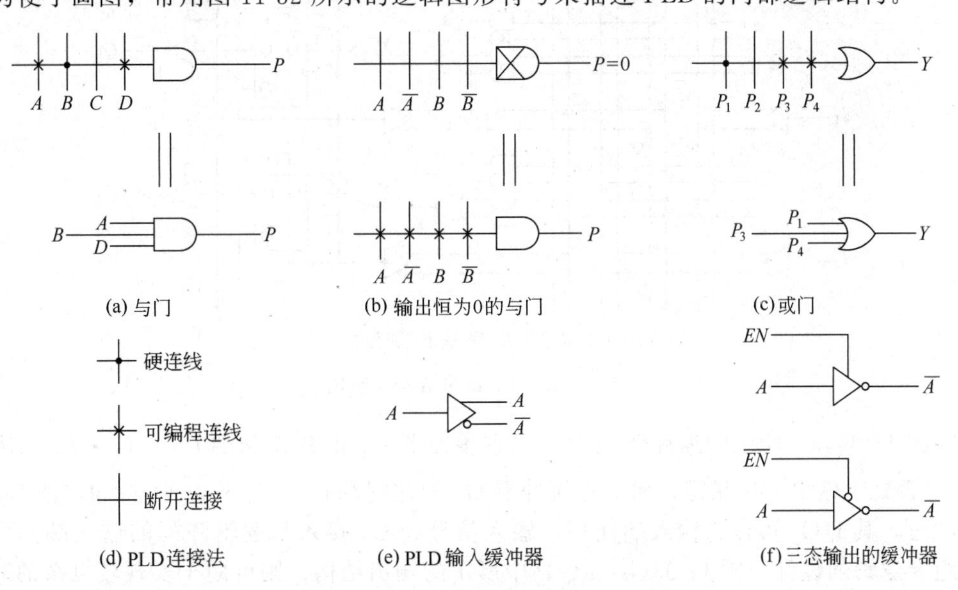


图11-32　PLD的图形符号画法的约定

## 二、PLD 的两种基本类型

1. 可编程阵列逻辑（PAL）

**PAL 器件**是由可编程的与逻辑阵列、固定的或逻辑阵列和输出电路三部分组成。通过对与逻辑阵列的编程，可以获得不同的与项，再由固定的或逻辑阵列和输出电路进行后级逻辑的设计。不同类型的 PAL 器件的输出电路的结构不同。图 11-33 为带有不同输出电路的 PAL 的阵列结构图及其应用。

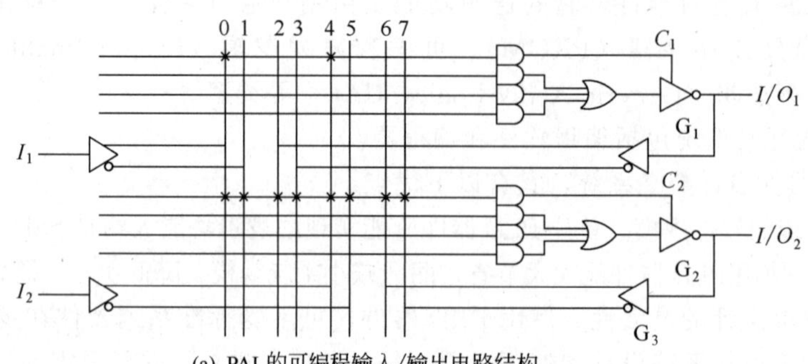


(a) PAL的可编程输入/输出电路结构

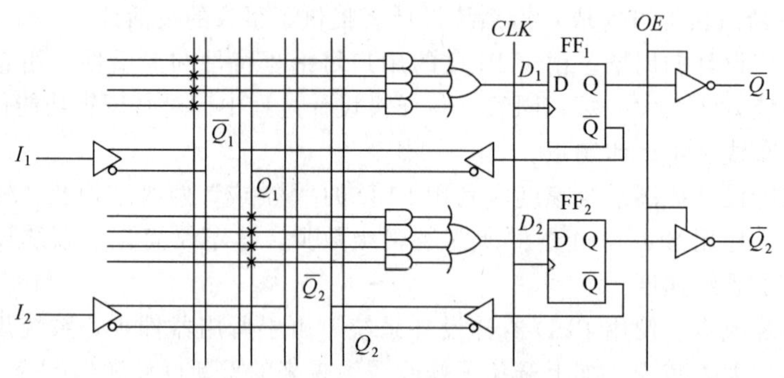


(b) PAL的寄存器及反馈输出电路结构

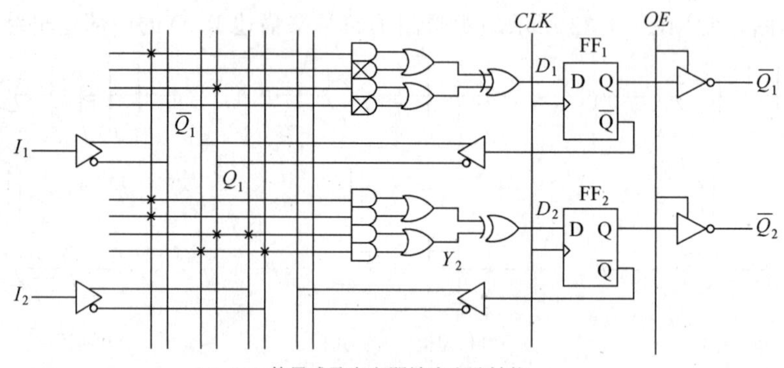


(c) PAL的异或及寄存器输出电路结构

图 11-33 PAL 的结构及应用

在图 11-33(a) 所示的编程情况中，三态缓冲器 $G_1$ 由其控制端 $C_1=I_1\cdot I_2$ 来决定其 $I/O_1$ 是否处于输出工作状态；而三态缓冲器 $G_2$ 的控制端 $C_2=I_1\cdot\overline{I}_1\cdot\cdots=\mathbf{0}$，使 $G_2$ 处于高阻状态，其 $I/O_2$ 可作为输入端使用，输入信号经 $G_3$ 接入与逻辑阵列的输入端。可用于实现组合逻辑的设计。图 11-33(b)、(c) 中所示的输出结构，则可用于实现较复杂的时序逻辑的设计。由图 11-33(b) 的编程可知：$D_1=I_1$，$D_2=Q_1$，即 $Q_1^{n+1}=I_1$，$Q_2^{n+1}=Q_1^n$；由

图 11-33(c) 的编程可知：$D_1=I_1\oplus Q_1$，$D_2=I_1\oplus(I_2Q_1+\overline{I}_2\overline{Q}_1)$，即 $Q_1^{n+1}=I_1\oplus Q_1^{n}$，$Q_2^{n+1}=I_1\oplus(I_2Q_1^{n}+\overline{I}_2\overline{Q}_1^{n})$。

2. 通用阵列逻辑（GAL）

**通用阵列逻辑**（GAL）的结构仍具有基本 PAL 结构的可编程与阵列和固定的或阵列，并且在输出端配置了**输出逻辑宏单元**（Output Logic Macro Cell，OLMC）。通过编程可将 OLMC 设置成不同的工作模式，它包含了 PAL 器件的各种输出电路的工作模式，这使得 GAL 器件具有通用性和灵活性。

（1）GAL 器件的结构形式。GAL 器件也有不同的种类和型号（如 GAL16V8，GAL20V8，ispGAL16z8 等）。下面以 GAL16V8 为例，介绍 GAL 器件的一般结构形式。

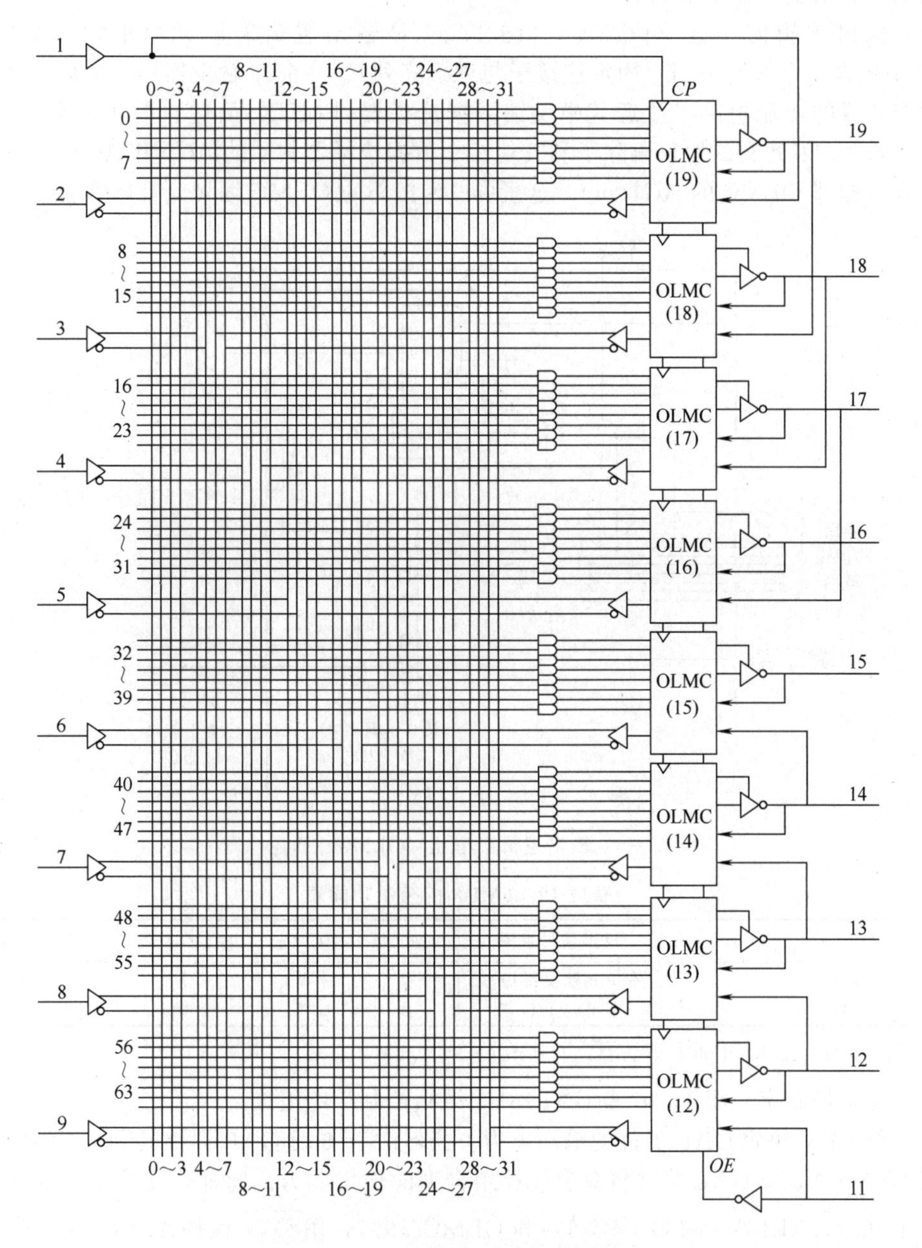


图 11-34　GAL16V8 的电路结构图

图 11-34 为器件 GAL16V8 的内部电路结构图。它有一个 32×64 位的可编程与逻辑阵列、8 个含有固定或逻辑的 OLMC、10 个输入缓冲器、8 个三态输出缓冲器和 8 个反馈输入缓冲器。

GAL16V8 共有 20 个引脚。其中引脚 20 为电源端，引脚 10 为接地端；引脚 2～9 为固定的输入端；引脚 1，11，12～14，17～19 也可定义为输入端，所以输入端最多可达 16 个；引脚 12～19 可选做输出端，最多可达 8 个。GAL16V8 的输出电路按寄存器工作方式输出时，引脚 1 只能用作时钟输入端，引脚 11 为输出使能端。

GAL16V8 的 8 个输出端对应有 8 个输出宏单元 OLMC12～OLMC19。每个输出宏单元对应 8 个与门阵列，每个与门有 32 个输入端，它们是来自 8 个输入缓冲器和 8 个反馈输入缓冲器的原、反变量输出端。

（2）输出逻辑宏单元（OLMC）。图 11-35 是输出逻辑宏单元（OLMC）的逻辑图。OLMC 中包含一个 8 与或门（固定连接于与逻辑阵列）、一个 D 触发器和 4 个数据选择器及由门电路组成的控制电路。注意其中反馈数据选择器（FMUX）虽然它的输入端只有四位，但它是 8 选 1，因此它的地址码除了和其他三个数据选择器共同的 $AC0$ 和 $AC1(n)$ 以外还加上一位来自相邻 OLMC 的 $AC1(m)$。这里 $(m)$ 为相邻的 OLMC 编号。具体看表 11-19。

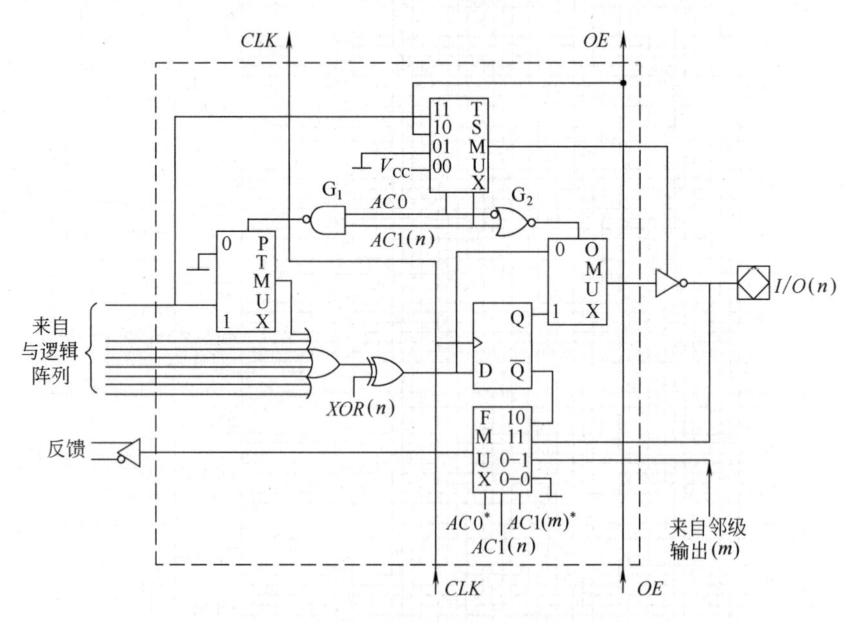


图 11-35 输出逻辑宏单元（OLMC）的逻辑图

**表11-19 FMUX 的控制功能表**

| $AC0^*$ | $AC1(n)$ | $AC1(m)^*$ | 反馈信号来源 | $AC0^*$ | $AC1(n)$ | $AC1(m)^*$ | 反馈信号来源 |
|---|---|---|---|---|---|---|---|
| **1** | **0** | × | 本单元触发器 $\overline{Q}$ 端 | **0** | × | **1** | 邻级 $(m)$ 输出 |
| **1** | **1** | × | 本单元 $I/O$ 端 | **0** | × | **0** | 地电平 |

注：* 在 OLMC(12)和 OLMC(19)中 $\overline{SYN}$ 代替 $AC0$，$SYN$ 代替 $AC1(m)$。

（3）结构控制字。图 11-36 为 GAL16V8 结构控制字的组成。

同步位 $SYN$ 决定 GAL 器件的输出能力。当 $SYN$＝**0** 时 GAL 器件具有寄存器型输出能力，当 $SYN$＝**1** 时，GAL 器件将具有纯粹组合型的输出能力。此外，在最外层的两个输出宏单元中（即 GAL16V8 的 OLMC(12)和 OLMC(19)），用 $\overline{SYN}$ 代替 $AC0$，$SYN$ 代替 $AC1(m)$ 作为 FMUX 的选择端。

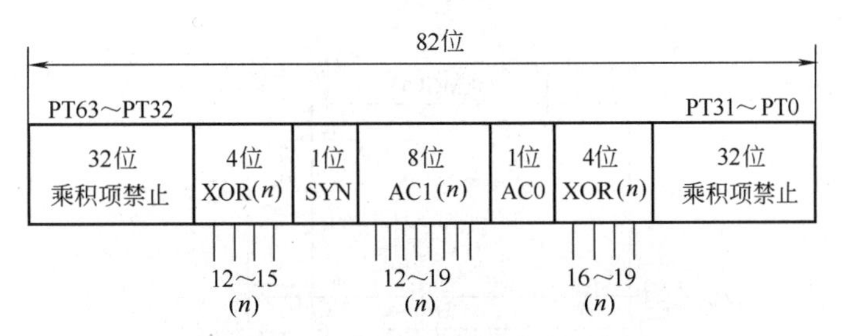


图 11-36 GAL16V8 结构控制字的组成

结构控制位 $AC0$，这一位对于 8 个 OLMC 是公共的，它与各个 OLMC($n$)的 $AC1(n)$ 配合，控制上述各多路选择器。

结构控制位 $AC1(n)$，它共有 8 位。每个 OLMC($n$)有单独的 $AC1(n)$，其中($n$)表示 OLMC 的编号。

极性控制位 $XOR(n)$，它共有 8 位。通过它，每个 OLMC 中"异或"门控制逻辑操作结果的输出极性。当 $XOR(n)=\mathbf{1}$ 时，OLMC 中或门的输出和异或门的输出相位相反，通过输出缓冲器再次反相，因此输出高电平有效。而 $XOR(n)=\mathbf{0}$ 时，或门的输出和异或门的输出相位相同，通过输出缓冲器反相，输出低电平有效。

乘积项 PT 禁止位，共 64 位，分别控制逻辑图中"与"阵列的 64 列，以便屏蔽某些不用的乘积项。

通过对结构控制字编程，设置 $SYN$,$ACO$,$AC1(n)$，$XOR(n)$ 的值，便可设定 OLMC 的工作模式。表 11-20 列出了 OLMC 由结构控制字的状态指定的 5 种工作模式。图 11-37 为 OLMC 的 5 种工作模式下的逻辑电路。

**表 11-20 OLMC 的 5 种工作模式**

| $SYN$ | $AC0$ | $AC1(n)$ | $XOR(n)$ | 工作模式 | 输出极性 | 备 注 |
|---|---|---|---|---|---|---|
| **1** | **0** | **1** | — | 专用输入 | — | 1 和 11 脚为数据输入，三态门禁止 |
| **1** | **0** | **0** | **0** | 专用组合输出 | 低电平有效 | 1 和 11 脚为数据输入，三态门被选通 |
| | | | **1** | | 高电平有效 | |
| **1** | **1** | **1** | **0** | 反馈组合输出 | 低电平有效 | 1 和 11 脚为数据输入，三态门选通信号是第一乘积项，反馈信号取自 I/O 端 |
| | | | **1** | | 高电平有效 | |
| **0** | **1** | **1** | **0** | 时序电路中的组合输出 | 低电平有效 | 1 脚接 $CLK$，11 脚接 $\overline{OE}$，至少另有一个 OLMC 为寄存器输出模式 |
| | | | **1** | | 高电平有效 | |
| **0** | **1** | **0** | **0** | 寄存器输出 | 低电平有效 | 1 脚接 $CLK$，11 脚接 $\overline{OE}$ |
| | | | **1** | | 高电平有效 | |

例如当 $SYN=\mathbf{1}$，$AC0=AC1(n)=\mathbf{1}$ 时，OLMC 中乘积项数据选择器（PTMUX）的控制端为 $\overline{AC0\cdot AC1(n)}=\mathbf{0}$，因此与逻辑阵列第一乘积项未被选作或门的输入；输出数据选择器（OMUX）的控制端为 $\overline{\overline{AC0}+AC1(n)}=\mathbf{0}$，因此选择或门的输出结果不经过 D 触发器直接送到输出端的三态缓冲器；三态数据选择器（TSMUX）的控制端为 11，因此选择与逻辑阵列第一乘积项作为输出端三态缓冲器的控制信号；反馈数据选择器（FMUX）的控制端为 11×，根据表 11-19，即输出信号经过 FMUX 又反馈到与逻辑阵列的输入线上。这一工作状态称为反馈组合输出，如图 11-37(c) 所示。

其余四种情况请自行分析。

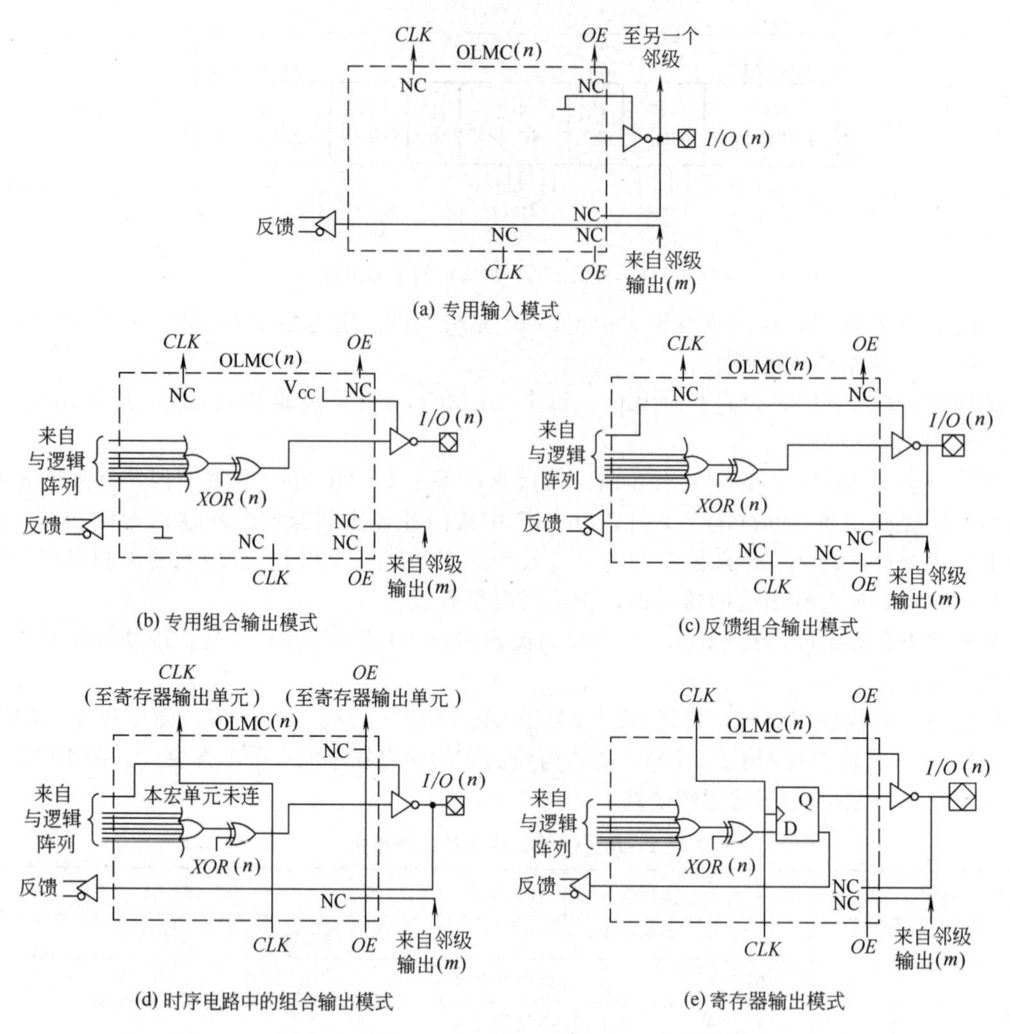


图 11-37 OLMC 的 5 种工作模式下的逻辑电路

## 三、PLD 器件的应用举例

为使 PLD 器件得到广泛的应用，必须具有 PLD 开发工具。PLD 的开发工具包含硬件开发工具——编程器；软件开发工具——PLD 专用的程序设计语言和相应的汇编程序或编译程序，如用于 PAL 的 PALASM 软件包和用于 GAL 的 CVPL 软件包。在此，只介绍用 PLD 实现的逻辑问题，应该如何连接内部的器件，使读者对 PLD 器件的应用有一个初步的了解。

**【例 11-5】** 用 GAL16V8 实现可双向移位的 4 位寄存器，GAL16V8 的引脚图如图 11-38 所示。

**解** 此寄存器具有：4 种功能，即保持、置数、左移和右移；4 位并行数据输入；2 位串行数据输入和 4 位并行数据输出。为此需要时钟脉冲 $CP$、功能选择控制 $S_0S_1$、4 位并行数据输入 $D_0 \sim D_3$、左移串行输入 $D_{SL}$、右移串行输入 $D_{SR}$ 和输出使能端 $\overline{OE}$，共 10 个输入端；需要 4 个输出端 $Q_0 \sim Q_3$。因此可对 GAL16V8 的引脚加以定义，得到可实现双向移位的 4 位寄存器的引脚设置图，如图 11-39 所示。表 11-21 为此寄存器的功能表。

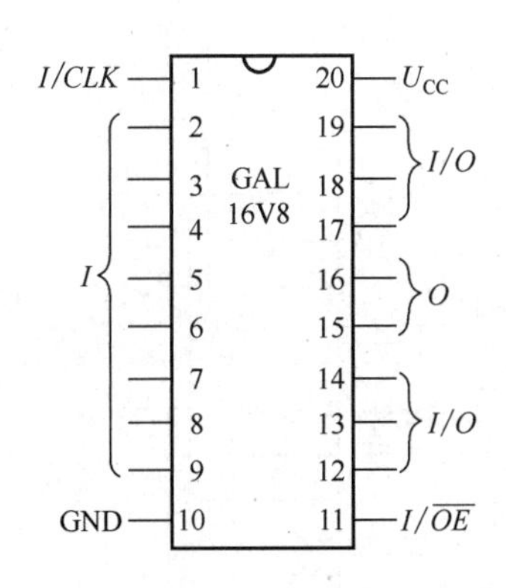

图 11-38　GAL16V8 的引脚图

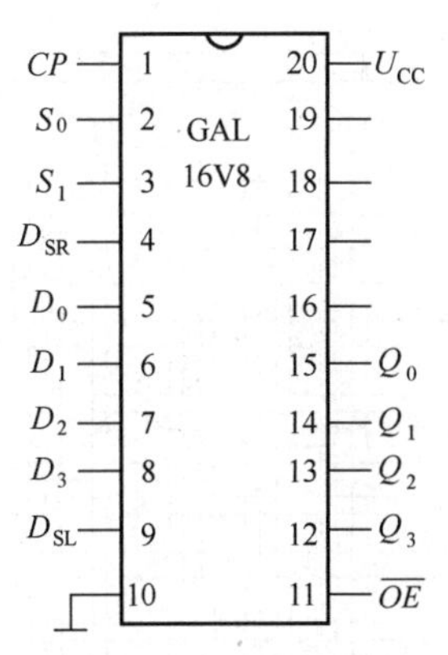


图 11-39　双向移位的 4 位寄存器的引脚设置图

**表 11-21　4 位通用寄存器的功能表**

| $S_1$ | $S_0$ | $D_{SR}$ | $D_0$ | $D_1$ | $D_2$ | $D_3$ | $D_{SL}$ | $Q_0^{n+1}$ | $Q_1^{n+1}$ | $Q_2^{n+1}$ | $Q_3^{n+1}$ |
|---|---|---|---|---|---|---|---|---|---|---|---|
| **0** | **0** | × | × | × | × | × | × | $Q_0^n$ | $Q_1^n$ | $Q_2^n$ | $Q_3^n$ |
| **0** | **1** | $D_{SR}$ | × | × | × | × | × | $D_{SR}$ | $Q_0^n$ | $Q_1^n$ | $Q_2^n$ |
| **1** | **0** | × | × | × | × | × | $D_{SL}$ | $Q_1^n$ | $Q_2^n$ | $Q_3^n$ | $D_{SL}$ |
| **1** | **1** | × | $D_0$ | $D_1$ | $D_2$ | $D_3$ | × | $D_0$ | $D_1$ | $D_2$ | $D_3$ |

根据以上分析可得到出寄存器的状态方程组（即输出逻辑表达式）

$$Q_0^{n+1}=\overline{S}_1\overline{S}_0Q_0^n+\overline{S}_1S_0D_{SR}+S_1\overline{S}_0Q_1^n+S_1S_0D_0$$

$$Q_1^{n+1}=\overline{S}_1\overline{S}_0Q_1^n+\overline{S}_1S_0Q_0^n+S_1\overline{S}_0Q_2^n+S_1S_0D_1$$

$$Q_2^{n+1}=\overline{S}_1\overline{S}_0Q_2^n+\overline{S}_1S_0Q_1^n+S_1\overline{S}_0Q_3^n+S_1S_0D_2$$

$$Q_3^{n+1}=\overline{S}_1\overline{S}_0Q_3^n+\overline{S}_1S_0Q_2^n+S_1\overline{S}_0D_{SL}+S_1S_0D_3$$

其中以 $Q_0^{n+1}$ 为例说明如下，由表 11-21 看出如下内容。

$Q_0^{n+1}$ 在 $S_0=S_1=\mathbf{0}$ 时 $Q_0^{n+1}=Q_0^n$，因此，写 $Q_0^{n+1}$ 的与或表达式中应以 $\overline{S}_1\overline{S}_0Q_0^n$ 表示这一对应关系；

$Q_0^{n+1}$ 在 $S_1=\mathbf{0}$，$S_0=\mathbf{1}$ 时 $Q_0^{n+1}=D_{SR}$，$Q_0^{n+1}$ 的与或表达式中应以 $\overline{S}_1S_0D_{SR}$ 表示这一对应关系；

$Q_0^{n+1}$ 在 $S_1=\mathbf{1}$，$S_0=\mathbf{0}$ 时 $Q_0^{n+1}=Q_1^n$，$Q_0^{n+1}$ 的与或表达式中应以 $S_1\overline{S}_0Q_1^n$ 表示这一对应关系；

$Q_0^{n+1}$ 在 $S_0=S_1=\mathbf{1}$ 时 $Q_0^{n+1}=D_0$，$Q_0^{n+1}$ 的与或表达式中应以 $S_1S_0D_0$ 表示这一对应关系。

综合以上分析，$Q_0^{n+1}$ 的与或表达式为

$$Q_0^{n+1}=\overline{S}_1\overline{S}_0Q_0^n+\overline{S}_1S_0D_{SR}+S_1\overline{S}_0Q_1^n+S_1S_0D_0$$

其余各式请读者自行分析。

由输出逻辑表达式可确定 GAL16V8 中与阵的连接点；并得知输出逻辑宏单元 12～15（OLMC）应选择寄存器输出模式，即结构控制字中的 *SYN*，*AC*0，*AC*1(*n*)和 *XOR*(*n*)为 **0101**，这一过程可由开发系统自行完成，只要将所定义的引脚和输出逻辑表达式按照编程软件规定的格式输入计算机即可。图 11-40 为编程后的 GAL16V8 的逻辑图。

GAL 电路实现了输出阵列的可编程和逻辑的时序特性，在应用上得到很多方便。但终究因：低密度的 PLD 规模太小；虽然有 OLMC 可以实现逻辑时序，但是它们都共一个外部

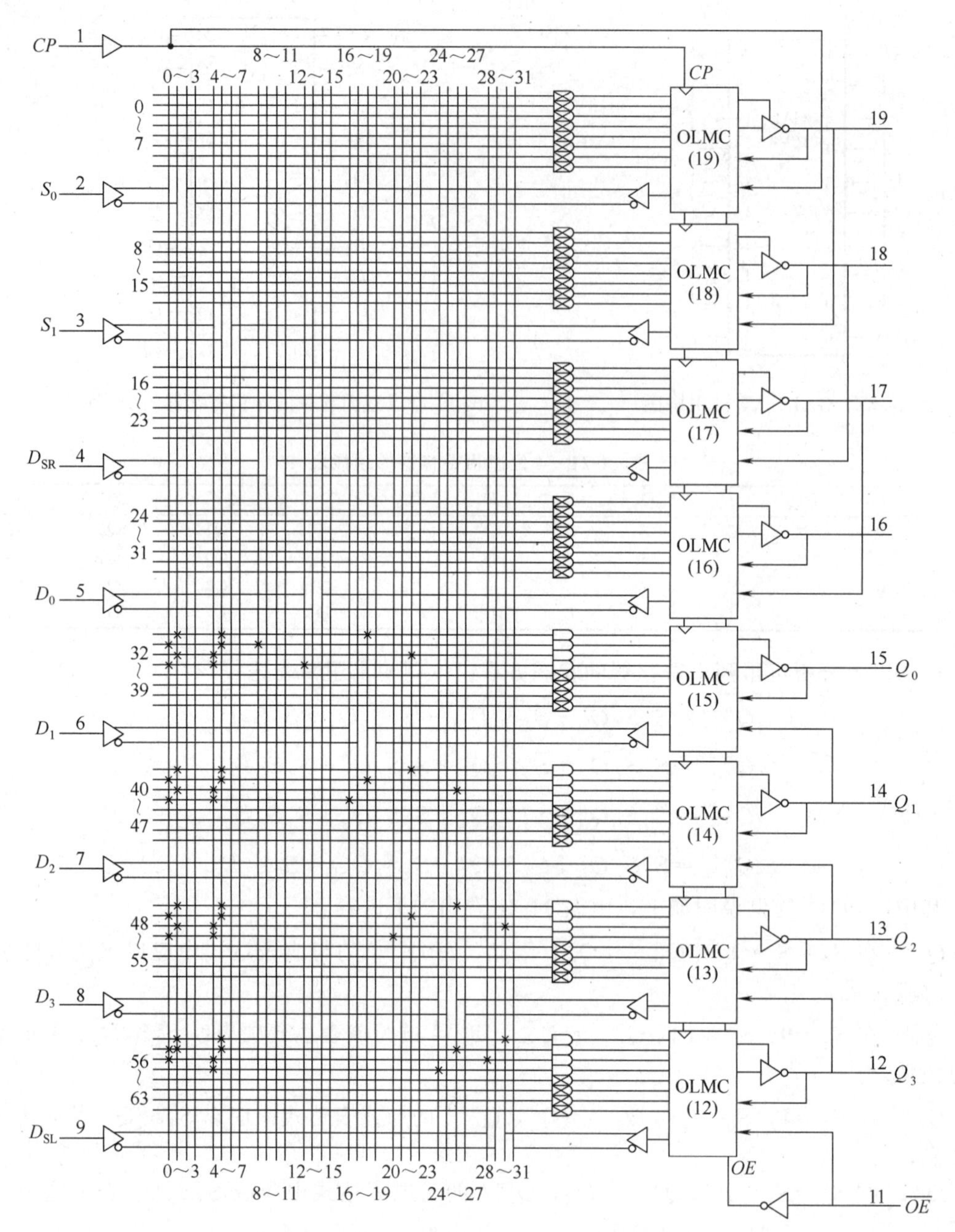


图 11-40　例 11-5 编程后的 GAL16V8 的逻辑图

时钟，因此只能作为同步时序电路；它们的预置端和清零端都连在一起，只能同时置位和清零等其他缺点，给使用带来了不便和制约。

在集成电路制造工艺高度发展中我们迎来了高密度可编程逻辑器件——HDPLD，HDPLD 克服了这些缺点。HDPLD 分为阵列型和单元型，其中阵列型 HDPLD 又称复杂可编程逻辑器件 CPLD，它基本主体同 GAL 电路，仍是与或阵列，但是规模大得多。单元型 HDPLD 又称为现场可编程门阵列 FPGA，它是由许多逻辑宏单元组成的阵列。它们在集成的规模、功能、性能上都使得 PLD 得到了前所未有的发展，成了今日集成电路领域的主流器件。

本节主要以GAL电路为例来展开对可编程逻辑器件PLD的述说，意在了解PLD的基本概念和应用方式，有关CPLD/FPGA的原理和应用不在此展开。

## 思 考 题

11-5-1 已知某同步时序电路编程后的PAL16R4（具有寄存器输出结构）的逻辑图，如图11-41所示。试分析此时序电路的逻辑功能。

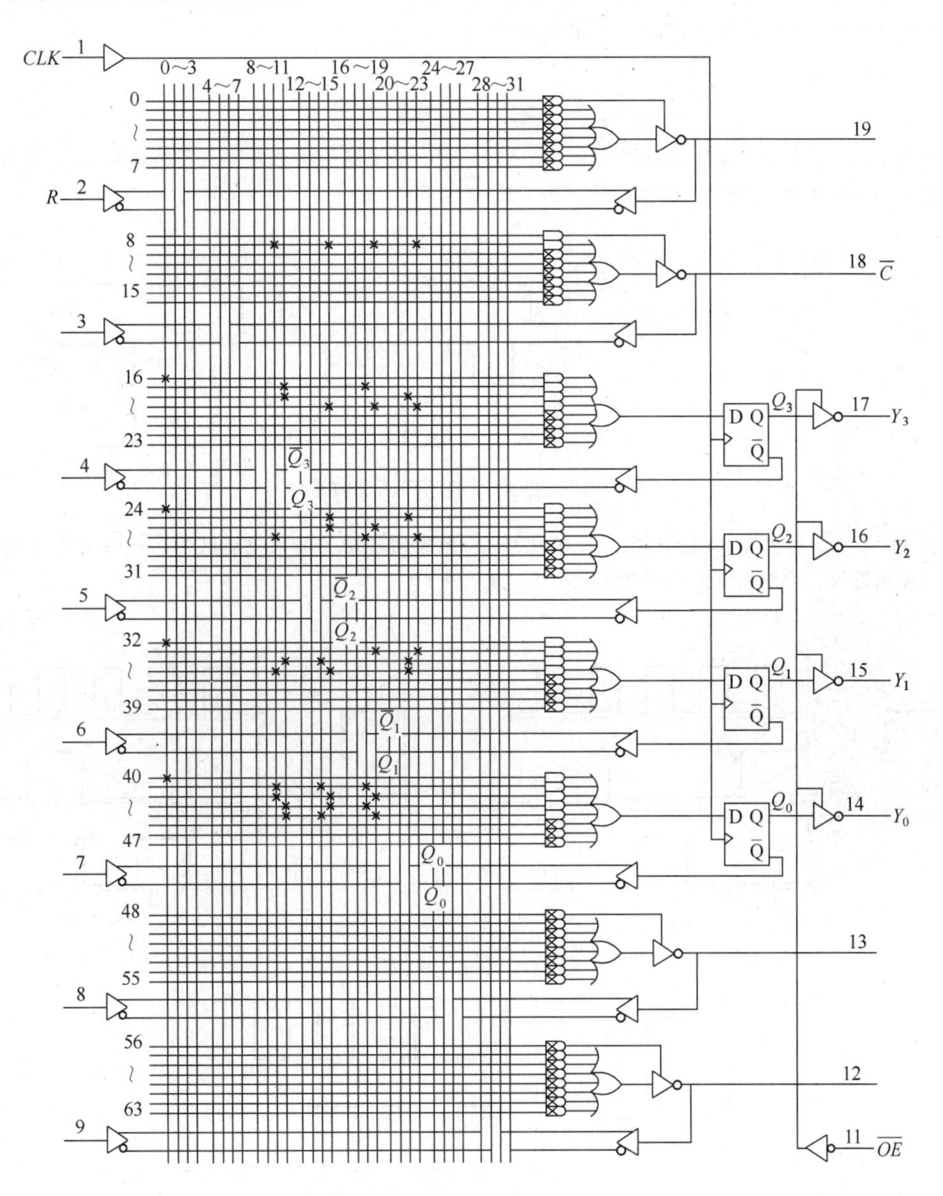


图 11-41 思考题 11-5-1 PAL16R4 的逻辑图

## 本章复习提示

(1) 构成时序逻辑电路的基本单元是触发器，它的作用是什么？

(2) 有哪些功能的触发器？它们之间的功能是如何转换的？

(3) 触发器电路的不同结构决定了不同的动作特点，请列举。

（4）触发器的电路结构与逻辑功能的区别和关系。

（5）触发器的逻辑功能可用哪些方式来描述？

（6）时序电路与组合电路不同之处是什么？

（7）时序电路的功能描述方式有哪些？

（8）时序电路的分析方法的步骤是什么？

（9）总结几种常用中规模集成电路的使用方法。

（10）利用555定时器可灵活构成哪些常用的脉冲电路？

（11）了解可编程逻辑器件PLD的工作特点和性能。

## 习　题

11-1　由与非门构成的触发器电路如图11-42所示，试写出触发器的状态方程（即特征方程），并根据输入波形画出输出 $Q$ 的波形，设初始状态为“**1**”。

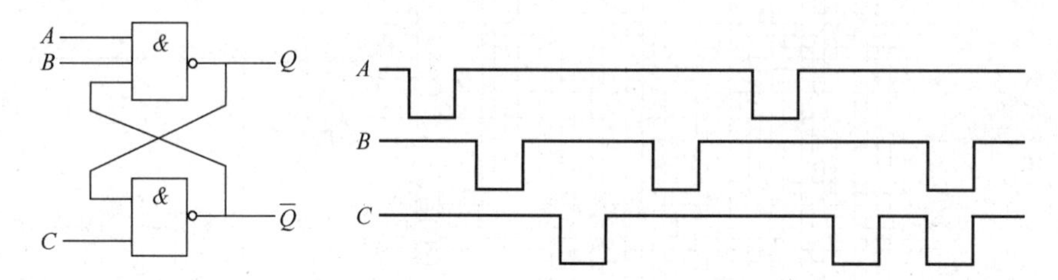


图11-42　题11-1的逻辑图和波形图

11-2　图11-43所示为钟控RS触发器、JK触发器、D触发器各端的输入电压波形。试画出各自Q端对应的输出波形，设触发器的输出初试状态为“**0**”。

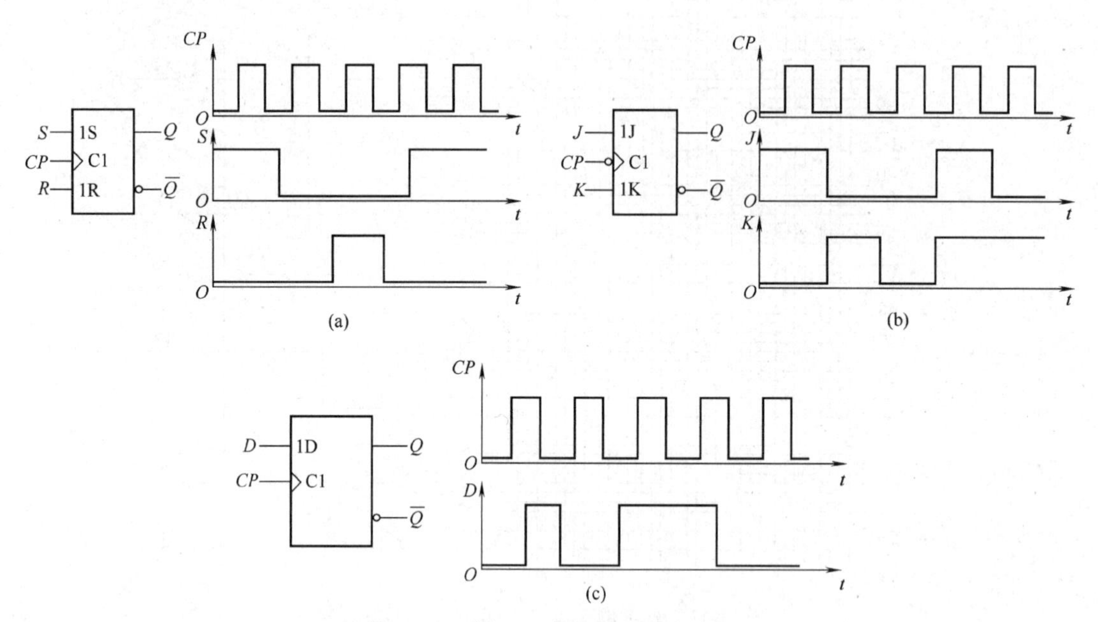


图11-43　题11-2的逻辑图和波形图

11-3　试画出图11-44中各触发器的输出的波形（设初始状态均为“**0**”）。

11-4　在图11-45中，设异步计数器的初始状态为 $Q_2Q_1Q_0=\mathbf{111}$，试列出在计数脉冲作用下的状态表。

11-5　在图11-46中，若计数器的初始状态为 $Q_1Q_0=\mathbf{00}$，试列出在计数脉冲作用下各触发器的状态表，并指出是几进制计数器。

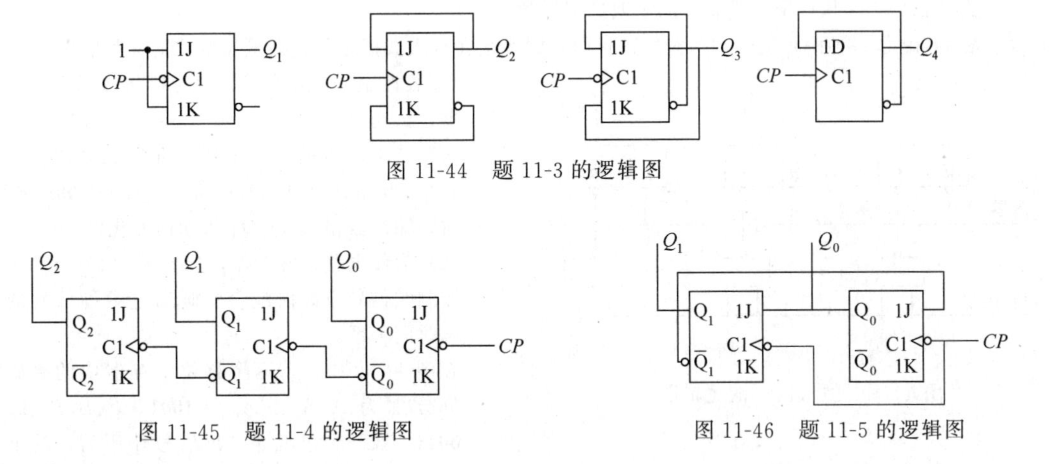


图 11-44　题 11-3 的逻辑图

图 11-45　题 11-4 的逻辑图

图 11-46　题 11-5 的逻辑图

11-6　已知逻辑电路及输入波形如图 11-47 所示，试画出各触发器的输出波形（设初始状态均为“**0**”）。

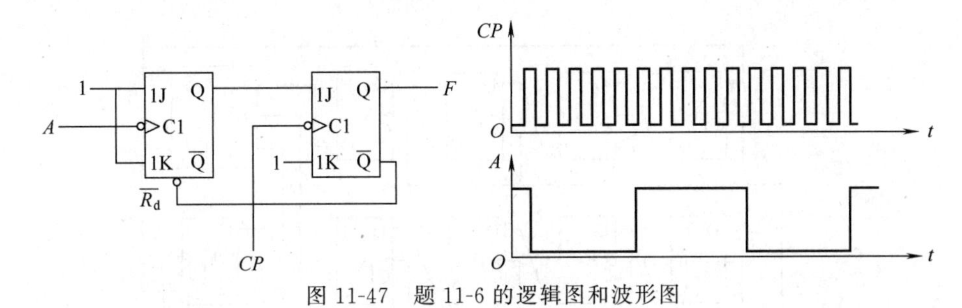


图 11-47　题 11-6 的逻辑图和波形图

11-7　利用三个 JK 触发器（负边沿触发）组成三位二进制加计数器，试画出其逻辑电路图。

11-8　利用置位法将 74LS169 设计为十一进制的计数器。

11-9　由 74LS290 构成的计数器电路如图 11-48 所示，试分析它们各为几进制计数器。

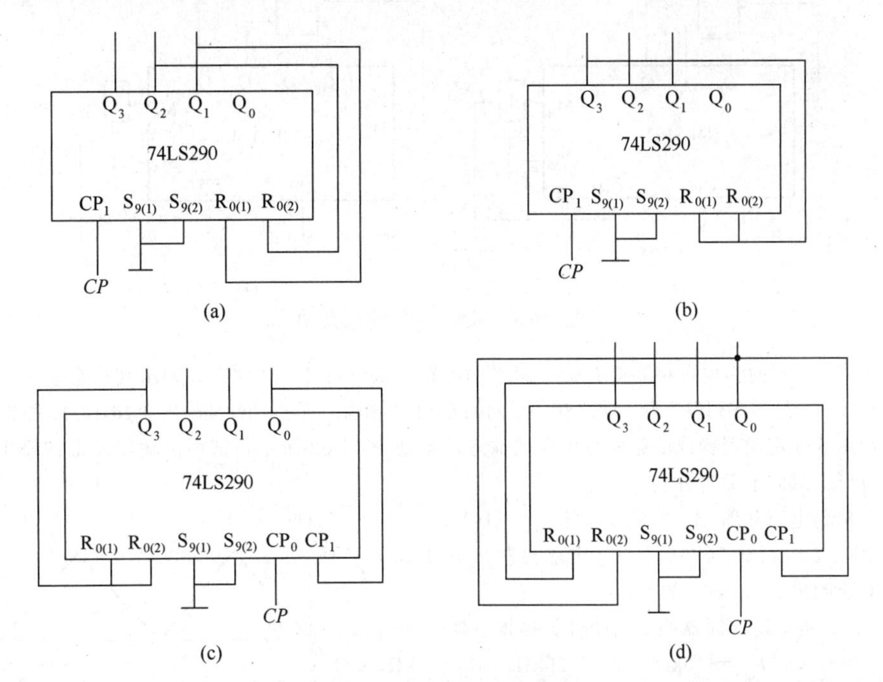


图 11-48　题 11-9 的电路图

11-10　试用 74LS293 构成十二进制、二十四进制计数器。

11-11　图 11-49 是一种两拍工作寄存器的逻辑图，即每次在存入数据之前，必须先给“清零”信号，然后“接收控制”信号有效，此时可将数据存入寄存器。试问：

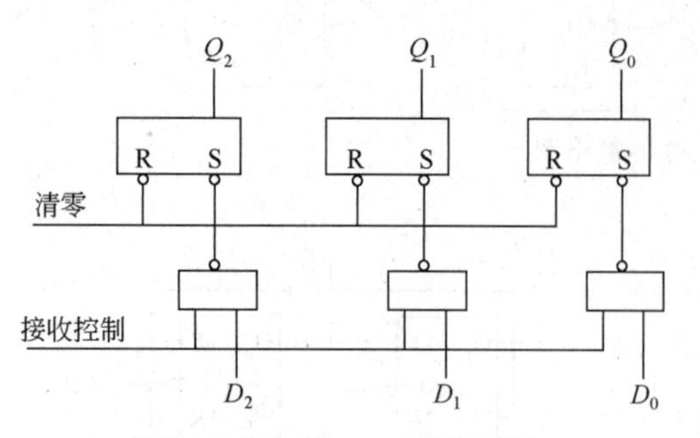


图 11-49　题 11-11 的逻辑图

(1) 若不按两拍方式工作（即取消“清零”信号），当输入数据 $D_2D_1D_0$ = **100→001→010** 时，输出数据 $Q_2Q_1Q_0$ 将如何变化？

(2) 为使电路正常工作，“清零”信号与“接收控制”信号应如何配合？画出这两种信号的正确时间关系。

11-12　在图 11-50 中，若两个移位寄存器中的原始数据分别为 $A_3A_2A_1A_0$ = **1001**，$B_3B_2B_1B_0$ = **0011**，试问经过四个 ***CP*** 信号作用后，两个移位寄存器中的数据如何？这个电路完成什么功能？

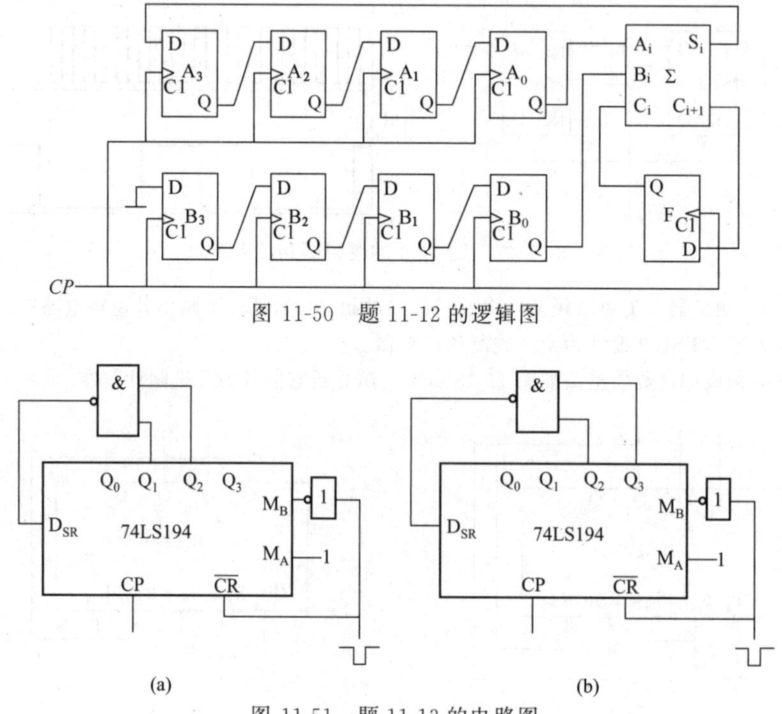


图 11-50　题 11-12 的逻辑图

图 11-51　题 11-13 的电路图

11-13　图 11-51 为双向移位寄存器 74LS194 组成的电路。试分析其工作状态，列出其状态表。

* 11-14　设计一个脉冲序列发生器，使之在一系列的 ***CP*** 信号作用下能周期性地输出 **0010110111** 的脉冲序列。

11-15　已知由 555 定时器构成的施密特电路的输入波形如图 11-52 所示，试画出输出波形（输出波形与输入波形在时间上要对齐）。

11-16　已知单稳电路如图 11-53 所示，当 $U_{CC}=10\text{V}$，$R_L=33\text{k}\Omega$，$R=10\text{k}\Omega$，$C=0.1\mu\text{F}$，求输出脉冲宽度 $t_W$，并对应画出 $u_i$，$u_o$，$u_C$ 的波形。

11-17　图 11-54 为 555 定时器构成的线性扫描发生器，已知 $U_{CC}=12\text{V}$，$R_1=10\text{k}\Omega$，$R_2=20\text{k}\Omega$，$R_e=1\text{k}\Omega$，$C=0.1\mu\text{F}$，估算线性扫描时间。

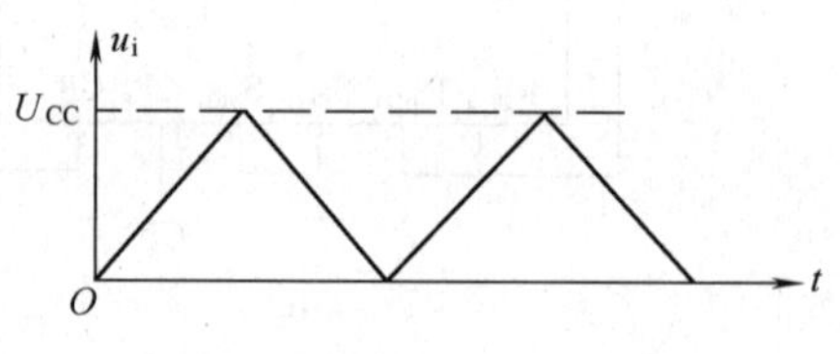


图 11-52　题 11-15 的波形图

11-18　图 11-55 是一个简易电子琴电路。当琴键 $S_1 \sim S_n$ 均未按下时，三极管 VT 接近饱和导通，$V_E$ 约为 0.7V，使 555 定时器构成的振荡器停振。当按下不同琴键时，因 $R_1 \sim R_n$ 的阻值不等，扬声器便发出不同的声音。若 $R_b = 20\text{k}\Omega$，$R_1 = 10\text{k}\Omega$，$R_e = 2\text{k}\Omega$，$\beta = 150$，$U_{CC} = 12\text{V}$，振荡器外接电阻、电容参数如图所示，试计算按下琴键 $S_1$ 时扬声器发出声音的频率。

11-19　图 11-56 是用两个 555 定时器接成的延迟报警器。当开关 S 断开后，经过一定的延迟时间后扬声器开始发出声音。如果在延迟时间 $t_d$ 内将 S 重新闭合，扬声器不会发出声音。在图中给定的参数下，试求延迟时间 $t_d$ 以及扬声器发出声音的频率。

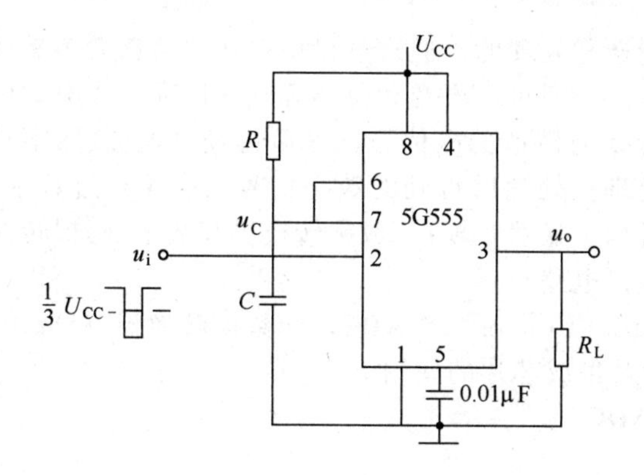


图 11-53　题 11-16 的电路图

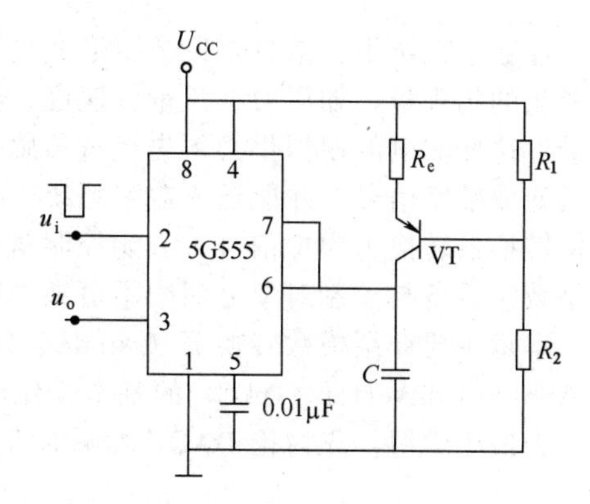


图 11-54　题 11-17 的电路图

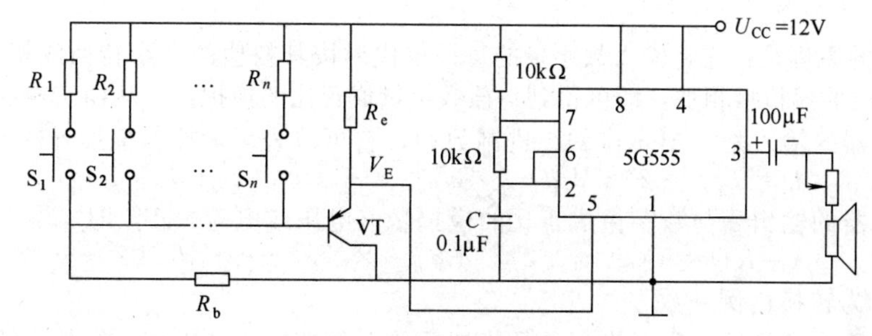


图 11-55　题 11-18 的电路图

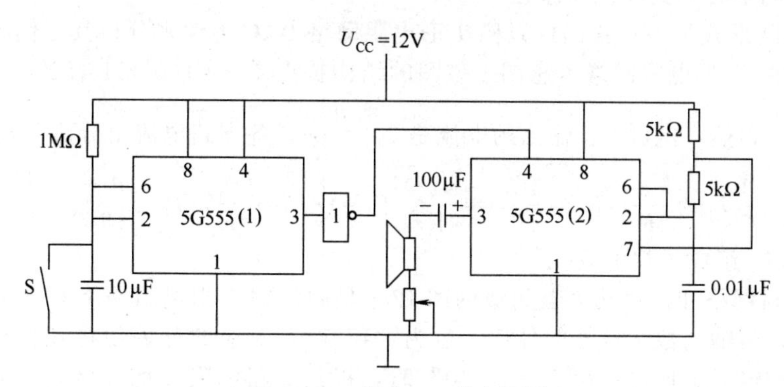


图 11-56　题 11-19 的电路图

# 第十二章　数模、模数转换电路

在数字系统中，信息是以数字形式进行传送和处理的。但自然界中存在的信息大多是连续变化的物理量，如压力、流量、速度、温度、光通量、声音和位移等，它们都是非电的模拟量。这些非电的模拟量必须先经过传感器转换为模拟的电信号，然后再经过模拟/数字转换器变成数字信号，才能送入数字系统进行处理。处理后得到的数字信号又必须经过数字/模拟转换器转换为模拟信号，方能控制执行机构。显然，模拟/数字转换器和数字/模拟转换器是数字设备与控制对象之间的不可缺少的接口电路。

本章主要介绍模数转换器（Analog to Digital Converter，**ADC**）和数模转换器（Digital to Analog Converter，**DAC**）的基本工作原理及集成芯片的使用。

为便于学习，先讨论 **DAC**，然后再介绍 **ADC**。

## 第一节　数模转换电路

**D/A** 转换的原理是：先将输入数字量的每一位代码按其权值的大小转换成相应的模拟量，然后将代表各位的模拟量相加，即可得到与该数字量成正比的模拟量，从而实现数模转换。

**D/A** 转换器的输入是一个 $n$ 位的二进制数 $D$，它可以表示为按权值展开的形式

$$D=d_{n-1}\times 2^{n-1}+d_{n-2}\times 2^{n-2}+\cdots+d_1\times 2^1+d_0\times 2^0 \tag{12-1}$$

**D/A** 转换器的输出是与数字量成正比的模拟量（电压或电流）$A$，即

$$A=KD=K(d_{n-1}\times 2^{n-1}+d_{n-2}\times 2^{n-2}+\cdots+d_1\times 2^1+d_0\times 2^0) \tag{12-2}$$

式中，$K$ 为转换比例系数。

**D/A** 转换器通常是由电阻网络、电子模拟开关、基准电压和求和运算放大器组成。

### 一、DAC 的电路形式和工作原理

DAC 的电路形式很多，我们仅以**倒 T 形电阻网络 DAC** 为例来分析其工作原理。

图 12-1 为倒 T 形电阻网络示意图。该图的结构特点是：从 $00',11',22',33'$处往左看等效电阻均为 $R$。显然，电源 $U_R$ 输出的电流是 $I_R=\frac{U_R}{R}$，各支路电流由分流公式分别为

$$I_3=\frac{1}{2}I_R=\frac{U_R}{2R},\ I_2=\frac{1}{4}I_R=\frac{U_R}{4R},\ I_1=\frac{1}{8}I_d=\frac{U_R}{8R},\ I_0=\frac{1}{16}I_R=\frac{U_R}{16R} \tag{12-3}$$

$I_3,I_2,I_1,I_0$ 组成了权电流。

倒 T 形电阻网络和运算放大器组成的图 12-2 是四位倒 T 形电阻网络 **D/A** 转换器的原理图。由图可见，当输入数字信号的任何一位为“**1**”时，对应的开关便将其支路电阻接到运算放大器的反相输入虚地端；而当它是“**0**”时，将其支路电阻接地。显然，不管输入信号是“**1**”还是“**0**”，流过每个支路电阻的电流始终和图 12-1 倒 T 形电阻网络相同，也即各支路电流为式（12-3）所示的权电流。

由开关 S 的控制作用，结合图 12-2 可知

$$I_{O1}=\frac{I_R}{2}d_3+\frac{I_R}{4}d_2+\frac{I_R}{8}d_1+\frac{I_R}{16}d_0 \tag{12-4}$$

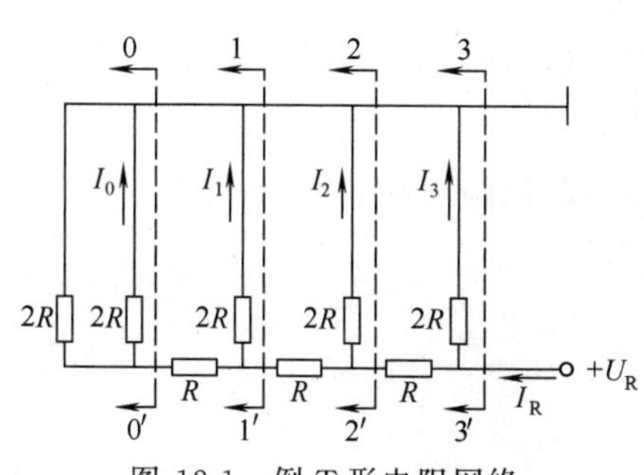


图 12-1　倒 T 形电阻网络

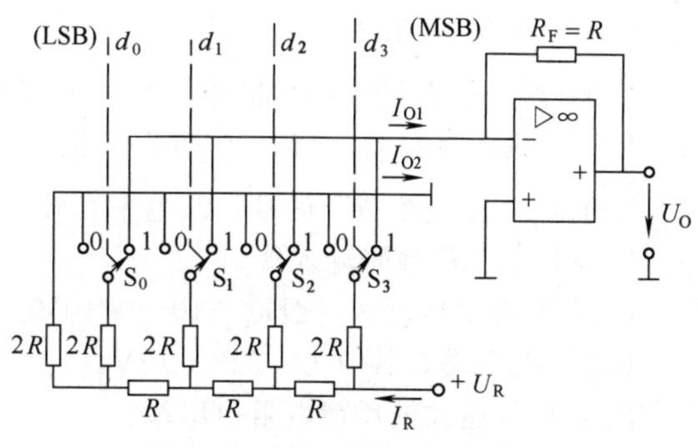


图 12-2　倒 T 形电阻网络 DAC

由运放特性可知

$$
\begin{aligned}
U_O &= -I_{O1}R_F \\
&= -\frac{U_R}{2^4}(d_3\times 2^3+d_2\times 2^2+d_1\times 2^1+d_0\times 2^0)
\end{aligned}
\tag{12-5}
$$

可见，输出的模拟电压正比于输入的二进制数字信号，依此类推，对于 $n$ 位的 DAC，则有

$$
U_O=-\frac{U_R}{2^n}(d_{n-1}\times 2^{n-1}+d_{n-2}\times 2^{n-2}+\cdots+d_1\times 2^1+d_0\times 2^0) \tag{12-6}
$$

## 二、集成 DAC 及主要参数

1. 集成 DAC

DAC 集成电路的品种较多，例如 8 位的 DAC0832，10 位的 5G7520，12 位的 DAC1230 等。下面仅简单介绍 DAC0832 的功能和使用。

DAC0832 是用 CMOS 工艺制作的大规模双列直插式单片 8 位 D/A 转换器，它可直接与微机系统连接。图 12-3 为其原理图。DAC0832 有两个寄存器（输入寄存器和 DAC 寄存器），当 DAC 寄存器从输入寄存器取走数字信号后，输入寄存器就可以接收输入信号，这样可以提高转换速度。DAC0832 为倒 T 形电阻网络的 DAC，不含运算放大器，但将外接运放所需的反馈电阻 $R_F$ 集成在芯片内。

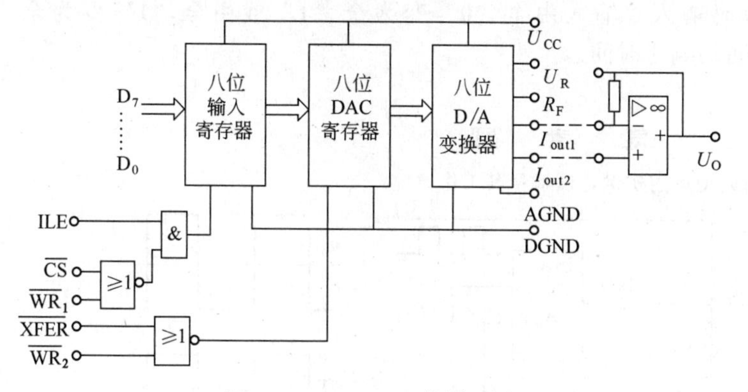


图 12-3　DAC0832 的原理图

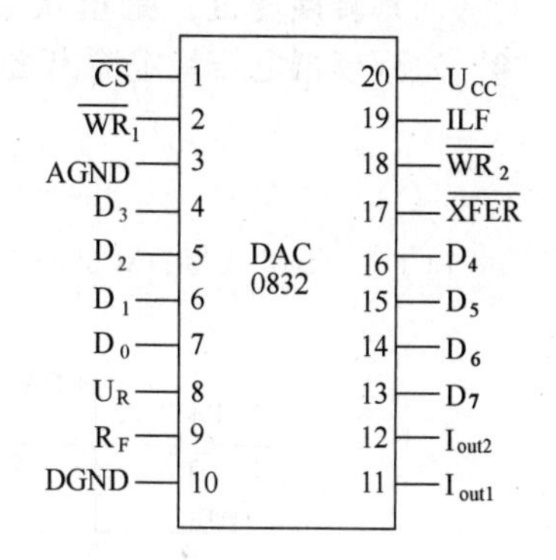


图 12-4　DAC0832 的外引线排列图

图 12-4 是 DAC0832 的外引线排列图，各引脚功能如下。

$\overline{CS}$：片选信号输入端，低电平有效。当 $\overline{CS}=\mathbf{0}$ 且 ILF$=\mathbf{1}$，$\overline{WR_1}=\mathbf{0}$ 时才能将输入数据存入输入寄存器。

$\overline{WR_1}$：输入控制信号 1，低电平有效。在 $\overline{CS}$ 和 ILF 均有效时，$\overline{WR_1}=\mathbf{0}$ 允许输入数字信号。

$\overline{WR_2}$：输入控制信号 2，低电平有效。在 $\overline{WR_2}$ 和 $\overline{XFER}$ 同时有效时，将输入寄存器中

的数据装入 DAC 寄存器。

ILF：输入寄存器的锁存信号，高电平有效。当 ILF=**1**，且 $\overline{CS}$ 和 $\overline{WR_1}$ 均有效时，输入数据存入输入寄存器；当 ILF=**0** 时，输入的数据被锁存。

$\overline{XFER}$：“传送控制”信号，低电平有效。它与 $\overline{WR_2}$ 一起控制选通 DAC 寄存器。

$D_0$～$D_7$：8 位数码输入端。

$U_R$：参考电压端，一般取－10～＋10V。

$U_{CC}$：电源端，其值为－5～＋15V。

$R_F$：外接运放的反馈电阻引出端。

DGND：数字电路接地端。

AGND：模拟电路接地端，通常与 DGNA 共地。

$I_{out1}$：模拟电流输出端，接外部运放的反相输入端。

$I_{out2}$：模拟电流输出端。一般应接地（运放的同相输入端）。

2. 主要参数

（1）**分辨率**。电路所能分辨的最小输出电压 $U_{LSB}$（输入数字量中最低有效位为“**1**”，其余为“**0**”时，所对应的输出电压）与最大输出电压 $U_m$（输入数字量中各位均为“**1**”时所对应的输出电压）之比，即

$$分辨率=\frac{U_{LSB}}{U_m}=\frac{1}{2^n-1} \tag{12-7}$$

当 $U_m$ 一定时，输入数字代码的位数 $n$ 越多，分辨率越小，分辨能力越高。

（2）**转换精度**。是实际输出值与理论计算值之差。在集成 **D/A** 转换器中，一般用分辨率和转换误差来描述转换精度。

（3）**转换误差**。主要由非线性误差、比例系数误差和漂移误差所引起。可用输出电压满刻度 ***FSR*** 的百分数表示，也可用最低有效位的倍数表示。例如，转换误差为 ***LSB***/2，就表示输出模拟电压的绝对误差等于最小输出电压 $U_{LSB}$ 的一半。

（4）**转换速度**。是指从数码输入（输入由全“**0**”变为全“**1**”或由全“**1**”变为全“**0**”）到模拟电压稳定输出之间的响应时间。

## 思　考　题

12-1-1　图 12-5 为 DAC0832 的典型运用实例，试解释其工作原理。

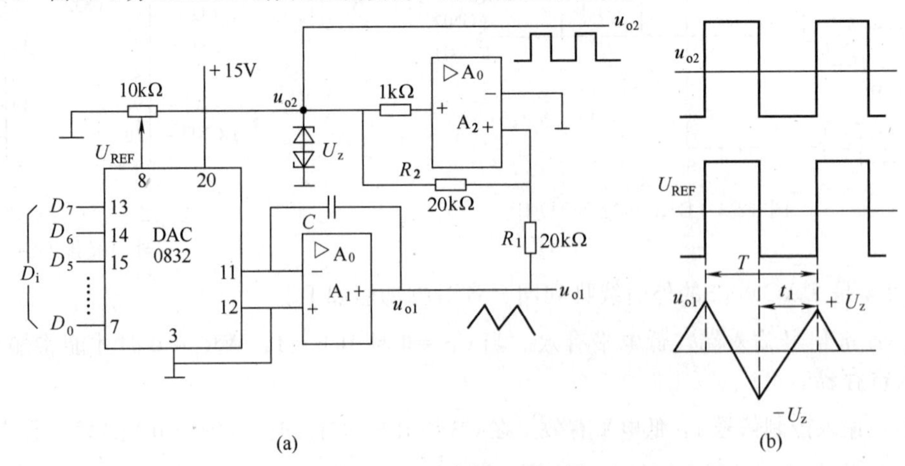


图 12-5　思考题 12-1-1 图

# 第二节　模数转换电路

在 **A/D** 转换器中，因为输入的模拟信号在时间上是连续的，而输出的数字信号是离散量，所以进行转换时只能在一系列选定的瞬间内对输入的模拟信号进行采样，然后再把这些采样值转换为数字量输出。

**一、集成 ADC 的电路形式和工作原理**

目前 A/D 转换器的种类虽然很多，但从转换过程来看可分成两大类：一类是直接 A/D 转换器，另一类是间接 A/D 转换器。

直接 **A/D** 转换器　不需要中间变量就能把输入的模拟电压直接转换为输出的数字代码，常用的电路有并联比较型和反馈比较型。这类转换器的特点为工作速度较快，转换精度易保证。

间接 **A/D** 转换器　先将输入的模拟电压信号转换成一个中间变量（时间或频率），然后再将中间变量转换为数字量。这类转换器的特点为工作速度较低，转换精度较高，一般用于测试仪表中。

下面以直接 A/D 转换器中最常用的逐次渐近型 **A/D** 转换器为例讲解 A/D 转换器的工作原理。

**二、逐次渐近型 ADC 转换器**

逐次渐近型 **ADC** 是由顺序脉冲发生器、寄存器、DAC 和电压比较器等部分组成。其原理类似于用有限的砝码来衡量任何物体的重量。转换器设置一系列的具有二进制权值的电压分量，用各电压分量及其组合依次与所采样的输入信号相比较，直到十分“逼近”为止。

具体的工作原理是：由顺序脉冲发生器先将寄存器最高位置 **1**，输出数字为 1000（设转换器是 4 位），通过内部的 D/A 转换器转换成相应的模拟电压 $U_O$，将此电压和输入的待转换电压值 $U_I$ 比较，若 $U_O > U_I$ 表明寄存器输出的数字太大，于是将最高位的 **1** 清除，变为 **0**；若 $U_O < U_I$，表明寄存器输出的数字比相应的输入 $U_I$ 小，则最高有效位 **1** 保留。然后再将次高位置 **1**，同样，将寄存器输出数字经 D/A 转换并与输入的 $U_I$ 相比，根据比较结果决定次高位的 **1** 是清除还是保留。依次类推，逐位比较，直至最低有效位为止。最终，寄存器的最后数字就是 A/D 转换器的数值。显然，对于 $N$ 位的逐次逼近型 A/D 转换器整个过程只需比较 $N$ 次，因此逐次逼近型 A/D 转换器的工作速度和精度都较高，得到广泛应用。

图 12-6 为三位逐次渐近型 ADC 的逻辑电路图。下面以参考电压 $\boldsymbol{U}_R=-8V$，待转换的采样电压 $\boldsymbol{U}_I=5.2V$ 为例，介绍逐次渐近型 ADC 的转换过程。其中 $F_A$，$F_B$，$F_C$ 组成数码寄存器，$F_1$，$F_2$，$F_3$，$F_4$，$F_5$ 组成环形计数器。

先将三位寄存器清零，并且使五位的环形计数器的状态置为 $Q_1Q_2Q_3Q_4Q_5=\mathbf{10000}$。

（1）当第 1 个 $CP$ 的上升沿到来时，环形计数器的状态 $Q_1Q_2Q_3Q_4Q_5=\mathbf{10000}$。由于 $Q_1=\mathbf{1}$，则三位寄存器的内容 $Q_AQ_BQ_C=\mathbf{100}$。参看图 12-6，输入 DAC 的数字量：$d_2=\mathbf{1}$，$d_1=d_0=\mathbf{0}$，即使三位 $DAC$ 转换出权值电压分量 $\boldsymbol{U_O}=-\boldsymbol{U_R}/2^3\ (2^2d_2+2^1d_1+2^0d_0)=4V$。因 $\boldsymbol{U_O}<\boldsymbol{U_I}$，比较器 $\boldsymbol{U_C}=\mathbf{0}$，封锁了与门 $G_1$，使 $F_A$ 不被清零，说明了此电压分量不够大，需保留并增添次量级的电压分量。

（2）当第 2 个 $CP$ 的上升沿到来时，环形计数器的状态 $Q_1Q_2Q_3Q_4Q_5=\mathbf{01000}$。由于

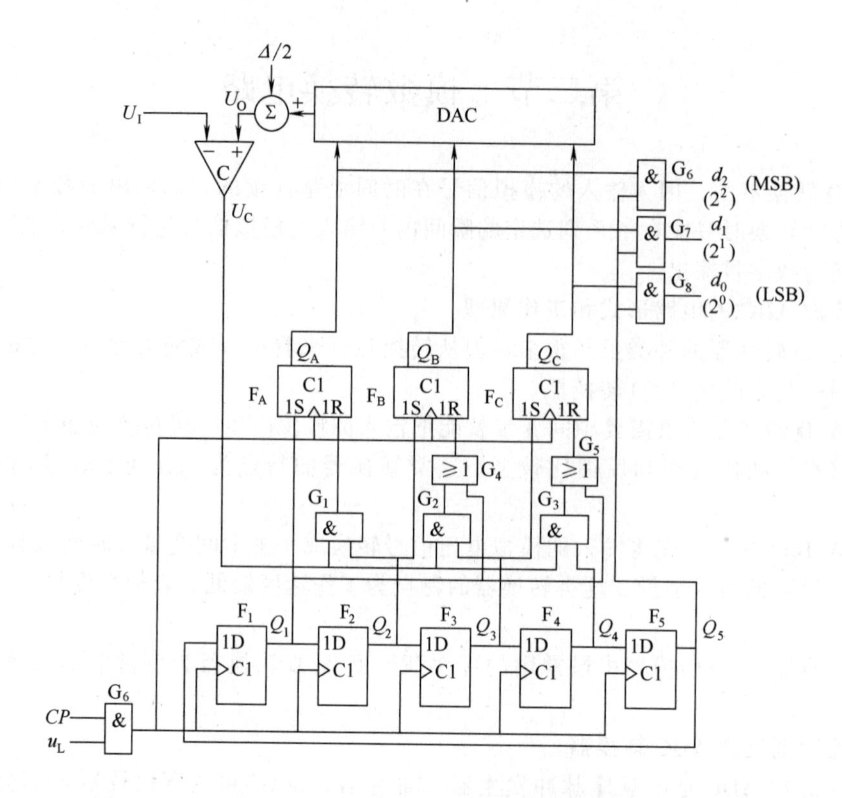


图 12-6 三位逐次渐近型 ADC 的逻辑电路图

$Q_2$=**1**，$\boldsymbol{U_C}$=**0**，则三位寄存器的内容 $Q_AQ_BQ_C$=**110**，使三位 DAC 转换出的电压量 $\boldsymbol{U_O}$=6V。因 $\boldsymbol{U_O}>\boldsymbol{U_I}$，比较器 $\boldsymbol{U_C}$=**1**，解除了对与门 $G_2$ 的封锁，以便在下一个 $CP$ 到来时，$F_B$ 被清零，说明了此次添加的电压分量过大，需更换再次量级的电压分量。

（3）当第 3 个 $CP$ 的上升沿到来时，环形计数器的状态 $Q_1Q_2Q_3Q_4Q_5$=**00100**。由于 $Q_3$=**1**，$\boldsymbol{U_C}$=**1**，则三位寄存器的内容 $Q_AQ_BQ_C$=**101**，使三位 $DAC$ 转换出电压量 $\boldsymbol{U_O}$=5V。因 $\boldsymbol{U_O}<\boldsymbol{U_I}$，比较器 $\boldsymbol{U_C}$=**0**，封锁了三位寄存器的复位端。

（4）当第 4 个 $CP$ 的上升沿到来时，环形计数器的状态 $Q_1Q_2Q_3Q_4Q_5$=**00010**。由于 $Q_1Q_2Q_3$=**000**，$\boldsymbol{U_C}$=**0**，则三位寄存器保持原有内容 $Q_AQ_BQ_C$=**101**，表明定量转换结束，等待输出。

（5）当第 5 个 $CP$ 的上升沿到来时，环形计数器的状态 $Q_1Q_2Q_3Q_4Q_5$=**00001**。由于 $Q_5$=**1**，输出与门开启，输出转换结果 $d_2d_1d_0$=**101**，使此次转换结束。

逐次渐近型 ADC 的转换精度取决于 DAC 和电压比较器，转换速度较快并且固定，一次转换的时间为 $(n+2)T_{cp}$。

**三、集成 ADC 及主要参数**

1. 集成 ADC0804

ADC0804 的外引线排列图如图 12-7 所示。

$U_{CC}$：电源+5V。

$U_R/2$：基准电压，可由外部提供。当 $U_{CC}$ 稳定时，可作参考基准，此刻 $U_R/2$ 端不需外接电源。

DGND：数字地端。

AGND：模拟地端。

$U_{IN}$（+），$U_{IN}$（−）：两个模拟输入端。

$D_7$～$D_0$：数字信号输出端。

$\overline{CS}$：片选端。

$\overline{WR}$：启动输入端。

$\overline{RD}$：读出控制端。

$\overline{INTR}$：转换结束信号输出端。

CLKR，$CLK_{in}$：外接 RC，产生 ADC 所需的时钟。

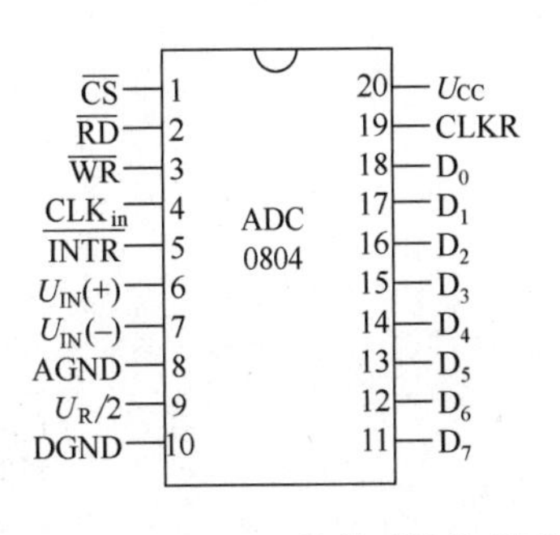


图 12-7　ADC0804 的外引线排列图

2. 主要参数

（1）分辨率　用输出数字量的二进制位数来表示分辨率，它表明 A/D 转换的精度。位数越多，转换精度越高。

（2）转换速度　用完成一次转换所用的时间来表示**转换速度**，一般是从接到转换信号开始，到输出稳定的数字量为止所需的时间，通常为几十微秒。

## 思　考　题

12-2-1　图 12-8 为 ADC0804 的典型运用实例，请了解其使用方法。

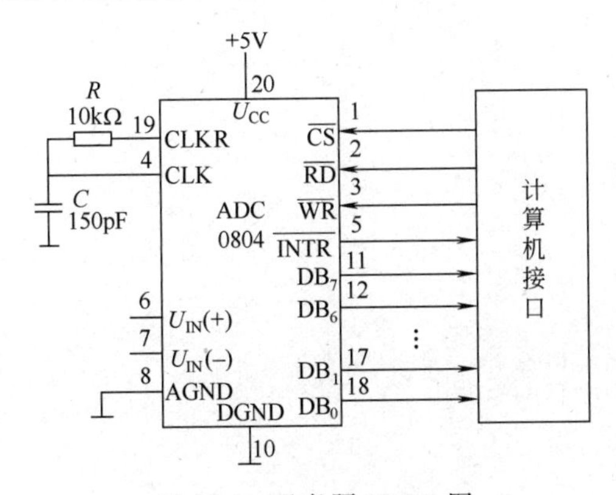


图 12-8　思考题 12-2-1 图

## 本章复习提示

（1）本章着重讲解了 A/D,D/A 转换的基本思想，并以倒 T 形电阻网络 DAC 和逐次渐近型 ADC 为例，介绍了具体的转换过程，试总结它们的特点。

（2）衡量转换器性能优劣的主要技术指标有哪些？

（3）如何正确使用集成电路 DAC8032 和 ADC0804。

## 习　　题

12-1　一个 8 位的倒 T 形电阻网络 D/A 转换器，$R_F=R$，若 $d_7$～$d_0$=**00000001** 时，$U_O=-0.04$V，那么输入 **00010110** 和 **11111111** 时的 $U_O$ 各为多少伏？

12-2　在图12-2 所示的倒 T 形电阻网络 D/A 转换器中，设 $U_R=10$V，$R=R_F=10$kΩ，当$d_3d_2d_1d_0$=**1011** 时，试求此时的 $I_R$,$I_{O1}$,$U_O$。

12-3　在图 12-9 所示的权电阻网络 D/A 转换器中，当 $d_3d_2d_1d_0$=**1010** 时，$U_O$ 为多少伏？

12-4　某 D/A 转换器要求十位二进制数能代表 0～50V 的电压，试问此二进制数的最低位代表几伏？

12-5　一个十位的逐次渐近型 A/D 转换器，若时钟脉冲的频率为 100kHz，试计算完成一次转换所需的时间。

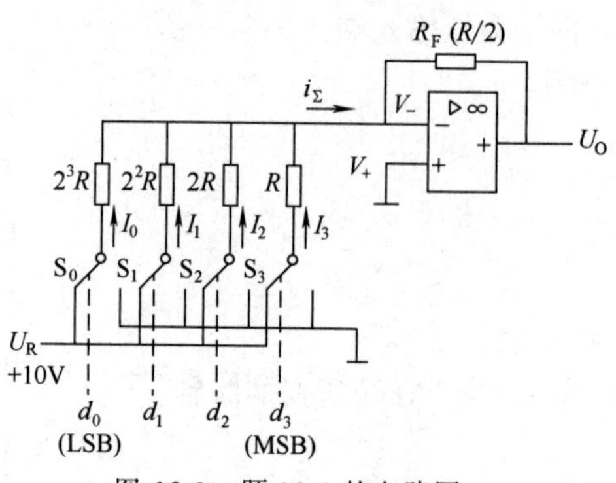


图 12-9 题 12-3 的电路图

12-6 在 4 位的逐次渐近型 A/D 转换器中，设 $U_R=10V$，$U_I=8.2V$，试说明逐次比较的过程和转换的结果。

# 附　　录

## 附录A　常用半导体分立器件的参数

### 一、半导体二极管

(1) 检波与整流二极管

| 参数 | | 最大整流电流 | 最大整流电流时的正向压降 | 反向工作峰值电压 |
|---|---|---|---|---|
| 符号 | | $I_{OM}$ | $U_F$ | $U_{RWM}$ |
| 单位 | | mA | V | V |
| 型号 | 2AP1 | 16 | ≤1.2 | 20 |
| | 2AP2 | 16 | | 30 |
| | 2AP3 | 25 | | 30 |
| | 2AP4 | 16 | | 50 |
| | 2AP5 | 16 | | 75 |
| | 2AP6 | 12 | | 100 |
| | 2AP7 | 12 | | 100 |
| | 2CP10 | 100 | ≤1.5 | 25 |
| | 2CP11 | | | 50 |
| | 2CP12 | | | 100 |
| | 2CP13 | | | 150 |
| | 2CP14 | | | 200 |
| | 2CP15 | | | 250 |
| | 2CP16 | | | 300 |
| | 2CP17 | | | 350 |
| | 2CP18 | | | 400 |
| | 2CP19 | | | 500 |
| | 2CP20 | | | 600 |
| | 2CZ11A | 1000 | ≤1 | 100 |
| | 2CZ11B | | | 200 |
| | 2CZ11C | | | 300 |
| | 2CZ11D | | | 400 |
| | 2CZ11E | | | 500 |
| | 2CZ11F | | | 600 |
| | 2CZ11G | | | 700 |
| | 2CZ11H | | | 800 |
| | 2CZ12A | 3000 | ≤0.8 | 50 |
| | 2CZ12B | | | 100 |
| | 2CZ12C | | | 200 |
| | 2CZ12D | | | 300 |
| | 2CZ12E | | | 400 |
| | 2CZ12F | | | 500 |
| | 2CZ12G | | | 600 |

(2) 稳压管

| 参数 | | 稳定电压 | 稳定电流 | 耗散功率 | 最大稳定电流 | 动态电阻 |
|---|---|---|---|---|---|---|
| 符号 | | $U_z$ | $I_z$ | $F_z$ | $I_{zM}$ | $r_z$ |
| 单位 | | V | mA | mW | mA | Ω |
| 测试条件 | | 工作电流等于稳定电流 | 工作电压等于稳定电压 | －60～＋50℃ | －60～＋50℃ | 工作电流等于稳定电流 |
| 型号 | 2CW11 | 3.2～4.5 | 10 | 250 | 55 | ≤70 |
| | 2CW12 | 4～5.5 | 10 | 250 | 45 | ≤50 |
| | 2CW13 | 5～6.5 | 10 | 250 | 38 | ≤30 |
| | 2CW14 | 6～7.5 | 10 | 250 | 33 | ≤15 |
| | 2CW15 | 7～8.5 | 5 | 250 | 29 | ≤15 |
| | 2CW16 | 8～9.5 | 5 | 250 | 26 | ≤20 |
| | 2CW17 | 9～10.5 | 5 | 250 | 23 | ≤25 |
| | 2CW18 | 10～12 | 5 | 250 | 20 | ≤30 |
| | 2CW19 | 11.5～14 | 5 | 250 | 18 | ≤40 |
| | 2CW20 | 13.5～17 | 5 | 250 | 15 | ≤50 |
| | 2DW7A | 5.8～6.6 | 10 | 200 | 30 | ≤25 |
| | 2DW7B | 5.8～6.6 | 10 | 200 | 30 | ≤15 |
| | 2DW7C | 6.1～6.5 | 10 | 200 | 30 | ≤10 |

## 二、半导体三极管

3DG6 三极管

| 参数符号 | | 单位 | 测试条件 | 型号 | | | |
|---|---|---|---|---|---|---|---|
| | | | | 3DG6A | 3DG6B | 3DG6C | 3DG6D |
| 直流参数 | $I_{CBO}$ | μA | $U_{CB}=10V$ | ≤0.1 | ≤0.01 | ≤0.01 | ≤0.01 |
| | $I_{EBO}$ | μA | $U_{EB}=1.5V$ | ≤0.1 | ≤0.01 | ≤0.01 | ≤0.01 |
| | $I_{CEO}$ | μA | $U_{CE}=10V$ | ≤0.1 | ≤0.01 | ≤0.01 | ≤0.01 |
| | $U_{BE(sat)}$ | V | $I_B=1mA$<br>$I_C=10mA$ | ≤1.1 | ≤1.1 | ≤1.1 | ≤1.1 |
| | $h_{FE}(\beta)$ | | $U_{CB}=10V$<br>$I_C=3mA$ | 10～200 | 20～200 | 20～200 | 20～200 |
| 交流参数 | $f_T$ | MHz | $U_{CE}=10V$<br>$I_C=3mA$<br>$f=30MHz$ | ≥100 | ≥150 | ≥250 | ≥150 |
| | $G_P$ | dB | $U_{CB}=10V$<br>$I_C=3mA$<br>$f=100MHz$ | ≥7 | ≥7 | ≥7 | ≥7 |
| | $C_{ob}$ | pF | $U_{CB}=10V$<br>$I_C=3mA$<br>$f=5MHz$ | ≤4 | ≤3 | ≤3 | ≤3 |
| 极限参数 | $U_{(BR)CBO}$ | V | $I_C=100\mu A$ | 30 | 45 | 45 | 45 |
| | $U_{(BR)CEO}$ | V | $I_C=200\mu A$ | 15 | 20 | 20 | 30 |
| | $U_{(BR)EBO}$ | V | $I_E=-100\mu A$ | 4 | 4 | 4 | 4 |
| | $I_{CM}$ | mA | | 20 | 20 | 20 | 20 |
| | $P_{CM}$ | mW | | 100 | 100 | 100 | 100 |
| | $T_{jM}$ | ℃ | | 150 | 150 | 150 | 150 |

### 三、绝缘栅场效应管

| 参　数 | 符号 | 单位 | 型　号 | | | |
|---|---|---|---|---|---|---|
| | | | 3DO4 | 3DO2（高频管） | 3DO6（开关管） | 3CO1（开关管） |
| 饱和漏极电流 | $I_{DSS}$ | μA | $0.5\times10^{3}\sim15\times10^{3}$ | | ≤1 | ≤1 |
| 栅源夹断电压 | $U_{GS(off)}$ | V | ≤\|−9\| | | | |
| 开启电压 | $U_{GS(th)}$ | V | | | ≤5 | −2～−8 |
| 栅源绝缘电阻 | $R_{GS}$ | Ω | $\geqslant10^{9}$ | $\geqslant10^{9}$ | $\geqslant10^{9}$ | $\geqslant10^{9}$ |
| 共源小信号低频跨导 | $g_{m}$ | μA/V | ≥2000 | ≥4000 | ≥2000 | ≥500 |
| 最高振荡频率 | $f_{M}$ | MHz | ≥300 | ≥1000 | | |
| 最高漏源电压 | $U_{DS(BR)}$ | V | 20 | 12 | 20 | |
| 最高栅源电压 | $U_{GS(BR)}$ | V | ≥20 | ≥20 | ≥20 | ≥20 |
| 最大耗散功率 | $P_{DM}$ | mW | 1000 | 1000 | 1000 | 1000 |

注：3CO1为P沟道增强型，其他为N沟道管（增强型：$U_{GS(th)}$为正值；耗尽型$U_{GS(off)}$为负值）。

### 四、晶闸管

| 参　数 | 符号 | 单位 | 型　号 | | | | |
|---|---|---|---|---|---|---|---|
| | | | KP5 | KP20 | KP50 | KP200 | KP500 |
| 正向重复峰值电压 | $U_{FRM}$ | V | 100～3000 | 100～3000 | 100～3000 | 100～3000 | 100～3000 |
| 反向重复峰值电压 | $U_{RRM}$ | V | 100～3000 | 100～3000 | 100～3000 | 100～3000 | 100～3000 |
| 导通时平均电压 | $U_{F}$ | V | 1.2 | 1.2 | 1.2 | 0.8 | 0.8 |
| 正向平均电流 | $I_{F}$ | A | 5 | 20 | 50 | 200 | 500 |
| 维持电流 | $I_{H}$ | mA | 40 | 60 | 60 | 100 | 100 |
| 控制极触发电压 | $U_{G}$ | V | ≤3.5 | ≤3.5 | ≤3.5 | ≤4 | ≤5 |
| 控制极触发电流 | $I_{G}$ | mA | 5～70 | 5～100 | 8～150 | 10～250 | 20～300 |

# 附录B　常用半导体集成电路的参数和符号

### 一、运算放大器

| 参数名称 \ 符号 \ 单位 \ 型号 \ 类型 | | | 通用型 | | 高精度型 | 高阻型 | 高速型 | 低功耗型 |
|---|---|---|---|---|---|---|---|---|
| | | | CF741（F007） | F324（四运放） | CF7650 | CF3140 | CF715 | CF253 |
| 电源电压 | $U$ | V | ≤\|±22\| | 3～30或±1.5～±15 | ±5 | ≤\|±18\| | ±15 | ±3～±18 |
| 差模开环电压放大倍数 | $A_{u0}$ | dB | ≥94 | ≥87 | 120 | ≥86 | 90 | ≥90 |
| 输入失调电压 | $U_{IO}$ | mV | ≤5 | ≤7 | $5\times10^{-3}$ | ≤15 | 2 | ≤5 |
| 输入失调电流 | $I_{IO}$ | nA | ≤200 | ≤50 | | ≤0.01 | 70 | ≤50 |
| 输入偏置电流 | $I_{iB}$ | nA | ≤500 | ≤250 | | <0.05 | 400 | ≤100 |
| 共模输入电压范围 | $U_{icM}$ | V | ≤\|±15\| | | | +12.5<br>−14.5 | ±12 | ≤\|±15\| |
| 差模输入电压范围 | $U_{idM}$ | V | ≤\|±30\| | | | ≤\|±8\| | ±15 | <\|±30\| |
| 共模抑制比 | $K_{CMR}$ | dB | ≥70 | ≥65 | 120 | ≥70 | 92 | ≥80 |
| 差模输入电阻 | $r_{id}$ | MΩ | 2 | | $10^{6}$ | $1.5\times10^{6}$ | 1 | 6 |
| 最大输出电压 | $U_{OPP}$ | V | ±13 | | ±4.8 | +13<br>−14.4 | ±13 | |
| 静态功耗 | $P_{D}$ | mW | 50 | | | 120 | 165 | |
| $U_{i0}$温漂 | $\frac{dU_{i0}}{dT}$ | μV/℃ | 20～30 | | 0.01 | 8 | | |

## 二、CW7800 系列和 CW7900 系列集成稳压器

| 参数名称 | 符号 | 单位 | 7805 | 7815 | 7820 | 7905 | 7915 | 7920 |
|---|---|---|---|---|---|---|---|---|
| 输出电压 | $U_o$ | V | 5(±5%) | 15(±5%) | 20(±5%) | −5(±5%) | −15(±5%) | −20(±5%) |
| 输入电压 | $U_i$ | V | 10 | 23 | 28 | −10 | −23 | −28 |
| 电压最大调整率 | $S_u$ | mV | 50 | 150 | 200 | 50 | 150 | 200 |
| 静态工作电流 | $I_O$ | mA | 6 | 6 | 6 | 6 | 6 | 6 |
| 输出电压温漂 | $S_T$ | mV/℃ | 0.6 | 1.8 | 2.5 | −0.4 | −0.9 | −1 |
| 最小输入电压 | $U_{imin}$ | V | 7.5 | 17.5 | 22.5 | −7 | −17 | −22 |
| 最大输入电压 | $U_{imax}$ | V | 35 | 35 | 35 | −35 | −35 | −35 |
| 最大输出电流 | $I_{omax}$ | A | 1.5 | 1.5 | 1.5 | 1.5 | 1.5 | 1.5 |

# 附录 C　TTL 门电路、触发器和计数器的部分品种型号

| 类别 | 型号 | 名称 | 类别 | 型号 | 名称 |
|---|---|---|---|---|---|
| 门电路 | CT4000(74LS00) | 四 2 输入与非门 | 触发器 | CT4074(74LS74) | 双上升沿 D 触发器 |
| | CT4004(74LS04) | 六反相器 | | CT4112(74LS112) | 双下降沿 JK 触发器 |
| | CT4008(74LS08) | 四 2 输入与门 | | CT4175(74LS175) | 四上升沿 D 触发器 |
| | CT4011(74LS11) | 三 3 输入与门 | 计数器 | CT4161(74LS161) | 四位二进制同步计数器 |
| | CT4020(74LS20) | 双 4 输入与非门 | | CT4162(74LS162) | 十进制同步计数器 |
| | CT4027(74LS27) | 三 3 输入或非门 | | CT4290(74LS290) | 二-五-十进制计数器 |
| | CT4032(74LS32) | 四 2 输入或门 | | CT4293(74LS293) | 二-八-十六进制计数器 |
| | CT4086(74LS86) | 四 2 输入异或门 | | | |

# 部分习题参考答案

## 第 一 章

1-3 $U=200V$，$I=50A$。　1-4 100W：484Ω。15W：3230Ω。

1-5 $R_3$：10A，20W。$R_{01}$：8V。$R_{02}$：6V。

1-6 （1）$R_{01}$：30.9A。$R_{02}$：9.09A。$I_{S1}$：12.36V。$R_3$：20V。

（2）$I_{S1}$：112.4W（输出）。$E_2$：69.4W（输出）。$R_3$：181.8W。

1-7 $I_S=3A$，$R=4\Omega$，$P_{R1}=33.33W$，$P_{R2}=0.667W$，$P_R=4W$。

1-8 2.5V。　1-9 1A。　1-10 左边支路：13A（自右向左）。中间支路：1A（自右向左）。

1-11 $U_{13}=5V$，$U_{15}=7V$，$U_{36}=2V$，$U_{56}=0V$，$U_{57}=1V$。

1-12 （a）$U=40V$，$I=1A$；（b）$U=40V$，$I=1A$；（c）$U=40V$，$I=1A$。

1-13 （1）$U=-40V$，$I=-1mA$；（2）$U=-50V$，$I=-1mA$；（3）$U=50V$，$I=1mA$。

1-14 $E_3=10V$。　1-15 $I=3.82mA$。

1-16 电流源：10A，2Ω电阻：10A，4Ω电阻：4A，5Ω电阻：2A，电压源：4A，1Ω电阻：6A。

1-17 $U=3.5V$。　1-18 $I_1=-7mA$，$I_2=-3mA$。　1-19 190mA。

1-20 6A。　1-21 $U_0=6V$，$R_0=16\Omega$。　1-22 $U_0=16V$，$R_0=13.4\Omega$。　1-23 $U_{AB}=-0.056V$。

1-24 S闭合时，$V_a=+6V$，$V_b=-3V$，$V_c=0V$；S断开时，$V_a=+6V$，$V_b=+6V$，$V_c=+9V$。

1-25 $V_A=-20V$。

## 第 二 章

2-5 $X_L=31.4\Omega$。　2-6 $X_C=265\Omega$。

2-8 $I=0.367A$、灯管上的电压为103V、镇流器上的电压为190V。　2-9 $I=8.66A$。

2-10 $i=30.45\sqrt{2}\sin(314t-84°)$ A。　2-11 $I=10\sqrt{2}A$，$R=10\sqrt{2}\Omega$，$X_L=5\sqrt{2}\Omega$。

2-13 $\dot{I}_1=\sqrt{2}\angle-45°A$，$\dot{I}=\sqrt{2}\angle45°A$。　2-14 $U=82V$，$I=7.3A$。　2-15 $P=1543W$。

2-16 $Z$是感性负载，$Z=(10+j19.6)\Omega$。　2-17 $R=9.2k\Omega$，$U_2=5mV$。　2-18 $I_2=2.62A$。

2-19 $I=0.55A$，$\cos\varphi=0.82$。　2-20 $C=398\mu F$。　2-21 $i=10\sqrt{2}\sin(314t+30°)$ A。

2-22 $\cos\varphi=0.91$。　2-23 电容器的无功功率为205.4kvar。　2-24 线圈电阻为1.53Ω。

2-26 $R=100\Omega$，$C=17.7\mu F$。

2-27 $U_o=[64-2.26\cos(2\omega t-175.40°)-0.107\cos(4\omega t-177.7°)]V$。

2-28 $u(t)=(0.62+0.1\sin6280t)V$。　2-29 安培表的读数为3.94A。

## 第 三 章

3-2 $I_l=44A$，与$Z_N$无关。

3-3 （2）$i_{L1}=11\sqrt{2}\sin(\omega t-30°)$ A，$i_{L2}=11\sqrt{2}\sin(\omega t-60°)$ A；$i_{L3}=11\sqrt{2}\sin\omega t$ A，

$i_N=30\sqrt{2}\sin(\omega t-30°)$ A。

3-4 j22Ω。　3-5 $I_P=7.6A$，$I_l=13.1A$。

3-6 第二种情形，$I_{L2}=I_{L3}=18.18A$，$I_{L1}=0A$，$I_N=18.18A$。

3-7 $U_P=220V$，$I_P=I_l=22A$。　3-8 $U_P=U_l=220V$，$I_P=22A$，$I_l=38A$。

3-9 $\dot{I}_1=10\angle90°A$，$\dot{I}_2=10\angle150°A$，$\dot{I}_3=10\angle120°A$，$\dot{I}_{L1}=5.2\angle15°A$，$\dot{I}_{L2}=10\angle-150°A$，$\dot{I}_{L3}=5.2\angle45°A$。

3-10 $I_l=11A$，$P=5808W$，$Q=4365var$，$S=7260VA$。

3-11 $I_P=10A$，$I_l=17.3A$，$P=11.4kW$。 3-12 $R=30.4\Omega$，$X_L=22.8\Omega$。

## 第四章

4-1 (a) $C=1F$：5V，1.33A；$C=2F$：10V，1A；(b) 1.2A，54V；(c) 15V，0.167A；(d) 20V，3.33A。

4-2 (1) $u_C(0_+)=10V$；(2) $u(t)=10e^{-t}V$，$i_C(t)=-0.1e^{-t}A$，$i(t)=0.1e^{-t}A$。

4-3 $u_C(t)=4e^{-2t}V$，$i(t)=4\times10^{-5}e^{-2t}A$。 4-4 $u_C=60e^{-100t}V$，$i_1=12e^{-100t}mA$。

4-5 $u_C=-5+15e^{-10t}V$。 4-6 $u_C=RI_S(1-e^{-t/2RC})$。

4-7 $R=24k\Omega$，$C=30\mu F$。 4-8 (1) $i_L=0.5-1.25e^{-20t}A$；(2) $i_L=-0.75+1.25e^{-40t}A$。

4-9 $U_S/R(1-e^{-R/2Lt})$。 4-10 0.11S。 4-11 (a) $u_C=10(1-e^{-5\times10^2t})V$；(b) $u_L=0.1e^{-2\times10^2t}V$。

## 第五章

5-1 $P_{Fe}=63W$，$\cos\Phi=0.29$。 5-2 100V。

5-3 $N_1=1100$，$N_2=180$，$K=6.1$，$I_1=4.55A$，$I_2=27.8A$。

5-4 $I_1=6.67A$，$I_2=90.9A$。 5-5 (1) 400 匝；(2) 15.1/227A。

5-6 (1) $I_1=5.5A$，$I_2=11A$；(2) $S_1=1.21kV\cdot A$。

5-7 (1) 166 盏；(2) $I_1=3.33A$，$I_2=43.5A$；(3) 112 盏。

5-10 $U_{P1}=20.2kV$，$U_{P2}=10.5kV$，$I_{P1}=I_{l1}=82.6A$，$I_{P2}=159.1A$，$I_{l2}=275.3A$。

5-11 Y/Y：$K=10$，Y/△：$K=17.3$。

## 第六章

6-1 △，$n_0=3000r/min$，$S_N=0.017$，减小，增加。

6-2 (1) $I_N=9.4A$；(2) $T_N=39.79Nm$；(3) $S_N=0.04$。

6-3 (1) $S_N=0.04$，$I_N=11.6A$，$T_N=36.48Nm$；(2) $I_{ST}=81.2A$，$T_M=80.2Nm$。

6-4 △，Y。 6-6 自耦变压器 64%的抽头。 6-8 (2) 自耦变压器副边电压为 310.2V。

## 第七章

7-3 $I_1=8mA$，$I_2=-4mA$。 7-4 (1) 1.38A；(2) 4.33A；(3) 244.4V；(4) 2.16A。

7-5 (1) $U_O=270V$，$U_{DRM}=300\sqrt{2}V$；(2) $I_D=0.79A$。

7-6 $U_O=225V$，$U_{DRM}=707V$。 7-7 (1) 24V；(2) 28V；(3) 18V；(4) 20V；(5) 9V。

7-8 5kV·A，选 100A，50V 的整流管。 7-9 (a) 16V；(b) 10.7V；(c) 6V；(d) 0.7V。

7-10 稳压管：2CW17 $U_Z=10V$，$I_Z=5mA$，$I_{ZM}=23mA$；$R$ 约 800Ω。

7-11 (2) 120°；(3) 257V；(4) 539V。

7-12 (1) Ⓥ = 12V，Ⓐ₁ = 18mA，Ⓐ₂ = 6mA，$I_Z=12mA$； (2) Ⓥ = 12V，Ⓐ₁ = 21mA，Ⓐ₂ = 6mA，$I_Z=15mA$；(3) 18mA。

7-13 (3) $R_{Lmin}\approx2.2k\Omega$。 7-14 (a) $U_o=15V$，(b) $U_o=21V$。

7-18 (1) $I_C=2.5mA$，$U_{CE}=4.5V$；(2) $R_E=1.2k\Omega$。

## 第八章

8-2 $u_o=4V$

8-3 $u_o=(1+K)(u_{i2}-u_{i1})$

8-4 $u_o=(1+\frac{R_2}{R_1})(u_{i2}-u_{i1})$

8-6 $u_o=-2(u_{i1}-u_{i2})$

8-7 $u_o=u_{i1}-u_{i2}$

8-8 $u_o$ 的可调范围 0.97～5.02V

8-9 $u_o=\sqrt{2}\sin(\omega t+120°)V$

8-11 $u_o=0.375V$

8-15 $f=45.5Hz$,$U_{P-P}=11V$

8-16 $f=3.18kHz$

## 第九章

9-1 $U_o=74.25V$，$I_o=7.4A$，$I=13.86A$。 9-3 $\alpha_{min}=90°$，$I_{TM}=62.2A$，$I_T=22A$。

## 第十章

10-1 $I_{LMAX}=66mA$。

## 第十一章

11-16 $t_W=1.1ms$。 11-17 $t=0.24ms$。 11-18 $f\approx420Hz$。 11-19 $f\approx9.5kHz$。

## 第十二章

12-1 $U_{O1}=-0.88V$，$U_{O2}=-10.2V$。 12-2 $I_R=1mA$，$I_{O1}=0.6875mA$，$U_O=-6.875V$。

12-3 $U_O=-6.25V$。 12-4 $U_{LSB}\approx0.0488V$。 12-5 $t=120\mu s$。

# 参 考 文 献


[1] 叶淬. 电工电子技术. 4 版. 北京：化学工业出版社，2015.

[2] 叶淬. 电路与电子技术简明教程. 北京：化学工业出版社，2011.

[3] 秦曾煌. 电工学：上、下册. 5 版. 北京：高等教育出版社，1999.

[4] 孙骆生. 电工学基本教程：上、下册. 2 版. 北京：高等教育出版社，1991.

[5] 张南. 电工学：少学时. 北京：高等教育出版社，1996.

[6] 王鸿明. 电工技术与电子技术：上、下册. 2 版. 北京：清华大学出版社，1999.

[7] 叶挺秀. 电工电子学. 北京：高等教育出版社，1999.

[8] 刘全忠. 电子技术：电工学Ⅱ. 北京：高等教育出版社，1999.

[9] 易源屏. 电工学. 北京：高等教育出版社，1995.

[10] 王远. 模拟电子技术. 北京：机械工业出版社，1997.

[11] 丘关源. 电路. 4 版. 北京：高等教育出版社，1999.

[12] 李瀚荪. 电路分析基础. 3 版. 北京：高等教育出版社，1997.

[13] 李中波，梁引. 电工技术. 北京：机械工业出版社，1997.

[14] 阎石. 数字电子技术基础. 4 版. 北京：高等教育出版社，1999.

[15] 张建华. 数字电子技术. 北京：机械工业出版社，1994.

[16] 白忠英. 数字逻辑与数字系统. 北京：科学出版社，1998.

[17] 郑瑜平. 可编程序控制器. 北京：北京航空航天大学出版社，1995.

[18] 杨大能，张兴毅. 可编程序控制器（PC）基础及应用. 重庆：重庆大学出版社，1992.

[19] 何衍庆，俞金寿. 可编程序控制器原理及应用技巧. 北京：化学工业出版社，1998.

[20] 李序葆，赵永健. 电力电子器件及其应用. 北京：机械工业出版社，1998.

[21] 赵良炳. 现代电力电子技术基础. 北京：清华大学出版社，1997.

[22] 杨渝钦. 控制电机. 2 版. 北京：机械工业出版社，2001.